AF240705

ŒUVRES

COMPLÈTES

DE LAPLACE,

PUBLIÉES SOUS LES AUSPICES

DE L'ACADÉMIE DES SCIENCES,

PAR

MM. LES SECRÉTAIRES PERPÉTUELS.

TOME QUATORZIÈME.

PARIS,

GAUTHIER-VILLARS, IMPRIMEUR-LIBRAIRE

DE L'ÉCOLE POLYTECHNIQUE, DU BUREAU DES LONGITUDES,

Quai des Grands-Augustins, 55.

MCMXII

ŒUVRES

COMPLÈTES

DE LAPLACE.

PARIS. — IMPRIMERIE GAUTHIER-VILLARS.

34391   Quai des Augustins. 55.

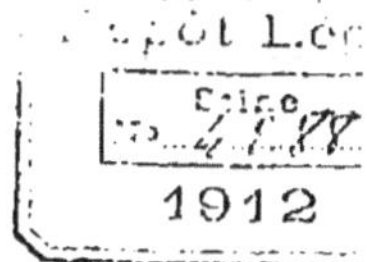

ŒUVRES

COMPLÈTES

DE LAPLACE,

PUBLIÉES SOUS LES AUSPICES

DE L'ACADÉMIE DES SCIENCES,

PAR

MM. LES SECRÉTAIRES PERPÉTUELS.

TOME QUATORZIÈME.

PARIS,

GAUTHIER-VILLARS, IMPRIMEUR-LIBRAIRE

DE L'ÉCOLE POLYTECHNIQUE, DU BUREAU DES LONGITUDES,

Quai des Grands-Augustins, 55.

MCMXII

MÉMOIRES DIVERS.

TABLE DES MATIÈRES

CONTENUES DANS LE QUATORZIÈME VOLUME.

MÉMOIRES

EXTRAITS DU

JOURNAL DE L'ÉCOLE POLYTECHNIQUE.

MÉMOIRE

SUR LA DÉTERMINATION D'UN PLAN

QUI RESTE TOUJOURS PARALLÈLE A LUI-MÊME,

DANS LE MOUVEMENT D'UN SYSTÈME DE CORPS
AGISSANT D'UNE MANIÈRE QUELCONQUE LES UNS SUR LES AUTRES
ET LIBRES DE TOUTE ACTION ÉTRANGÈRE.

Journal de l'École Polytechnique, Tome II. Ve Cahier: 1798.

Soient m, m', m'', ... les masses des différents corps du système, considérés comme des points, et dont le nombre est infini dans les solides et les fluides. Soient x, y, z les coordonnées orthogonales de m, et marquons d'un trait, de deux traits, etc., ces coordonnées relatives à m', m'', ... Soit dt l'élément du temps, et formons tous les produits possibles de la forme

$$mm' \, (x'-x) \, \frac{dy'-dy}{dt}, \qquad mm''(x''-x) \, \frac{dy''-dy}{dt},$$

$$m'm''(x''-x') \, \frac{dy''-dy'}{dt}, \qquad \dots\dots\dots\dots\dots\dots;$$

désignons par $\displaystyle\sum mm'(x'-x)\frac{dy'-dy}{dt}$ la somme de tous ces produits, la caractéristique $\displaystyle\sum$ étant celle des intégrales finies. Cela posé, le principe connu de la conservation des aires, combiné avec celui de la conservation du mouvement du centre de gravité, donnera l'équation suivante :

$$c = \sum mm' \frac{(x'-x)(dy'-dy)-(y'-y)(dx'-dx)}{dt}.$$

La constante c est la même pour tous les plans des x et des y, parallèles entre eux ; elle est indépendante de la position et de l'origine des coordonnées sur ces plans. On peut observer encore que la fonction

$$(x' - x)(dy' - dy) - (y' - y)(dx' - dx)$$

est le double de l'aire élémentaire décrite par l'un quelconque des deux corps m et m' autour de l'autre et projetée sur le plan des x et des y.

On aura pareillement

$$c' = \sum mm' \frac{(x' - x)(dz' - dz) - (z' - z)(dx' - dx)}{dt},$$

$$c'' = \sum mm' \frac{(y' - y)(dz' - dz) - (z' - z)(dy' - dy)}{dt},$$

c' et c'' étant deux constantes arbitraires.

Rapportons maintenant les coordonnées x, y, z à trois autres axes perpendiculaires entre eux, comme les premiers, et ayant la même origine. Soient X, Y, Z les coordonnées de m, rapportées à ces axes. Nommons θ l'inclinaison du plan des x et des y sur celui des X et des Y ; ψ l'angle que l'intersection de ces deux plans forme avec l'axe des x, et φ l'angle que l'axe des X forme avec cette même intersection ; on aura

$$X = x(\cos\theta \sin\psi \sin\varphi + \cos\psi \cos\varphi)$$
$$+ y(\cos\theta \cos\psi \sin\varphi - \sin\psi \cos\varphi) - z \sin\theta \sin\varphi,$$
$$Y = x(\cos\theta \sin\psi \cos\varphi - \cos\psi \sin\varphi)$$
$$+ y(\cos\theta \cos\psi \cos\varphi + \sin\psi \sin\varphi) - z \sin\theta \cos\varphi,$$
$$Z = x \sin\theta \sin\psi + y \sin\theta \cos\psi + z \cos\theta.$$

De là il est facile de conclure

$$\sum mm' \frac{(X' - X)(dY' - dY) - (Y' - Y)(dX' - dX)}{dt}$$
$$= c \cos\theta - c' \sin\theta \cos\psi + c' \sin\theta \sin\psi,$$

$$\sum mm' \frac{(X' - X)(dZ' - dZ) - (Z' - Z)(dX' - dX)}{dt}$$
$$= c \sin\theta \cos\varphi + c' (\sin\psi \sin\varphi + \cos\theta \cos\psi \cos\varphi)$$
$$+ c'' (\cos\psi \sin\varphi - \cos\theta \sin\psi \cos\varphi)$$

et

$$\sum mm' \frac{(Y'-Y)(dZ'-dZ) - (Z'-Z)(dY'-dY)}{dt}$$
$$= -c\sin\theta\sin\varphi + c'(\sin\psi\cos\varphi - \cos\theta\cos\psi\sin\varphi)$$
$$+ c''(\cos\psi\cos\varphi + \cos\theta\sin\psi\sin\varphi).$$

Si l'on détermine ψ et θ de manière que l'on ait

$$\sin\theta\sin\psi = \frac{c''}{\sqrt{c^2+c'^2+c''^2}},$$

$$\sin\theta\cos\psi = \frac{-c'}{\sqrt{c^2+c'^2+c''^2}},$$

ce qui donne

$$\cos\theta = \frac{c}{\sqrt{c^2+c'^2+c''^2}},$$

on aura

$$\sum mm' \frac{(X'-X)(dY'-dY) - (Y'-Y)(dX'-dX)}{dt} = \sqrt{c^2+c'^2+c''^2},$$

$$\sum mm' \frac{(X'-X)(dZ'-dZ) - (Z'-Z)(dX'-dX)}{dt} = 0,$$

$$\sum mm' \frac{(Y'-Y)(dZ'-dZ) - (Z'-Z)(dY'-dY)}{dt} = 0.$$

Les valeurs de c' et de c'' sont donc nulles relativement au plan des X et des Y, déterminé de cette manière. Il n'existe qu'un seul plan passant par l'origine des coordonnées, qui jouisse de cette propriété; car, en supposant qu'il soit celui des x et des y, on aura

$$\sum mm' \frac{(X'-X)(dZ'-dZ) - (Z'-Z)(dX'-dX)}{dt} = c\sin\theta\cos\varphi,$$

$$\sum mm' \frac{(Y'-Y)(dZ'-dZ) - (Z'-Z)(dY'-dY)}{dt} = -c\sin\theta\sin\varphi.$$

En égalant ces deux fonctions à zéro, on aura $\sin\theta = 0$, c'est-à-dire que le plan des X et des Y coïncide avec celui des x et des y.

La fonction $\sum mm' \frac{(X'-X)(dY'-dY) - (Y'-Y)(dX'-dX)}{dt}$ étant égale à $\sqrt{c^2+c'^2+c''^2}$, quel que soit le plan des x et des y, il en résulte que $c^2+c'^2+c''^2$ est le même, quel que soit ce plan, et que le plan déterminé par ce qui précède est celui relativement auquel la fonction intégrale précédente est la plus grande. Le plan dont il s'agit jouit donc de ces propriétés remarquables, savoir : 1° que la somme des aires que les droites qui joignent les corps projetés sur ce plan tracent dans un temps donné autour de ces corps, et multipliées respectivement par les produits des masses qu'elles joignent, est la plus grande qu'il est possible; 2° que la même somme, relativement à un plan quelconque qui lui est perpendiculaire, est nulle. Tous les plans parallèles à ce plan jouissent des mêmes propriétés, en sorte que l'on peut faire passer ce plan par un point quelconque, et même par le centre de l'un des corps; et en déterminant, au moyen de ces propriétés, sa position à deux instants éloignés d'un intervalle quelconque, on sera sûr que les deux plans ainsi déterminés sont parallèles.

Appliquons ces résultats au système solaire. Nous supposerons que m est le Soleil, et que m', m'', m''', ... sont les planètes et les comètes, en désignant par le mot *planète* le système d'une planète et de ses satellites, réunis à leur centre commun de gravité. m étant incomparablement plus grand que m', m'', ..., nous négligerons les quantités qui restent toujours de l'ordre $m'm''$; nous aurons ainsi

$$c = m \sum m' \frac{x'_1\, dy'_1 - y'_1\, dx'_1}{dt},$$

$$c' = m \sum m' \frac{x'_1\, dz'_1 - z'_1\, dx'_1}{dt},$$

$$c'' = m \sum m' \frac{y'_1\, dz'_1 - z'_1\, dy'_1}{dt},$$

x'_1, y'_1, z'_1; x''_1, y''_1, z''_1, ... étant les coordonnées de m', m'', rapportées au centre de m ou du Soleil. Nous pouvons ici considérer les orbites de m', m'', ... comme des ellipses variables en vertu des variations séculaires de leurs éléments. Soient a' le demi-grand axe de l'ellipse de m', $a'e'$ son excentricité, λ' son inclinaison sur l'écliptique à une époque donnée, et γ' la longitude de son nœud ascendant; en nommant π la demi-circonférence dont le rayon est l'unité, et prenant le plan de cette écliptique pour celui des x'_1 et des y'_1, et la ligne des équinoxes à la même époque pour l'axe des x'_1 et pour l'origine des longitudes, on aura

$$\frac{x'_1\,dy'_1 - y'_1\,dx'_1}{dt} = \frac{2\pi}{k}\cos\lambda'\sqrt{a'(1 - e'^2)}\ (^1),$$

$$\frac{x'_1\,dz'_1 - z'_1\,dx'_1}{dt} = \frac{2\pi}{k}\sin\lambda'\cos\gamma'\sqrt{a'(1 - e'^2)},$$

$$\frac{y'_1\,dz'_1 - z'_1\,dy'_1}{dt} = \frac{2\pi}{k}\sin\lambda'\sin\gamma'\sqrt{a'(1 - e'^2)};$$

on aura donc

$$c = \frac{2\pi}{k}\,m\sum m'\cos\lambda'\sqrt{a'(1 - e'^2)},$$

$$c' = \frac{2\pi}{k}\,m\sum m'\sin\lambda'\cos\gamma'\sqrt{a'(1 - e'^2)},$$

$$c'' = \frac{2\pi}{k}\,m\sum m'\sin\lambda'\sin\gamma'\sqrt{a'(1 - e'^2)}.$$

D'ailleurs θ est l'inclinaison à l'écliptique fixe du plan qui, passant par le centre du Soleil, reste toujours parallèle à lui-même et que nous nommons, pour cette raison, *plan invariable*; $\pi - \psi$ est la longitude de son nœud ascendant. Soit ε cette longitude : on aura donc, par ce qui précède,

$$\sin\theta\sin\varepsilon = \frac{\sum m'\sin\lambda'\sin\gamma'\sqrt{a'(1 - e'^2)}}{F},$$

$$\sin\theta\cos\varepsilon = \frac{\sum m'\sin\lambda'\cos\gamma'\sqrt{a'(1 - e'^2)}}{F},$$

$$\cos\theta = \frac{\sum m'\cos\lambda'\sqrt{a'(1 - e'^2)}}{F},$$

F^2 étant égal à la somme des carrés des numérateurs des seconds membres de ces équations; d'où il est facile de conclure la règle que j'ai donnée pour la détermination de ce plan, dans le Chapitre II du quatrième Livre de l'Ouvrage intitulé *Exposition du Système du Monde* (²).

(¹) *OEuvres de Laplace*, T. I, p. 129.
(²) *Ibid.*, T. VI, p. 218.

SUR LA MÉCANIQUE.

Journal de l'École Polytechnique, Tome II, VIe Cahier: 1799.

Il est facile de conclure, de l'analyse que j'ai donnée dans le cinquième Cahier de ce Journal, que relativement à un système de corps réagissant d'une manière quelconque les uns sur les autres, et de plus attirés vers un point fixe : 1° on peut toujours faire passer par ce point un plan invariable sur lequel la somme des projections des aires décrites à chaque instant par les corps, multipliée respectivement par leurs masses, est un maximum ; 2° la même somme est nulle par rapport à tout plan perpendiculaire à celui du maximum et passant par le point fixe ; 3° les carrés des trois sommes semblables par rapport à trois plans passant par le même point et se coupant à angles droits sont égaux au carré de la somme qui est un maximum, et chacune de ces sommes est constante. S'il n'y a pas de point fixe vers lequel les corps du système soient attirés, les trois théorèmes précédents ont lieu relativement à un point quelconque fixe dans l'espace, ou mû d'un mouvement rectiligne et uniforme, et relativement au centre commun de gravité des corps du système ; seulement le plan du maximum, au lieu d'être invariable, sera mû en conservant toujours une situation parallèle à sa position primitive.

La force finie dont un corps est animé est le produit de sa masse par sa vitesse, et le moment de cette force pour faire tourner le système autour d'un axe passant par le point fixe, et perpendiculaire au plan de projection, est proportionnel à la projection de l'aire décrite pendant un instant par le corps et multipliée par sa masse ; le principe des aires revient donc à ce que la somme des moments des forces finies du système pour le faire tourner autour d'un axe invariable passant par le point fixe, somme qui doit être nulle dans l'état d'équilibre, est constante dans l'état de mouvement.

Toutes les forces d'un système peuvent se réduire à deux : l'une située dans un plan et l'autre perpendiculaire à ce plan. On peut toujours faire passer par un point fixe donné un plan relativement auquel cette force perpendiculaire est nulle ou passe par ce point; son moment est donc nul par rapport à tout axe passant par le même point, et le moment des forces du système se réduit alors au moment de la force située dans ce plan.

L'axe passant par le point fixe et par rapport auquel le moment des forces du système est un maximum est l'axe perpendiculaire au plan dont on vient de parler; le moment de ces forces par rapport à un axe passant par le même point et formant un angle quelconque avec l'axe du plus grand moment est égal au produit du plus grand moment du système par le cosinus de cet angle; en sorte qu'il est nul relativement à tout axe situé dans le plan auquel l'axe du plus grand moment est perpendiculaire. Les carrés des trois sommes de moments des forces, relativement à trois axes quelconques perpendiculaires entre eux et passant par le point fixe, sont égaux au carré du plus grand moment. De là résultent ces deux corollaires :

Si l'on conçoit un système de molécules solides et fluides, soumises à leur action mutuelle et animées primitivement par des forces quelconques; si l'on suppose ensuite qu'en vertu de leur attraction et de leur adhésion elles se fixent, après un grand nombre d'oscillations, à un état permanent de rotation autour d'un axe invariable passant par leur centre commun de gravité (on peut conjecturer que ce cas est celui des corps célestes), alors l'axe de rotation est parallèle à celui qui, passant par le centre de gravité à l'origine, était l'axe du plus grand moment.

L'axe du plus grand moment du système solaire, passant par son centre de gravité, conserve toujours une situation parallèle, quel que soit dans l'espace le mouvement de ce système.

⎯⎯⎯⎯⎯⎯

LEÇONS

DE

MATHÉMATIQUES

DONNÉES

A L'ÉCOLE NORMALE EN 1795.

Journal de l'École Polytechnique, VIIe et VIIIe Cahiers, juin 181?.

PREMIÈRE SÉANCE.

PROGRAMME.

SUR LA NUMÉRATION ET LES OPÉRATIONS DE L'ARITHMÉTIQUE.

La considération des grandeurs a fait découvrir des théorèmes et des méthodes, dont l'ensemble forme les Mathématiques. En observant ce que les résultats particuliers avaient de commun entre eux, on est successivement parvenu à des résultats fort étendus, et les sciences mathématiques sont à la fois devenues plus générales et plus simples. Leur domaine s'est considérablement accru par leur application aux phénomènes de la nature, phénomènes qui sont les résultats mathématiques d'un petit nombre de lois invariables. En même temps que cette application a perfectionné les sciences naturelles, elle a ouvert de nouvelles routes dans l'Analyse; c'est ainsi que les sciences, par leurs rapprochements, se prêtent de mutuels secours. Présenter les plus importantes découvertes que l'on ait faites dans les sciences, en développer les principes, faire remarquer les idées fines et heureuses qui leur ont donné naissance, indiquer la voie la plus directe qui peut y conduire, les meilleures sources où l'on peut en puiser les détails, ce qui reste encore à faire, la marche qu'il faut suivre pour s'élever à de nouvelles découvertes : tel est l'objet de l'École Normale, et c'est sous ce point de vue que les Mathématiques y seront envisagées.

On exposera d'abord la manière ingénieuse par laquelle, au moyen d'un petit nombre de caractères, on peut facilement exprimer tous les nombres, et faire sur eux les opérations les plus usuelles de l'Arithmétique. On fera sentir l'avantage de la division de toutes les espèces d'unités en parties décimales. En traitant des progressions arithmétiques et géométriques, on insistera sur la combinaison heureuse que l'on a faite de ces deux progressions, pour former les logarithmes, l'une des inventions les plus belles et les plus utiles de l'esprit humain.

La considération des nombres, indépendamment de leur valeur et de tout système de numération, a fait naître l'Algèbre, que Newton a nommée, par cette raison, *Arithmétique universelle*. Son objet est la grandeur conçue de la manière la plus abstraite. On a d'abord considéré ainsi les quantités, ensuite leurs puissances, et généralement toutes leurs manières d'être. On les a désignées par des caractères fort simples, et ces notations, qui semblent être peu de chose en elles-mêmes, ont beaucoup influé sur les progrès de l'Analyse, en donnant au langage algébrique cette généralité et cette extrême concision d'où résulte la facilité de saisir et de combiner les rapports les plus compliqués des objets. Traduire en langue algébrique, c'est former des équations. L'art de mettre les problèmes en équations, et de choisir convenablement les inconnues pour arriver aux solutions les plus élégantes, dépend de l'adresse de l'analyste. L'Algèbre donne ensuite, pour résoudre ces équations, des méthodes rigoureuses ou approchées. On exposera les principes de ces méthodes et ce que l'on a découvert de plus intéressant sur la nature des équations.

Les grandeurs que l'Arithmétique et l'Algèbre considèrent sont des abstractions de l'entendement, et ces deux sciences sont entièrement son ouvrage. Nous ne connaissons que deux grandeurs réelles, l'étendue et la durée; elles sont l'objet de la Géométrie et de la Mécanique. Les propriétés de l'étendue, considérée simplement comme figurée, appartiennent à la Géométrie. On donnera les principaux théorèmes sur les lignes, les surfaces et les solides. On indiquera leurs applications les plus utiles, et l'on fera remarquer, dans les démonstrations de quelques-uns de ces théorèmes, le germe du Calcul infinitésimal.

L'un des plus féconds rapprochements que l'on ait faits dans les sciences est l'application de l'Algèbre à la théorie des courbes. On développera leur formation et leurs propriétés principales. La recherche de ces propriétés a conduit à l'Analyse infinitésimale, dont la découverte a changé la face des Mathématiques. On exposera les vrais principes de cette Analyse, et l'on fera connaître, à ce sujet, le calcul aux différences finies; ensuite on présentera quelques observations sur l'analyse et la synthèse, et sur les avantages propres à chacune de ces méthodes.

Dans l'infinie variété des mouvements qui ont lieu sur la Terre, on est parvenu à découvrir les lois générales que la matière suit constamment dans ces phénomènes. L'importance de ces lois, dont nous dépendons sans cesse, aurait dû exciter la curiosité dans tous les temps; cependant, par une indifférence trop ordinaire à l'esprit humain, elles ont été ignorées jusqu'au commencement du dernier siècle, époque à laquelle Galilée jeta les premiers fondements de la science du mouvement par ses belles découvertes sur la chute des corps. Les géomètres, en marchant sur les traces de ce grand homme, ont porté cette science au plus haut degré de perfection dont elle paraît susceptible.

On développera les lois de la composition des forces. En examinant les conditions de l'équilibre dans les principales machines, on les ramènera toutes à une seule dont l'énoncé forme le principe des vitesses virtuelles, et qui renferme, de la manière la plus générale, ce qui est nécessaire pour déterminer l'équilibre d'un système quelconque de corps solides et fluides. On fera connaître l'ingénieux principe au moyen duquel d'Alembert a ramené les lois du mouvement des corps à celles de leur équilibre; en combinant ce principe avec celui des vitesses virtuelles, on réduira la Mécanique entière à la pure analyse. On exposera les principes généraux de cette science, et quelques-uns de ses résultats les plus remarquables, tels que les lois de la communication du mouvement, celles des mouvements accélérés par l'action de la pesanteur et des oscillations des pendules simples et composés.

C'est dans les espaces célestes que les lois du mouvement s'observent avec le plus de précision. Tant de circonstances en compliquent les résultats sur la Terre qu'il est difficile de les démêler, et plus difficile encore de les assujettir au calcul; mais les corps du système solaire, soumis à l'action d'une force principale, dont il est aisé de calculer les effets, ne sont troublés dans leurs mouvements respectifs que par des forces bien connues, et toujours assez petites pour que l'Analyse ait pu déterminer les changements que la suite des temps a produits et doit amener encore dans ce système. Il y a extrêmement loin de la première vue du ciel à cette vue générale qui embrasse à la fois les états passés et futurs du Système du Monde. Pour y parvenir, il a fallu observer les astres pendant un grand nombre de siècles, reconnaître les mouvements réels de la Terre dans les apparences que ces corps nous présentent; s'élever aux lois des mouvements planétaires et, de ces lois, au principe de la pesanteur universelle; redescendre ensuite de ce principe à l'explication complète de tous les phénomènes célestes jusque dans leurs moindres détails. Voilà ce que l'esprit humain a fait dans l'Astronomie. Le tableau de ces découvertes aura le double avantage d'offrir un grand ensemble de vérités intéressantes et la vraie méthode dans la recherche des lois de la nature.

Enfin on donnera les principes de la théorie des probabilités. Dans un temps où les citoyens sont appelés à décider du sort de leurs semblables, il leur importe de connaître une science qui fait apprécier, aussi exactement qu'il est possible, la probabilité des témoignages, et celle qui résulte des circonstances dont les faits sont accompagnés. Il

importe surtout de leur apprendre à se défier des aperçus même les
plus vraisemblables; et rien n'est plus propre à cet objet que la théorie
des probabilités, dont souvent les résultats rigoureux sont contraires à
ces aperçus. D'ailleurs, les nombreuses applications de cette théorie aux
naissances, aux mortalités, aux élections et aux assurances, applications qu'il est avantageux de perfectionner et d'étendre à d'autres
objets, la rendent une des parties les plus utiles des connaissances humaines.

Vous voyez, par le programme que nous venons de mettre sous vos
yeux, que l'on ne se propose pas ici de faire un cours complet de
Mathématiques; un pareil cours exigerait plusieurs années. Nous avons
supposé que vous apportez, sur les diverses parties des sciences, des
connaissances au moins élémentaires, qu'il ne s'agit que de perfectionner; en conséquence, nous vous présenterons un tableau général de
toutes les découvertes faites en Mathématiques.

Ce rapprochement vous sera utile, en vous indiquant les vérités les
plus fécondes et la route la plus directe qui peut y conduire.

Ce rapprochement est utile, même à l'homme le plus instruit, en lui
offrant, sous un seul point de vue, l'ensemble des vérités qu'il connaît.

On vous indiquera les meilleures sources où vous pourrez puiser les
détails que nous ne pourrons vous donner à l'École Normale.

Cela même est un bienfait de l'institution qui nous rassemble, car
il est d'expérience qu'un grand nombre de personnes, pour avoir été
mal guidées dans les sciences, ont consumé sans fruit des efforts qui,
mieux dirigés, auraient été très utiles; d'ailleurs, il suffit de lire les
éloges des savants pour savoir que souvent un bon ouvrage, tombé dans
leurs mains par hasard, a décidé leur vocation.

Je vais commencer par vous entretenir de l'Arithmétique, ou de la
science des nombres.

La première chose qu'il a fallu faire en Arithmétique a été de pouvoir
exprimer d'une manière simple tous les nombres possibles.

Si, pour chaque idée, il avait fallu un signe particulier, la mémoire
aurait été bientôt surchargée de ce grand nombre de signes, et les

sciences seraient restées très imparfaites, car les connaissances ne peuvent se perfectionner que par le rapprochement des idées que les signes fixent dans la mémoire. Mais on a observé, en général, que toutes les idées complexes étaient composées d'idées simples, combinées entre elles, suivant des modes généraux.

En conséquence, on a cherché à exprimer les idées simples et ces modes par des mots particuliers; et ainsi l'immense variété des idées complexes a pu s'exprimer par un petit nombre de mots. C'est sur ce principe qu'est fondé le mécanisme des langues.

Vous concevez que la langue philosophiquement la plus parfaite serait celle où l'on pourrait exprimer le plus grand nombre d'idées par le plus petit nombre de mots possible.

L'Arithmétique est une langue particulière dont les nombres sont l'objet; voyons comment, avec un petit nombre de mots et de caractères, on est parvenu à exprimer tous les nombres.

On a d'abord commencé par exprimer, avec des signes particuliers, les neuf premiers nombres.

Une fois parvenu là, on a eu l'idée très heureuse de donner à ces caractères, outre leur valeur absolue, une valeur dépendant de leur position.

Le caractère 1, qui représente l'*unité*, exprime, en l'avançant d'un rang vers la gauche, une unité du second ordre ou une *dizaine*, et, pour lui donner ce rang, on a imaginé un caractère qui n'a pas de valeur et qui ne sert qu'à fixer la position des autres caractères.

Ainsi, l'unité suivie d'un zéro exprime alors une collection de dix unités, ou une dizaine.

Le caractère 2, suivi du zéro, exprime deux dizaines, ou deux unités du second ordre.

De la même manière, vous concevez que l'on a pu exprimer des unités du troisième ordre, ou des dizaines de dizaines; il a suffi de mettre deux zéros à la suite des caractères significatifs. Des dizaines de centaines ou des mille ont été exprimés avec trois zéros placés à la droite des mêmes caractères, ainsi de suite. De cette manière, on a pu exprimer tous les nombres, car tout nombre, en général, peut être décomposé en un certain nombre d'unités de l'ordre le plus grand qu'il contient, plus zéro ou un certain nombre d'unités d'un ordre inférieur, plus zéro ou un certain nombre d'unités de l'ordre immédiatement inférieur à celui-ci, plus, etc.

Pour écrire ce nombre il a suffi d'écrire successivement, à la droite les uns des autres, tous les caractères qui expriment les nombres des unités de chaque ordre que renferme le nombre proposé, ou zéro, lorsque ces nombres partiels manquent.

Vous concevez que, par cette idée simple et ingénieuse de donner aux caractères deux valeurs, l'une absolue, l'autre dépendant de leur position, on est parvenu avec dix caractères, dont le dixième sert uniquement à marquer le rang, à écrire tous les nombres possibles ; voilà pour ce qui concerne l'arithmétique écrite.

Quant à l'arithmétique parlée, on a également désigné par un mot particulier chacun des caractères dont je viens de vous entretenir.

Ensuite, de dix unités on a formé une dizaine ; pour compter au delà il eût été simple de dire : *dix-un, dix-deux, dix-trois,* au lieu de onze, douze, treize, etc. ; mais on n'a commencé à compter ainsi qu'à dix-sept.

Deux unités du second ordre ou deux dizaines ont formé le nombre *vingt ;* trois dizaines ont été appelées *trente ;* quatre dizaines, *quarante ;* ainsi de suite jusqu'à *soixante.*

Arrivé à *soixante,* on a abandonné cette marche. C'est un défaut d'analogie qui se trouve dans presque toutes les langues ; aussi quelques mathématiciens ont proposé de dire : *septante, octante* et *nonante.*

Dix dizaines ont été nommées *cent,* et dix centaines ont été nommées *mille.*

Au delà, on n'a employé de nouveaux mots que de mille en mille.

Mille fois mille ont été nommées *million ;* mille millions, *billion* ou *milliard ;* mille milliards, *trillion,* ainsi de suite ; de sorte que, quand un nombre est écrit, pour le déterminer il faut le partager en tranches de trois chiffres chacune, en allant de droite à gauche, la dernière tranche à gauche pouvant en renfermer moins ; on prononce ensuite

chacune des tranches, en commençant par celle de la gauche, et à la
fin de chaque tranche on désigne l'ordre d'unités qu'elle renferme :
voilà pour ce qui regarde l'arithmétique parlée.

Ces choses vous paraissent simples, et elles le sont effectivement;
mais c'est dans leur simplicité même que consiste leur fécondité.

Voyez avec quelle facilité on peut, au moyen de cet arrangement,
faire toutes les opérations de l'Arithmétique.

Veut-on ajouter ensemble plusieurs nombres? On les écrit les uns
au-dessous des autres, en plaçant dans une même colonne verticale les
unités du même ordre; on fait l'addition des nombres de la même
colonne, en commençant par la droite; on ne place sous la colonne que
l'excédent de la somme sur un nombre d'unités de l'ordre supérieur, ou
zéro quand il n'y a pas d'excédent; on retient ce nombre pour l'ajouter
à la colonne suivante, et l'on continue ainsi jusqu'à la dernière colonne
à gauche, sous laquelle on écrit la somme telle qu'on la trouve.

Veut-on faire la soustraction? Rien de plus simple encore; on écrit
le nombre à soustraire au-dessous du nombre dont on veut le soustraire,
de manière que les unités correspondantes soient dans une même colonne verticale.

On commence la soustraction par la droite, en retranchant le chiffre
inférieur de la première colonne verticale, du correspondant supérieur.
Quand cette soustraction ne peut pas se faire, on ajoute dix au chiffre
supérieur; mais quand on passe à la colonne suivante, on diminue
d'une unité le chiffre du nombre supérieur, ou l'on augmente d'une
unité le chiffre du nombre inférieur, ce qui donne deux méthodes de
faire la soustraction.

Quant à la multiplication par un seul chiffre, on commence par multiplier les unités du multiplicande par le multiplicateur, et l'on n'écrit
que l'excédent du produit sur un nombre d'unités de l'ordre supérieur
au premier; on ajoute ce nombre au produit des dizaines du multiplicande par le multiplicateur; on écrit, à la gauche du premier excédent,
l'excédent de cette somme sur un nombre de centaines; on continue
ainsi jusqu'au dernier chiffre du multiplicande, et l'on écrit en entier

la dernière somme trouvée, à la gauche de tous les excédents précédemment écrits.

Si l'on a plusieurs chiffres au multiplicateur, on multiplie d'abord le multiplicande par les unités du multiplicateur, puis par les dizaines; et l'on avance d'un rang vers la gauche les unités du produit; on opère de même pour les centaines, en avançant d'un rang vers la gauche les unités de ce nouveau produit, et ainsi de suite. On additionne tous les produits partiels pour avoir le produit total.

Pour la division, on prend, à la gauche du dividende, le nombre de chiffres nécessaires pour contenir le diviseur; on cherche combien de fois il est contenu dans le dividende partiel; on écrit ce nombre qui forme le premier chiffre à gauche du quotient.

On multiplie ce quotient partiel par le diviseur et l'on retranche le produit du premier dividende partiel. A côté du reste on abaisse le chiffre suivant du dividende, et l'on forme un second dividende partiel que l'on divise de nouveau par le diviseur; on écrit le quotient à la droite du premier; on continue ainsi jusqu'à ce que tous les chiffres du dividende soient abaissés; ainsi la division est encore une opération très simple, qui résulte du système de numération. Elle diffère des trois autres en ce que l'on y procède de gauche à droite, ce qui tient à ce que les chiffres du dividende, abaissés à la suite des restes successifs, forment des dividendes partiels d'un ordre successivement plus petit, et dont les quotients, étant du même ordre, doivent être placés à la droite les uns des autres.

Vous concevez que la facilité des opérations que je viens de vous décrire dépend de la loi que suivent les unités des nombres, en allant de gauche à droite. Les unités deviennent successivement de dix en dix fois plus petites; mais rien ne force de s'arrêter aux unités simples; de même que l'unité simple est la dixième partie des dizaines, de même vous pouvez imaginer des unités fractionnaires qui soient la dixième partie des unités simples; et par la même raison, vous pouvez concevoir des dixièmes de dixième, ou des centièmes parties de l'unité principale, des millièmes, des dix-millièmes, etc. Alors on forme ce que l'on appelle les *nombres décimaux*, et pour distinguer, dans un nombre composé de décimales, les nombres décimaux on met une virgule après le nombre qui exprime les unités simples.

Comme la loi de décroissement de ces nombres est la même que pour les nombres entiers, on peut les ajouter, les soustraire, les multiplier et les diviser de la même manière. Il n'y a d'attention à faire que dans la position de la virgule.

Dans la multiplication, la seule règle qu'il faut suivre est de mettre dans le produit autant de chiffres décimaux qu'il y en a dans le multiplicateur et le multiplicande.

Dans la division, il ne faut mettre après la virgule que l'excédent du nombre des chiffres décimaux du dividende sur le nombre des chiffres décimaux du diviseur.

Avec cette seule attention, les mêmes règles qui ont lieu pour les entiers s'appliquent aux décimales.

Dans la société, on a continuellement besoin d'employer des fractions d'unités, ou de diviser l'unité en parties plus petites, et ces parties en d'autres parties.

Vous sentez par là de quel avantage il est que toutes les divisions de l'unité soient décimales, puisque, de cette manière, toutes les opérations d'arithmétique se trouvent réduites à celles que l'on fait sur les nombres entiers.

C'est là ce qui a fait adopter par la Convention nationale le système de la division de toutes les unités en parties décimales. Pour connaître les avantages de ce système il suffit de vous rappeler l'extrême complication qui résulte des divisions anciennement adoptées, quand il s'agit de multiplications ou de divisions complexes.

Vous trouverez dans l'Instruction qu'a publiée sur cet objet la Commission des Poids et Mesures, la méthode d'opérer sur les décimales, exposée dans le plus grand détail; ainsi, je vous engage à lire cette Instruction, pour vous convaincre de la grande utilité du système décimal, et pour vous mettre bien au fait des règles et des opérations qu'il faut faire dans ce système.

Vous concevez, par les principes métaphysiques sur lesquels est fondé notre système de numération, que rien n'obligeait de s'en tenir à dix caractères; on pouvait en employer plus ou moins.

Il paraît très probable que le nombre des doigts est ce qui a déterminé l'arithmétique décimale. Les hommes primitivement ont compté par leurs doigts jusqu'à dix; mais de ce que cette arithmétique était bonne dans l'enfance des sociétés, est-elle maintenant la meilleure? C'est ce que nous allons examiner.

D'abord elle n'est pas la plus simple; la plus simple est celle qui n'admet que deux caractères : le *zéro* et l'*unité*. Cette arithmétique s'appelle *arithmétique binaire*. Il paraît qu'elle a été employée très anciennement par les Chinois; mais, dans ces derniers temps, elle a été renouvelée par Leibnitz.

On peut également, au moyen de cette arithmétique, exprimer tous les nombres.

Les unités du second ordre contiennent deux unités du premier ordre; les unités du troisième ordre en contiennent deux du second, etc.

Pour exprimer une unité du second ordre, on place un zéro à la droite de l'unité; on place deux zéros à la droite de l'unité, pour exprimer une unité du troisième ordre, etc.

Ce système nous offre une propriété remarquable : c'est la possibilité de peser tous les poids entiers avec un certain nombre de poids de 1, de 2, de 4, de 8, de 16 livres, etc. Ces poids représentent les unités des différents ordres de l'arithmétique binaire. Quand un nombre est écrit dans ce système de numération, alors il suffit de prendre les poids qui correspondent aux diverses unités de ce nombre.

Cette arithmétique a de plus l'avantage de réduire toutes les multiplications à de simples additions, et toutes les divisions à de simples soustractions; mais elle a un inconvénient qui ne permet pas de l'employer dans l'usage civil; c'est la multiplicité des caractères pour exprimer des nombres fort simples; le nombre mille vingt-quatre, par exemple, exigerait onze caractères.

Aussi Leibnitz n'a présenté cette arithmétique que comme une chose curieuse, et qui pouvait conduire à des découvertes intéressantes sur les nombres.

Leibnitz crut y voir l'image de la création. Il imagina que l'unité pouvait représenter Dieu, et zéro le néant ; et que l'Être suprême avait tiré du néant tous les êtres de cet univers, de même que l'unité avec le zéro exprime tous les nombres dans ce système de numération.

Cette idée plut tellement à Leibnitz qu'il en fit part au jésuite Grimaldi, président du tribunal des Mathématiques de la Chine, dans l'espérance que cet emblème de la création convertirait au christianisme l'empereur d'alors, qui aimait particulièrement les Mathématiques. Ce trait nous rappelle le commentaire de Newton sur l'*Apocalypse*.

Quand vous voyez les écarts d'aussi grands hommes, écarts qui sont dus aux impressions reçues dans l'enfance, vous sentez combien un système d'éducation, libre de préjugés, est utile aux progrès de la raison humaine, et qu'il est beau d'être appelé, comme vous l'êtes, à la présenter à vos concitoyens dans toute sa pureté, et dégagée des nuages qui l'ont trop souvent obscurcie.

De tous les systèmes de numération le meilleur est celui qui, n'employant pas un très grand nombre de caractères, renferme dans son échelle le plus grand nombre de diviseurs, et, à cet égard, le système *duodécimal* paraît mériter la préférence. Il eût suffi d'ajouter deux caractères aux nôtres, on aurait eu l'avantage d'exprimer le tiers et le quart de l'unité principale, au moyen des divisions de ce système, ce qui eût été très commode. C'est pour cela que les divisions de presque toutes nos mesures sont duodécimales ; ainsi le pied se divise en douze pouces, le pouce en douze lignes, etc.

La Commission des Poids et Mesures a balancé ces avantages qu'offre le système duodécimal avec l'inconvénient de changer totalement et l'arithmétique écrite et l'arithmétique parlée, et nos livres et nos tables formées sur le système décimal. Elle a craint que, en proposant le système duodécimal, les obstacles qu'éprouverait l'introduction de ce système ne se joignissent à ceux que présentait déjà l'institution du nouveau système des poids et mesures ; elle a donc jugé à propos de conserver l'arithmétique décimale, dont l'échelle est mieux proportionnée que l'échelle duodécimale à la capacité commune de la mémoire.

Il est d'ailleurs très aisé de traduire un nombre écrit dans un système de numération dans un autre système.

Pour traduire par exemple, dans le système duodécimal, un nombre écrit dans le système décimal, divisez le nombre proposé par l'échelle du nouveau système, par douze ; écrivez le reste, ou zéro s'il ne reste rien. Divisez le premier quotient par le même nombre douze, écrivez le reste à gauche du premier reste que vous avez trouvé. Divisez le deuxième quotient par douze, écrivez le reste à gauche du deuxième reste, et ainsi de suite. En continuant l'opération, vous parviendrez à écrire, dans le système duodécimal, le nombre écrit dans le système décimal. Voilà ce que j'avais à vous dire sur les systèmes de numération. La prochaine fois nous parlerons des fractions et des autres objets que l'Arithmétique considère.

DEUXIÈME SÉANCE.

SUR LES FRACTIONS, LES PUISSANCES ET L'EXTRACTION DES RACINES;
LES PROPORTIONS, LES PROGRESSIONS ET LES LOGARITHMES.

Nous avons considéré précédemment les nombres entiers et décimaux; examinons présentement les nombres fractionnaires en général. Si l'on conçoit l'unité partagée en plusieurs parties égales, un certain nombre de ces parties est ce que l'on nomme *fraction*. Pour l'exprimer on place, au-dessous d'une petite barre horizontale, le nombre qui désigne en combien de parties l'unité a été divisée, et que l'on nomme *dénominateur;* on place au-dessus le nombre qui exprime combien on prend de ces parties, et que l'on nomme *numérateur.*

De là il est aisé de conclure qu'une fraction est égale au quotient de la division du numérateur par le dénominateur, et qu'ainsi elle ne change point de valeur en multipliant ou en divisant ses deux termes par un même nombre. La réduction de plusieurs fractions au même dénominateur est fondée sur ce principe; on leur donne pour dénominateur commun un nombre divisible à la fois par chacun de leurs dénominateurs, et l'on multiplie le numérateur de chacune d'elles par le nombre qui exprime combien de fois son dénominateur est contenu dans le dénominateur commun. Les fractions étant ainsi réduites au même dénominateur, il suffit, pour les ajouter ou pour les soustraire les unes des autres, d'ajouter ou de soustraire leurs numérateurs, en conservant à leur somme ou à leur différence le commun dénominateur.

Le produit de deux fractions est une nouvelle fraction, dont le numérateur est le produit des numérateurs de ces fractions, et dont le dénominateur est le produit de leurs dénominateurs.

Pour diviser une fraction par une autre il faut multiplier la fraction dividende par l'autre fraction renversée.

On appelle *nombre premier* tout nombre qui n'a d'autres diviseurs que lui-même et l'unité. Deux nombres sont *premiers entre eux* lorsqu'ils n'ont d'autre commun diviseur que l'unité. Si les deux termes d'une fraction sont premiers entre eux, elle est alors réduite à sa plus simple expression. Pour réduire une fraction quelconque à cet état il faut diviser chacun de ses deux termes par leur plus grand commun diviseur, que l'on obtient ainsi : divisez le plus grand terme par le plus petit ; divisez ensuite ce plus petit terme par le reste de la division ; ce premier reste par le reste de la deuxième division ; ce deuxième reste par le troisième, et ainsi de suite jusqu'à ce que vous parveniez à une division sans reste. Le dernier diviseur sera le plus grand commun diviseur cherché.

En examinant avec attention cette suite de divisions, il est facile de voir que, si le numérateur de la fraction est moindre que son dénominateur, on peut lui donner la forme d'une fraction dont le numérateur est l'unité, et dont le dénominateur est le quotient de la première division, augmenté d'une fraction dont le numérateur est l'unité, et dont le dénominateur est le quotient de la deuxième division, augmenté d'une fraction dont le numérateur est l'unité, et dont le dénominateur est le quotient de la troisième division, plus, etc. Cette suite de fractions ainsi enchaînées les unes aux autres se nomme *fraction continue*. On peut donner cette forme aux nombres décimaux qui ne sont que des fractions dont le dénominateur est dix, ou cent, ou mille, etc. Si le nombre des décimales est infini, la fraction continue se prolonge à l'infini, à moins que le nombre décimal ne soit une fraction ordinaire, réduite par la division en parties décimales, auquel cas la fraction continue se termine ; et cela a généralement lieu toutes les fois que la fraction continue est l'expression du rapport de deux nombres entiers.

La théorie de ces fractions n'est point un pur jeu de l'esprit ; elle est importante dans l'Analyse et elle a conduit à plusieurs vérités curieuses, telles que l'impossibilité d'exprimer, par le rapport de deux nombres entiers, celui du diamètre à la circonférence. L'un de ses principaux avantages est de donner les valeurs des fractions exprimées par de très grands nombres, les plus approchées que l'on puisse obtenir avec de petits nombres. Il suffit pour cela de réduire la fraction proposée en fraction continue, d'arrêter cette fraction à l'un de ses termes, et de mettre la fraction continue ainsi tronquée sous la forme d'une fraction ordinaire. Par exemple, on a déterminé le rapport du diamètre à la circonférence au moyen d'un très grand nombre de décimales; mais il est souvent utile d'avoir ce rapport exprimé d'une manière fort approchée par de petits nombres. En réduisant en fraction continue la valeur de ce rapport exprimé en décimales, on trouve que le rapport de 7 à 22, trouvé par Archimède, est fort approché, et le plus exact que l'on puisse obtenir, en n'employant pas de plus grands nombres que 22. Si l'on réduit pareillement la longueur de l'année en jours et en décimales de jours, et ensuite en fraction continue, on parvient à l'intercalation persane de huit années bissextiles sur trente-trois ans.

Considérons maintenant les nombres, eu égard à leurs puissances. Le produit d'un nombre par lui-même forme le *carré* de ce nombre; le produit du carré par le nombre forme le *cube;* le produit du cube par le nombre forme le *carré carré*, et ainsi de suite. Pour exprimer ces divers produits : on nomme *première puissance* d'un nombre ce nombre lui-même; son carré, *deuxième puissance;* son cube, *troisième puissance*, etc.; et, pour écrire ces puissances, on écrit à la droite du nombre, et vers sa partie supérieure, les nombres 1, 2, 3, ..., qui marquent le degré de la puissance; ces nombres s'appellent *exposants.*

La *racine carrée* d'un nombre est le nombre dont il est la deuxième puissance; sa *racine cubique* est le nombre dont il est la troisième puissance, etc.; et comme, pour former les exposants des puissances, on multiplie l'unité par 2, 3, ..., pour former les exposants des racines on doit diviser l'unité par les mêmes nombres, en sorte que la racine d'un nombre en est une puissance fractionnaire; on peut même donner à l'exposant une valeur quelconque fractionnaire; en le supposant, par exemple, égal à deux tiers, il indique la racine cubique du carré du nombre. Ces notions très simples sont de la plus grande fécondité; elles sont la base d'une branche d'Analyse que l'on nomme *Calcul exponentiel*.

La formation des puissances est toujours facile; l'extraction des racines présente plus de difficulté. On peut généralement y parvenir par la règle suivante :

Partagez le nombre proposé, de droite à gauche, en tranches d'autant de chiffres qu'il y a d'unités dans l'exposant de la puissance dont on cherche la racine, la première tranche à gauche pouvant en renfermer moins. Extrayez la racine proposée, de cette tranche, racine qui ne peut être que d'un seul chiffre; vous aurez le premier chiffre à gauche de la racine. Retranchez la puissance de ce chiffre de la même tranche et, à la droite du reste, abaissez le premier chiffre de la deuxième tranche; divisez ce reste ainsi augmenté par l'exposant de la puissance, multiplié par le premier chiffre trouvé, élevé à une puissance moindre d'une unité; le second chiffre de la racine sera égal ou moindre que le quotient de cette division; il lui sera égal, si le nombre formé de ce quotient écrit à la droite du premier chiffre de la racine, et élevé à la puissance, peut être soustrait des deux premières tranches; si cela n'est pas il faudra, pour avoir le deuxième chiffre de la racine, qui doit satisfaire à la condition précédente, diminuer le quotient d'une ou de plusieurs unités. On aura le troisième chiffre de la racine en opérant, sur les deux premiers chiffres trouvés et sur les trois premières tranches, comme on vient de le faire sur le premier chiffre et sur les deux premières tranches.

Si le nombre dont on veut extraire la racine est décimal, il faut, en mettant un nombre convenable de zéros à sa suite, rendre le nombre des décimales un multiple de l'exposant de la puissance; on extrait ensuite la racine de ce nombre, comme s'il était entier, et l'on sépare, sur la droite de cette racine, autant de chiffres par la virgule qu'il y a d'unités dans le quotient du nombre des décimales de la quantité proposée, divisé par l'exposant de la puissance.

Pour extraire la racine d'une fraction il suffit d'extraire la racine de son numérateur et celle de son dénominateur.

La puissance de tout nombre entier ou fractionnaire est un nombre entier ou une fraction; mais il n'en est pas ainsi des racines. Par exemple, la racine carrée de deux n'a aucune mesure commune avec l'unité. Quel que soit le nombre des parties égales, dans lesquelles l'unité est divisée, aucune de ces parties n'est exactement contenue dans la racine carrée de deux, que l'on nomme, par cette raison, *irrationnelle* ou *incommensurable*. Vous voyez comment l'examen des propriétés des nombres étend successivement nos idées. Les nombres entiers se sont présentés, ensuite les nombres fractionnaires, et enfin nous sommes arrivés à la considération des nombres irrationnels. Le nombre n'est plus simplement une collection d'unités, comme nous l'avions conçu d'abord; il est généralement le rapport d'une quantité à une autre quantité prise pour unité. Examinons particulièrement les rapports.

La différence de deux nombres est leur *rapport arithmétique;* la manière dont ils se contiennent forme le *rapport géométrique,* qui n'est ainsi que le quotient de l'un des nombres divisé par l'autre.

La *proportion* consiste dans l'égalité de deux rapports. Si quatre grandeurs sont en proportion arithmétique, c'est-à-dire si la différence de la première à la deuxième est la même que celle de la troisième à la quatrième, la somme des moyens est égale à celle des extrèmes.

Réciproquement, si la somme des extrèmes est égale à celle des moyens, les quatre grandeurs sont en proportion arithmétique.

Si quatre grandeurs sont en proportion géométrique, le produit des extrèmes est égal à celui des moyens; et réciproquement, si le produit des extrèmes est égal à celui des moyens, les quatre grandeurs sont en proportion géométrique.

De là résultent la règle de trois et toutes les règles qui s'y rapportent.

Une suite de termes tels que le premier est surpassé par le deuxième, comme le deuxième est surpassé par le troisième, comme le troisième est surpassé par le quatrième, etc., forme une *progression arithmé-*

tique. La raison de la progression est l'excès d'un des termes sur celui qui le précède.

Une suite de termes tels que le premier est contenu dans le deuxième, comme le deuxième est contenu dans le troisième, comme le troisième est contenu dans le quatrième, etc., forme une *progression géométrique.* La raison de la progression est la manière dont un terme contient celui qui le précède.

Les deux suites que nous venons de considérer sont le germe de la théorie des suites, l'une des branches les plus étendues de l'Analyse, et qui a particulièrement fixé l'attention des géomètres modernes.

La loi d'une série est la manière dont ses termes se forment successivement; ainsi la loi de la progression arithmétique consiste en ce que chaque terme est égal à celui qui le précède, plus la raison; la loi de la progression géométrique consiste en ce que chaque terme est égal à celui qui le précède, multiplié par la raison.

La valeur du terme général de la série, c'est-à-dire d'un quelconque de ses termes, peut toujours être exprimée au moyen du nombre qui marque le rang de ce terme; et c'est une recherche intéressante et souvent difficile, que d'exprimer ainsi les termes d'une série, d'après la loi de sa formation.

Dans la progression arithmétique, un terme quelconque est égal au premier, plus à la raison multipliée par le nombre qui indique le rang du terme diminué de l'unité.

Dans la progression géométrique, un terme quelconque est égal au premier multiplié par la raison élevée à une puissance moindre d'une unité que le nombre qui indique le rang.

En examinant avec attention ces divers résultats, on observe entre eux une analogie remarquable. Tout ce qui, dans les rapports, les proportions et les progressions arithmétiques, se rapporte aux sommes ou aux différences, se rapporte aux produits ou aux quotients, dans les rapports, les proportions et les progressions géométriques. Tout ce qui, dans les progressions arithmétiques, se rapporte aux produits, se rapporte aux puissances dans les progressions géométriques.

Cette analogie a conduit Neper à la découverte des *logarithmes*, admirable instrument qui, en réduisant à quelques heures le travail de plusieurs mois, double, si l'on peut ainsi dire, la vie des astronomes, et leur épargne les erreurs et les *dégoûts* inséparables des longs calculs : invention d'autant plus satisfaisante pour l'esprit humain qu'il l'a tirée en entier de son propre fonds. Dans les arts, l'homme emploie les forces et les matériaux de la nature pour accroître sa puissance ; mais ici, tout est son ouvrage.

Pour rendre l'analogie dont nous venons de parler plus sensible, et pour en voir naître les logarithmes, concevons que l'on écrive, l'une au-dessous de l'autre, deux progressions, la première géométrique et commençant par l'unité ; la seconde, arithmétique et commençant par zéro. Il est aisé de voir qu'au produit de deux termes quelconques de la progression géométrique répond la somme des deux termes correspondants de la progression arithmétique, et qu'à une puissance quelconque d'un des termes de la première progression répond le produit du terme correspondant de la seconde, par l'exposant de la puissance.

Il suit de là que si l'on renfermait dans une progression *géométrique* tous les nombres 1, 2, 3, …, en lui faisant correspondre une progression arithmétique commençant par zéro, la somme des deux termes de la progression arithmétique *indiquerait* le produit des deux nombres correspondants dans la progression géométrique, et, par conséquent, leur différence indiquerait le quotient de ces mêmes nombres. Pareillement, le produit d'un terme de la progression arithmétique par 2, 3, … indiquerait la puissance deuxième, troisième, etc. du nombre correspondant de la progression géométrique, et, par conséquent, la division d'un terme de la progression arithmétique par 2, 3, … indiquerait la racine deuxième, troisième, etc. du nombre correspondant. Une Table qui renfermerait les deux progressions précédentes réduirait donc les multiplications à des additions, les divisions à des soustractions, les élévations de puissances à des multiplications et les extractions des racines à des divisions. Cette Table est celle des logarithmes ; on nomme ainsi les nombres de la progression arithmétique correspondant aux nombres naturels qui sont censés appartenir à une progression géométrique.

A la vérité, les nombres naturels 1, 2, 3, ... n'entrent point rigoureusement dans une même progression géométrique; mais on conçoit que si, entre un et cent mille, par exemple, on insère un très grand nombre de moyens géométriques, ils croîtront par degrés insensibles, et les nombres naturels pourront se confondre avec eux. Si, en prenant zéro pour le premier terme de la progression arithmétique, et cinq, par exemple, pour le terme correspondant à cent mille dans la progression géométrique, on insère entre un et cinq le même nombre de moyens arithmétiques, ils seront les logarithmes des moyens géométriques correspondants.

On peut, à la progression arithmétique 0, 1, 2, ..., faire correspondre telle progression géométrique que l'on veut, ce qui donne une infinité de systèmes de logarithmes; mais le plus commode est le système dans lequel on lui fait correspondre la progression décimale 1, 10, 100, 1000, ... Alors, dans chaque logarithme, le nombre qui précède les décimales, et que l'on nomme sa *caractéristique,* indique l'ordre des unités les plus considérables du nombre auquel il appartient; et pour multiplier ou diviser un nombre par dix, cent, etc., il suffit d'augmenter ou de diminuer sa caractéristique d'une, de deux unités, etc.

C'est sur ces principes que sont fondées nos Tables de logarithmes; on voit qu'elles deviendront d'un fréquent usage dans la société, quand le système des divisions décimales sera généralement admis. La facilité qui en résulte dans tous les calculs est un des principaux avantages de l'introduction de ce système. Il faut donc s'attacher particulièrement à développer, dans l'enseignement, la nature des logarithmes et leurs divers usages.

Dix, cent, mille, etc. étant les puissances successives de dix, leurs logarithmes sont les exposants de ces puissances. Ainsi l'on peut généralement considérer les logarithmes comme les exposants des puissances entières ou fractionnaires, auxquelles le nombre 10 doit être élevé pour former successivement tous les nombres. Cette manière d'envisager les logarithmes est plus analytique que la précédente; elle conduit à des séries très convergentes, au moyen desquelles on peut obtenir aisément les logarithmes dans tous les systèmes possibles. Mais les Tables de logarithmes étaient déjà faites quand ces séries ont été trouvées, et la patience des calculateurs avait suppléé à l'imperfection de leurs méthodes.

On peut envisager, sous ce point de vue général, les Tables de logarithmes. Concevons tous les nombres écrits sur une ligne horizontale et sur une ligne verticale, de manière que l'unité soit au point de jonction des deux lignes. Imaginons ensuite des verticales menées par chaque nombre horizontal, et des horizontales menées par chaque nombre vertical, et supposons le produit de ces nombres, écrit au point de jonction de ces lignes. On formera ainsi une Table qui sera une extension de celle que l'on a nommée *Table de Pythagore*, et dont l'inspection seule fera connaitre le produit de deux nombres; car, en cherchant sur la première ligne horizontale le nombre multiplicateur et sur la première ligne verticale le nombre multiplicande, et en suivant les deux colonnes verticale et horizontale correspondant à ces nombres, jusqu'au point de leur jonction, on trouvera écrit, à ce point, le produit cherché des deux nombres. Mais une pareille Table serait d'une longueur excessive et, pour les seuls mille premiers nombres, elle renferme un million de produits, ce qui la rend impraticable. Les Tables de ce genre se nomment *Tables à double entrée*, parce que l'on y entre avec deux nombres. L'art de l'analyste consiste à les transformer en *Tables à simple entrée*, ou dans lesquelles on n'entre qu'avec un seul nombre et qui, par cette raison, sont incomparablement moins étendues; c'est ce que l'on obtient d'une manière très heureuse par les logarithmes; car le logarithme du produit de deux nombres étant la somme de deux logarithmes, si l'on conçoit tous les nombres écrits dans une même colonne verticale et leurs logarithmes à côté, en cherchant les logarithmes de chaque nombre, en faisant ensuite une somme de ces logarithmes, et cherchant dans la colonne des logarithmes à quel nombre cette somme correspond, on aura le produit cherché.

Il me reste à vous dire un mot des propriétés des nombres. Elles ont intéressé la curiosité des géomètres, surtout par les artifices singuliers qu'il a fallu imaginer pour y parvenir. Pour vous donner une idée de ces propriétés, il suffit d'en énoncer quelques-unes.

Tout nombre entier est composé de quatre ou d'un moindre nombre de carrés.

La somme de deux puissances semblables et entières ne peut former exactement une puissance semblable, en nombres rationnels, lorsque cette puissance surpasse deux.

Ce dernier théorème est dû, avec beaucoup d'autres également curieux, à Fermat et n'a point encore été démontré. Ce grand géomètre avait promis de publier les démonstrations de ces divers théorèmes, mais elles ont été perdues à sa mort, et ces théorèmes sont restés comme autant de monuments qui, par la difficulté d'y parvenir, attestent la profondeur de son génie. Il est fort remarquable que les grandes découvertes dont l'Analyse s'est enrichie dans ce siècle aient peu influé sur la théorie des nombres. Au reste, ces recherches ne sont jusqu'ici que de pure curiosité, et je ne conseille de s'y livrer qu'à ceux qui en ont le loisir. Cependant il est bon de les suivre; elles fournissent d'excellents modèles dans l'art de raisonner; d'ailleurs on en fera un jour, peut-être, des applications importantes. Tout se tient dans la chaîne des vérités, et quelquefois un seul phénomène a suffi pour faire passer les plus inutiles en apparence, de notre entendement, dans la nature. Rien ne semblait plus futile que les spéculations des anciens géomètres sur les courbes qu'engendre la section de la surface du cône par un plan : après deux mille ans, elles ont fait découvrir à Képler les lois générales du système planétaire, dont les différents corps se meuvent dans ces courbes (¹).

(¹) Depuis la première publication de ces Leçons, M. Gauss, célèbre géomètre, a réalisé cette prédiction, et, par une application extrêmement ingénieuse de la théorie des nombres, il est parvenu à des résultats intéressants, entièrement nouveaux, sur la résolution des équations et sur l'inscription des polygones réguliers dans le cercle. (*Note de l'Auteur.*)

TROISIÈME SÉANCE.

SUR L'ALGÈBRE; DES PREMIÈRES OPÉRATIONS DE L'ALGÈBRE;
DES PUISSANCES ET DES EXPOSANTS.

La considération des nombres, indépendamment de leur valeur et de tout système de numération, a donné naissance à l'Arithmétique universelle, que l'on a désignée sous le nom d'*Algèbre*. Pour rendre cette filiation sensible, supposons que l'on se soit proposé de partager le nombre treize en deux parties telles que la première surpasse de cinq la seconde; on aura pu raisonner ainsi : puisque la seconde partie est égale à la première diminuée de cinq, les deux parties réunies sont égales au double de la première, moins cinq; mais la somme de ces parties est égale à treize; en retranchant donc cinq du double de la première, on aura treize et, par conséquent, la première, prise deux fois, est égale à treize plus cinq, ou à dix-huit; cette partie est donc égale à neuf, et la seconde est égale à quatre.

En considérant d'autres nombres que treize et cinq, on trouve, par le même raisonnement, les deux parties demandées; mais, pour ne pas le recommencer chaque fois que l'on considère de nouveaux nombres, on a cherché à exprimer le résultat final, d'une manière indépendante de leur valeur. Pour cela, on a représenté les deux nombres par des caractères généraux, et les plus simples, pour nous, sont les lettres de l'alphabet. Soient donc a le plus grand de ces nombres et b le plus petit; en appliquant à ces deux caractères le raisonnement que nous venons de faire sur les deux nombres treize et cinq, on trouve aisément que la première partie demandée est égale à la moitié de la somme des deux nombres a et b.

Pour exprimer cette somme, ou, ce qui revient au même, pour indi-

quer l'addition du nombre b au nombre a, on se sert du signe $+$, dont
on fait précéder le nombre que l'on veut ajouter; ainsi $a + b$ exprime
la somme des deux nombres a et b.

Nous avons dit, en parlant des fractions, qu'une barre horizontale,
au-dessus et au-dessous de laquelle on écrit deux nombres, indique la
division du nombre supérieur par l'inférieur; $\frac{a + b}{2}$ exprime donc la
moitié de la somme des deux nombres a et b; cette quantité est, par
conséquent, l'expression générale de la première partie demandée;
quelles que soient les valeurs numériques que l'on assigne aux lettres a
et b, il ne s'agit que de les substituer dans cette expression, pour avoir
cette partie.

Ces formules ou expressions générales, dont la précédente n'est
qu'un exemple très simple, sont un des plus grands avantages de l'Algèbre, parce que, toutes les fois qu'un problème rentre dans ces formules, il est sur-le-champ résolu, et l'on n'a pas besoin de recommencer
les raisonnements, souvent très compliqués, qui les ont fait découvrir.
Il importe donc extrêmement d'étendre et de multiplier les méthodes
et les formules générales, afin qu'elles puissent embrasser tous les cas
qui se présentent dans les applications de l'Analyse. Mais, dans les
sciences, comme dans les arts, le besoin est le premier et le principal
inventeur; et c'est surtout aux besoins de la Physique céleste que
l'Analyse, la Mécanique et l'Optique sont redevables de leurs progrès.

Les formules générales de l'Analyse sont maintenant très multipliées;
mais elles sont éparses dans un grand nombre d'Ouvrages qu'il est
souvent difficile de consulter. Le besoin d'un Ouvrage qui les rassem-
blerait toutes se fait sentir à chaque instant aux analystes.

Un second avantage de l'Algèbre, avantage qu'elle doit à la simplicité
de son langage, est de faire apercevoir très facilement les rapports des
objets. Le résultat que nous venons de trouver en fournit un exemple.
On peut l'exprimer ainsi : *Le plus grand des deux nombres cherchés est
égal à la moitié de leur somme, plus à la moitié de leur différence.* Cette
égalité, ainsi exprimée, exige une attention assez grande pour paraître
évidente; mais étant traduite en langage algébrique, son évidence

devient sensible. En effet, soient m le plus grand des deux nombres et n le plus petit, leur somme sera $m + n$. Pour indiquer leur différence, ou, ce qui revient au même, pour indiquer la soustraction de n du nombre m, on se sert du signe —, dont on fait précéder le nombre à soustraire; ainsi $m - n$ est l'excès de m sur n. La proposition que nous venons d'énoncer consiste donc en ce que m est égal à la moitié de $m + n$, plus à la moitié de $m - n$. Pour indiquer l'égalité, on se sert du signe $=$ placé entre les deux quantités que l'on égale entre elles; on a donc

$$m = \frac{m + n}{2} + \frac{m - n}{2}.$$

J'observerai ici qu'en inclinant l'une vers l'autre les deux lignes parallèles du signe $=$, on forme le signe $<$, qui sert à indiquer que la quantité placée vers la pointe est plus petite que la quantité placée vers l'ouverture; ainsi $a > b$ exprime que a est plus grand que b.

On nomme *équation* toute égalité exprimée algébriquement; les deux *membres* de l'équation sont les quantités séparées par le signe $=$.

L'équation précédente est la traduction analytique de la proposition énoncée, et, dans cette traduction, la vérité de la proposition se manifeste avec évidence; car si dans le second membre on ajoute les numérateurs des deux fractions qui ont le même dénominateur, et si l'on observe que $+ n$ et $- n$ se détruisent, puisque l'on retranche ce que l'on ajoute, on aura

$$m = \frac{2m}{2},$$

ce qui est évident.

Non seulement l'Algèbre donne la facilité de saisir les rapports des objets, mais elle réduit les raisonnements à des opérations en quelque sorte mécaniques. Reprenons le problème que nous nous sommes proposé d'abord. En nommant x la première partie, $x - b$ sera la seconde; la somme de ces deux parties sera $2x - b$; mais cette somme est a, on a conséquemment

$$2x - b = a;$$

l'égalité ne sera point troublée, si l'on ajoute à chaque membre le nombre b, et alors on a

$$2x + b - b = a + b,$$

ou simplement

$$2x = a + b,$$

équation qui n'est que la première, dans laquelle la quantité $-b$ a passé d'un membre dans l'autre, en changeant seulement de signe. On voit, par le même raisonnement, que l'on peut faire passer généralement une quantité d'un membre dans l'autre, en l'effaçant dans le membre où elle se trouve, et en l'écrivant dans l'autre avec un signe contraire.

On peut encore multiplier ou diviser les deux membres d'une équation, par un même nombre, sans troubler l'égalité; en divisant donc par 2 les deux membres de la dernière équation, on aura

$$x = \frac{a + b}{2}.$$

De là résulte cette règle générale pour résoudre les équations du premier degré à une seule inconnue (on nomme ainsi les équations dans lesquelles l'inconnue n'est élevée qu'à la première puissance) :

Faites passer toutes les quantités connues dans un seul membre, et toutes les quantités affectées de l'inconnue dans l'autre membre; divisez ensuite le membre composé des quantités connues, par la quantité totale qui multiplie l'inconnue dans l'autre membre; le quotient sera la valeur de l'inconnue.

Il importe, dans l'enseignement, d'exercer les élèves dans l'art de mettre les problèmes en équations; pour cela il faut leur proposer un grand nombre de questions délicates, qui demandent une attention soutenue et des considérations fines, pour en traduire les conditions en langage algébrique; ainsi les élèves contractent l'habitude d'envisager les objets sous toutes leurs faces; ils apprennent à se défier des premiers aperçus souvent trompeurs, car le résultat du calcul redresse toujours les erreurs de ce genre.

Ce sont principalement les problèmes qui dépendent de plusieurs inconnues, dont la traduction algébrique est difficile; on est alors conduit à plusieurs équations entre ces inconnues. Si toutes ces équations sont du premier degré, c'est-à-dire si chaque inconnue n'y est élevée qu'à la première puissance, et n'est pas multipliée par les autres, on prend, dans l'une de ces équations, la valeur d'une des inconnues, comme si toutes les autres étaient connues; on substitue cette valeur dans les autres équations, et l'on a ainsi une équation et une inconnue de moins; en continuant d'opérer de cette manière, on parvient à une équation qui ne renferme qu'une inconnue; on en tire la valeur, qui donne, en revenant sur ses pas, les valeurs de toutes les autres inconnues; mais ces diverses substitutions exigent que l'on sache ajouter, soustraire, multiplier et diviser les quantités algébriques. Nous allons indiquer les règles de ces diverses opérations.

Pour ajouter ensemble plusieurs quantités algébriques, il suffit de les écrire les unes à la suite des autres avec leurs signes, en observant que les quantités qui n'ont point de signe sont censées avoir le signe $+$; on réduit ensuite en un seul terme tous les termes semblables, c'est-à-dire ceux qui ne diffèrent que par leurs coefficients numériques. Pour cela, on fait une somme de tous les coefficients positifs, une autre somme de tous les coefficients négatifs; on retranche la plus grande somme de la plus petite, abstraction faite du signe, et l'on donne à la différence le signe de la plus grande somme.

Pour soustraire une quantité algébrique d'une autre on écrit, à la suite de la quantité dont on soustrait, la quantité à soustraire, en changeant les signes de tous ses termes; ensuite on fait la réduction. Cette règle est évidente quand le nombre à soustraire a le signe $+$; supposons qu'il ait le signe $-$, et que l'on se propose, par exemple, de soustraire $-b$ de a; je dis que le résultat de l'opération est $a + b$. En effet, le nombre a égale $a + b - b$; en retrancher $-b$, sous cette forme, c'est évidemment effacer $-b$, et alors il reste $a + b$.

Quand on ne veut qu'indiquer une multiplication, on se sert du signe $\times$, ou simplement du point que l'on place entre le multiplicande et le multiplicateur. Si les deux quantités que l'on multiplie sont complexes, c'est-à-dire composées de plusieurs termes, on les renferme

chacune entre deux parenthèses, ou l'on prolonge une barre horizontale
au-dessus; ainsi, pour indiquer le produit de $a + b$ par $c - d$, on écrit

$$(a + b) \times (c - d) \quad \text{ou} \quad \overline{a + b} \times \overline{c - d}.$$

Lorsqu'on multiplie une lettre plusieurs fois par elle-même, on la
répète autant de fois qu'elle doit être ainsi multipliée, ou, pour abréger, on ne l'écrit qu'une seule fois, en plaçant vers le haut le nombre
de fois que cette lettre était écrite; ce nombre est ce que l'on nomme
exposant.

Pour effectuer la multiplication, si le multiplicande et le multiplicateur ne renferment qu'un terme, on multiplie leurs coefficients numériques, on ajoute les exposants des lettres semblables, en observant
que toute quantité qui n'a point d'exposant est censée avoir l'unité pour
exposant; enfin, on écrit à la suite les unes des autres les lettres dis-
semblables.

Quant au signe du produit, il doit être positif, si les signes du multiplicande et du multiplicateur sont les mêmes; s'ils sont différents, le
signe du produit doit être négatif. Cette règle présente quelques difficultés; on a de la peine à concevoir que le produit de $- a$ par $- b$
soit le même que celui de a par b. Pour rendre cette identité sensible,
nous observerons que le produit de $- a$ par $+ b$ est $- ab$, puisque ce
produit n'est que $- a$ répété autant de fois qu'il y a d'unités dans b.
Nous observerons ensuite que le produit de $- a$ par $+ b - b$ est nul,
puisque le multiplicateur est nul; ainsi, le produit de $- a$ par $+ b$
étant $- ab$, le produit de $- a$ par $- b$ doit être d'un signe contraire,
ou égal à $+ ab$, pour le détruire.

Si le multiplicande et le multiplicateur sont complexes, on multiplie
chaque terme du multiplicande par chaque terme du multiplicateur, on
ajoute tous ces produits et l'on fait la réduction.

Quant à la division, si le dividende et le diviseur ne renferment
qu'un seul terme, on divise le coefficient numérique du dividende par
celui du diviseur; on retranche l'exposant des lettres du diviseur de
l'exposant des lettres semblables du dividende, et s'il y a dans le divi-

seur des lettres qui ne soient pas dans le dividende, on ne fait qu'indiquer la division par ces lettres; enfin on donne au quotient le signe $+$ ou le signe $-$, suivant que les signes du dividende et du diviseur sont les mêmes ou contraires. Tout cela résulte de ce que le produit du quotient par le diviseur est égal au dividende.

Ici l'analogie conduit à une remarque importante. Si l'exposant d'une lettre commune au dividende et au diviseur est plus grand dans le diviseur que dans le dividende, alors, en donnant à la lettre dans le quotient un exposant égal à celui du dividende moins l'exposant du diviseur, ce nouvel exposant est négatif; ainsi, a^2 divisé par a^3 donne a^{-1} pour quotient; mais a^2, divisé par a^3, est $\frac{a^2}{a^3}$ ou $\frac{1}{a^3}$; on a donc

$$a^{-1} = \frac{1}{a^3}.$$

On voit ainsi qu'une puissance négative n'est que l'unité divisée par la même puissance prise positivement. Cette manière d'exprimer les divisions de l'unité par les puissances est du plus grand usage dans l'Analyse.

Si l'on avait à diviser a^3 par a^3, le quotient, suivant la règle générale, serait a^0, mais ce quotient est évidemment l'unité; ainsi, toute quantité élevée à la puissance zéro remplace l'unité.

Si le dividende et le diviseur sont complexes, on ordonne l'un et l'autre par rapport aux puissances d'une même lettre, en écrivant les premiers, les termes dans lesquels cette lettre a le plus grand ou le plus petit exposant; ensuite la division se fait comme celle des nombres : on divise le premier terme du dividende par celui du diviseur, et l'on a le premier terme du quotient, que l'on multiplie par le diviseur, pour retrancher le produit du dividende. La différence forme le second dividende partiel, qui, divisé pareillement par le diviseur, donne le second terme du quotient, et ainsi de suite.

Quand la division n'est pas exactement possible, on peut réduire le quotient dans une suite infinie, ordonnée par rapport aux puissances croissantes ou décroissantes d'une des lettres du dividende et du diviseur; ainsi, l'unité divisée par $1 - x$ donne la suite infinie

$$1 + x + x^2 + x^3 + \ldots$$

Cette opération est analogue à celle par laquelle on réduit une fraction ordinaire en décimales, au moyen du zéro que l'on ajoute après la virgule, dans son numérateur; car il est visible que les nombres décimaux sont des suites ordonnées par rapport aux puissances successives d'un dixième. La réduction des fractions algébriques en suites infinies parait bien simple; elle fait cependant époque dans l'histoire de l'Analyse, comme ayant donné la première suite pour la quadrature des courbes.

On ajoute, on soustrait, on multiplie et l'on divise les fractions algébriques; on les réduit à leur moindre expression, exactement comme les fractions numériques.

La formation des puissances et l'extraction des racines se font encore de la même manière en Algèbre qu'en Arithmétique, mais on peut considérablement abréger ces opérations par la formule suivante :

Concevez la quantité décomposée en deux parties; soient a et b ces deux parties, et n la puissance à laquelle leur somme doit être élevée, on a

$$(a + b)^n = a^n + na^{n-1}b + \frac{n(n-1)}{1 \cdot 2} a^{n-2}b^2 + \frac{n(n-1)(n-2)}{1 \cdot 2 \cdot 3} a^{n-3}b^3 + \ldots$$

La loi des termes est évidente. Cette formule est ce que l'on nomme formule du binome, dont Newton est l'inventeur. Ce qu'elle offre de remarquable c'est qu'elle s'étend également aux puissances positives, négatives, entières et fractionnaires, en sorte qu'elle a généralement lieu, quelle que soit la valeur de n; c'est ce qui la rend d'un si grand usage dans toute l'Analyse; il faut donc s'attacher dans l'enseignement à la démontrer et à développer les applications que l'on peut en faire. Lorsqu'on en fait usage pour l'extraction des racines, n devient un nombre fractionnaire, et alors on prend la première partie a du binome, plus grande que b, et telle que l'on puisse en extraire la racine proposée.

Je dois ici vous présenter deux observations sur la manière dont il

paraît que Newton parvint à cette formule. Il observa d'abord la loi des
coefficients numériques des puissances du binôme dans le carré, le
cube, la quatrième puissance, etc., et bientôt la loi générale se mani-
festa. Cette manière de s'élever aux lois générales, par la considération
des cas particuliers, se nomme *induction*. Elle est la source de presque
toutes les découvertes dans l'Analyse et dans la nature dont tous les
phénomènes sont, comme nous l'avons déjà dit, les résultats mathématiques d'un petit nombre de lois invariables; ainsi, la marche de Newton
dans la découverte de la gravitation universelle a été exactement la
même que dans celle de la formule du binome. Mais, dans cette méthode
d'induction, il faut éviter de généraliser trop promptement, car il arrive
quelquefois qu'une loi qui se soutient dans un grand nombre de cas
est démentie par les cas suivants. La méthode d'induction, quoique
excellente pour découvrir les vérités générales, ne doit donc pas dispenser de les démontrer avec rigueur.

Newton étendit ensuite aux puissances fractionnaires et négatives
l'expression analytique qu'il avait trouvée dans les puissances entières
et positives. Vous voyez dans cette extension un des grands avantages
du langage algébrique, qui exprime des vérités beaucoup plus générales
que celles que l'on voulait lui faire exprimer; en sorte qu'en lui donnant toute l'étendue qui lui convient, on voit sortir une foule de vérités
nouvelles, de formules qui n'avaient été trouvées que par des suppositions particulières. On fut d'abord très réservé à admettre ces conséquences générales que fournissent les formules analytiques; mais un
grand nombre d'exemples les ayant justifiées, on s'abandonne aujour-
d'hui, sans crainte, à l'Analyse et à toutes les conséquences qu'elle
nous présente, et les plus heureuses découvertes ont été le fruit de
cette hardiesse. Observons cependant qu'il y a quelques précautions à
prendre pour éviter de donner aux formules plus de généralité qu'elles
n'en comportent, et qu'il est toujours bon de démontrer en rigueur les
résultats que l'on obtient.

Quand on ne veut qu'indiquer une extraction de racine, on se sert
du signe $\sqrt{}$ sous lequel on renferme la quantité proposée; ce radical,

par lui-même, n'indique qu'une racine carrée; mais pour lui faire indiquer une racine cubique ou une racine quatrième, etc., on écrit au-
dessus les nombres 3, 4, …; ainsi $\sqrt[3]{a+b}$ indique la racine cubique
de $a + b$. Ce signe et les précédents forment, avec les lettres de l'alphabet, les éléments de la langue algébrique, qui, comme l'on voit, est
aussi simple qu'elle est générale. On verra par la suite de nouvelles
manières d'envisager les grandeurs, introduire encore quelques nouveaux signes dans l'Analyse.

QUATRIÈME SÉANCE.

SUR LA THÉORIE DES ÉQUATIONS.

Après avoir exposé, dans la précédente Leçon, les éléments du langage algébrique, je reviens à la théorie des équations. J'ai indiqué la méthode de résoudre les équations du premier degré, méthode que l'on est parvenu à simplifier, en déterminant directement la valeur de chaque inconnue, au moyen des quantités connues de ces équations. La considération des carrés des nombres a conduit aux équations du second degré. On appelle ainsi les équations dans lesquelles l'inconnue est élevée à sa deuxième puissance.

Supposons que l'on se propose de trouver un nombre tel que, si de trois fois ce nombre on retranche son carré, le reste soit égal à 2. En nommant x ce nombre, $3x$ en fera le triple, et son carré sera x^2; leur différence sera donc $3x - x^2$; ainsi l'on aura l'équation

$$3.x - x^2 = 2.$$

C'est la traduction algébrique de la question proposée; il s'agit d'en tirer la valeur de l'inconnue.

Pour cela, on commence par rendre le carré de l'inconnue positif, ce que l'on fait en multipliant tous les termes de l'équation par -1, et alors on a

$$x^2 - 3x = -2.$$

Si, par l'addition d'un terme connu à chaque membre de l'équation, on parvenait à rendre le premier membre un carré parfait, il est clair qu'en extrayant la racine carrée de chaque membre, l'équation s'abaisserait au premier degré; or, on sait que le carré d'un binome est égal au carré du premier terme, plus au double du produit du premier terme par le second, plus au carré du second; en considérant donc x comme le premier terme du binome, et $-3x$ comme étant égal au produit de x par le double du second, $-\frac{3}{2}$ sera ce second terme; il suffit donc d'ajouter son carré ou $\frac{9}{4}$ au premier membre de l'équation précédente, pour le rendre un carré parfait. Cette équation devient ainsi

$$\left(x - \frac{3}{2}\right)^2 = \frac{9}{4} - 2.$$

En extrayant la racine carrée de chaque membre, on a

$$x - \frac{3}{2} = \sqrt{\frac{9}{4} - 2}.$$

Mais on doit faire ici une observation importante. La racine carrée d'un nombre peut être également affectée du signe $+$ ou du signe $-$; car le carré de $-a$ est le même que celui de $+a$; ainsi, en extrayant la racine carrée de chaque membre de l'équation précédente, le signe radical peut être indifféremment affecté de l'un ou l'autre de ces signes, et rien n'indique lequel doit être employé. Pour exprimer cette double signification du radical, on le fait précéder du double signe $\pm$. On a ainsi

$$x - \frac{3}{2} = \pm \sqrt{\frac{9}{4} - 2};$$

d'où l'on tire

$$x = \frac{3}{2} \pm \frac{1}{2}.$$

On a donc pour x les deux valeurs $x = 2$ et $x = 1$, suivant que l'on prend le signe $+$ ou le signe $-$, et il est visible que chacune de ces valeurs satisfait également à la question proposée. Ces valeurs ont été nommées *racines* de l'équation.

Vous voyez par là que les équations du deuxième degré ont un caractère très distinct de celles du premier degré, dans lesquelles l'inconnue n'est susceptible que d'une seule valeur, et vous pouvez déjà en conclure que, dans les équations du troisième degré et des degrés supérieurs, où l'inconnue est élevée à la troisième puissance, et à des puissances plus élevées, l'inconnue a autant de valeurs qu'il y a d'unités dans l'exposant de sa plus haute puissance.

Si, dans la question proposée, la différence $3x - x^2$, au lieu d'être égale à 2, était supposée égale à 3, on aurait

$$x = \frac{3}{2} \pm \sqrt{\frac{9}{4} - 3} \qquad \text{ou} \qquad x = \frac{3}{2} \pm \frac{\sqrt{-3}}{2}.$$

La quantité $\sqrt{-3}$ est impossible ; car un nombre réel, positif ou négatif, ne peut avoir pour carré un nombre négatif ; le problème qui conduit à ces valeurs est donc impossible. Ces valeurs se nomment *imaginaires* ; on peut les mettre sous la forme d'une quantité réelle augmentée ou diminuée d'une autre quantité réelle multipliée par $\sqrt{-1}$; ainsi les deux valeurs précédentes de x peuvent être mises sous cette forme, $\frac{3}{2} \pm \sqrt{\frac{3}{4}} . \sqrt{-1}$, et l'on voit qu'à cause du double signe $\pm$, dont le radical $\sqrt{-1}$ doit être affecté, la racine imaginaire est double ; en sorte que les racines d'une équation du deuxième degré sont, ou toutes deux réelles, ou toutes deux imaginaires.

Quoique les quantités imaginaires soient impossibles, cependant leur considération est du plus grand usage dans l'Analyse. Souvent les grandeurs réelles se présentent sous la forme de plusieurs imaginaires, dans lesquelles tout ce qu'il y a d'imaginaire se détruit mutuellement, quoiqu'il soit difficile de le reconnaitre à l'inspection des formules. On verra bientôt que l'expression des racines des équations du troisième degré est dans ce cas, lorsque toutes les racines sont réelles ; d'ailleurs, la comparaison des grandeurs réelles entre elles, et des imaginaires avec les imaginaires, est un moyen fécond de l'Analyse, pour déterminer les grandeurs.

Proposons-nous encore le problème suivant :

Deux lumières, dont l'une est quatre fois plus intense que l'autre, étant séparées par un intervalle de trois pieds, déterminer, sur la droite qui les joint, le point qu'elles éclairent également.

Si l'on nomme x la distance de la plus faible lumière à ce point, cette

distance étant supposée dirigée vers la plus forte lumière, $3 - x$ sera
la distance de la plus forte lumière au même point; or, on sait que la
force de la lumière décroit en raison du carré de la distance, en sorte
que $\frac{1}{x^2}$ sera la force de la plus petite lumière, à la distance x, et
$\frac{4}{(3 - x)^2}$ sera la force de la plus grande, à la distance $3 - x$; ainsi, ces
forces devant être égales par la condition du problème, on a

$$\frac{1}{x^2} = \frac{4}{(3 - x)^2},$$

ce qui donne, après les réductions convenables,

$$x^2 + 2x = 3;$$

d'où l'on tire

$$x = -1 \pm 2.$$

Les deux valeurs de x sont donc $x = 1$ et $x = -3$. La première
apprend que le point également éclairé par les deux lumières, et placé
entre elles, est à 1 pied de distance de la plus faible. La seconde valeur
est négative; elle montre ce que l'on pouvait ignorer d'abord, savoir
qu'il existe un second point également éclairé par les lumières, et placé
à 3 pieds de distance de la plus faible, mais en sens contraire du premier, c'est-à-dire sur la droite qui joint les deux lumières, prolongée
du côté opposé à la plus forte. En effet, il est visible que ce point étant
à 3 pieds de distance de la plus faible lumière, et à 6 pieds de distance
de l'autre, il est également éclairé par les deux lumières. Vous voyez
par là que les valeurs négatives satisfont, comme les positives, aux problèmes; mais elles doivent être prises dans un sens opposé à celui des
valeurs que l'on considère comme positives. Ces solutions inattendues
nous prouvent la richesse de la langue algébrique, à la généralité de
laquelle rien n'échappe, quand on la sait bien lire.

Élevons-nous maintenant à la considération de l'équation la plus générale du deuxième degré. Quelle que soit cette équation, en transpo-
sant tous ses termes dans un seul membre, et en la divisant par le

coefficient du carré de l'inconnue, on peut lui donner cette forme,

$$x^2 + px + q = 0;$$

p et q étant des quantités quelconques positives ou négatives. Le premier membre de cette équation devient le carré de $x + \frac{1}{2}p$, en lui ajoutant $\frac{1}{4}p^2$; on a donc

$$\left(x + \frac{1}{2}p\right)^2 = \frac{1}{4}p^2 - q;$$

d'où l'on tire

$$x = -\frac{1}{2}p \pm \sqrt{\frac{1}{4}p^2 - q}.$$

Telle est la forme générale des racines des équations du deuxième degré, et vous voyez que ces racines ne peuvent être imaginaires que dans le cas où q est positif, et plus grand que $\frac{1}{4}p^2$.

En examinant avec attention la raison pour laquelle l'équation du deuxième degré est susceptible de deux valeurs que nous désignerons par a et b, il est facile de reconnaitre que la quantité $x^2 + px + q$ est le produit des deux $x - a$ et $x - b$, et qu'ainsi l'équation du deuxième degré peut être mise sous la forme

$$(x - a)(x - b) = 0.$$

Alors il est visible que cette équation est également satisfaite par la supposition de $x = a$ et par celle de $x = b$. Cette manière d'envisager les équations du deuxième degré, étendue aux équations d'un degré quelconque, est la clef de toute la théorie des équations; il importe donc de la développer et d'en faire sortir les principaux résultats de cette théorie.

Je ne puis ici que tracer la route, en indiquant les vérités les plus remarquables, et en vous laissant le soin de rétablir les vérités intermédiaires et les démonstrations que je suis forcé de supprimer. J'exhorte ceux qui veulent approfondir ces matières à se réunir de temps en temps pour cet objet. Je me ferai un devoir d'assister, le plus souvent qu'il me sera possible, à ces conférences, heureux d'être utile à ceux d'entre vous que leur goût et leurs talents appellent à répandre les sciences mathématiques et à reculer leurs bornes.

Considérons généralement l'équation

$$x^n + p\,x^{n-1} + q\,x^{n-2} + r\,x^{n-3} + \ldots + h = 0.$$

Soient a, b, c, d, ... ses n racines; le premier membre sera le produit des n facteurs $x - a$, $x - b$, $x - c$, $x - d$, ... En formant ce produit on trouve : 1° que le coefficient p est égal à la somme des racines, prise avec le signe $-$; 2° que le coefficient q est égal à la somme des produits deux à deux des mêmes racines; 3° que le coefficient r est égal à la somme des produits trois à trois des mêmes racines, prise avec le signe $-$, et ainsi de suite; enfin, que le dernier terme h est le produit de toutes les racines, pris avec le signe $+$, ou avec le signe $-$, suivant que le degré de l'équation est pair ou impair.

Les coefficients p, q, r, ..., h étant supposés des nombres entiers, l'équation ne peut pas avoir pour racine un nombre rationnel, à moins qu'il ne soit entier. Dans ce cas, cette racine est un des diviseurs du terme h; en substituant donc, dans l'équation proposée, au lieu de x, chacun de ces diviseurs pris successivement avec le signe $+$ et avec le signe $-$, ceux qui y satisferont seront les racines commensurables de l'équation; si a est une de ces racines, $x - a$ sera diviseur de son premier membre; ainsi l'on aura ses diviseurs commensurables du premier degré. On a imaginé divers artifices pour simplifier cette méthode et pour l'étendre aux diviseurs commensurables des degrés supérieurs. Vous les trouverez exposés, avec autant de clarté que d'élégance, dans l'*Algèbre* de Clairaut.

Dans le cas où l'équation a des racines égales, on peut obtenir fort simplement ces racines, et par conséquent le diviseur commensurable formé de leur produit. Pour cela, on multiplie chaque terme de l'équation par l'exposant de l'inconnue dans ce terme; le commun diviseur de l'équation proposée, et de cette même équation ainsi multipliée, donne, en l'égalant à zéro, toutes les racines égales de l'équation.

On nomme *fonction* d'une ou de plusieurs grandeurs, toute quantité qui les contient d'une manière quelconque. La fonction est *rationnelle* si elle ne renferme point ces grandeurs sous le signe radical; elle est *entière* si elle ne contient point de fractions.

Les coefficients p, q, r, ... sont des fonctions des racines de l'équation telles qu'elles restent les mêmes, en y échangeant les racines entre elles. Je nomme *fonction invariable* toute fonction des racines qui jouit de cette propriété. Telles sont les sommes des carrés, des cubes, etc. des racines.

Toute fonction invariable des racines peut être déterminée au moyen des coefficients de l'équation. Cette détermination est un problème très intéressant, pour la solution duquel les analystes ont donné diverses méthodes générales qu'il est bon de connaître. La méthode suivante suffit pour ce qui doit suivre.

On peut obtenir successivement la somme des puissances des racines, au moyen de cette équation : la somme des puissances m des racines, plus la somme des puissances $m - 1$, multipliée par p, plus la somme des puissances $m - 2$, multipliée par q, plus la somme des puissances $m - 3$, multipliée par r, plus, etc., plus enfin le coefficient de x^{n-m} dans l'équation proposée, multiplié par m, est égale à zéro.

On doit observer de n'admettre dans cette formule que des puissances positives entières, et égales ou plus grandes que l'unité; on doit observer encore que le coefficient de x^{n-m} est nul, si m surpasse n.

Pour avoir la somme des termes de la forme $a^m b^{m'}$ on multipliera la somme des puissances a^m par la somme des puissances $a^{m'}$; le produit sera formé de la somme des puissances $a^{m+m'}$ et de la somme des termes de la forme $a^m b^{m'}$; ainsi l'on aura cette dernière somme au moyen de celle des puissances, et, par conséquent, en fonction des coefficients de l'équation.

Pour avoir la somme des termes de la forme $a^m b^{m'} c^{n''}$, on multipliera la somme des termes de la forme $a^m b^{m'}$ par la somme des puissances $a^{m''}$; le produit sera formé : 1° de la somme des termes de la forme $a^{m+m''} b^{m'}$; 2° de la somme des termes de la forme $a^m b^{m'+m''}$; 3° de la somme des termes de la forme $a^m b^{m'} c^{m''}$; on aura donc encore cette dernière somme en fonction des coefficients de l'équation, et ainsi de suite.

Maintenant, toute fonction invariable est égale à une ou plusieurs sommes de la forme précédente; elle peut donc être ainsi déterminée au moyen des coefficients p, q, r, ... de l'équation proposée.

Si l'on a une fonction de racines qui subisse des variations, en y échangeant toutes les racines de l'équation, les unes dans les autres, alors en désignant par a', b', c', ... ces divers changements que je suppose être au nombre de i, cette fonction sera donnée par une équation en z résultant du produit des i facteurs $z - a'$, $z - b'$, $z - c'$, ... En développant ce produit, les coefficients des puissances de z seront des fonctions invariables des racines a, b, c, ... de l'équation primitive, et pourront être déterminés au moyen de ses coefficients. Par exemple, la fonction $(a - b)^2$ subit $\dfrac{n(n-1)}{2}$ changements, en y substituant pour a et b toutes les racines de l'équation primitive; l'équation en z, dont les diverses racines sont, dans ce cas, les carrés des différences des racines a, b, c, ..., est donc du degré $\dfrac{n(n-1)}{2}$.

Toute équation d'un degré impair a au moins une racine réelle, d'un signe contraire à celui de son dernier terme; car, si l'on suppose, par exemple, ce dernier terme positif, en substituant dans le premier membre de l'équation, au lieu de l'inconnue, toutes les valeurs, depuis zéro jusqu'à l'infini négatif, ce membre passera, par degrés insensibles, d'une valeur positive à une valeur infinie négative; d'où il suit qu'une des valeurs de l'inconnue, intermédiaire entre zéro et l'infini négatif, rend ce premier membre nul, et, par conséquent, elle est une des racines de la proposée.

Le même raisonnement fait voir que, si l'équation étant d'un degré pair, son dernier terme est négatif, elle a au moins deux racines réelles, l'une positive et l'autre négative.

Les racines imaginaires des équations sont de la forme $m + n\sqrt{-1}$, m et n étant des quantités réelles, et si l'équation a pour racines $m + n\sqrt{-1}$, elle a pareillement pour racine $m - n\sqrt{-1}$; en sorte que

les racines imaginaires sont toujours en nombre pair, et l'équation, si
elle est d'un degré pair, peut être décomposée en facteurs du deuxième
degré, dont les coefficients sont réels. Ce théorème important a été
admis par les analystes, avant qu'ils en aient eu une démonstration
rigoureuse. D'Alembert est le premier qui l'ait démontré, en faisant
voir en même temps que toutes les imaginaires connues se réduisent à
la forme $m \pm n \sqrt{-1}$.

Deux termes consécutifs d'une équation, qui ont le même signe,
forment une *permanence*; s'ils ont différents signes ils forment une
variation. Par termes consécutifs j'entends ceux dans lesquels les
exposants de l'inconnue ne diffèrent que d'une unité.

Il ne peut pas y avoir, dans une équation, plus de racines réelles
positives que de variations; il ne peut pas y avoir plus de racines réelles
négatives que de permanences.

De là il suit que, si toutes les racines sont réelles, il y a autant de
racines positives que de variations, et autant de racines négatives que
de permanences. C'est la fameuse règle de Descartes, qui ne l'a trouvée
que par induction. Elle a été démontrée depuis, et même généralisée
par de Gua, dans les *Mémoires de l'Académie des Sciences* pour
l'année 1741.

Si quelques-uns des termes de l'équation manquent, ce qui revient à
supposer leurs coefficients égaux à zéro, on peut alors les faire précéder, à volonté, des signes $+$ ou $-$, et si le nombre des variations
n'est pas le même dans ces hypothèses, l'équation a nécessairement des
racines imaginaires. Par exemple, si deux termes consécutifs manquent
à la fois, l'équation a des racines imaginaires, et l'équation $x^n + 1 = 0$
a toutes ses racines imaginaires si n est pair, et elle n'a qu'une racine
réelle si n est impair.

On n'a point encore de règle générale pour reconnaître, dans une
équation proposée, le nombre des racines réelles et celui des racines
imaginaires. Plusieurs géomètres ont donné les moyens de déterminer,
dans les équations du troisième et du quatrième degré, le nombre des
racines imaginaires, celui des racines réelles positives et le nombre

des racines réelles négatives. Je citerai, entre autres, Dionis-Duséjour, que la mort vient d'enlever aux sciences et, en particulier, à l'Astronomie qu'il a considérablement enrichie par des applications nombreuses et importantes de l'Analyse aux divers problèmes astronomiques. Ce savant, illustre et regrettable sous tous les rapports, a laissé en manuscrit un beau Mémoire, dans lequel il étend aux équations du cinquième degré ses recherches publiées dans les *Mémoires de l'Académie des Sciences* pour l'année 1772.

On peut toujours déterminer si toutes les racines d'une équation sont réelles, en formant l'équation dont les racines soient les carrés des différences des racines de la proposée; car il est visible que toutes les racines de cette nouvelle équation seront réelles et positives si toutes les racines de la proposée sont réelles; l'équation du carré des différences des racines aura donc alors tous ses termes alternativement positifs et négatifs. Réciproquement, si cela a lieu, la proposée n'a aucune racine imaginaire, car les deux racines imaginaires, $m + n\sqrt{-1}$ et $m - n\sqrt{-1}$, donneraient la racine négative $-4n^2$, dans l'équation du carré des différences des racines; mais, par le théorème exposé ci-dessus, cette équation ne peut pas avoir des racines négatives si ses termes sont alternativement positifs et négatifs; toutes les racines de la proposée sont donc alors réelles.

On peut faire subir aux équations diverses transformations utiles; si l'on veut, par exemple, changer les racines positives en négatives, et réciproquement, il suffit de changer les signes des termes dans lesquels l'inconnue est élevée à une puissance impaire. On peut augmenter ou diminuer, à volonté, les racines d'une équation, d'une quantité quelconque, et faire ainsi disparaître un de ses termes, x étant l'inconnue, n le degré de l'équation et p le coefficient du second terme; si l'on suppose $x = y - \dfrac{p}{n}$, on aura une nouvelle équation en y du degré n, dans laquelle le coefficient de y^{n-1} sera nul, et dont la forme sera, par cette raison, un peu plus simple que celle de la proposée.

CINQUIÈME SÉANCE.

SUR LA RÉSOLUTION DES ÉQUATIONS. THÉORÈME SUR LA FORME
DE LEURS RACINES IMAGINAIRES.

Je vous ai présenté, dans la Leçon précédente, les propriétés les plus remarquables des équations; je vais m'occuper, dans celle-ci, de leur résolution.

Il existe une classe nombreuse d'équations que l'on peut résoudre comme celles du deuxième degré; elles sont comprises dans cette formule générale :

$$x^{2n} + p x^n + q = 0.$$

En les résolvant par la méthode que nous avons donnée, relativement aux équations du deuxième degré, on a

$$x = \sqrt[n]{-\frac{1}{2} p \pm \sqrt{\frac{1}{4} p^2 - q}}.$$

Cette valeur de x donne lieu à quelques observations. D'abord, l'extraction exacte de la racine de la quantité renfermée sous le radical est quelquefois possible; ainsi, en supposant $n = 2$ et q égal à un carré que nous représentons par m^2, on a

$$x = \pm \sqrt{-\frac{1}{4} p + \frac{1}{2} m} \pm \sqrt{-\frac{1}{4} p - \frac{1}{2} m}.$$

Les géomètres ont imaginé, pour faire ces extractions, lorsqu'elles sont possibles, diverses méthodes qu'il est bon de connaître, pour donner aux expressions analytiques toute la simplicité dont elles sont susceptibles.

On peut observer ensuite que si l'on ne considère que les racines

auxquelles on parvient par les méthodes arithmétiques de l'extraction
des racines, l'expression précédente de x n'a que deux valeurs, et cependant l'équation proposée étant du degré $2n$, elle doit avoir $2n$ racines.
Pour les déterminer, nommons h et h' les deux racines précédentes,
déterminées par les méthodes arithmétiques; nommons ensuite 1, α,
α', ... les n racines de l'équation $x^n - 1 = 0$, racines qui sont les
diverses racines $n^{ièmes}$ de l'unité; alors les $2n$ racines de l'équation
primitive seront h, αh, $\alpha' h$, ..., h', $\alpha h'$, $\alpha' h'$, ... Tout se réduit donc
à déterminer les racines de l'équation $x^n - 1 = 0$.

Si $n = 2$, ces racines sont ± 1.

Si $n = 3$, l'une des racines est l'unité. En divisant ensuite l'équation $x^3 - 1 = 0$ par $x - 1$, on a

$$x^2 + x + 1 = 0,$$

d'où l'on tire

$$x = \frac{-1 \pm \sqrt{-3}}{2}.$$

Si $n = 4$, les quatre racines sont ± 1, $\pm \sqrt{-1}$.

On peut déterminer algébriquement ces diverses racines, lorsque
n ne surpasse pas 10 ([1]). En traitant de l'application de l'Algèbre à la
Géométrie nous donnerons le moyen d'obtenir toutes les racines de
l'équation $x^n \pm 1 = 0$, quelle que soit n. Nous observerons seulement ici
que 1 et α étant deux racines de l'équation $x^n - 1 = 0$, les $n - 2$ autres
racines sont α^2, α^3, ..., α^{n-1}, si n est un nombre premier.

Considérons présentement les équations du troisième et du quatrième degré. Depuis longtemps les analystes ont résolu ces équations
par diverses méthodes ingénieuses; elles consistent à transformer, par
des substitutions convenables, l'équation que l'on veut résoudre, dans
une autre qui puisse être résolue à la manière des équations d'un degré
inférieur, et à déterminer, au moyen des racines de cette nouvelle
équation que l'on nomme *réduite*, toutes les racines de la proposée.

([1]) Depuis l'époque de la première publication de ces Leçons, M. Gauss est parvenu,
par une analyse extrêmement remarquable, à déterminer algébriquement ces racines pour
un degré quelconque. (*Note de l'Auteur.*)

Il est visible que ces dernières racines étant données au moyen des racines de la réduite, elles en sont des fonctions, et qu'ainsi les racines de la réduite sont elles-mêmes fonctions des racines de la proposée. Toutes les méthodes de résoudre une équation se réduisent donc à déterminer une fonction de ses racines qui dépende d'une équation d'un degré inférieur et qui soit telle qu'elle donne facilement les racines de la proposée. En considérant sous ce point de vue les diverses solutions des équations du troisième et du quatrième degré, il en résulte une méthode de les résoudre puisée dans la nature même de ces équations, et qui a l'avantage d'éclairer ces solutions, d'en montrer les rapports et de faire voir comment, par des procédés très différents, elles conduisent cependant à des résultats identiques; ainsi, quoique cette méthode soit un peu plus longue que les méthodes indirectes, je la crois préférable dans un cours destiné à développer les vrais principes des sciences. Je dois observer ici que cette méthode de résoudre les équations du troisième et du quatrième degré et le rapprochement des méthodes connues pour le même objet ont été donnés de la manière la plus générale et la plus lumineuse par M. Lagrange, dans deux Mémoires insérés parmi ceux de l'Académie des Sciences de Berlin, pour les années 1770 et 1771; je vous engage pareillement à voir, sur cette matière, un excellent Mémoire de Vandermonde, imprimé dans le Volume de l'Académie des Sciences pour l'année 1771 (¹), et l'Ouvrage de Waring, intitulé *Meditationes algebraicæ*.

Pour exposer d'une manière uniforme ce que l'on sait sur la résolution des équations, nous allons reprendre celle de l'équation du deuxième degré,

$$x^2 + px + q = 0.$$

(¹) Dans ce Mémoire, Vandermonde donne l'expression de la racine d'une équation du cinquième degré dont dépend la résolution de l'équation

$$x^{11} - 1 = 0,$$

et l'on peut dire qu'il est le premier qui ait franchi les limites dans lesquelles la résolution des équations à deux termes se trouvait resserrée. Malheureusement ce résultat important fut longtemps ignoré.

Consulter *OEuvres de Lagrange*, t. VIII, p. 355-360.

Nommons a et b ses deux racines. Leur somme $a + b$ est, comme on l'a vu, égale à $-p$; il ne s'agit donc plus que d'avoir la valeur d'une autre fonction des racines qui, combinée avec l'égalité précédente, détermine chacune de ces racines, en ne résolvant que des équations du premier degré. Pour cela, il faut que la fonction cherchée soit de la forme $la + mb$; les fonctions de cette forme, dans lesquelles les quantités ne sont élevées qu'à la première puissance et ne sont point multipliées les unes par les autres, se nomment *fonctions linéaires*. La précédente est susceptible de deux combinaisons, en y changeant a en b, et réciproquement; elle dépend donc d'une équation du deuxième degré, excepté dans le cas où $l = m$; mais alors cette fonction ne donne que la somme des racines qui est déjà connue. Puisque nous sommes forcés, pour déterminer la fonction $la + mb$ dont nous avons besoin, de résoudre une équation du deuxième degré, il faut que cette équation puisse se résoudre par une simple extraction de racines, et qu'ainsi elle ne renferme que le carré de l'inconnue. Dans ce cas, ses deux racines sont égales mais de signes contraires; il faut donc déterminer les deux coefficients l et m, de manière que la fonction $la + mb$ ne change point de valeur et prenne un signe contraire, en y changeant a en b et réciproquement, ce qui donne

$$la + mb = -lb - ma$$

ou

$$l = -m,$$

et si l'on suppose, pour simplifier, $l = 1$, la fonction cherchée sera $a - b$; en la désignant par z, la valeur de z sera donnée par l'équation

$$[z - (a - b)][z - (b - a)] = 0$$

ou

$$z^2 = a^2 + b^2 - 2ab.$$

Or, on a

$$a^2 + b^2 = p^2 - 2q, \qquad ab = q;$$

donc

$$z^2 = p^2 - 4q,$$

d'où l'on tire z ou $a - b$ égal à $\sqrt{p^2 - 4q}$. En combinant cette égalité avec celle-ci $a + b = - p$, on trouve, pour a et b, les deux racines que nous avons données dans la Leçon précédente.

Il est visible que ces deux racines sont réelles ou imaginaires, suivant que $p^2 - 4q$ est positif ou négatif. Quand les racines sont réelles, leur signe est le même si q est positif; enfin, si elles sont de même signe, elles ont un signe contraire à p.

En supposant l'équation générale du troisième degré privée, pour plus de simplicité, de son second terme, elle prend la forme

$$x^3 + px + q = 0.$$

Soient a, b, c ses trois racines et cherchons *a priori* une fonction de ces racines qui ne dépende que d'une équation du deuxième degré et qui les détermine facilement. La forme la plus simple que l'on puisse supposer à cette fonction est celle-ci : $la + mb + nc$; en y échangeant entre elles les racines a, b, c, on a six combinaisons différentes; ainsi, l'équation dont cette fonction dépend est du sixième degré. Pour en faire usage, il faut qu'elle soit résoluble à la manière des équations du deuxième degré, et qu'ainsi le cube de cette fonction ne dépende que d'une équation du deuxième degré. Alors, en nommant h et h' ses deux racines et en désignant par 1, α et α' les trois racines cubiques de l'unité, les six valeurs de la fonction proposée seront

$$h, \quad \alpha h, \quad \alpha' h, \quad h', \quad \alpha h', \quad \alpha' h'.$$

Si l'on prend pour h et h' deux de ces valeurs, telles que $la + mb + nc$ et $lb + ma + nc$, et si l'on se rappelle que $\alpha' = \alpha^2$, il est facile de voir que les quatre autres valeurs ne peuvent pas être égales à celles-ci multipliées respectivement par α et α', à moins que les coefficients l, m et n ne soient entre eux comme les racines cubiques de l'unité et, réciproquement, que, si cela a lieu, les six valeurs de $la + mb + nc$ ne seront que les deux précédentes multipliées respectivement par ces racines cubiques. En supposant donc l, m, n égaux à ces racines et représentant par z la fonction $la + mb + nc$, z sera donné par l'équation

$$[z^3 - (a + \alpha b + \alpha' c)^3][z^3 - (\alpha a + b + \alpha' c)^3] = 0,$$

dans laquelle le coefficient de z^3 et le terme indépendant de z seront des fonctions invariables des racines a, b, c, puisque les six valeurs de la fonction $a + \alpha b + \alpha' c$ y entrent de la même manière. C'est, en effet, ce que le calcul confirme *a posteriori*; car, si l'on considère que par la nature des racines cubiques de l'unité on a

$$1 + \alpha + \alpha' = 0,$$

on parvient à la réduite

$$z^6 + 27 q z^3 - 27 p^3 = 0.$$

Les racines de cette équation sont

$$3\sqrt[3]{-\frac{1}{2}q + \sqrt{\frac{1}{4}q^2 + \frac{1}{27}p^3}},$$

$$3\sqrt[3]{-\frac{1}{2}q - \sqrt{\frac{1}{4}q^2 + \frac{1}{27}p^3}};$$

en nommant donc z et z' ces racines, on aura

$$a + \alpha b + \alpha' c = z,$$
$$\alpha a + b + \alpha' c = z'.$$

La condition que le second terme de la proposée est nul donne

$$a + b + c = 0;$$

on aura ainsi

$$a = \frac{z + \alpha' z'}{3}, \qquad b = \frac{\alpha' z + z'}{3}, \qquad c = \frac{\alpha(z + z')}{3};$$

z et z' étant des racines cubiques, ils sont susceptibles chacun de trois valeurs qui donnent neuf valeurs différentes pour les racines a, b, c. Cette multiplicité de valeurs tient à ce que z et z' ne contiennent que le cube de p, en sorte que les valeurs précédentes de a, b, c résolvent, outre la proposée, les deux équations

$$x^3 + \alpha p x + q = 0, \qquad x^3 + \alpha' p x + q = 0;$$

elles sont donc les racines de l'équation du neuvième degré, résultante du produit de ces trois équations. Mais, parmi ces racines, il ne faut choisir que les trois qui, substituées pour a, b, c, satisfont à l'équation

$$ab + ac + bc = p;$$

cette équation donne $zz' = -3\alpha p$; ainsi, en désignant par $3h$ et $3h'$ les valeurs de z et z', lorsqu'on prend l'unité pour racine cubique de l'unité, il suffit de supposer $z = 3h$ et $z' = 3\alpha h'$, et alors on a

$$a = h + h', \qquad b = \alpha' h + \alpha h', \qquad c = \alpha h + \alpha' h'.$$

Ces expressions des racines du troisième degré offrent une singularité remarquable qui embarrassa beaucoup les premiers analystes. Lorsque $\frac{1}{4}q^2 + \frac{1}{27}p^3$ est négatif, les valeurs de h et h' sont imaginaires. Il ne faut pas cependant en conclure que la proposée renferme alors des racines imaginaires. Loin que cette conséquence soit juste, il est généralement vrai que, dans ce cas, les trois racines de la proposée sont réelles et qu'elles ne peuvent l'être que dans ce cas, qui a été nommé *cas irréductible,* tous les efforts que l'on a faits pour donner une autre forme aux expressions des racines ayant été inutiles. On ne tarda pas à reconnaître la réalité des racines dans ce cas singulier. Parmi les moyens imaginés pour s'en assurer, voici le plus simple :

Faisons, pour plus de simplicité,

$$-\frac{1}{2}q = m \qquad \text{et} \qquad \sqrt{\frac{1}{4}q^2 + \frac{1}{27}p^3} = n\sqrt{-1};$$

on aura

$$h = \sqrt[3]{m + n\sqrt{-1}}, \qquad h' = \sqrt[3]{m - n\sqrt{-1}}.$$

Si l'on développe chacun de ces radicaux en séries ordonnées par rapport aux puissances croissantes ou décroissantes de n, suivant que n est plus petit ou plus grand que m, on aura, pour h et h', des expressions de cette forme

$$h = M + N\sqrt{-1}, \qquad h' = M - N\sqrt{-1},$$

M et N étant des quantités réelles; on aura ainsi

$$a = 2M, \qquad b = -M + N\sqrt{3}, \qquad c = -M - N\sqrt{3}.$$

Si h et h' sont réels, il n'y a que la première racine a de réelle; on reconnaitra donc si une équation du troisième degré a toutes ses racines réelles par le signe de la quantité $\frac{1}{4}q^2 + \frac{1}{27}p^3$; si cette quantité est négative, les trois racines sont réelles; si elle est positive, deux des racines sont imaginaires. A la vérité, l'équation que nous venons de considérer manque de son second terme; mais il est toujours facile, comme on l'a vu, de réduire une équation à cette forme, et cela ne change point le nombre de ses racines réelles. Les valeurs de p et q de la transformée sont alors des coefficients de la proposée, faciles à déterminer, et en les substituant dans la quantité $\frac{1}{4}q^2 + \frac{1}{27}p^3$, le signe de cette fonction déterminera si toutes les racines sont réelles, ou si deux sont imaginaires. Quand toutes les racines sont réelles, la règle de Descartes fait connaitre le nombre des racines positives et celui des racines négatives. Si deux racines sont imaginaires, la racine réelle est d'un signe contraire à celui du dernier terme de l'équation.

Considérons maintenant l'équation du quatrième degré

$$x^4 + p.x^2 + q.x + r = 0.$$

Soient a, b, c, d ses quatre racines. Pour les déterminer, nous allons chercher, comme nous venons de le faire relativement aux équations du deuxième et du troisième degré, une fonction de ces racines qui les donne facilement et qui ne dépende que d'une équation d'un degré inférieur au quatrième. Nous emploierons encore la supposition qui nous a réussi pour les équations des degrés inférieurs, savoir que cette fonction renferme les racines sous une forme linéaire; nous la représenterons ainsi par la suivante $fa + mb + nc + ld$. Cette fonction est susceptible de vingt-quatre combinaisons différentes; elle dépend donc d'une équation du vingt-quatrième degré. Mais il est facile de voir que, si l'on suppose $f = m$, les vingt-quatre combinaisons se réduiront à douze et que, si l'on suppose de plus $l = n$, les douze combinaisons se réduiront à six, en sorte que la fonction $m(a + b) + n(c + d)$ ne dépend que d'une équation du sixième degré. Enfin, si l'on suppose

$n = -m$, cette dernière équation aura ses racines égales deux à deux, mais affectées de signes contraires; elle ne renfermera donc que les puissances paires de l'inconnue et elle pourra se résoudre à la manière des équations du troisième degré.

Il suit de là que, en supposant, pour plus de simplicité, $m = 1$ et en représentant par $4z$ la fonction $(a + b - c - d)^2$, z sera donné par une équation du troisième degré; or, on a

$$(a + b - c - d)^2 = -4p + 4(ab + cd);$$

l'équation en z sera donc

$$[z + p - (ab + cd)][z + p - (ad + bc)][z + p - (ac + bd)] = 0,$$

d'où l'on tire

$$z^3 + 2pz^2 + (p^2 - 4r)z - q^2 = 0.$$

Telle est la réduite des équations du quatrième degré. Soient z, z', z'' ses trois racines, on aura

$$a + b - c - d = 2\sqrt{z},$$
$$a + c - b - d = 2\sqrt{z'},$$
$$a + d - b - c = 2\sqrt{z''}.$$

En combinant ces trois équations avec celle-ci, $a + b + c + d = 0$, qui résulte de ce que le deuxième terme manque dans l'équation proposée du quatrième degré, on aura

$$a = \frac{1}{2}(\sqrt{z} + \sqrt{z'} + \sqrt{z''}),$$
$$b = \frac{1}{2}(\sqrt{z} - \sqrt{z'} - \sqrt{z''}),$$
$$c = \frac{1}{2}(\sqrt{z'} - \sqrt{z} - \sqrt{z''}),$$
$$d = \frac{1}{2}(\sqrt{z''} - \sqrt{z} - \sqrt{z'}).$$

Chacun des radicaux $\sqrt{z}$, $\sqrt{z'}$, $\sqrt{z''}$ pouvant être également affecté du signe $+$ ou du signe $-$, il en résulte huit valeurs différentes pour les

racines a, b, c, d. Cela vient de ce que la réduite en z ne renfermant
que le carré de q, les valeurs qu'elle donne pour a, b, c, d doivent
également satisfaire à la proposée, en y supposant q négatif, en sorte
que ces valeurs résolvent une équation du huitième degré, comme on
a vu que la réduite du troisième degré résout une équation du neuvième. Mais ces valeurs se réduisent à quatre, en leur faisant remplir
la condition que la somme des produits trois à trois des racines a, b,
c, d soit égale à $-q$. Cette somme est égale à

$$\sqrt{z}\,\sqrt{z'}\,\sqrt{z''};$$

il faut conséquemment donner aux radicaux un signe tel que ce produit soit d'un signe contraire à q, et cela déterminera les quatre valeurs
que l'on doit prendre pour les racines de la proposée.

Si la réduite en z a ses trois racines réelles, l'équation du quatrième
degré a ses racines ou toutes quatre réelles ou toutes quatre imaginaires. On pourra donc ainsi reconnaître si une équation du quatrième
degré, lors même qu'elle a tous ses termes, a ses racines ou toutes
réelles ou toutes imaginaires. Il suffira de faire disparaître son deuxième
terme, de former ensuite sa réduite et de voir si cette réduite a toutes
ses racines réelles.

Quand l'équation du quatrième degré a toutes ses racines réelles,
la règle de Descartes donne le nombre des racines positives et celui
des racines négatives.

Si l'équation a deux racines réelles et deux racines imaginaires, les
deux racines réelles seront de même signe ou de signe contraire, suivant que le dernier terme sera positif ou négatif.

Si les deux racines réelles sont de même signe, elles seront positives s'il y a dans la proposée plus de variations que de permanences;
elles seront négatives s'il y a plus de permanences que de variations et,
s'il y a autant de variations que de permanences, le signe de ces racines
sera contraire à celui de la fonction $f^2 - 4pf + 8q$, f étant le coefficient du deuxième terme dans l'équation supposée complète. La réduite
en z a toujours une valeur réelle positive, puisque son dernier terme

est négatif. Supposons que $\sqrt{z}$ soit réel, les valeurs précédentes de a
et de b donnent

$$a + b = \sqrt{z},$$
$$ab = \frac{1}{4}\left(z - z' - z'' - 2\sqrt{z'z''}\right).$$

Or, on a $z' + z'' = -2p - z$; de plus, $zz'z'' = -q^2$, ce qui donne

$$\sqrt{z'z''} = \frac{-q}{\sqrt{z}};$$

ainsi, $a + b$ et ab sont réels, le facteur $x^2 - (a + b)x + ab$ est donc
réel; or, ce facteur est évidemment diviseur de l'équation proposée du
quatrième degré; cette équation est donc résoluble en deux facteurs
réels du deuxième degré.

De là résulte une démonstration fort simple de ce théorème général
que nous avons énoncé précédemment et qui consiste en ce que toute
équation d'un degré pair est résoluble en facteurs réels du deuxième
degré.

Soient a, b, c, ... les diverses racines de cette équation et supposons
que $2^i s$ soit son degré, s exprimant un nombre impair. L'équation dont
les racines seront $a + b + mab$, m étant un coefficient quelconque,
sera du degré $2^{i-1}s 2^i(s-1)$ et, par conséquent, l'exposant de son
degré sera de la forme $2^{i-1}s'$, s' étant un nombre impair.

Si $i = 1$, cette nouvelle équation, dérivée de la première, sera d'un
degré impair; elle aura donc au moins une racine réelle, quelle que
soit la valeur de m et, comme on peut donner à m une infinité de
valeurs, on aura une infinité de fonctions de la forme $a + b + mab$
qui auront des valeurs réelles. Parmi ces fonctions il y en aura nécessairement qui renfermeront les mêmes racines de la proposée. Soient a
et b ces racines et soient $a + b + mab$ et $a + b + m'ab$ deux fonctions
dont les valeurs soient réelles; leur différence $(m' - m)ab$ sera réelle;
ab et $a + b$ seront donc réels, ainsi que le facteur $x^2 - (a + b)x + ab$;
la proposée aura, par conséquent, un facteur réel du deuxième degré.

En géénral, la proposée aura un facteur réel du deuxième degré si toute équation du degré $2^{i-1}s'$ a un facteur réel du même degré; car alors on a une infinité de fonctions de la forme $a + b + mab$, dont la valeur est de la forme $e + g\sqrt{-1}$ et l'on en conclura, par le raisonnement précédent, qu'il y a deux racines a et b telles que $a + b$ et ab sont de la même forme. Le facteur $x^2 - (a + b)x + ab$ prend alors la forme

$$x^2 + fx + h + \sqrt{-1}(f'x + h').$$

Soit $P + Q\sqrt{-1}$ le quotient de la division de la proposée par ce facteur, $P - Q\sqrt{-1}$ sera le quotient de la proposée par la quantité

$$x^2 + fx + h - \sqrt{-1}(f'x + h');$$

la proposée sera donc divisible par le produit de ces deux facteurs du deuxième degré, du moins si ces facteurs n'ont point de diviseur commun. Elle aura donc pour facteur la fonction du quatrième degré

$$(x^2 + fx + h)^2 + (f'x + h')^2;$$

or, cette quantité est, comme on vient de le voir, décomposable en deux facteurs réels du deuxième degré; la proposée a donc un facteur réel de ce degré.

Si les deux facteurs précédents du deuxième degré ont un facteur commun, il ne peut être que $f'x + h'$, puisqu'il doit diviser leur différence; la proposée sera donc divisible par $f'x + h'$. Après la division, son degré devenant impair, elle aura encore un facteur réel du premier degré; elle a donc un facteur du deuxième degré résultant du produit de ces deux facteurs du premier degré.

Toute équation du degré 2^is a donc un facteur réel du deuxième degré si toute équation du degré $2^{i-1}s'$ a un facteur semblable. Par la même raison, toute équation du degré $2^{i-1}s'$ a un facteur réel du deuxième degré si toute équation du degré $2^{i-2}s''$ a un facteur semblable, s'' étant un nombre impair. En continuant ainsi jusqu'à l'équation du degré $2k$, k étant impair, équation qui, comme on vient de le voir, a nécessairement un facteur réel du deuxième degré, on voit, en rétrogradant, que toute équation du degré $2^i s$ a un facteur réel du deuxième degré.

Donc, toute équation d'un degré pair a un facteur du deuxième degré; en la divisant par ce facteur on aura une nouvelle équation d'un degré pair, qui aura elle-même un facteur réel du deuxième degré, et en continuant ainsi on décomposera l'équation entière en facteurs réels du deuxième degré.

Nous venons d'exposer ce que l'on sait sur la résolution des équations complètes. Les analystes parvinrent bientôt à celle des équations du deuxième, du troisième et du quatrième degré; mais, arrivés à ce terme, ils trouvèrent un obstacle que des efforts continués pendant plus de deux siècles n'ont pu surmonter encore. L'uniformité des méthodes imaginées pour résoudre les équations des degrés inférieurs au cinquième donnait quelque espoir de les étendre à ce degré; mais toutes les tentatives que l'on a faites pour cet objet ont été jusqu'à présent infructueuses. Au reste, ce qui doit consoler du peu de succès des recherches de ce genre, c'est que la résolution complète des équations, quoique très belle par elle-même, serait peu utile dans les applications de l'Analyse, pour lesquelles il est toujours plus commode d'employer les approximations.

SIXIÈME SÉANCE.

SUR L'ÉLIMINATION DES INCONNUES DES ÉQUATIONS. RÉSOLUTION DES ÉQUATIONS
PAR APPROXIMATION.

Jusqu'ici nous n'avons considéré, parmi les équations des degrés
supérieurs au premier, que celles qui ne renferment qu'une inconnue ;
mais, le plus souvent, les applications de l'Analyse offrent les inconnues
mêlées ensemble dans les équations qui doivent les déterminer. Pour
avoir leurs valeurs il est nécessaire de les séparer en éliminant de ces
équations toutes les inconnues, à l'exception d'une seule. On forme
ainsi des équations à une inconnue auxquelles on peut appliquer les
méthodes rigoureuses ou approchées de résoudre les équations. On a
vu que cette élimination est toujours facile dans les équations du premier degré et que l'équation finale est pareillement de ce degré ; mais
il n'en est pas ainsi des équations des degrés supérieurs, et l'équation
finale s'élève presque toujours beaucoup plus que les équations composantes.

Concevons que l'on ait, entre les deux inconnues x et y, deux équations complètes, l'une du degré m et l'autre du degré n ; c'est-à-dire
telles que les puissances et les produits de ces inconnues s'élèvent à la
dimension m dans la première et à la dimension n dans la seconde. Par
dimension on entend dans l'Analyse la somme des exposants des quantités. Supposons, de plus, m égal ou plus grand que n ; il est clair que
l'on pourra, au moyen de la seconde équation, éliminer de la première
les puissances de x, égales ou supérieures à x^n ; il suffit d'y substituer,
pour x^n, sa valeur tirée de la seconde équation et de continuer ces sub-

stitutions jusqu'à ce que l'on parvienne à une équation qui ne renferme que des puissances de x inférieures à x^n. On aura donc ainsi une troisième équation dans laquelle la plus haute puissance de x sera x^{n-1}. En éliminant à son moyen les puissances x^n et x^{n-1} de la deuxième équation, on aura une quatrième équation dans laquelle x^{n-2} sera la plus haute puissance de x. Cette équation, combinée de la même manière avec la troisième, donnera une cinquième équation dans laquelle x^{n-3} sera la plus haute puissance de x. En continuant ainsi, on parviendra à une équation indépendante de x et qui sera l'équation finale en y.

On doit observer que, avant d'y parvenir, on aura une équation du premier degré en x qui donnera x en y; en sorte que, ayant les différentes valeurs de y par la résolution de l'équation finale, on aura sur-le-champ les valeurs correspondantes de x, sans être obligé de résoudre l'équation finale en x.

Si l'on conçoit la première des deux équations proposées entre x et y résolue par rapport à x, ses racines, que nous nommerons a, b, c, …, seront fonctions de y. Si l'on conçoit pareillement la seconde de ces équations résolue par rapport à x, ses racines, que nous nommerons a', b', c', …, seront fonctions de y. Or, il est évident que les valeurs de x doivent être égales dans ces deux équations; on a donc

$$a = a' \qquad \text{ou} \qquad a' - a = 0;$$

et comme il n'y a aucune raison d'égaler plutôt les racines a et a' que les racines a et b', on a pareillement

$$a - b' = 0.$$

On voit ainsi que l'équation finale en y doit satisfaire également aux diverses équations que l'on peut former en retranchant chacune des racines a', b', c', … des racines a, b, c, …; elle doit donc être le produit de toutes ces équations. Dans ce produit, les racines a, b, c, … entrent de la même manière; il est par conséquent une fonction invariable de ces racines, qui peuvent en être éliminées au moyen des coefficients des puissances de x dans la première équation. Ce produit est encore invariable par rapport aux racines a', b', c', … ; elles peuvent donc en être éliminées, au moyen des coefficients des puissances de x dans la seconde équation ; il deviendra ainsi une fonction rationnelle et entière de y et, en l'égalant à zéro, on aura l'équation finale en y.

Cette équation peut être formée plus simplement en substituant successivement, au lieu de x, dans la seconde des équations proposées, les racines a, b, c, … et en formant le produit des m équations qui en résultent. Ce produit égalé à zéro sera l'équation finale cherchée et, comme il est une fonction invariable des racines a, b, c, …, on pourra les éliminer au moyen des coefficients des puissances de x dans la première équation.

Le degré de l'équation finale est visiblement égal à la plus haute puissance de y dans le produit $a^n b^n c^n …$; or, le produit $abc…$ étant la quantité indépendante de x dans la première des équations proposées, la plus haute puissance de y qu'elle contient est y^m ; la plus haute puissance de y dans l'équation finale est donc y^{mn} ; ainsi, le degré de cette équation, dans le cas général, est égal au produit des degrés des deux équations composantes et, dans aucun cas, il ne peut excéder ce produit.

p étant une des racines de l'équation finale en y, en la substituant pour y dans les deux équations proposées, on aura deux équations en x qui auront pour diviseur commun $x - q$, q étant la valeur de x correspondant à la valeur de p de y.

De là résulte un nouveau moyen d'obtenir l'équation finale en y ; car les deux équations proposées devant avoir un diviseur commun en x, si l'on cherche ce diviseur par les méthodes connues, on parvient à un reste qui est une fonction de y et qui, étant égalé à zéro, donnera l'équation finale.

On peut encore parvenir à cette équation finale par la méthode suivante. Multiplions la première des deux équations par un polynome en x et y du degré i ; nous pouvons, au moyen de la seconde équation, éliminer du produit toutes les puissances de x égales ou supérieures à x^n. Nous pouvons, de plus, prendre ce polynome assez élevé, et renfermant par conséquent un nombre suffisant de coefficients arbitraires, pour faire disparaître à leur moyen les coefficients des diverses puissances de x qui resteront dans le produit après l'élimination dont nous venons de parler. Alors on aura l'équation finale en y. Mais on doit observer que l'on aurait pu, au moyen de la deuxième des équations proposées, faire disparaître du polynome toutes les puissances de x égales et supérieures à x^n. Il faut donc, pour le débarrasser des coefficients inutiles, n'employer qu'un polynome multiplicateur dans lequel ces puissances ne se rencontrent point. Il est facile de voir que, dans ce cas, le nombre de ses coefficients arbitraires est

$$\frac{n(2i - n + 3)}{2}.$$

Il faut diminuer ce nombre d'une unité, parce que l'on peut concevoir le polynome entier divisé par l'un de ses coefficients, en sorte que le nombre des coefficients arbitraires et utiles est

$$\frac{n(2i - n + 3)}{2} - 1.$$

Le degré du produit de la première équation proposée par ce multiplicateur est $m + i$ et, quand on a fait disparaître de ce produit les puissances de x égales et supérieures à x^n, le nombre de termes qui renferme x et ses puissances est

$$\frac{(n - 1)(2m + 2i - n + 2)}{2}.$$

Il faut que ce nombre soit égal à celui des coefficients arbitraires pour faire disparaître ces termes; on a donc, pour déterminer le degré i du polynome, l'équation suivante :

$$\frac{(n - 1)(2m + 2i - n + 2)}{2} = \frac{n(2i - n + 3)}{2} - 1;$$

d'où l'on tire

$$m + i = mn;$$

or, $m + i$ est le degré de l'équation finale en y; ce degré est donc égal au produit des degrés des équations composantes.

Vous trouverez cette méthode exposée dans un grand détail et appliquée à un nombre quelconque d'équations et d'inconnues dans un très bon Ouvrage de Bezout qui a pour titre : *Théorie des équations.* L'auteur y démontre, par une application ingénieuse du calcul aux différences finies, ce théorème général, savoir que, *si l'on a un nombre quelconque d'équations complètes entre un pareil nombre d'inconnues, le degré de l'équation finale résultant de l'élimination de toutes les inconnues, à l'exception d'une seule, est égal au produit des degrés de toutes ces équations.*

Ce degré peut s'abaisser quand les équations ne sont pas complètes; il importe alors d'avoir l'équation finale la plus simple et débarrassée des facteurs étrangers aux problèmes et qu'introduisent souvent les procédés de l'élimination. Bezout donne les moyens de remplir cet objet, relativement aux équations incomplètes d'un grand nombre de formes.

Cette méthode d'élimination est un cas particulier d'une méthode générale connue sous le nom de *méthode des coefficients indéterminés.* Souvent la forme des expressions des grandeurs est évidente et il ne reste à connaître que les coefficients de leurs différents termes. On les suppose arbitraires et, en substituant ces expressions dans les équations auxquelles il faut satisfaire, il en résulte des équations de condition qui déterminent ces coefficients. On fait toujours en sorte que le nombre des équations de condition n'excède pas celui des coefficients arbitraires; mais, quoique cette égalité ait lieu, il arrive quelquefois que les équations sont impossibles. Ainsi, la méthode des coefficients indéterminés doit être employée avec circonspection, et les conséquences qu'elle fournit ne doivent pas toujours être admises sans réserve. La méthode précédente d'élimination laisse donc un peu d'incertitude sur le véritable degré de l'équation finale. D'ailleurs, elle n'est pas aussi directe que la méthode fondée sur la considération des racines; il est donc à désirer que l'on étende à un nombre quelconque d'équations et d'inconnues cette dernière méthode qui, jusqu'à présent, est restreinte à deux équations entre deux inconnues (¹).

Il suffit presque toujours de résoudre une des équations finales pour avoir les autres inconnues par des équations du premier degré, ce qui est visible par la première des méthodes d'élimination que nous venons d'exposer. Cependant, il y a des cas où quelques-unes de ces inconnues ne peuvent se déterminer au moyen de l'inconnue de l'équation finale qu'en résolvant des équations du deuxième degré et même de degrés supérieurs. C'est ce qui arrive lorsque à une même valeur de l'inconnue relative à l'équation finale répondent deux ou un plus grand nombre de valeurs d'une autre inconnue.

Les usages de l'élimination sont fort étendus. Pour en donner quelques exemples relatifs à notre objet, c'est-à-dire à la résolution des équations, concevons que l'on ait, entre plusieurs racines d'une équation proposée, une relation quelconque. Si l'on considère ces racines comme des inconnues déterminées par autant d'équations résultant de leur substitution dans l'équation dont elles sont les racines, on pourra les éliminer toutes de la relation donnée, à l'exception d'une seule; on aura ainsi une nouvelle équation pour déterminer cette racine et, en cherchant le plus grand commun diviseur de cette équation et de la proposée, dans laquelle on substitue cette racine, au lieu de l'inconnue, on aura la valeur de cette racine. On peut donc déterminer, par ce moyen, chacune des racines qui entrent dans la relation donnée. Mais on doit observer que, si deux de ces racines y entrent de la même manière en sorte qu'on puisse les changer l'une dans l'autre sans que la relation change, alors le plus grand commun diviseur sera du deuxième degré, il sera du troisième degré si trois racines entrent de la même manière dans la relation donnée et ainsi de suite.

Si chaque racine d'une équation proposée d'un degré pair, que nous représentons par $2n$, a une racine correspondante avec laquelle elle soit dans une relation donnée, telle que cette relation ne change point, en y changeant ces deux racines l'une dans l'autre, alors la résolution

____

(¹) C'est ce qu'a fait M. Poisson dans un Mémoire inséré dans le XI° Cahier de ce Journal. (*Note de l'Auteur.*)

de la proposée ne dépend que d'une équation du degré n. En effet, x et x' étant deux racines correspondantes de cette équation, si l'on suppose $x + x' = z$ et si, dans la relation donnée, on substitue au lieu de x' sa valeur $z - x$, on aura une équation entre z et x, de laquelle, éliminant x au moyen de la proposée, on aura une équation finale en z. Mais si l'on forme l'équation générale dont les racines soient les sommes des racines de la proposée, prises deux à deux, on aura une nouvelle équation en z. Ces deux équations en z auront, par conséquent, un diviseur commun qui sera du degré n, car il n'y a, par la supposition, que n couples de racines qui satisfassent à la relation donnée. On aura donc chacun de ces couples au moyen d'une équation du degré n. Maintenant, si l'on suppose que $- p$ soit l'un d'eux, le facteur du deuxième degré $x^2 + px + q$ sera un diviseur de la proposée, q étant une quantité qu'il s'agit de déterminer. Pour cela, on divisera la proposée par ce facteur et, après avoir fait la division, autant qu'il est possible, on égalera séparément à zéro dans le reste de la division et le coefficient de x et la quantité qui en est indépendante. On aura ainsi deux équations entre p et q et, comme p est supposé connu, on aura q en cherchant le commun diviseur de ces deux équations.

Si la proposée, par exemple, est telle que les coefficients des termes, également éloignés des extrêmes, soient les mêmes, ce qui constitue les équations que l'on nomme *réciproques*, alors il est clair que x étant une des racines de l'équation, elle aura une racine correspondante x', telle que $x' = \frac{1}{x}$. En faisant donc $x + \frac{1}{x} = z$, z sera donné par une équation du degré n. On obtiendra facilement cette équation en observant que, si l'on divise par x^n tous les termes de la proposée et si l'on réunit les termes également éloignés des extrêmes, on aura des sommes de la forme $f\left(x^r + \frac{1}{x^r}\right)$, et il est très aisé d'avoir ces sommes en fonctions de z.

On voit ainsi que le choix des inconnues n'est pas indifférent dans la solution des problèmes; si deux d'entre elles, par exemple, sont données par la même équation, il sera plus simple d'employer à leur place une nouvelle inconnue qui ait un même rapport avec chacune d'elles, telle que leur somme ou leur produit. Cette nouvelle inconnue sera donnée par une équation plus simple. En général, pour avoir les solutions des problèmes les plus élégantes, il faut choisir les inconnues de manière à obtenir les équations les moins élevées par des artifices analogues à ceux dont nous avons fait usage pour la résolution des équations.

On peut encore, au moyen de l'élimination, faire disparaitre les radicaux d'une équation irrationnelle. On égalera chacun de ces radicaux à une inconnue et, dans cette dernière égalité, on fera disparaitre le radical en élevant chaque membre de l'équation à une puissance convenable. On aura ainsi plusieurs équations rationnelles entre le même nombre d'inconnues et l'élimination donnera une équation finale et rationnelle qui ne renfermera que la première inconnue.

On a vu le peu de progrès que l'on a faits jusqu'ici dans la résolution des équations complètes et l'on peut juger, par la complication des expressions des racines dans les degrés résolus, du peu d'utilité que l'on retirerait de la résolution générale des équations. Ces raisons ont déterminé les analystes à s'occuper des méthodes d'approximation. Voici, de toutes ces méthodes, la plus naturelle et la plus simple.

Si, après avoir fait passer tous les termes d'une équation dans le premier membre, on y substituait successivement, au lieu de l'inconnue, tous les nombres tant positifs que négatifs, il est clair que ce membre donnerait une suite de résultats qui ne seraient nuls que dans le cas où les nombres substitués seraient égaux aux racines réelles de l'équation. Il est visible encore que, en deçà et au delà de ces racines, les résultats des substitutions auraient des signes contraires; en substituant donc successivement, au lieu de l'inconnue, des nombres très rapprochés, on aura autant de changements de signes dans les résultats qu'il y a de racines réelles dans l'équation proposée.

Pour ne laisser échapper aucune racine réelle, il faut que la différence de la progression des nombres que l'on substitue au lieu de l'inconnue soit moindre que la plus petite différence des racines. Si l'on avait quelque incertitude à cet égard, on pourrait former l'équation aux carrés des différences des racines et chercher la valeur de la plus petite racine positive de cette équation par la méthode que nous allons bientôt indiquer. La plus petite différence des racines réelles de la proposée ne sera jamais moindre que la racine carrée de cette valeur.

L'équation étant préparée de manière que la plus haute puissance de l'inconnue ait l'unité pour coefficient, ce que l'on peut toujours facilement exécuter, la plus grande racine positive n'excédera jamais le plus grand coefficient négatif pris avec le signe $+$ et augmenté de l'unité. Le plus grand des coefficients négatifs de l'équation, lorsqu'en y faisant l'inconnue négative on conserve l'unité avec le signe $+$ pour coefficient de sa plus haute puissance, sera, en lui ajoutant -1, la limite des racines négatives de la proposée. Au moyen de ces théorèmes le nombre des essais sera nécessairement limité.

Quand on parvient, par des substitutions successives, à deux résultats de signes contraires, on est assuré qu'une des racines réelles de l'équation tombe entre les valeurs qui, substituées pour l'inconnue, ont produit ces résultats; alors, en prenant une moyenne entre ces valeurs et en la substituant pour l'inconnue dans l'équation proposée, la racine sera comprise entre cette valeur moyenne et celle des deux valeurs extrêmes qui ont donné un résultat de signe contraire au sien. Les limites dans lesquelles cette racine est comprise sont donc par là resserrées. En continuant ainsi de resserrer ces limites, on parvient à une valeur de la racine aussi approchée que l'on veut.

Mais, quand on a une valeur déjà suffisamment approchée de la racine, on peut l'obtenir, par une approximation beaucoup plus rapide, de cette manière : on substituera dans l'équation, au lieu de l'inconnue, cette première valeur approchée plus une nouvelle inconnue dont on négligera le carré et les puissances supérieures; on aura ainsi, pour la déterminer, une équation du premier degré. En l'ajoutant à la première valeur approchée, on aura une deuxième valeur plus approchée de la racine. Si l'on fait le même usage de cette deuxième valeur, on aura une troisième valeur encore plus approchée et ainsi de suite.

Cette méthode a l'avantage de s'étendre à un nombre quelconque
d'équations entre un pareil nombre d'inconnues. Si l'on a des valeurs
suffisamment approchées de ces inconnues, alors, en substituant à leur
place ces valeurs augmentées respectivement d'une nouvelle inconnue
et en négligeant les carrés de ces nouvelles inconnues, elles seront
déterminées par autant d'équations du premier degré. Ainsi, pour avoir
les valeurs très approchées des inconnues dans les équations proposées,
on ne sera point obligé de recourir à l'élimination qui souvent est très
pénible. Enfin, la même méthode s'étend aux équations que l'on nomme
transcendantes et dont je vous parlerai dans la suite.

On a imaginé divers moyens pour avoir les premières valeurs approchées des racines des équations; si l'on forme les sommes successives
des carrés, des cubes, des quatrièmes puissances, ..., des racines, il
est visible que la plus grande des racines, abstraction faite du signe,
se manifestera d'autant plus que les puissances seront plus élevées;
en divisant la somme des puissances m par la somme des puissances
$m-1$, le quotient approchera beaucoup de cette plus grande racine,
si le nombre m et l'excès de cette racine sur chacune des autres sont
un peu considérables. Mais on aura plus exactement cette racine en
extrayant la racine $m^{\text{ième}}$ de la somme des puissances m des racines.

On aura, de la même manière, la plus petite valeur approchée de
l'inconnue en faisant cette inconnue égale à l'unité divisée par une
nouvelle inconnue. La plus petite racine de l'équation proposée devient
alors la plus grande racine de l'équation transformée.

On peut encore déterminer la racine approchée des équations par le
moyen des fractions continues. Si l'on suppose que i et $i+k$ soient
deux nombres qui, substitués dans l'équation proposée au lieu de l'inconnue, donnent deux résultats de signes contraires, k étant positif et
assez petit pour qu'il n'y ait qu'une racine réelle entre i et $i+k$; en faisant l'inconnue égale à i plus l'unité divisée par une nouvelle inconnue,
on aura, pour déterminer cette deuxième inconnue, une transformée
dont il suffira de considérer la plus grande valeur positive. Supposons
qu'elle tombe entre les deux nombres i' et $i'+k'$, on fera la deuxième

inconnue égale à i' plus l'unité divisée par une troisième inconnue. En continuant ainsi, on voit que la valeur de la première inconnue sera exprimée par une fraction continue que l'on peut prolonger aussi loin que l'on veut.

Cette méthode a l'avantage de faire connaître les diviseurs commensurables du deuxième degré de l'équation proposée, en vertu de cette propriété remarquable des équations du deuxième degré, suivant laquelle les fractions continues qui expriment leurs racines sont périodiques.

Pour avoir les racines imaginaires d'une équation, représentons par $m \pm n\sqrt{-1}$ deux de ces racines, $-4n^2$ sera une des racines de l'équation aux carrés des différences des racines; on déterminera donc les racines négatives de cette dernière équation, ce qui donnera la valeur de n. En substituant ensuite $m + n\sqrt{-1}$ au lieu de l'inconnue dans la proposée, on égalera séparément à zéro les termes réels et les termes imaginaires; on formera ainsi deux équations en m dont le plus grand commun diviseur déterminera la valeur de m relative à la valeur supposée pour n.

Vous trouverez de plus grands détails sur ces objets dans les Mémoires de Fontaine et dans les Mémoires de l'Académie des Sciences de Berlin.

Les équations du troisième et du quatrième degré peuvent se résoudre très simplement au moyen des Tables de sinus; mais, comme cette méthode dépend de l'application de l'Algèbre à la Géométrie, nous remettons à l'exposer quand nous traiterons de cette application.

Il me reste à vous dire un mot de l'analyse indéterminée. Dans cette analyse, les solutions des problèmes donnent moins d'équations que d'inconnues, ce qui rend ces solutions indéterminées; mais on assujettit les valeurs des inconnues à être ou rationnelles ou des nombres entiers, ou enfin des nombres entiers positifs, et ces conditions limitent ces valeurs, en sorte qu'elles sont quelquefois en nombre fini et quelquefois impossibles. Pour les obtenir, il faut employer des artifices très difficiles et qui, par là, ont excité la curiosité des géomètres. On vous a expliqué l'ingénieuse méthode par laquelle on peut résoudre une équation du premier degré entre deux inconnues. La résolution des degrés supérieurs doit offrir de bien plus grandes difficültés; mais, ayant à vous exposer un grand nombre d'autres objets plus utiles, je me contenterai ici de vous indiquer sur ces matières le second volume de l'*Algèbre* d'Euler et surtout les belles additions que Lagrange y a jointes.

SEPTIÈME SÉANCE.

Pour bien connaître les propriétés des corps on a d'abord fait abstraction de leurs propriétés particulières, et l'on n'a vu en eux qu'une étendue figurée, mobile et impénétrable. On a fait encore abstraction de ces deux dernières propriétés générales, en considérant l'étendue simplement comme figurée. Les nombreux rapports qu'elle présente sous ce point de vue sont l'objet de la Géométrie. Enfin, par une abstraction encore plus grande, on n'a envisagé dans l'étendue qu'une quantité susceptible d'accroissement et de diminution; c'est l'objet de la Science des grandeurs en général, ou de l'Arithmétique universelle, dont nous nous sommes occupés dans les leçons précédentes. Ensuite on a restitué successivement aux corps les propriétés dont on les avait dépouillés; l'observation et l'expérience en ont fait connaître de nouvelles; et l'on a déterminé les nouveaux rapports qui naissaient de ces additions successives, en s'aidant toujours des rapports précédemment découverts; ainsi la Mécanique, l'Astronomie, l'Optique, et généralement toutes les sciences qui s'appuient à la fois sur l'observation et le calcul, ont été créées et perfectionnées. Vous voyez par là que ces sciences diverses s'enchaînent les unes aux autres, et qu'elles ont une source commune dans la Science des grandeurs, dont l'utile influence s'étend sur toute la Philosophie naturelle. Cette méthode de décomposer les objets, et de les recomposer pour en saisir parfaitement les rapports, se nomme *Analyse*. L'esprit humain lui est redevable de tout ce qu'il sait avec précision sur la nature des choses.

L'étendue figurée dont je me propose de vous entretenir ici n'existe qu'avec trois dimensions; mais, pour la considérer suivant la méthode analytique, on commence par la dépouiller de deux de ces dimensions et, en la réduisant ainsi à une seule, on a l'idée de la *ligne*. Si, dans cette idée, on écarte tout rapport avec deux dimensions, on a l'idée de la *ligne droite;* car, quoiqu'une ligne courbe n'ait qu'une dimension, cependant l'idée de sa courbure suppose nécessairement la considération de deux dimensions. L'extrémité de la ligne forme le *point* qui est la dernière abstraction de l'entendement, dans la considération de l'étendue. La *surface* est l'étendue envisagée avec deux dimensions; et si, dans cette idée, on fait entièrement abstraction de la troisième, on a l'idée du *plan*. Enfin, l'étendue avec ses trois dimensions forme le *solide*.

La ligne droite est la plus courte de toutes celles qu'on peut mener d'un point à un autre.

Si deux droites se rencontrent en deux points elles se confondent; si elles ne se rencontrent que dans un point elles forment un *angle* par leur inclinaison mutuelle.

Deux droites qui, prolongées à l'infini de chaque côté, ne se rencontrent jamais, sont *parallèles.* Les perpendiculaires élevées sur l'une de ces lignes, et prolongées jusqu'à l'autre ligne, sont toutes égales. Les parallèles sont également inclinées sur une droite quelconque.

La démonstration de ces propositions fort simples laisse peut-être quelque chose à désirer du côté de la rigueur; mais leur seul énoncé produit la conviction la plus entière. Il ne faut donc pas dans l'enseignement insister sur ce qui peut manquer encore à la rigueur des preuves que l'on en donne, et l'on doit abandonner cette discussion aux métaphysiciens géomètres, du moins jusqu'à ce qu'elle ait été suffisamment éclaircie, pour ne laisser aucun nuage dans l'esprit des commençants. Les sciences même les plus exactes renferment quelques principes généraux que l'on saisit par une sorte d'instinct qui ne permet pas d'en douter, et auquel il est bon de se livrer d'abord. Après les avoir suivis dans toutes leurs conséquences, et s'être fortifié l'esprit par un long exercice dans l'art de raisonner, on peut, sans danger, revenir sur ces principes, qui se présentent alors dans un plus grand jour; et l'on risque moins de s'égarer, en cherchant à les démontrer avec rigueur. Si l'on insiste trop en commençant, sur l'exactitude de leurs démonstrations, il est à craindre que de vaines subtilités ne produisent de fausses idées, qu'il est très difficile ensuite de rectifier. Malheureusement, les exemples de personnes égarées pour toujours, par ces subtilités, ne sont pas rares. Cependant on ne peut se dispenser d'une extrême rigueur, dans l'enseignement de la Géométrie, que relativement aux premières propositions sur la ligne droite et les parallèles; tout le reste doit être démontré de la manière la plus rigoureuse; car, s'il est utile d'écarter les subtilités d'une fausse métaphysique, il importe également d'accoutumer l'esprit à n'accorder une entière confiance qu'aux choses parfaitement prouvées; et rien n'est plus propre à remplir ce double objet que les démonstrations exactes et sensibles de la Géométrie.

L'uniformité de la courbure de la circonférence en fait la mesure la plus naturelle des angles. En supposant le sommet d'un angle au centre d'un cercle dont le rayon représente l'unité, cet angle peut être pris pour l'arc même, intercepté entre ses côtés. Il n'est pas même nécessaire que le sommet de l'angle soit au centre, pour que la circonférence puisse lui servir de mesure. En vertu d'une propriété remarquable du cercle, quelle que soit la position de ce sommet, l'angle sera toujours mesuré par la demi-somme des deux arcs compris entre ses côtés prolongés, si cela est nécessaire, l'arc convexe vers le sommet étant pris négativement.

L'égalité de la somme des trois angles d'un triangle à deux angles droits est un des résultats les plus utiles de la Géométrie élémentaire. En général, dans un polygone quelconque qui n'a point d'angles rentrants, la somme de tous les angles intérieurs est égale à deux fois autant d'angles droits que le polygone a de côtés, moins quatre angles droits.

Une des parties les plus importantes des éléments est la théorie des lignes proportionnelles. Cette théorie est fondée sur la proposition suivante : *Une droite, menée parallèlement à la base d'un triangle, divise ses côtés en parties proportionnelles.* Il est facile de la démontrer quand un des côtés et sa partie sont commensurables; car, si l'on porte la commune mesure sur ce côté, et si par les extrémités de toutes les divisions on mène des parallèles à la base, on prouve aisément qu'elles divisent le second côté dans le même nombre de parties égales, et qu'ainsi l'une quelconque de ces parallèles partage les deux côtés en parties proportionnelles. Si le côté et sa partie sont incommensurables, nommons A et a les deux côtés du triangle; B et b leurs parties retranchées par la parallèle à la base. Si l'on conçoit le côté A divisé dans un nombre n de parties égales, et si l'on porte une de ces parties sur B, elle y sera contenue un certain nombre de fois avec un reste que je désigne par R. En menant donc, par l'extrémité de B — R, une droite parallèle à la base, elle retranchera du côté a une partie $b — r$, telle que

$$\frac{b — r}{a} = \frac{B — R}{A};$$

d'où l'on tire

$$\frac{B}{A} — \frac{b}{a} = \frac{R}{A} — \frac{r}{a}.$$

Le nombre n pouvant être augmenté à volonté, les restes R et r peuvent être diminués à l'infini; la différence $\frac{B}{A} — \frac{b}{a}$ est donc plus petite qu'aucune grandeur donnée. *Or deux quantités dont on peut prouver que la différence est moindre qu'aucune grandeur donnée sont évidemment égales entre elles;* c'est en cela que consiste le premier principe de la méthode des limites; on a donc

$$\frac{B}{A} = \frac{b}{a}.$$

On nomme *figures semblables* celles qui ont les angles correspondants égaux, et les côtés homologues proportionnels. Dans deux triangles, l'égalité des angles correspondants entraîne la proportionnalité des côtés homologues, et réciproquement.

Deux figures sont semblables quand elles sont formées d'un même nombre de triangles semblables et semblablement disposés.

Si d'un point fixe quelconque on mène des droites aux angles d'un polygone, et si l'on prolonge ces droites proportionnellement à leurs extrémités, on formera un second polygone semblable au premier. Deux points, placés sur une droite menée par le point fixe du même côté et à des distances de ce point proportionnelles aux côtés des polygones, sont semblablement placés par rapport à ces polygones; deux droites terminées par des points semblablement placés sont elles-mêmes semblablement placées; elles sont homologues et proportionnelles aux côtés des polygones.

Ainsi l'on peut, dans un très petit espace, représenter exactement les contours d'une grande figure tracée sur un vaste terrain, et la position des objets qu'elle renferme. Si, des deux extrémités d'une base prise à volonté sur le terrain, on observe les angles que les rayons visuels des objets forment avec elle; si l'on prend ensuite sur le papier une ligne pour représenter la base, et que l'on mène par ses extrémités des droites qui fassent avec elle les mêmes angles que les rayons visuels des objets font avec la base, les points de concours de ces droites détermineront sur le papier la position respective de ces objets; le rapport de leur distance mutuelle à la base sera le même dans les deux figures. Voilà une des applications les plus usuelles et les plus utiles de la Géométrie.

Considérons maintenant les surfaces. Celle d'un rectangle est égale au produit de sa base par sa hauteur. Pour avoir une idée juste de ce que l'on doit entendre par le produit de deux lignes, il faut concevoir une droite quelconque prise pour unité, et considérer ces lignes comme des nombres abstraits qui expriment les rapports de leurs longueurs à l'unité linéaire. Le produit de ces lignes sera le carré formé sur l'unité linéaire, répété autant de fois qu'il y a d'unités dans le produit des deux nombres précédents.

En général, on peut multiplier ou diviser un nombre quelconque de lignes les unes par les autres, extraire ensuite les racines de ces pro-

duits ou de ces quotients; ces lignes étant considérées comme des
nombres abstraits, la dimension du résultat final indiquera l'espèce de
ses unités. Ainsi, en multipliant quatre lignes les unes par les autres,
et extrayant la racine carrée du produit, le résultat sera une surface
égale au carré de l'unité linéaire, répété autant de fois qu'il y a d'unités
dans cette racine.

Il est facile de démontrer que la surface du rectangle est le produit
de sa base par sa hauteur, quand l'une et l'autre sont commensurables; si elles sont incommensurables, on le prouvera par un raisonnement analogue à celui que nous avons employé relativement aux
lignes proportionnelles.

Un parallélogramme est égal en surface au rectangle de même base
et de même hauteur. La surface d'un triangle est la moitié du produit
de sa base par sa hauteur. Les surfaces des figures semblables sont
entre elles comme les carrés de leurs lignes homologues. Le carré
formé sur l'hypoténuse d'un triangle rectangle est égal à la somme
des carrés formés sur ses côtés. Si d'un point fixe on mène à la circonférence d'un cercle une droite indéfinie, le produit des deux parties de
cette droite, comprises entre le point fixe et chacun des points où elle
rencontre la circonférence, est toujours le même, quelle que soit la
position de la droite, pourvu qu'elle passe par le point fixe; ce qui
fournit divers procédés pour trouver une moyenne proportionnelle
entre deux lignes données. Je ne fais que vous rappeler ces théorèmes
qui vous sont bien connus; mais je dois observer que la belle propriété
des triangles rectangles et celle des triangles semblables sont les principaux résultats que l'Analyse emprunte de la Géométrie dans ses applications.

La surface d'un polygone quelconque, circonscrit au cercle, est la
moitié du produit du rayon par le contour du polygone; d'où il suit
que les surfaces des polygones circonscrits sont entre elles comme
leurs périmètres. Il en résulte encore que la surface du cercle est le
produit du rayon par la demi-circonférence; mais ce passage du polygone au cercle mérite une attention particulière. Il est visible que

plus on multiplie les côtés du polygone circonscrit, plus son périmètre approche en longueur de la circonférence, plus sa surface approche de celle du cercle. Ainsi le produit du rayon par le demi-contour des polygones successifs a pour limite le produit du rayon par la demi-circonférence, puisqu'il en approche sans cesse et qu'il peut en différer moins que d'aucune grandeur donnée. La surface de ces polygones a pareillement la surface du cercle pour limite; or il est évident que les deux limites d'une grandeur et de son expression doivent être égales entre elles; c'est en cela que consiste le second principe fondamental de la théorie des limites, principe qui peut s'énoncer ainsi : *La limite de l'expression d'une suite de grandeurs est l'expression de la limite de ces grandeurs;* la surface du cercle est donc égale au produit du rayon par la demi-circonférence.

La méthode des limites sert de base au Calcul infinitésimal. Pour faciliter l'intelligence de ce calcul, il est utile d'en faire remarquer les premiers germes dans les vérités élémentaires qu'il convient toujours de démontrer suivant les méthodes les plus générales. On donne ainsi à la fois aux élèves des connaissances et la méthode pour en acquérir de nouvelles. En continuant de s'instruire, ils ne font que suivre la route qui leur a été tracée, et dans laquelle ils ont contracté l'habitude de marcher; et la carrière des sciences leur devient beaucoup moins pénible. D'ailleurs le système des connaissances liées entre elles par une méthode uniforme peut mieux se conserver et s'étendre. Préférez donc dans l'enseignement les méthodes générales, attachez-vous à les présenter de la manière la plus simple, et vous verrez en même temps qu'elles sont presque toujours les plus faciles.

Toutes les tentatives que l'on a faites pour déterminer le rapport de la circonférence au diamètre ont été infructueuses; on est parvenu à s'assurer qu'il est irrationnel; mais ce rapport est maintenant connu avec une précision beaucoup plus grande que ne l'exigent nos besoins, en sorte que le rapport rigoureux n'est qu'un objet de curiosité. Pour en avoir la valeur approchée, on a inscrit et circonscrit au cercle des polygones réguliers, en doublant continuellement leurs côtés, et en déduisant les contours de ces polygones, successivement les uns des autres, ce qui peut se faire par des procédés fort simples. On est ainsi parvenu à deux polygones inscrit et circonscrit, dont les contours différaient très peu de la circonférence et la comprenaient entre eux. Archimède a trouvé de cette manière, au moyen de deux polygones de 96 côtés, que le rapport de la circonférence au diamètre n'était ni plus grand que $3\frac{10}{70}$, ni moindre que $3\frac{8}{70}$, en sorte qu'il est fort approchant de celui de 22 à 7, et ce rapport suffit au besoin des arts. Le rapport plus approché de 355 à 113 suffit dans tous les cas.

Par une propriété remarquable, le cercle est, de toutes les figures qui ont le même périmètre, celle qui renferme le plus grand espace.

La considération de la ligne droite et de la circonférence donne lieu à beaucoup de problèmes très piquants, dont on peut trouver des solutions fort élégantes; un choix bien fait de ces problèmes, que l'on proposerait à résoudre aux élèves, exercerait leur esprit d'une manière utile, et graverait dans leur mémoire les propositions les plus intéressantes de la Géométrie.

Si l'on en croit plusieurs historiens de l'antiquité, la Géométrie doit sa naissance à l'Arpentage; mais il est plus vraisemblable que les besoins des arts ont fait découvrir les diverses propositions géométriques qui leur sont relatives, et que l'ensemble de ces propositions, étendues et multipliées par les spéculations des philosophes, a formé la Géométrie. La méthode qui se présente le plus naturellement pour mesurer la surface d'un grand terrain consiste à le dessiner en petit, et à évaluer la surface du petit polygone en la réduisant à un carré, ce qui est facile; en multipliant ensuite cette surface par le carré du rapport de deux lignes homologues dans le grand et dans le petit polygone, on a la surface du plus grand; mais on peut l'obtenir avec plus de précision, sans recourir à la considération des polygones semblables.

La figure dont on veut avoir la surface peut toujours être partagée en triangles; la mesure de leurs côtés donnera leur surface au moyen de ce théorème : *La surface d'un triangle est égale à la racine carrée du produit de ces quatre lignes, la demi-somme des côtés, et la différence de cette demi-somme à chacun d'eux.* Il serait très pénible et souvent impossible de mesurer chacun des côtés de ces triangles; mais, leur longueur étant déterminée par les mesures d'une base et des angles que font avec cette base les rayons visuels de leurs extrémités observées des extrémités de la base, il ne s'agit que d'avoir le rapport de cette longueur à ces mesures, et il est aisé de voir que ce problème se réduit à déterminer dans un triangle les angles et les côtés, lorsque parmi ces six grandeurs on en connaît assez pour que les autres soient déterminées. La solution de ce problème est l'objet de cette branche de la Géométrie, que l'on a nommée *Trigonométrie,* et dont l'Analyse même a su tirer de grands avantages.

Si l'on conçoit un triangle inscrit dans un cercle, les côtés du triangle seront les cordes des arcs dont les moitiés mesurent les angles opposés; une Table qui donnerait en parties du rayon les longueurs des cordes correspondant à tous les arcs, depuis zéro jusqu'à la circonférence, ferait donc connaître les rapports des côtés du triangle, au moyen de ses angles, et réciproquement. C'est ainsi que l'on a, pendant longtemps, envisagé cet objet; mais, puisque les angles du triangle inscrit n'ont pour mesure que la moitié des arcs compris entre leurs côtés, il paraît plus simple de faire correspondre aux arcs, dans les Tables, les cordes des arcs doubles; et, pour ne pas considérer deux systèmes d'arcs au lieu de ces cordes, on peut n'employer que leurs moitiés qui se déterminent en abaissant une perpendiculaire de l'extrémité d'un arc simple sur le diamètre qui passe par l'autre extrémité.

Les Tables actuelles sont fondées sur ces considérations; et ce changement, qui paraît être peu de chose en lui-même, est cependant d'une grande importance, soit dans la Géométrie, soit dans l'Analyse.

La perpendiculaire dont je viens de parler se nomme *sinus* de l'arc; le *cosinus* est la partie du diamètre comprise entre le centre et le sinus; c'est le sinus du complément de l'arc au quart de la circonférence. On a encore introduit dans la Trigonométrie la considération des tangentes, qui simplifie souvent les calculs. La *tangente* d'un arc est la droite qui touche une des extrémités de l'arc, et qui se termine à la rencontre du prolongement du rayon mené par l'autre extrémité. La *sécante* de l'arc est le rayon ainsi prolongé. Les *cotangentes* et les *cosécantes* sont les tangentes et les sécantes du complément de l'arc au quart de la circonférence. Toutes ces grandeurs sont supposées divisées par le rayon que l'on prend pour unité ; en sorte qu'elles sont des nombres abstraits. Il est facile de voir que la tangente est le rapport du sinus au cosinus, et que la sécante est l'unité divisée par le cosinus.

Le signe de ces diverses grandeurs mérite une attention particulière. Le sinus d'un arc est positif depuis zéro jusqu'à la demi-circonférence ; le cosinus devient négatif ou prend une position contraire, quand l'arc surpasse le quart de la circonférence. Si l'arc devient négatif, son sinus change de signe, et son cosinus reste le même. Ainsi les résultats relatifs aux angles aigus s'appliquent aux angles obtus, en y changeant le signe de leurs cosinus ; les résultats relatifs à la somme des deux angles s'étendent à leur différence, en faisant un des angles négatif et en changeant le signe de son sinus.

Quoiqu'un angle ne puisse jamais surpasser deux angles droits, cependant les géomètres, qui cherchent toujours à s'élever aux plus grandes généralités, ont considéré les arcs mesures des angles comme pouvant surpasser la demi-circonférence, et même un nombre quelconque de circonférences.

Au delà de la demi-circonférence, les sinus tombent au-dessous du diamètre qui passe par la première extrémité de l'arc ; ils redeviennent nuls quand l'arc devient égal à la circonférence ; ensuite, ils sont positifs, et les mêmes que dans la première moitié de la circonférence. Il suit de là que le sinus d'un arc ne change point lorsque l'arc augmente d'un nombre quelconque de circonférences ; il ne fait que changer de signe lorsque l'arc augmente d'un nombre impair de demi-circonférences ; enfin il est le même que le sinus d'un nombre impair de demi-circonférences, moins cet arc. Ainsi à un même sinus répondent une infinité d'arcs différents ; l'équation entre l'arc et le sinus

doit par conséquent donner pour l'arc une infinité de valeurs; elle
n'est donc pas algébrique. Nous donnerons, dans la suite, cette équation décomposée dans ses facteurs simples.

Le cosinus d'un arc est positif dans le premier quart de la circonférence et négatif dans le second quart; il ne change point quand
l'arc augmente d'un nombre quelconque de circonférences; il ne fait
que changer de signe quand l'arc augmente d'un nombre impair de
demi-circonférences.

Le théorème fondamental de la théorie des sinus consiste en ce que
*le sinus de la somme de deux angles est égal au produit du sinus du
premier par le cosinus du second, plus au produit du sinus du second
par le cosinus du premier.* Si l'on fait dans ce théorème le second angle
négatif, il donne le sinus de la différence de deux angles; si l'on augmente d'un angle droit le premier angle, il donne le cosinus de la
somme ou de la différence de deux angles. Ces divers résultats qui se
déduisent d'un seul théorème par un changement convenable dans
le signe des grandeurs, et qu'il est facile de démontrer d'une manière
directe, sont très propres à faire comprendre la nature et les usages
des quantités négatives.

On peut, au moyen de ces résultats, déterminer successivement les
sinus et les cosinus des angles multiples de la dix-millième partie de
l'angle droit quand on a ceux de ce petit angle que l'on obtiendra
de cette manière : la tangente de la moitié de l'angle droit est égale
à l'unité; or la tangente de la moitié d'un angle est le quotient de la
division par la tangente de l'angle de l'unité plus la racine carrée du
carré de la tangente augmenté de l'unité; on aura donc, par une suite
de divisions successives, la tangente du quart, du huitième, ... de
l'angle droit; et l'on parviendra ainsi à la tangente d'un angle très
petit. En observant ensuite que les tangentes de très petits angles sont
à fort peu près proportionnelles à leurs arcs, on aura la tangente du
dix-millième de l'angle droit, et cette tangente pourra être prise pour
le sinus du même angle. On aura son cosinus en extrayant la racine
carrée de la différence du carré du sinus à l'unité.

C'est par de semblables procédés que les premières Tables de sinus et de cosinus ont été construites; il a suffi de les étendre jusqu'à la moitié de l'angle droit, parce que le sinus et le cosinus d'un angle sont les mêmes que le cosinus et le sinus de son complément.

Depuis l'invention des logarithmes, les Tables ne renferment que les logarithmes des sinus, cosinus, tangentes, ...; car l'avantage de cette heureuse découverte se fait principalement sentir dans l'emploi de ces quantités, et la première Table de logarithmes construite par Neper leur était relative.

Les Tables trigonométriques ne s'étendent que depuis zéro jusqu'à l'angle droit, ou jusqu'au quart de la circonférence; parce qu'au delà les sinus, cosinus, ... redeviennent les mêmes, au signe près. Il est donc naturel de regarder cet intervalle comme l'unité des angles, ainsi que le rayon est considéré comme l'unité des sinus; or, il est avantageux, dans notre système arithmétique, de diviser toutes les unités en parties décimales; l'angle doit donc être divisé de la même manière. Déjà l'on avait substitué la division décimale du rayon à la division sexagésimale que les anciens avaient adoptée pour le rayon et les angles; mais on conservait la seconde de ces divisions. Dans le nouveau système des poids et mesures, la division décimale a été étendue aux angles eux-mêmes; et c'est sur ce partage si naturel de l'angle droit qu'est fondé le choix du *mètre,* qui est la dix-millionième partie du quart de la circonférence terrestre dans le sens des méridiens.

La résolution des triangles rectilignes est très facile au moyen des Tables dont je viens de parler. Si l'on connaît un côté et les deux angles adjacents, on a le troisième angle, en retranchant de deux angles droits la somme des deux angles donnés; on a ensuite les autres côtés, en observant que les sinus des angles sont proportionnels aux côtés opposés.

Si l'on connaît deux côtés et l'angle compris, on a la somme des deux autres angles, en retranchant l'angle connu de deux angles droits; on a leur différence par cette proportion : la somme des deux côtés connus est à leur différence comme la tangente de la demi-somme des angles opposés à ces côtés est à la tangente de leur demi-différence.

Si l'on connaît les trois côtés du triangle, on a les angles par cette proportion : le produit des deux côtés qui comprennent un angle est au produit des deux restes que l'on obtient en retranchant chacun de ces côtés de la demi-somme des trois côtés, comme l'unité est au carré du sinus de la moitié de l'angle compris entre les deux côtés.

Considérons présentement l'étendue avec ses trois dimensions. La rencontre des plans forme les angles solides des polyèdres, comme la rencontre des lignes forme les angles des polygones. Deux plans qui se rencontrent se coupent suivant une droite; leur inclinaison mutuelle se mesure par l'angle que forment deux perpendiculaires menées, dans chacun d'eux, d'un même point de leur intersection commune.

Une droite perpendiculaire à deux droites menées dans un plan est perpendiculaire au plan même.

Deux plans perpendiculaires à une même droite sont parallèles, et alors toutes les perpendiculaires menées d'un plan à l'autre sont égales.

Par deux droites quelconques données de position dans l'espace on peut toujours faire passer deux plans parallèles dont la distance mutuelle est la plus courte distance de ces droites.

Si d'un point quelconque dans l'espace on mène des droites à un plan, elles seront coupées proportionnellement par des plans parallèles au premier plan.

La somme de tous les angles plans qui forment un angle solide est moindre que quatre angles droits.

Telles sont les propriétés les plus remarquables des plans.

On nomme *prisme* le solide dont les bases sont parallèles et dont les arêtes des faces sont parallèles; si les arêtes sont perpendiculaires à la base le prisme est droit.

La surface d'un prisme droit quelconque, sans y comprendre ses deux bases, est le produit de sa hauteur par le contour de sa base, résultat que l'on peut facilement étendre aux cylindres droits par le principe de la théorie des limites que nous avons exposé précédemment.

La solidité d'un prisme droit, qui a pour base un rectangle, est égale au produit de sa hauteur par sa base, ce qui se démontre de la même manière que le théorème sur la surface du rectangle; et l'on doit faire ici une observation analogue à celle que nous avons déjà faite relativement au produit de deux lignes. On peut concevoir un prisme droit quelconque, partagé en autant de petits prismes rectangulaires qu'il y a de petits rectangles dans sa base, d'où il suit que la solidité du prisme est le produit de la somme de tous ces rectangles, c'est-à-dire de la base entière par sa hauteur; il est facile de faire voir, par les principes de la théorie des limites, que cela est généralement vrai dans le cas même où la base ne peut pas être partagée exactement en petits rectangles.

Si le prisme est oblique, supposons d'abord qu'il soit triangulaire, et concevons-le partagé dans un grand nombre de petites tranches de même hauteur par des plans parallèles à sa base; en prenant pour chacune de ces tranches le prisme droit qui a la même base, la différence ne peut être qu'une partie de ce prisme, d'autant moindre que sa hauteur est plus petite. Pour s'en convaincre, il n'est pas nécessaire d'évaluer cette différence; il suffit d'observer qu'en la représentant par un prisme droit rectangulaire, dont la longueur est toujours la même, et dont la hauteur est celle de la tranche, la largeur de ce prisme diminue à mesure que l'on augmente le nombre des tranches; alors il est visible que le rapport de ce nouveau prisme au prisme droit, qui a même base et même hauteur que la tranche, diminue sans cesse et devient moindre qu'aucune grandeur donnée; le rapport de la tranche au prisme droit de même base et de même hauteur approche donc sans cesse de l'unité; or ce rapport est évidemment le même que celui du prisme oblique entier au prisme droit de même base et de même hauteur, quel que soit le nombre des tranches; ce dernier rapport diffère donc de l'unité moins que d'aucune grandeur donnée; il est donc égal à l'unité, ou, ce qui revient au même, le prisme oblique est égal au prisme droit, de même base et de même hauteur.

C'est sur de pareilles considérations que sont fondées les applications du Calcul infinitésimal, comme on le verra dans la suite; on y néglige les quantités formées de deux dimensions qui diminuent sans cesse, relativement à celles qui n'ont qu'une semblable dimension; mais, pour faire sentir la justesse de ces omissions, et pour montrer qu'elles ne nuisent point à l'exactitude des résultats, il est bon de donner plus de développement aux démonstrations de ce genre dans les éléments de Géométrie.

Concevons donc que, par les trois angles de la base supérieure d'une des tranches du prisme, on abaisse trois perpendiculaires sur sa base inférieure, et que l'on fasse passer trois plans par ces perpendiculaires prises deux à deux; on formera un prisme droit triangulaire, qui sera égal au produit de la base de la tranche par sa hauteur; on formera ensuite trois solides, dont la somme sera évidemment plus grande que la différence entre le prisme droit et la tranche. Chacun de ces solides est plus petit qu'un prisme droit de même base et de même hauteur; chaque base est un parallélogramme dont la longueur est le côté correspondant de la base de la tranche, et dont la largeur est moindre que l'arête de la tranche; la somme des trois solides est donc moindre que le produit du contour de la base de la tranche par son arête et par sa hauteur; la différence de la tranche, au prisme droit de même base et de même hauteur, est donc moindre que ce produit, et, par conséquent, la différence entière de la somme de toutes les tranches, ou du prisme oblique, au prisme droit de même base et de même hauteur, est moindre que le produit de la hauteur du prisme par le contour de sa base et par l'arête d'une de ses tranches. En multipliant le nombre des tranches, on voit que cette différence peut être supposée moindre qu'aucune grandeur donnée; elle est donc nulle. Ainsi, le prisme triangulaire est égal au produit de sa base par sa hauteur, et il est facile d'en conclure que cela est également vrai pour un prisme quelconque et pour le cylindre.

Une pyramide est droite lorsque sa base est un polygone régulier, dont le centre et le sommet de la pyramide sont sur une perpendiculaire à cette base. La surface d'une semblable pyramide, sans y comprendre sa base, est le produit du contour de la base par la moitié de la perpendiculaire menée du sommet sur un de ses côtés ; d'où il suit que la surface du cône droit est le produit de la moitié de son côté par la circonférence de sa base.

Deux pyramides triangulaires de même base et de même hauteur sont égales en solidité. Pour le faire voir, concevons les deux pyramides sur un même plan, et partagées en tranches de même hauteur par des plans parallèles à la base ; il est facile de prouver que les sections seront respectivement égales en surface. Si l'on abaisse de chaque angle de la base supérieure d'une tranche de l'une des pyramides trois perpendiculaires sur la base inférieure, on formera un prisme droit triangulaire et trois solides, dont la somme sera plus grande que la différence entre la tranche et le prisme. La somme de ces trois solides est moindre que le produit du contour de la base inférieure de la tranche par sa hauteur et par la plus grande de ses arêtes ; la différence entre le prisme et la tranche est donc moindre que le produit du contour de la base de la pyramide par la plus grande arête de la tranche et par sa hauteur. En considérant pareillement la tranche correspondante dans la seconde pyramide, on voit que la différence entre le prisme droit qui lui correspond et cette tranche est moindre que le produit du contour de la base de cette seconde pyramide par la hauteur de la tranche et par la plus grande de ses arêtes ; or, les deux prismes droits sont égaux dans les deux pyramides, puisqu'ils ont même base et même hauteur ; donc la différence des tranches correspondantes dans les deux pyramides est moindre que le produit de la somme des contours des bases des pyramides par la hauteur des tranches et par la plus grande arête des mêmes tranches ; la différence entière des deux pyramides est, par conséquent, moindre que le produit de leur hauteur par la somme des contours de leurs bases et par la plus grande arête de leurs tranches ; or, le nombre des tranches pouvant augmenter à l'infini, cette différence peut être supposée moindre qu'aucune gran-

deur donnée; elle est donc nulle, et les deux pyramides sont égales en
solidité.

Il est facile d'en conclure, par la décomposition du prisme triangulaire en trois pyramides triangulaires, qu'une pyramide triangulaire
est le tiers du produit de sa base par sa hauteur, et que cela est généralement vrai pour une pyramide quelconque et pour un cône.

Si, d'un point fixe quelconque, on mène des droites à tous les angles
d'un polyèdre et qu'on les prolonge proportionnellement à leur longueur, en faisant passer des plans par les extrémités de ces droites, on
formera un nouveau polyèdre semblable au premier. Deux points situés
sur une droite passant par le point fixe et à des distances de ce point
proportionnelles aux côtés homologues des deux polyèdres seront
semblablement placés relativement à chacun d'eux; deux lignes terminées par des points semblablement placés seront elles-mêmes semblablement placées; deux surfaces planes terminées par des lignes
semblablement placées seront semblablement placées; enfin, deux
solides terminés par des plans semblablement placés seront placés
semblablement.

Les lignes semblablement placées sont proportionnelles aux arêtes
homologues des deux polyèdres semblables; les surfaces semblablement placées sont proportionnelles aux carrés des lignes homologues;
les solides semblablement placés sont proportionnels aux cubes des
mêmes lignes.

Quelle que soit la nature du polyèdre, il existe entre les nombres
de ses angles solides, de ses faces et de ses arêtes un rapport remarquable. Si l'on nomme a, b, c ces trois nombres, on a généralement

$$a + b = c + 2.$$

La surface d'un segment sphérique, sans y comprendre sa base, est
égale au produit de sa hauteur par la circonférence d'un grand cercle
de la sphère. Pour le faire voir, imaginons le segment partagé dans un
nombre quelconque de tranches de même hauteur par des plans parallèles à sa base. Concevons de plus une suite de troncs de cônes droits

de même épaisseur que ces tranches, et dont la surface touche celle
des tranches dans leur circonférence moyenne. Il est facile de s'assurer
que la surface de chaque tronc de cône est le produit de sa hauteur par
la circonférence d'un grand cercle de la sphère; la somme de ces surfaces est donc égale au produit de la hauteur du segment par cette
circonférence; or, en multipliant le nombre des tranches, cette somme
approche sans cesse de la surface du segment, et elle peut en différer
moins que d'aucune grandeur donnée; ainsi la surface du segment
sphérique est le produit de sa hauteur par la circonférence d'un grand
cercle; d'où il suit que la surface entière de la sphère est le produit de
son diamètre par sa circonférence; elle est quadruple de la surface
d'un de ses grands cercles, et la même que la surface extérieure du
cylindre circonscrit; et, si l'on a égard aux bases du cylindre, la surface entière du cylindre est à celle de la sphère comme 3 est à 2.

Un polyèdre circonscrit à la sphère peut être partagé dans autant
de pyramides qu'il y a de faces, le sommet de ces pyramides étant au
centre de la sphère. La hauteur de toutes ces pyramides est la même
et égale au rayon; la solidité du polyèdre est donc le tiers du produit
de sa surface par le rayon; d'où il suit, par la théorie des limites, que
cela s'étend à la sphère, dont la solidité est, par conséquent, à celle du
cylindre circonscrit comme 2 est à 3, ou en raison des surfaces de
ces corps.

Ces beaux théorèmes, dus à Archimède, sont l'un des plus précieux
monuments de l'antiquité. Leur connaissance étant aujourd'hui devenue familière, on remarque peu la difficulté que présentait alors la
comparaison des surfaces convexes avec les surfaces planes; cette
comparaison est le germe des découvertes qui ont été faites depuis
dans la Géométrie des courbes et des surfaces.

Le rapport trouvé par Archimède, entre les surfaces et les solidités
de la sphère et du cylindre circonscrit, s'étend au cône, et généralement à tous les corps circonscrits à la sphère; les solidités de tous ces
corps sont comme leurs surfaces, ce qui donne un moyen simple
d'avoir la surface d'un cône droit coupé par un plan quelconque.

Le rayon de la sphère étant pris pour unité, sa surface équivaut à deux circonférences ou à huit angles droits. Cette comparaison d'une surface à un angle ne présente aucune difficulté si l'on considère que la surface doit être divisée par le carré du rayon pris pour unité, et que l'angle est l'arc compris entre ses côtés divisé par le rayon ; la surface et l'arc deviennent ainsi des nombres abstraits, et conséquemment comparables.

La surface d'un polygone sphérique qui n'a point d'angles rentrants est égale à l'excès de la somme de ses angles intérieurs sur deux fois autant d'angles droits que le polygone a de côtés, moins quatre angles droits. On suppose les côtés du polygone formés par des arcs de grands cercles, qui sur la sphère sont toujours les plus courtes lignes entre leurs points extrêmes.

Ce théorème donne une solution fort simple du problème qui consiste à déterminer en combien de manières on peut couvrir la surface d'une sphère avec des polygones égaux et réguliers. Ce problème dépendant de l'analyse indéterminée va nous fournir une application de cette analyse dont je ne vous ai donné qu'une idée très succincte.

Soient x le nombre des côtés d'un des polygones réguliers qui recouvrent la sphère, y le nombre des angles qui s'assemblent autour d'un même point et z le nombre des polygones. La surface de chaque polygone sera $\dfrac{8A}{z}$; mais cette surface est égale à l'excès de la somme de ses angles intérieurs sur $2(x-2)A$; la somme de ces angles est donc

$$\frac{8A}{z} + 2(x-2)A ;$$

ainsi chaque angle intérieur est égal à

$$\frac{8A}{xz} + \frac{2(x-2)A}{x} ;$$

la somme des angles qui s'assemblent autour d'un même point est conséquemment égale à

$$\frac{8yA}{xz} + \frac{2(x-2)yA}{x} ;$$

mais cette somme vaut quatre angles droits, on a donc

$$(x-2)yz + 4y = 2xz,$$

équation indéterminée dans laquelle x, y et z sont des nombres entiers positifs, qui ne peuvent pas être plus petits que trois. Quoique cette équation renferme trois variables, on va voir cependant qu'elle ne peut être satisfaite que de huit manières. Elle peut se changer dans celle-ci

$$z = \frac{4y}{2x - y(x-2)}.$$

Le dénominateur de cette fraction ne peut être négatif; x ne doit donc pas surpasser $2 + \frac{4}{y-2}$; et, par conséquent, il ne peut pas excéder six. En le supposant égal à trois, on a

$$z = \frac{4y}{6-y}.$$

Si l'on fait, dans cette équation, $y = 3$, on a

$$z = 4;$$

si l'on fait $y = 4$, on a

$$z = 8;$$

si l'on fait $y = 5$, on a

$$z = 20;$$

enfin si l'on fait $y = 6$, on a

$$z = \infty;$$

ainsi l'on peut recouvrir la sphère avec quatre, ou huit, ou vingt, ou une infinité de triangles équilatéraux.

Supposons $x = 4$, nous aurons

$$z = \frac{2y}{4-y}.$$

Si l'on fait $y = 3$, on a

$$z = 6;$$

si l'on fait $y = 4$,

$$z = \infty;$$

on peut donc recouvrir la sphère avec quatre ou une infinité de polygones réguliers de quatre côtés.

Supposons $x = 5$, nous aurons

$$z = \frac{4y}{10 - 3y}.$$

Si l'on fait $y = 3$, on a

$$z = 12;$$

on ne peut donc couvrir la sphère que d'une manière avec des polygones réguliers de cinq côtés.

Supposons enfin $x = 6$, nous aurons

$$z = \frac{y}{3 - y}.$$

Si l'on fait $y = 3$,

$$z = \infty;$$

on ne peut donc couvrir la sphère que d'une manière avec des polygones réguliers de six côtés, en les prenant en nombre infini.

Si l'on ne considère que des polygones finis, on voit que la sphère ne peut être recouverte avec des polygones égaux et réguliers que de cinq manières : savoir, de trois manières avec des *triangles*, d'une manière avec des polygones de quatre côtés, et d'une manière avec des polygones de cinq côtés.

Si l'on considère les polygones infiniment petits, on a encore trois manières de recouvrir la sphère : savoir, avec des triangles, des carrés et des hexagones; or, si l'on suppose le rayon de la sphère infini, une partie finie de la surface se confond avec un plan; on ne peut donc recouvrir que des trois manières précédentes une surface plane avec des polygones égaux et réguliers.

Il suit de ce qui précède qu'il ne peut y avoir que cinq polyèdres réguliers : savoir, le tétraèdre, le cube, l'octaèdre, le dodécaèdre et l'icosaèdre; le premier, le troisième et le cinquième de ces corps ayant des faces triangulaires, les faces des deux autres étant des carrés et des pentagones. En effet, les faces d'un polyèdre régulier devant être des polygones égaux, réguliers et également inclinés les uns aux autres, il est clair que ce polyèdre peut être circonscrit à une sphère dont le centre est au point de concours des perpendiculaires élevées du centre de chaque surface sur son plan. Si l'on conçoit des rayons menés de ce centre à tous les angles du polyèdre, ils marqueront sur la sphère les angles des polygones réguliers correspondant à chaque face; il doit donc y avoir autant de corps réguliers qu'il y a de manières possibles de recouvrir une sphère avec des polygones égaux et réguliers.

Les polyèdres qui répondent à l'infinité des petits polygones réguliers, qui peuvent recouvrir la surface de la sphère, se confondent avec la sphère elle-même que l'on peut, sous ce point de vue, considérer comme un polyèdre régulier d'une infinité de faces.

La Trigonométrie sphérique a pour objet la détermination des angles et des côtés d'un triangle sphérique, quand on connait trois de ces six quantités. Si l'on conçoit des droites menées du centre de la sphère aux angles d'un triangle, et si l'on coupe ces droites par un plan quelconque, on formera une pyramide triangulaire; les côtés du triangle sphérique seront les mesures des angles plans qui, par leur réunion, forment l'angle solide du sommet de la pyramide; les angles de ce triangle sphérique sont les inclinaisons mutuelles des plans qui concourent à ce sommet. Ainsi, la considération des pyramides triangulaires pouvait donner naissance à la Trigonométrie sphérique; mais cette science doit son origine à l'Astronomie, où elle est d'une nécessité indispensable; car l'observateur projette sans cesse les astres sur la surface d'une sphère indéfinie dont il se fait le centre.

Les angles et les côtés d'un triangle sphérique étant de même nature, il parait plus naturel de chercher directement leurs rapports que de les déterminer au moyen de leurs sinus et cosinus; mais les équations entre les arcs et les angles sont transcendantes et fort compliquées, au lieu que les relations entre leurs sinus sont algébriques et fort simples.

Toute la Trigonométrie sphérique n'est que le développement de cette proposition fondamentale :

Le cosinus d'un côté est égal au produit des cosinus des deux autres côtés, plus au produit de leurs sinus, multiplié par le cosinus de l'angle qu'ils comprennent.

Je vous engage à lire sur cet objet un excellent Mémoire d'Euler, inséré parmi ceux de l'Académie des Sciences de Pétersbourg, pour l'année 1779. Ce Mémoire, quoique très court, est un traité complet de Trigonométrie sphérique.

HUITIÈME SÉANCE.

SUR L'APPLICATION DE L'ALGÈBRE A LA GÉOMÉTRIE. DE LA DIVISION DES ANGLES. THÉORÈMES DE COTES. USAGE DES TABLES TRIGONOMÉTRIQUES POUR LA RÉSOLUTION DES ÉQUATIONS. APPLICATIONS DE L'ALGÈBRE A LA THÉORIE DES LIGNES ET DES SUR- FACES COURBES.

L'Algèbre ayant pour objet la grandeur en général, il est visible qu'elle peut s'appliquer à la considération des lignes, des surfaces et des solides, et que les diverses questions géométriques peuvent être traitées par son moyen. Il ne s'agit que de représenter les lignes par les caractères algébriques, et de former les équations résultantes de leurs rapports qui, le plus souvent, sont donnés par les propriétés des triangles semblables ou rectangles et par celles du cercle. Dans la solu- tion des problèmes, une ou plusieurs des lignes que ces équations ren- ferment sont des inconnues, dont on détermine les valeurs par les méthodes que l'Algèbre fournit pour résoudre les équations. On cons- truit ensuite ces valeurs, c'est-à-dire que l'on assigne, par des procédés géométriques, les lignes qui leur sont égales. Ainsi, l'on transporte dans la Géométrie toutes les ressources de l'Analyse, et l'on parvient sans peine à des résultats qu'il serait souvent difficile d'obtenir par la Géométrie seule.

Les propriétés du cercle et des lignes proportionnelles suffisent pour construire les expressions qui ne renferment que des racines carrées. Par exemple, une fraction, dont le numérateur est de la dimension n et dont le dénominateur est de la dimension $n - 2$, exprimant une sur- face, si l'on veut déterminer le côté du carré qui lui est égal, on peut concevoir le numérateur de la fraction divisée par f^{n-1}, f étant une ligne prise à volonté. Chaque terme de ce numérateur devient de la première dimension, et l'on détermine la ligne qu'il représente par les proportionnelles, en observant que, f, a, b exprimant trois lignes. $\frac{ab}{f}$ est une quatrième proportionnelle à ces lignes. On aura donc ainsi une ligne h égale à la somme de tous les termes du numérateur divisés par f^{n-1}; on aura pareillement une ligne l égale à la somme de tous les termes du dénominateur divisés par f^{n-2}; la fraction proposée sera réduite à celle-ci, $\frac{hf^2}{l}$, ou à pf, p étant une quatrième proportionnelle aux lignes l, h, f. La moyenne proportionnelle entre p et f sera le côté du carré égal à la fraction proposée.

On peut, en suivant ce procédé, déterminer en lignes, en surfaces et en solides les expressions d'une, de deux ou de trois dimensions qui renferment des radicaux carrés, et même des radicaux dont l'exposant est une puissance de deux. Ainsi la racine de toute équation du deuxième degré peut être construite au moyen du cercle et de la ligne droite, c'est-à-dire avec la règle et le compas; mais le cercle et la ligne droite, ou deux cercles, ne pouvant se couper qu'en deux points, on ne peut pas, par leur moyen, construire les racines d'une équation du troisième degré ni des racines cubiques; en sorte que la duplication du cube et la trisection de l'angle, problèmes fameux dans l'antiquité, sont impossibles avec la règle seule et le compas.

Le choix des inconnues n'est point indifférent dans les problèmes géométriques, et c'est de là que dépend principalement la simplicité de leurs solutions. La règle que nous avons donnée pour ce choix, dans les problèmes algébriques, peut encore servir ici. Lorsque deux ou plusieurs inconnues sont déterminées par une même équation, il ne faut pas choisir l'une d'elles pour inconnue principale; on doit prendre pour cette inconnue une ligne qui ait un même rapport avec elles, telle que leur somme ou leur différence, ou une moyenne proportionnelle. L'équation que l'on obtient alors est moins composée que celle qui détermine les inconnues du problème; elle en est une réduite plus facile à résoudre, et qui donne aisément les valeurs des inconnues. Supposons, par exemple, que la hauteur d'un triangle, sa base et la somme de ses deux côtés étant connues, on propose de déterminer

chacun de ces côtés; il est clair que, dépendant de la même manière
des quantités connues, ils doivent être donnés par la même équation ;
ainsi, au lieu de considérer l'un d'eux comme l'inconnue principale, il
vaut mieux prendre pour cette inconnue leur différence.

Parmi les diverses constructions que l'on peut donner d'un même
problème, il en est qui sont recommandables par leur simplicité et leur
élégance, et dont la recherche exige quelquefois beaucoup d'adresse.
Il est utile dans l'enseignement d'exercer sur cet objet les élèves.

Vous trouverez un grand nombre de problèmes géométriques résolus
par l'Algèbre dans l'*Arithmétique universelle* de Newton, Ouvrage digne
de son illustre auteur, soit par les découvertes qu'il contient, soit par
les artifices au moyen desquels les solutions des problèmes sont rame-
nées aux équations les plus simples. Il importe d'autant plus de connaître et de perfectionner ces artifices, qu'ils peuvent seuls assurer aux
solutions algébriques la supériorité sur les solutions purement géométriques qui, d'ailleurs, ont l'avantage de ne faire jamais perdre de
vue l'objet principal, et d'éclairer la route entière qui conduit des premiers axiomes à leurs dernières conséquences. Mais je pense que
l'Algèbre peut toujours fournir les meilleures méthodes; il ne s'agit
pour cela que de l'appliquer d'une manière convenable, en faisant un
choix avantageux des inconnues, et en donnant aux résultats la forme
la plus facile à construire ou à réduire en calcul numérique. Pour
employer commodément dans cette réduction les tables de logarithmes,
il convient de décomposer les résultats en facteurs. La recherche de la
solution la plus simple sous ce rapport est un nouveau problème qui
souvent présente d'assez grandes difficultés, alors même que le problème principal n'en offre aucune. C'est à les résoudre que l'on doit
s'attacher si l'on veut rendre utile l'application de l'Algèbre à la Géométrie; dans ce genre, lorsqu'il s'agit de méthodes usuelles, un abrégé
de calcul est une vraie découverte; ce qui n'a pas toujours été senti
par ceux qui ont essayé de substituer l'Analyse aux méthodes trigonométriques; et c'est pour cela que, dans un grand nombre de cas, ces
dernières méthodes sont encore préférées.

Vous concevez que, pour appliquer d'une manière générale l'Algèbre à la Géométrie, il était nécessaire que les quantités, soit connues, soit inconnues, fussent représentées par des caractères généraux. On n'a d'abord employé les lettres que pour exprimer les inconnues; les connues étaient représentées par des nombres. Viète est le premier qui ait eu l'heureuse idée d'exprimer les unes et les autres par des lettres. L'application que ce grand analyste fit de l'Algèbre ainsi généralisée à la Géométrie est devenue, par l'extension que Descartes lui a donnée, l'une des plus importantes découvertes que l'on ait faites dans les sciences. Il semble aujourd'hui qu'il était facile d'y parvenir. Déjà vous avez eu l'occasion d'observer que presque toujours les idées les plus fécondes sont en même temps si simples que l'on est tenté de les regarder comme d'heureux hasards; mais ces hasards, qui ne sont jamais arrivés qu'aux hommes de génie, ont toujours été préparés par des recherches antérieures. Nous ne pouvons nous élever aux vérités générales que par la comparaison des résultats particuliers qu'il faut considérer longtemps, et varier d'un grand nombre de manières, pour saisir ce qu'ils ont de commun entre eux, et pour en faire éclore ces grandes théories qui changent la face des sciences et font époque dans leur histoire.

Une des applications les plus intéressantes de l'Algèbre à la Géométrie est celle qui a pour objet la division des angles et de la circonférence en parties égales. L'Analyse en ayant tiré de grands avantages, soit pour la décomposition des fonctions en facteurs, soit pour le développement des fonctions en séries, soit pour la résolution des équations; je vais vous l'exposer en peu de mots.

x et y étant deux angles quelconques, il est aisé de voir par le théorème fondamental de la Trigonométrie que le produit de :

$$\cos x \pm \sqrt{-1}\,\sin x, \qquad \text{par} \qquad \cos y \pm \sqrt{-1}\,\sin y$$

est égal à

$$\cos(x+y) \pm \sqrt{-1}\,\sin(x+y).$$

De là il résulte, en faisant y successivement égal à x, $2x$, $3x$, ..., que l'on a généralement

$$(\cos x \pm \sqrt{-1} \sin x)^n = \cos nx \pm \sqrt{-1} \sin nx.$$

Cette formule, l'une des plus utiles de l'Analyse, a, comme celle du binome, l'avantage de s'étendre aux valeurs de n, entières et fractionnaires, positives et négatives, irrationnelles et même imaginaires.

Il est facile, au moyen de cette formule, de développer une fonction quelconque de sinus et de cosinus de l'angle x en sinus et cosinus de ses multiples; pour cela, il suffit de substituer dans cette fonction

$$\frac{1}{2}\left(\cos x + \sqrt{-1}\sin x\right) + \frac{1}{2}\left(\cos x - \sqrt{-1}\sin x\right)$$

au lieu de $\cos x$ et

$$\frac{1}{2\sqrt{-1}}\left(\cos x + \sqrt{-1}\sin x\right) - \frac{1}{2\sqrt{-1}}\left(\cos x - \sqrt{-1}\sin x\right),$$

au lieu de $\sin x$; et de développer ensuite la fonction par rapport aux puissances et aux produits de

$$\cos x + \sqrt{-1}\sin x \qquad \text{et de} \qquad \cos x - \sqrt{-1}\sin x.$$

Ces puissances et ces produits se réduisent en sinus et cosinus de multiples de x, en observant que le produit de

$$(\cos x \pm \sqrt{-1}\sin x)^{i'} \qquad \text{par} \qquad (\cos x \mp \sqrt{-1}\sin x)^{i}$$

est égal à

$$[\cos(i'-i)x \pm \sqrt{-1}\sin(i'-i)x];$$

on aura ainsi les expressions connues des puissances des sinus, cosinus, tangentes, … d'un angle quelconque. Vous trouverez tous les développements que l'on peut désirer sur cet objet dans l'*Introduction à l'analyse des infiniment petits*, par Euler, Ouvrage excellent, dont je vous recommande la lecture, comme indispensable à tous ceux qui veulent faire des progrès dans l'Analyse.

La formule précédente donne un moyen simple de décomposer en facteurs le binome $x^n \pm a^n$. Pour cela, supposons $x = ay$, et considérons l'équation $y^n \pm 1 = 0$. Si l'on y suppose

$$y = \cos x \pm \sqrt{-1}\,\sin x,$$

on aura

$$\cos n x \pm \sqrt{-1}\,\sin n x = \mp 1,$$

ce qui donne

$$\cos n x = \mp 1.$$

Si le signe $+$ a lieu, on a

$$n x = 2 i c,$$

i étant zéro ou un nombre entier, et c étant la demi-circonférence dont le rayon est l'unité ; on a donc alors

$$y = \cos \frac{2 i c}{n} \pm \sqrt{-1}\,\sin \frac{2 i c}{n};$$

les facteurs de $y^n - 1$ sont donc les diverses quantités que l'on obtient en faisant $2i$ égal à $0, 2, 4, \ldots$ jusqu'à n ou $n - 1$, suivant que n est pair ou impair, dans la fonction

$$y = \cos \frac{2 i c}{n} \mp \sqrt{-1}\,\sin \frac{2 i c}{n};$$

les valeurs ultérieures de $2i$ reproduisent les mêmes facteurs ; ainsi la fonction

$$x - a \cos \frac{2 i c}{n} \mp a \sqrt{-1}\,\sin \frac{2 i c}{n}$$

représente les facteurs de $x^n - a^n$.

Si l'on a $\cos n x = -1$, on aura

$$n x = (2 i + 1) c$$

et, dans ce cas, les facteurs de $x^n + a^n$ seront compris dans la forme

$$x - a \cos \frac{(2 i + 1)}{n} c \pm a \sqrt{-1}\,\sin \frac{(2 i + 1)}{n} c,$$

$2i$ étant successivement égal à o, 2, 4, ... jusqu'à $n - 2$ ou $n - 1$, suivant que n est pair ou impair.

De là il est facile de conclure que $x^n - a^n$ est égal à la racine carrée du produit de n facteurs que l'on obtient en donnant à i toutes les valeurs, depuis $i = o$ jusqu'à $i = n - 1$, dans le trinome

$$x^2 - 2 a x \cos \frac{2 i c}{n} + a^2 ;$$

et que $x^n + a^n$ est égal à la racine carrée du produit des n facteurs que l'on obtient en donnant à i toutes les valeurs, depuis $i = o$ jusqu'à $i = n - 1$, dans le trinome

$$x^2 - 2 a x \cos \frac{(2 i + 1)}{n} c + a^2.$$

Ce résultat est la traduction analytique de ce théorème de Côtes :

Si, dans un cercle, on mène un diamètre quelconque; qu'à partir d'une des extrémités de ce diamètre, comme origine, on divise la circonférence dans le nombre $2n$ de parties égales, et que l'on désigne par les nombres o, 1, 2, 3, ... ces divisions, o répondant à l'origine; si d'un point fixe quelconque pris sur le diamètre ou sur son prolongement, et du même côté du centre que l'origine des arcs, on mène des droites aux divisions o, 1, 2, ...; le produit de toutes les droites menées du point fixe aux nombres impairs est égal à la somme des puissances n, du rayon et de la distance du point fixe au centre; le produit de toutes les droites menées du point fixe aux nombres pairs o, 2, ... est égal à la différence des mêmes puissances. Si le point fixe est supposé de l'autre côté du centre, il suffit alors de considérer sa distance au centre comme étant négative.

Ce théorème, l'un des plus beaux que l'on ait trouvés en Géométrie, mérita à son auteur, qu'une mort prématurée enleva aux sciences, ce bel éloge de Newton : « Si Côtes eût vécu, nous saurions quelque chose. »

Ce grand géomètre ayant laissé sans démonstration son théorème,

les géomètres s'appliquèrent à la rétablir, et leurs recherches ont
produit l'analyse que nous venons d'exposer.

Il en résulte que la division de la circonférence en parties égales et
la résolution de l'équation $x^n - 1 = 0$ dépendent réciproquement l'une
de l'autre; or, on peut résoudre cette équation, sans admettre de radicaux cubes, lorsque n est successivement égal à 3, 4, 5, et à ces
nombres multipliés respectivement par des puissances de 2; on peut
donc, par la règle seule et le compas, inscrire et circonscrire au cercle
des polygones réguliers de ce nombre de côtés.

En général, m et n étant premiers entre eux, et exprimant le nombre
des côtés de deux polygones réguliers, inscrits ou circonscrits au cercle,
on pourra facilement inscrire ou circonscrire un polygone régulier d'un
nombre mn de côtés. Pour cela, on portera l'arc relatif à un côté du
polygone qui a le plus de côtés, sur l'arc relatif à un côté de l'autre
polygone, autant de fois qu'il y est contenu exactement; on portera le
reste sur le second arc, autant de fois qu'il y est contenu; on portera le
deuxième reste sur le premier reste, et ainsi de suite, jusqu'à ce que
l'on ne trouve point de reste. Le dernier reste sera la commune mesure
des deux arcs; or cette commune mesure est égale à $\dfrac{2c}{mn}$; on pourra
donc inscrire ou circonscrire au cercle un polygone de mn côtés.

De là, et de la relation qui existe entre la division de la circonférence
et la résolution des équations à deux termes, il suit que les racines des
deux équations

$$x^m - 1 = 0 \qquad \text{et} \qquad x^n - 1 = 0$$

donnent les racines de l'équation

$$x^{mn} - 1 = 0.$$

En effet, la résolution de la première de ces équations donne la valeur de

$$\cos\frac{2c}{m} \pm \sqrt{-1}\,\sin\frac{2c}{m};$$

et, par conséquent, celle de

$$\cos\frac{2rc}{m} \pm \sqrt{-1}\,\sin\frac{2rc}{m},$$

r étant un nombre entier quelconque, positif ou négatif, puisque cette
seconde valeur est la puissance r de la première. Pareillement, la résolution de l'équation $x^n - 1 = 0$ donne la valeur de

$$\cos\frac{2r'c}{n} \pm \sqrt{-1}\sin\frac{2r'c}{n},$$

r' étant un nombre entier ; on aura donc la valeur du produit de ces
deux dernières fonctions, produit qui est égal à

$$\cos\left(\frac{rn + r'm}{mn}\,2c\right) \pm \sqrt{-1}\sin\left(\frac{rn + r'm}{mn}\,2c\right);$$

or, m et n étant premiers entre eux, on peut toujours déterminer r et r'
en sorte que l'on ait

$$rn + r'm = 1;$$

on aura donc ainsi la valeur de

$$\cos\frac{2c}{mn} \pm \sqrt{-1}\sin\frac{2c}{mn}.$$

La résolution de l'équation $x^n - 1 = 0$ donne toutes les racines $n^{\text{ièmes}}$
de l'unité ; et l'on voit que les racines autres que l'unité sont les
puissances de celle qui répond au plus petit arc. La remarque que
l'unité peut avoir plusieurs racines du même ordre, quoiqu'une suite
immédiate de la formation des équations, ne paraît avoir été bien
connue que dans ce siècle. Elle montre que l'égalité d'une même puissance de deux grandeurs ne prouve point l'égalité de ces grandeurs ;
de même que la condition de satisfaire à une même équation ne prouve
point l'égalité des racines. Cette réflexion nous sera utile dans la théorie
des logarithmes que nous ferons voir être en nombre infini pour une
même quantité.

On peut, au moyen de ce qui précède, extraire une racine quelconque
d'une quantité, soit réelle, soit imaginaire. Pour cela, considérons la
quantité $p + q\sqrt{-1}$; sa racine $n^{\text{ième}}$ est égale à

$$\left(\frac{p}{\sqrt{p^2 + q^2}} + \frac{q\sqrt{-1}}{\sqrt{p^2 + q^2}}\right)^{\frac{1}{n}}(p^2 + q^2)^{\frac{1}{2n}}.$$

Soit A le plus petit des angles dont le sinus et le cosinus sont respectivement

$$\frac{q}{\sqrt{p^2+q^2}} \qquad \text{et} \qquad \frac{p}{\sqrt{p^2+q^2}};$$

la fonction précédente sera

$$(p^2+q^2)^{\frac{1}{2n}}\left[\cos\left(\frac{2ic+A}{n}\right)+\sqrt{-1}\sin\left(\frac{2ic+A}{n}\right)\right],$$

i étant un nombre entier positif qui peut s'étendre depuis $i=0$ jusqu'à $i=n-1$.

Ainsi, toutes les racines des fonctions de la forme

$$p+q\sqrt{-1}$$

sont de la même forme, et l'on voit généralement que toute fonction
algébrique d'une ou de plusieurs imaginaires de la forme

$$p+q\sqrt{-1}$$

est de la même forme et peut se déterminer par la méthode précédente.

Si n est un nombre fractionnaire que nous représentons par $\frac{h}{l}$,
l'angle $\frac{2ic+A}{n}$ deviendra $\frac{2ilc+Al}{h}$; il reproduira donc les mêmes sinus
et cosinus lorsque i sera égal à h; ainsi la racine $n^{\text{ième}}$ n'a, dans ce cas,
que h valeurs différentes; mais, si n est irrationnel, alors elle a une
infinité de valeurs; car, i et i' étant deux nombres quelconques, la
différence des deux angles

$$\frac{2ic+A}{n} \qquad \text{et} \qquad \frac{2i'c+A}{n}$$

ne peut jamais devenir un multiple de la circonférence; les valeurs
successives de i ne finissent point par reproduire les mêmes sinus et
cosinus. Nous verrons dans la suite que, si n est imaginaire, et de la
forme $p+q\sqrt{-1}$, les racines $n^{\text{ièmes}}$ sont encore de la même forme.

Le cosinus de l'angle nx étant donné, comme on l'a vu précédemment, en puissances du cosinus de l'angle x, si l'on considère le premier de ces cosinus comme une quantité connue et le second comme une inconnue, on aura, pour déterminer cette inconnue, en supposant

$$a = \cos n.x \quad \text{et} \quad y = \cos x,$$

l'équation

$$a = 2^{n-1}y^n - n.2^{n-3}y^{n-2} + \frac{n(n-3)}{1.2} 2^{n-5}y^{n-4} - \frac{n(n-4)(n-5)}{1.2.3} 2^{n-7}y^{n-6} + \dots$$

Cette équation peut donc être résolue par la division d'un arc en parties égales ; et, si l'on nomme A le plus petit des arcs, dont le cosinus est a, les diverses valeurs de y seront exprimées par $\cos\left(\frac{2ic + A}{n}\right)$, i pouvant s'étendre depuis $i = 0$ jusqu'à $i = n - 1$.

Il suit de ce qui précède que

$$\sqrt[n]{a \pm \sqrt{a^2 - 1}} = \cos\left(\frac{2ic + A}{n}\right) \pm \sqrt{-1}\, \sin\left(\frac{2ic + A}{n}\right),$$

ce qui donne

$$y = \cos\left(\frac{2ic + A}{n}\right) = \frac{1}{2}\sqrt[n]{a + \sqrt{a^2 - 1}} + \frac{1}{2}\sqrt[n]{a - \sqrt{a^2 - 1}}.$$

Ainsi l'expression de y peut être mise sous une forme indépendante des cosinus et, sous cette forme, elle embrasse le cas où a est plus grand que l'unité.

Lorsque a est moindre que l'unité, les racines de l'équation sont toutes réelles, et elles offrent la même singularité que le cas irréductible des équations du troisième degré, celle d'être la somme de deux imaginaires. En effet, nous verrons bientôt que l'équation du troisième degré est alors comprise dans la précédente.

Les expressions du sinus et de la tangente de l'angle nx, en puissances du sinus et de la tangente de l'angle x, fournissent pareillement des équations d'un degré indéfini, qui peuvent être résolues par la division de l'angle en parties égales.

De là résulte un moyen facile de résoudre les équations du troisième et du quatrième degré, en faisant usage des Tables de sinus. Ce moyen est si commode que, malgré la facilité que présente la résolution des équations du deuxième degré, il peut être employé avec avantage, relativement à ces dernières équations.

Considérons l'équation du deuxième degré

$$x^2 + px \pm q = 0,$$

q étant positif. Soit $x = z\sqrt{q}$, on aura

$$z \pm \frac{1}{z} = -\frac{p}{\sqrt{q}}.$$

Si le signe $+$ a lieu, et si $\dfrac{-p}{2\sqrt{q}}$ est, abstraction faite du signe, moindre que l'unité, on fera

$$z = \cos u + \sqrt{-1}\,\sin u,$$

et l'on aura

$$\cos u = \frac{-p}{2\sqrt{q}}.$$

Les Tables des sinus feront connaître l'angle u, au moyen de cette équation, qui donnera facilement le logarithme de $\cos u$; et, comme à la même valeur de $\cos u$ répondent les deux angles u et $-u$, on aura pour x deux valeurs qui, dans ce cas, sont imaginaires.

Si $\dfrac{-p}{2\sqrt{q}}$ est, abstraction faite du signe, plus grand que l'unité, on fera

$$z = \tang u;$$

et l'on aura

$$z + \frac{1}{z} = \frac{2}{\sin 2u},$$

d'où l'on tire

$$\sin 2u = -\frac{2\sqrt{q}}{p}.$$

Les Tables des sinus donneront le plus petit des angles qui répondent à cette expression de $\sin 2u$ prise positivement. Cet angle, affecté du même signe que cette expression, sera la valeur de $2u$; mais au sinus de $2u$ répondent les deux arcs $2u$ et $c - 2u$, c étant la demi-circonférence; on aura donc, pour les deux valeurs de x,

$$x = \sqrt{q}\,\tang u, \qquad x = \sqrt{q}\,\tang\left(\frac{c}{2} - u\right).$$

Si l'on a

$$z - \frac{1}{z} = \frac{-p}{\sqrt{q}},$$

on fera encore $z = \tang u$, ce qui donne

$$z - \frac{1}{z} = -\frac{2}{\tang 2 u}$$

et, par conséquent,

$$\tang 2 u = \frac{2\sqrt{q}}{p}.$$

Les Tables des sinus feront connaître le plus petit des angles qui répondent à cette expression de $\tang 2u$ prise positivement; cet angle, affecté du même signe que cette expression, sera la valeur de $2u$. Mais à la tangente de $2u$ répondent les deux arcs $2u$ et $c + 2u$; on aura donc

$$x = \sqrt{q}\,\tang u, \qquad x = \sqrt{q}\,\tang\left(\frac{c}{2} + u\right).$$

Considérons présentement l'équation du troisième degré

$$x^3 \mp px + q = 0,$$

p étant positif. Supposons $x = r\left(z \pm \frac{1}{z}\right)$; nous aurons

$$x^3 \mp px + q = r^3\left(z^3 \pm \frac{1}{z^3}\right) \pm (3r^3 - pr)\left(z \pm \frac{1}{z}\right) + q = 0.$$

Soit $r^2 = \frac{1}{3}p$ et $-\sqrt{\dfrac{27q^2}{p^3}} = 2h$, on aura

$$z^3 \pm \frac{1}{z^3} = 2h.$$

Cette équation en z est du sixième degré, mais résoluble à la manière de celles du deuxième degré, ce qui donne un nouveau moyen de résoudre les équations du troisième degré.

Supposons d'abord que le signe supérieur ait lieu et que h, abstraction faite du signe, soit moindre que l'unité; alors $\frac{1}{4}q^2 - \frac{1}{27}p^3$ est une quantité négative et l'équation proposée tombe dans le cas irréductible. Si l'on fait $z = \cos u + \sqrt{-1}\sin u$, on aura

$$x = \sqrt{\frac{p}{3}}\left(z + \frac{1}{z}\right) = 2\sqrt{\frac{p}{3}}\cos u;$$

on aura ensuite

$$z^3 + \frac{1}{z^3} = 2\cos 3u;$$

partant, $\cos 3u = h$. Soit A le plus petit des angles dont le cosinus est h, et que les Tables feront connaître; on aura, pour $3u$, les trois valeurs A, $2c + A$, $4c + A$; et, par conséquent, les trois valeurs de x seront

$$x = 2\sqrt{\frac{p}{3}}\cos \frac{1}{3}A,$$

$$x = 2\sqrt{\frac{p}{3}}\cos\left(\frac{2c + A}{3}\right),$$

$$x = 2\sqrt{\frac{p}{3}}\cos\left(\frac{4c + A}{3}\right).$$

Remarquez bien ici l'usage des quantités imaginaires pour déterminer les quantités réelles; la valeur de z exprime le radical imaginaire dont la racine de l'équation du troisième degré est composée dans le cas irréductible; mais, sous cette forme, on voit clairement que les imaginaires disparaissent de l'expression de $r\left(z + \frac{1}{z}\right)$, qui est égale à x. Ainsi, la considération des quantités imaginaires qui embarrassaient beaucoup les premiers analystes est devenue, par leur comparaison avec l'expression $\cos x \pm \sqrt{-1}\sin x$, facile et d'un grand usage dans l'Analyse, et vous aurez occasion d'en voir des applications nombreuses dans le Calcul infinitésimal.

Si h, abstraction faite du signe, est plus grand que l'unité, on fera

$$z^3 = \tan g u;$$

alors on aura

$$z^3 + \frac{1}{z^3} = \frac{2}{\sin 2 u};$$

d'où l'on tire

$$\sin 2 u = \frac{1}{h};$$

on aura donc u par les Tables des sinus. Si l'on fait ensuite

$$\sqrt[3]{\tang u} = \tang u',$$

on aura

$$x = \frac{2 \sqrt{\dfrac{p}{3}}}{\sin 2 u'}.$$

C'est la valeur réelle de x; ses deux valeurs imaginaires sont

$$x = \sqrt{\frac{p}{3}} \left(\frac{-1 \pm \sqrt{-3} \cos 2 u'}{\sin 2 u'} \right).$$

Il nous reste à considérer le cas où l'on a

$$x = \sqrt{\frac{p}{3}} \left(z - \frac{1}{z} \right).$$

On fera, dans ce cas, $\dfrac{1}{z^3} = \tang u$, et l'équation

$$z^3 - \frac{1}{z^3} = 2 h$$

donnera

$$\tang 2 u = \frac{1}{h};$$

on aura donc l'angle u au moyen des Tables. Soit

$$\tang u' = \sqrt[3]{\tang u};$$

on aura

$$x = \frac{2 \sqrt{\dfrac{p}{3}}}{\tang 2 u'},$$

Les valeurs imaginaires de x sont

$$x = \sqrt{\frac{p}{3}} \left(\frac{\cos 2 u' \pm \sqrt{-3}}{\sin 2 u'} \right).$$

La résolution des équations du quatrième degré dépend d'une réduite du troisième degré ; ses racines sont une fonction très simple de celles de la réduite ; on pourra donc les déterminer facilement par la méthode précédente.

Vous voyez par ce qui précède que l'application de l'Algèbre à la Géométrie a pour objet de faire servir les méthodes de l'Analyse à la détermination d'un ou de plusieurs points d'après des conditions données. Mais, si le nombre des équations qui résultent de ces conditions est insuffisant pour la détermination de ces points, il en existe alors une infinité dont l'ensemble forme des surfaces ou des lignes.

La manière la plus simple de fixer la position d'un point dans l'espace consiste à le rapporter à trois plans perpendiculaires entre eux. Les distances du point à chacun de ces plans se nomment *coordonnées*, et les intersections mutuelles des plans sont les axes des coordonnées qui leur sont parallèles. x, y, z exprimant ces coordonnées, z est la distance du point au plan dans lequel sont les axes des x et des y ; la rencontre de z avec ce plan est la projection du point, et y est la distance de cette projection à l'axe des x. Enfin, x est la distance du point où la perpendiculaire y à l'axe des x rencontre cet axe, à l'intersection commune des trois axes, intersection qui est l'origine des coordonnées. Cette distance se nomme alors *abscisse*, et les deux autres lignes, y et z, se nomment *ordonnées*. Si l'on considère comme positives les coordonnées prises d'un certain côté de leur origine, elles seront négatives prises du côté opposé.

Si l'on n'a qu'une équation entre les trois coordonnées, la position du point est indéterminée, et le lieu de tous les points qui y satisfont est une surface dont cette équation exprime la nature.

Si l'on a deux équations entre ces trois coordonnées, la position du point est encore indéterminée ; le lieu de tous les points qui satisfont à ces équations est à la fois sur les deux surfaces qu'elles représentent ; elle est donc sur la ligne formée par leur commune intersection ; et cette ligne se nomme *courbe à double courbure* quand elle n'est pas située dans un même plan.

Enfin, si l'on a trois équations entre les coordonnées, la position du point est déterminée; et c'est sous ce point de vue que nous venons d'envisager l'application de l'Algèbre à la Géométrie.

Le premier objet de l'Analyse appliquée à la théorie des courbes et des surfaces est de former leurs équations d'après les conditions qui les déterminent. Par exemple, la circonférence étant une ligne dont tous les points sont également éloignés du centre, il est facile d'en conclure que, a étant son rayon, y une perpendiculaire abaissée d'un de ses points sur un diamètre, et x la distance de cette perpendiculaire au centre, la condition dont il s'agit donne, pour l'équation du cercle,

$$x^2 + y^2 = a^2.$$

Mais souvent ce problème présente de grandes difficultés dont la solution a fait naître des théories importantes. Ainsi, la considération des lignes et des surfaces, d'après la condition qu'elles embrassent, sous la même étendue, le plus petit espace, a produit le calcul des variations; et les premiers éléments du calcul des différences partielles sont dus à la recherche des courbes qui coupent, un système donné d'autres courbes, à angles droits.

Quand les équations sont formées, on peut lire, dans leur développement, toutes les affections des surfaces et des lignes qu'elles expriment. On peut déterminer le cours de ces surfaces et de ces lignes dans l'espace, leurs branches infinies, leurs inflexions, leurs rebroussements, leurs contours, leurs nœuds et leur courbure, leur grandeur et celle des espaces qu'elles renferment, la position des plans et des lignes qui les touchent, leurs plus grandes et leurs plus petites ordonnées. Ce rapprochement de la Géométrie et de l'Algèbre répand un nouveau jour sur ces deux sciences; les opérations intellectuelles de l'Analyse, rendues sensibles par les images de la Géométrie, sont plus faciles à saisir, plus intéressantes à suivre. Cette correspondance fait l'un des plus grands charmes attachés aux spéculations mathématiques, et, quand l'observation réalise ces images et transforme les résultats mathématiques en lois de la nature, quand ces lois, en em-

brassant l'univers, dévoilent à nos yeux ses états passés et à venir :
alors la vue de ce sublime spectacle nous fait éprouver le plus noble
des plaisirs réservés à la nature humaine.

Considérons d'abord les lignes courbes. Elles sont algébriques ou
transcendantes suivant la nature de l'équation qui les exprime ; mais,
dans tous ces cas, on peut les considérer comme l'intersection de deux
surfaces représentées chacune par une équation entre les trois coordonnées x, y et z. Si l'on élimine de ces équations une des coordonnées,
z par exemple, on aura une équation entre x et y, qui sera celle de la
projection de la courbe sur le plan des x et des y. En éliminant y au
lieu de z, on aura une équation entre x et z, qui sera celle de la projection de la courbe sur le plan des x et des z ; enfin, si l'on élimine x,
on aura une équation entre y et z, qui sera celle de la projection de la
courbe sur le plan des y et des z. Mais il est visible que, deux de ces
projections étant données, la troisième en est une suite nécessaire.

Quoique la considération des axes des coordonnées, perpendiculaires entre eux, soit la plus simple, cependant il est quelquefois utile
de supposer que ces axes font entre eux des angles quelconques ; en
changeant la position des axes, leur inclinaison mutuelle et leur origine, les nouvelles coordonnées parallèles à ces axes seront données
en x, y, z par des équations linéaires et réciproquement ; en sorte que
le degré des équations qui déterminent les courbes ou les surfaces
restera toujours le même. C'est sous ce point de vue général que nous
envisageons les coordonnées.

La nature des courbes à double courbure dépend, comme on vient de
le voir, de la nature des courbes situées dans un même plan. Celles-ci,
quand elles sont rapportées à leur plan, ne dépendent que d'une seule
équation ; lorsqu'elles sont algébriques, on les a distinguées en différents ordres relatifs au degré de l'équation dont elles dépendent.

On a nommé *lignes du premier ordre* celles dont l'équation, entre les
coordonnées x et y, est du premier degré, et la ligne droite est évidemment la seule de cet ordre. Les *lignes du deuxième ordre* sont celles
dont l'équation est du deuxième degré, et ainsi de suite.

Chaque ordre présente, à mesure qu'il s'élève, une grande variété de figures. Quelquefois la courbe ne s'étend que jusqu'à certaines limites, au delà desquelles les ordonnées ou les abscisses deviennent imaginaires ; ainsi, dans l'équation du cercle $x^2 + y^2 = a^2$, l'une des coordonnées étant imaginaire quand l'autre surpasse a, la courbe est renfermée tout entière dans un carré dont le côté est $2a$. Dans d'autres cas, la courbe étend à l'infini plusieurs branches dont le nombre et la nature sont le caractère le plus propre à distinguer les ordres en genres. Les branches infinies des courbes approchent sans cesse d'une courbe beaucoup plus simple qui lui sert d'asymptote, et dont elle finit par s'éloigner moins que d'aucune quantité donnée. Cette propriété des courbes est commune à toutes les suites infinies des grandeurs qui dépendent les unes des autres. La détermination des lois qui leur servent de limites est un des objets les plus intéressants de l'Analyse. Voici comme on y est parvenu relativement aux branches infinies des courbes.

Si l'on conçoit l'expression de l'ordonnée y de la courbe, développée dans une suite ordonnée par rapport aux puissances descendantes de l'abscisse x, il est clair que les termes qui renferment les puissances négatives de x seront d'autant moindres que cette abscisse sera plus grande et qu'ils parviendront à être plus petits qu'aucune grandeur donnée. La courbe approchera donc sans cesse de celle qui est exprimée par l'expression de y lorsque l'on n'a égard qu'aux termes précédents de la série, et cette seconde courbe sera l'asymptote de la première. Tout se réduit donc à former la courbe dont nous venons de parler, ce qui, dans plusieurs cas, présente des difficultés. Newton a imaginé un procédé ingénieux pour les résoudre. Il consiste à partager un parallélogramme en cases égales par des lignes menées parallèlement à ses côtés. En supposant l'un d'eux horizontal et l'autre vertical, on place chaque terme de l'équation proposée dans la colonne verticale dont le rang, à partir du concours des deux côtés, est égal à l'exposant de x, augmenté de l'unité : on le place en même temps dans la colonne horizontale dont le rang, à partir du même point, est indiqué par l'exposant de y augmenté de l'unité. Cela fait, on dispose une règle de manière qu'elle passe par le centre de deux cases qui renferment des termes de l'équation, en remplissant la condition de laisser au-dessous tous les termes qui ne sont pas sur sa direction. Maintenant, si dans l'équation on suppose $y = Ax^i$, tous les termes placés sur la direction de la règle renfermeront les plus hautes puissances de x, et ces puissances seront les mêmes pour chacun d'eux. En égalant leurs exposants, on aura la valeur de l'exposant indéterminé i; en égalant la somme de leurs coefficients à zéro, on aura la valeur de A.

Le terme Ax^i est le premier terme de la série descendante en x; on aura le second terme en supposant dans l'équation y égal à Ax^i, plus une nouvelle variable y' dont on déterminera, par la même méthode, le premier terme $A'x^{i'}$ de son expression, en ayant soin d'observer que i' doit être moindre que i. En continuant ainsi, on aura les différents termes de l'expression de y. Souvent, après un certain nombre de termes, la loi des exposants se manifeste, et alors il suffit de donner, aux termes de la série, des coefficients arbitraires que l'on détermine aisément en substituant cette série au lieu de y dans l'équation proposée, et en comparant les puissances semblables de x.

Si la règle peut prendre deux ou un plus grand nombre de positions différentes, de manière à remplir les conditions dont nous avons parlé, on aura, pour l'expression de y, autant de séries différentes qui donneront les diverses branches infinies de la courbe; mais la courbe n'aura aucune branche infinie si toutes ces séries sont imaginaires, et alors on sera sûr qu'elle ne s'étend point au delà de certaines limites.

Il est facile de conclure de ce qui précède que les branches infinies d'une courbe sont toujours en nombre pair, et que, si le degré de son équation est impair, elle a au moins deux branches infinies.

S'il est intéressant de suivre la courbe dans ses branches infinies, il ne l'est pas moins de la considérer à sa naissance, et d'avoir la courbe la plus simple qui, dans ces points, coïncide avec elle. Pour cela, il faut ordonner l'expression de y en série par rapport aux puissances ascendantes de x. Le parallélogramme de Newton offre encore un moyen facile d'y parvenir; mais, au lieu de placer la règle de manière à laisser au-dessous d'elle tous les termes qui ne sont pas sur sa direction, il faut alors la disposer de manière qu'elle laisse ces termes au-dessus.

Il n'est pas nécessaire, pour l'usage de ce parallélogramme, que les exposants des puissances de x et de y soient des nombres entiers positifs; ils peuvent être fractionnaires et même négatifs. Dans tous les cas, il suffit de placer chaque terme au point du concours des deux lignes parallèles aux côtés du parallélogramme qui répondent aux exposants de x et de y. Au reste, sans recourir à ce moyen mécanique, on peut, par le calcul, former, d'une manière encore plus simple, les séries, soit ascendantes, soit descendantes, de l'expression de y; et c'est ce que Lagrange a fait dans les *Mémoires de l'Académie des Sciences* de Berlin.

La considération de l'expression de y en série ascendante sert à déterminer la courbe d'une nature donnée, qui coïncide avec la proposée, dans un de ses points quelconques, et que l'on nomme *courbe osculatrice*. x et y étant les deux coordonnées du point, changeons, dans l'équation de la courbe, x dans $x + x'$ et y dans $y + y'$; les termes indépendants de x' et de y' disparaîtront par la nature de l'équation, et l'on aura une nouvelle équation entre x' et y'; d'où l'on tirera pour y' une expression en série de cette forme

$$y' = A x' + B x'^2 + C x'^3 + \ldots,$$

A, B, C, … étant des fonctions connues de x et de y. On représentera ensuite, de la manière la plus générale, l'équation de la courbe osculatrice, en supposant que ses coordonnées soient $x + x'$ et $y + y'$, et que les constantes arbitraires dont elle dépend soient des fonctions de x et de y qu'il s'agit de déterminer. Alors, en réduisant cette équation dans une série ordonnée par rapport aux puissances et aux produits de x' et de y', elle deviendra de cette forme

$$o = H + L x' + M y' + N x'^2 + P x'y' + Q y'^2 + \ldots,$$

H, L, M, N, ... étant des fonctions connues de x, y et des arbitraires de la courbe osculatrice.

Le point de la courbe proposée, déterminé par les coordonnées x et y, devant appartenir à la courbe osculatrice, on a d'abord $H = o$ et, par conséquent,

$$o = L x' + M y' + N x'' + \dots;$$

d'où l'on tire pour y' une expression de cette forme

$$y' = R x' + S x'' + \dots,$$

R, S, ... étant des fonctions de x, y et des arbitraires de la courbe osculatrice. Maintenant, si le nombre de ces arbitraires est i, on pourra faire coïncider les $(i-1)$ premiers termes de cette série avec les $(i-1)$ premiers termes de l'expression de y' relative à la courbe proposée; on aura alors, pour déterminer les i arbitraires, les i équations

$$o = H, \qquad A = R, \qquad B = S, \qquad \dots.$$

L'ordonnée y' de la courbe osculatrice ayant le plus grand nombre de termes qu'il est possible, communs avec ceux de l'ordonnée y' de la courbe proposée, il est évident qu'elle est de toutes les courbes de la même nature celle qui approche le plus de coïncider avec la proposée à l'origine des x'. Vous verrez dans la suite que tout l'art du Calcul différentiel consiste à former, d'une manière générale et simple, les termes des séries dont je viens de parler, et à exprimer, au moyen d'un caractère particulier, la loi suivant laquelle ils dépendent de la variable y considérée comme fonction de x, en sorte que cette loi puisse entrer dans les expressions et dans les équations, indépendamment de la connaissance de y en fonction de x; vous verrez encore que l'objet du Calcul intégral est de remonter de ces équations à la valeur même de la fonction y.

La solution du problème précédent embrasse tout ce qui concerne les tangentes et les rayons de courbure; car il est clair qu'il suffit d'y supposer que la ligne osculatrice est une droite ou un cercle. Représentons par $y = h(x + a)$ l'équation de la tangente; $x + a$ sera la sous-tangente, et l'on aura

$$x + a = \frac{y}{h};$$

si l'on change x dans $x + x'$ et y dans $y + y'$, on aura

$$y' = h x'.$$

En comparant cette expression de y' avec celle-ci,

$$y' = A x' + B x'^2 + \ldots,$$

relative à la courbe proposée, on aura

$$h = A$$

et, par conséquent, la sous-tangente est égale à $\frac{y}{A}$.

Si la courbe osculatrice est un cercle, en nommant R son rayon et a et b les coordonnées de son centre, coordonnées que nous supposons ici perpendiculaires entre elles, ainsi que x et y, on aura, par la nature du cercle,

$$(a - x)^2 + (b - y)^2 - R^2 = 0;$$

en changeant x dans $x + x'$ et y dans $y + y'$, on aura

$$y' = \left(\frac{x - a}{b - y}\right) x' + \frac{(a - x)^2 + (b - y)^2}{2(b - y)^3} x'^2 + \ldots.$$

Cette expression de y' comparée à celle-ci,

$$y' = A x' + B x'^2 + \ldots,$$

donne

$$\frac{x - a}{b - y} = A; \qquad \frac{(a - x)^2 + (b - y)^2}{2(b - y)^3} = B;$$

d'où l'on tire

$$R = \frac{(1 + A^2)^{\frac{3}{2}}}{2 B},$$

$$a = x - A \frac{1 + A^2}{2 B},$$

$$b = y + \frac{1 + A^2}{2 B}.$$

On aura donc ainsi la position et la grandeur de la circonférence osculatrice à un point quelconque de la courbe proposée. Les centres de ces diverses circonférences formeront, par leur continuité, une nouvelle courbe dont les coordonnées seront a et b; or on peut, au moyen des expressions précédentes de a et de b en x et y, déterminer x et y en fonctions de a et de b; en substituant donc ces valeurs dans l'équation de la courbe proposée, on aura une équation entre a et b qui sera celle de la nouvelle courbe. Pour en concevoir la nature, imaginons que, d'un point quelconque et avec un rayon quelconque R, on décrive un très petit arc de cercle; que l'on prolonge le rayon extrême de ce petit arc, de manière à former un second rayon R', et qu'avec ce rayon on décrive un nouvel arc; que l'on prolonge encore le rayon extrême de cet arc, de manière à former un troisième rayon R″ avec lequel on décrira un troisième arc, et ainsi de suite; on formera une série d'arcs de cercle qui se toucheront par leurs extrémités, et dont les centres seront les sommets des angles d'un polygone qui aura pour côtés les différences R′ — R, R″ — R′, …. Si l'on imagine ce polygone enveloppé d'un fil tel que sa partie extrême soit dirigée suivant le premier côté du polygone et s'étende de la quantité R au delà de ce polygone; en développant ce fil de dessus le polygone, il décrira la suite des arcs que nous venons de considérer. Maintenant, plus les arcs seront petits plus leur suite approchera d'une courbe continue dont ils seront les arcs osculateurs, et plus le polygone approchera de la courbe formée par les centres des circonférences osculatrices : les deux courbes sont donc les limites des suites des arcs et des polygones, et tout ce qui a constamment lieu dans ces suites a lieu également pour ces courbes. Ainsi l'on peut concevoir une courbe quelconque comme étant formée par le développement d'un fil qui enveloppe la courbe formée par les centres de ses cercles osculateurs. On nomme cette dernière *courbe développée;* la première se nomme *développante.* On voit par là qu'un arc quelconque de la développée est égal à la différence des deux rayons de courbure de la développante correspondant aux deux extrémités de cet arc; or, la développante étant une courbe algébrique, on a, par ce qui précède, ses rayons de courbure et la nature de sa développée exprimée par une équation algébrique ; on aura donc ainsi une infinité de courbes algébriques rectifiables, c'est-à-dire telles que l'on pourra déterminer une ligne droite de même longueur qu'une portion quelconque de leur circonférence.

Aux points multiples d'une courbe plusieurs de ses branches se rencontrent, et l'on a plusieurs valeurs de y correspondant à la même valeur de x ; ainsi, en changeant, dans l'équation de la courbe proposée, x dans $x + x'$ et y dans $y + y'$, et en développant cette équation en série, les termes indépendants de x' et de y' disparaîtront par la nature de cette équation ; et, dans le cas d'un point double, les coefficients de x' et de y' seront nuls, soit par eux-mêmes, soit en vertu de la même équation. Dans le cas d'un point triple, ces coefficients et ceux de x'^2, $x'y'$ et y'^2 seront nuls, et ainsi de suite ; ce qui déterminera les valeurs de x et de y correspondant à ces points.

Pour avoir les points où y est un maximum ou un minimum, on observera que l'expression de l'ordonnée correspondant à $x + x'$ est

$$y + A x' + B x'^2 + C x'^3 + \ldots,$$

et que l'ordonnée correspondant à $x - x'$ est

$$y - A x' + B x'^2 - C x'^3 + \ldots .$$

Or, x' pouvant être supposé aussi petit que l'on veut, le terme $A x'$, s'il n'est pas nul, peut être tel qu'il surpasse la somme des termes

$$B x'^2 \pm C x'^3 + \ldots ;$$

l'ordonnée y ne serait donc pas à la fois plus grande que les deux ordonnées voisines correspondant à $x + x'$ et à $x - x'$; ainsi, dans le cas du maximum ou du minimum, on doit avoir

$$A = o,$$

et cette équation, combinée avec l'équation de la courbe proposée, déterminera les valeurs de x et de y correspondant à ces points.

On distinguera lequel des deux cas a lieu par le signe B qui, s'il est négatif, désigne un maximum ; il désigne un minimum s'il est positif. Mais si B est nul il faut, pour le maximum ou le minimum, que C soit nul. En général, il est nécessaire pour cela que les termes de la série

$$A x' + B x'^2 + C x'^3 + \ldots$$

disparaissent en nombre impair, et le signe du premier terme qui ne devient pas nul indique un maximum s'il est négatif et un minimum s'il est positif.

Nous avons supposé que la série qui exprime la valeur de y est de la forme

$$A x' + B x'^2 + C x'^3 + \ldots.$$

C'est ce qui a lieu dans le cas général où l'on considère un point quelconque de la courbe ; mais, dans des points particuliers, il peut arriver que cette valeur ait la forme

$$A x'^i + B x'^{i'} + \ldots,$$

i, i', … étant des nombres positifs, entiers ou fractionnaires ; et alors ces points peuvent être des points de rebroussement. Si l'on a, par exemple,

$$y' = A x'^2 \pm B (- x')^{\frac{3}{2}},$$

il est clair que, x' étant négatif, la valeur de y est réelle ; mais elle devient imaginaire lorsque x' est positif ; la courbe s'arrête donc à l'abscisse x, et elle revient sur elle-même ; les deux branches formées par la double expression de y se terminent en forme de bec à l'extrémité de l'ordonnée y.

Deux courbes rapportées aux mêmes axes peuvent se couper dans plusieurs points que l'on déterminera en observant qu'à ces points les valeurs de x et de y étant communes à ces courbes, on aura deux équations entre ces deux coordonnées, et l'on connaitra chacune d'elles par l'élimination. m et n exprimant les degrés des équations, l'équation finale en x ne peut pas s'élever au delà du degré mn ; ainsi, les deux courbes ne peuvent pas se couper dans plus de mn points.

On a fait usage de ces intersections pour déterminer, par des constructions géométriques, les racines des équations. Si l'on a, par exemple, à résoudre l'équation

$$x^3 + p x^2 + q x + r = 0,$$

on pourra faire $y = x^2$, et l'on aura

$$y^2 + p y + q x + r = 0;$$

les intersections des deux courbes exprimées par ces deux équations donneront toutes les racines réelles de l'équation proposée. Ces constructions, qui ont beaucoup occupé les géomètres, sont maintenant de peu d'usage, l'Analyse ayant été appliquée à des objets plus intéressants.

Cependant, la construction des racines des équations par l'intersection d'une courbe avec l'axe des abscisses est très utile dans la théorie des équations, comme vous l'avez déjà vu, en rendant sensibles plusieurs résultats importants de cette théorie.

Si l'on suppose que, y étant le terme de l'équation d'une courbe, dans lequel y est élevé à sa plus haute puissance, la partie indépendante de y soit une fonction rationnelle et entière de x qui, décomposée en facteurs, soit de la forme

$$k(x - a)(x - b)(x - c)\ldots;$$

alors le produit de toutes les ordonnées y, relatives à la même abscisse x, sera, par la nature des équations, égal à

$$\pm k(x - a)(x - b)(x - c)\ldots.$$

a, b, c, … sont les abscisses des points où la courbe coupe l'axe des abscisses; or, ces abscisses étant supposées toutes réelles, ainsi que toutes les ordonnées, $x - a$, $x - b$, … seront les distances de ces ordonnées aux points où la courbe rencontre l'axe des x; d'où résulte ce théorème général :

Le produit de toutes les ordonnées relatives à la même abscisse est, au produit des distances de l'extrémité de l'abscisse aux points où la courbe rencontre l'axe des abscisses, en raison constante.

Il vous sera facile d'appliquer les résultats précédents aux lignes du deuxième ordre dont l'équation générale est

$$o = a + bx + cy + f.x^2 + hxy + ly^2.$$

En plaçant cette équation sur le parallélogramme de Newton, la directrice, dans sa position la plus élevée, rencontrera les trois termes

$$f.x^2 + hxy + ly^2;$$

en égalant leur somme à zéro, on aura $\frac{x}{y}$ par une équation du deuxième degré. Si les deux racines de cette équation sont imaginaires, la courbe n'aura point de branches infinies, et elle sera inscrite dans un espace limité; si les deux racines sont égales, la courbe aura deux branches infinies; elle aura quatre branches infinies si les deux racines sont réelles et inégales. Dans le premier cas, la courbe se nomme *ellipse*, et son équation peut être ramenée, par une transformation convenable de ses coordonnées, à cette forme

$$u^2 + m^2 t^2 = k^2,$$

u et t étant les deux nouvelles coordonnées. Dans le deuxième cas, la courbe se nomme *parabole*, et son équation peut être ramenée à cette forme

$$u^2 = kt;$$

enfin, dans le troisième cas, la courbe se nomme *hyperbole*, et son équation peut être ramenée à cette forme

$$u^2 - m^2 t^2 = k^2,$$

et même à celle-ci

$$ut = h.$$

Ces courbes ont été nommées *sections coniques* parce qu'elles sont formées par la section de la surface du cône par un plan. C'est sous ce point de vue qu'elles ont été considérées par les anciens géomètres qui ont découvert sur leur nature un grand nombre de beaux théorèmes. Descartes qui, le premier, a eu l'idée heureuse d'appliquer l'Algèbre à la Géométrie des courbes, a observé qu'elles formaient la classe entière des courbes du deuxième ordre. Vous pourrez conclure aisément de l'analyse précédente leurs propriétés les plus remarquables; ainsi, je n'insiste point sur cette matière, qui d'ailleurs est exposée, avec beaucoup de détails, dans plusieurs Ouvrages élémentaires. Je vous engage seulement à la présenter dans l'enseignement, suivant cette analyse, conformément à ce que je vous ai déjà recommandé, de préférer en tout les méthodes les plus générales.

Une des plus singulières remarques que l'on ait faites sur les sections coniques est celle des deux points placés sur le grand axe auxquels on a donné le nom de *foyers*. Ils sont tels dans l'ellipse que la somme de leurs distances à un point quelconque de la courbe est toujours la même. Un rayon lumineux, émané d'un des foyers, est réfléchi par la courbe à l'autre foyer. Dans l'hyperbole, la différence des distances des foyers à un point quelconque de la courbe est constante. Les foyers des sections coniques sont devenus plus remarquables encore depuis que l'on a découvert que c'est dans des points semblables que résident les forces qui animent tous les corps du système du monde.

Les bornes de cette leçon ne me permettent pas d'insister davantage sur la théorie des courbes. On trouvera tous les détails que l'on peut désirer à cet égard dans le second volume de l'*Introduction à l'analyse des infiniment petits*, par Euler, et dans l'Ouvrage de Cramer *Sur la théorie des courbes*. Ces deux Ouvrages, quoique excellents chacun dans son genre, ne dispensent pas de lire les deux Ouvrages originaux qui leur ont donné naissance et qui, soit par eux-mêmes, soit par l'influence qu'ils ont eue sur les sciences mathématiques, méritent toute l'attention des géomètres : je veux parler de la *Géométrie* de Descartes et du Traité de Newton intitulé *Énumération des lignes du troisième ordre*.

Il sera facile, au moyen des méthodes précédentes, de déduire les diverses affections des courbes à double courbure de celle de leurs projections; mais, quelque intéressante que soit cette discussion, je ne puis m'y livrer ici, et je vais terminer cette leçon par l'application des mêmes méthodes à la théorie des surfaces.

On distingue les surfaces comme les lignes en différents ordres, suivant le degré de leur équation; ainsi la surface du premier ordre est celle dont l'équation, entre les trois coordonnées x, y, z, est du premier degré, et il est visible qu'elle est plane.

Les surfaces les plus simples, qui servent d'asymptotes à une surface donnée, dans le cas de x, ou de y, ou de z infinis, se déterminent de la même manière que les courbes les plus simples qui servent d'asymptotes à une courbe donnée. On a encore, par la même analyse, les plans tangents des surfaces et leurs courbures. En effet, x, y, z étant les coordonnées d'un point quelconque de la surface, si l'on change, dans son équation, x dans $x + x'$, y dans $y + y'$ et z dans $z + z'$, les termes indépendants de x', y', z' seront nuls séparément, et l'on aura, pour z', une équation de cette forme

$$z' = p x' + q y' + r x'^2 + s x' y' + t y'^2 + \dots,$$

p, q, r, s, t, ... étant des fonctions connues de x, y et z. L'équation générale d'un plan quelconque est

$$z = M + N x + P y.$$

Si l'on change, dans cette équation, x, y, z dans $x + x'$, $y + y'$ et $z + z'$, on aura les deux équations

$$z = M + N x + P y,$$
$$z' = \qquad N x' + P y'.$$

En comparant cette expression de z' avec les premiers termes de l'expression précédente de z', on aura

$$N = p, \qquad P = q;$$

on aura donc ainsi les valeurs de M, N et P, en fonctions de x, y, z, et, par conséquent, on aura la position d'un plan tangent, à un point quelconque de la surface, au moyen des coordonnées de ce point.

Si l'on rapporte à ce plan les coordonnées de la surface, que nous supposerons ici perpendiculaires entre elles, et si nous fixons au point de tangence l'origine de ces coordonnées, en nommant x'', y'' les coordonnées dans le plan tangent, et z'' l'ordonnée qui lui est perpendiculaire, l'expression de z'' en série pourra être mise sous la forme

$$z' = m x''^2 + n y''^2 + \ldots$$

Car, par la nature du plan tangent, les termes multipliés par les premières puissances de x'' et de y'' doivent disparaître, et l'on peut choisir la position de l'axe des x'' de manière que le terme $x''y''$ disparaisse; m, n, ... sont des fonctions connues des coordonnées x, y, z du point de tangence. Si, par ce point, on imagine un plan quelconque perpendiculaire à la surface, la courbe formée par la section de ce plan aura pour coordonnées z'' et $\sqrt{x''^2 + y''^2}$; si l'on nomme R le rayon osculateur de cette section, on aura, par la nature du cercle,

$$z'' = \frac{x''^2 + y''^2}{2 R} + \ldots$$

Soit A l'angle que forme le plan coupant avec l'axe des x'', on aura

$$y'' = x'' \, \mathrm{tang} A;$$

les expressions de z'', relatives à la section et au cercle osculateur, deviendront

$$z'' = \frac{m \cos^2 A + n \sin^2 A}{\cos^2 A} x''^2 + \ldots,$$

$$z'' = \frac{x''^2}{2 R \cos^2 A} + \ldots.$$

La comparaison de ces expressions donne

$$2 R = \frac{1}{m \cos^2 A + n \sin^2 A}.$$

Si l'on nomme r et r' les rayons osculateurs qui répondent aux deux sections faites par le plan coupant lorsqu'il passe par l'axe des x'' et lorsqu'il passe par l'axe des y'', on aura

$$R = \frac{rr'}{r' \cos^2 A + r \sin^2 A};$$

d'où il est facile de conclure que le plus grand et le plus petit rayon de courbure répondent aux deux sections que nous venons de considérer, et qui sont perpendiculaires l'une à l'autre. Les rayons osculateurs des autres sections ne dépendent que de ceux-ci et de l'angle qu'elles forment avec les précédentes.

Nous avons vu que l'intersection de deux surfaces courbes formait une courbe; l'ordre des projections de cette courbe ne peut pas surpasser le produit des degrés des équations des deux surfaces. Si l'une d'elles est un plan, l'équation de la courbe sera du même degré que celle de la surface; ainsi toute surface du deuxième ordre, coupée par un plan, forme une section conique. Trois surfaces ne peuvent pas se rencontrer dans un nombre de points plus grand que le produit des degrés de leurs équations.

NEUVIÈME SÉANCE.

SUR LE NOUVEAU SYSTÈME DES POIDS ET MESURES.

J'interromps aujourd'hui l'ordre des leçons de Mathématiques pour vous entretenir du système des poids et mesures qui vient d'être définitivement décrété par la Convention nationale. L'un des plus utiles objets qui vous occuperont, après être retournés dans vos départements, sera de faire connaître à vos concitoyens, et spécialement aux instituteurs des écoles primaires, ce bienfait des sciences et de la révolution. Je vais donc l'exposer ici avec le détail dû à son importance.

On ne peut pas voir le nombre prodigieux de mesures en usage, non seulement chez les différents peuples mais dans la même nation ; leurs divisions bizarres et incommodes pour les calculs, la difficulté de les connaître et de les comparer ; enfin, les embarras et les fraudes qui en résultent dans le commerce, sans regarder comme l'un des plus grands services que les sciences et les gouvernements puissent rendre à l'humanité, l'adoption d'un système de mesures dont les dimensions uniformes se prêtent le plus facilement au calcul, et qui dérive, de la manière la moins arbitraire, d'une mesure fondamentale indiquée par la nature elle-même. Un peuple qui se donnerait un semblable système de mesures réunirait, à l'avantage d'en recueillir les premiers fruits, celui de voir son exemple suivi par les autres peuples dont il deviendrait ainsi le bienfaiteur ; car l'empire lent, mais irrésistible, de la raison l'emporte à la longue sur les jalousies nationales et sur tous les obstacles qui s'opposent au bien d'une utilité généralement sentie. Tels furent les motifs qui déterminèrent l'Assemblée constituante à charger de cet important objet l'Académie des Sciences. Le nouveau système des poids et mesures est le résultat du travail de ses commissaires, secondés par le zèle et les lumières de plusieurs membres de la Représentation nationale.

L'identité du calcul décimal et de celui des nombres entiers ne laisse aucun doute sur les avantages de la division de toutes les espèces de mesures en parties décimales; il suffit, pour s'en convaincre, de comparer la difficulté des multiplications et des divisions complexes avec la facilité des mêmes opérations sur les nombres entiers, facilité qui devient plus grande encore au moyen des logarithmes dont on peut rendre, avec des instruments simples et peu coûteux, l'usage extrêmement populaire. On ne balança donc point à adopter la division décimale et, pour mettre de l'uniformité dans le système entier des mesures, on résolut de les dériver toutes d'une même mesure linéaire et de ses divisions décimales. La question fut ainsi réduite au choix de cette mesure universelle à laquelle on donna le nom de *mètre*. Pour vous faire connaître les motifs qui, dans ce choix, ont guidé les commissaires de l'Académie, il convient de rappeler en peu de mots les principaux résultats que l'on a trouvés sur la figure de la Terre et sur la variation de la pesanteur à sa surface.

Du moment où l'homme eut reconnu la sphéricité du globe qu'il habite, sa curiosité dut le porter à en mesurer les dimensions; il est donc vraisemblable que ses premières tentatives sur cet objet remontent à des temps bien antérieurs à ceux dont l'Histoire nous a conservé le souvenir, et qu'elles ont été perdues dans les révolutions physiques et morales que la Terre a éprouvées. Les rapports que plusieurs mesures de la plus haute antiquité ont entre elles, et avec la longueur de la circonférence terrestre, viennent à l'appui de cette conjecture et semblent indiquer non seulement que, dans les temps fort anciens, cette mesure a été exactement connue, mais qu'elle a servi de base à un système complet de mesures dont on retrouve des vestiges en Égypte et dans l'Asie. Quoi qu'il en soit, la première mesure précise de la Terre, dont nous ayons une connaissance certaine, est celle que Picard exécuta en France, vers la fin du dernier siècle, et qui, depuis, a été plusieurs fois vérifiée. Cette opération est facile à concevoir. En s'avançant vers le Nord, on voit le pôle s'élever de plus en plus; la hauteur méridienne des étoiles situées au Nord augmente, et celle des étoiles situées au Midi diminue, quelques-unes même deviennent invisibles. La notion de la courbure de la Terre est due, sans doute, à l'observation de ces phénomènes qui ne pouvaient pas manquer de fixer l'attention des hommes dans les premiers âges des sociétés, où l'on ne distinguait les saisons et leurs retours que par le lever et le coucher des principales étoiles comparés à ceux du Soleil. L'élévation ou la dépression des étoiles fait connaitre l'angle que les verticales élevées aux extrémités de l'arc parcouru sur la Terre font au point de leurs concours; car cet angle est évidemment égal à la différence des hauteurs méridiennes d'une même étoile moins l'angle sous lequel on verrait du centre de l'étoile l'espace parcouru, et l'on s'est assuré que ce dernier angle est insensible. Il ne s'agit plus ensuite que de mesurer cet espace; il serait long et pénible d'appliquer nos mesures sur une aussi grande étendue; il est beaucoup plus simple d'en lier, par une suite de triangles, les extrémités à celles d'une base de 5ooo ou 6ooo toises, et, vu la précision avec laquelle on peut déterminer les angles de ces triangles, on a très exactement sa longueur. On a trouvé de cette manière qu'en France l'arc du méridien terrestre correspondant à la centième partie de l'angle droit, et coupé dans son milieu par le parallèle moyen entre le pôle et l'équateur, est de 51 324^t,3.

De toutes les figures rentrantes, la figure sphérique est la plus simple, puisqu'elle ne dépend que d'un seul élément, la grandeur de son rayon. Le penchant naturel à l'esprit humain de supposer aux objets la forme qu'il conçoit le plus aisément le porta donc à donner une forme sphérique à la Terre. Mais la simplicité de la nature ne doit pas toujours se mesurer sur celle de nos conceptions. Infiniment variée dans ses effets, la nature n'est simple que dans ses causes, et son économie consiste à produire un grand nombre de phénomènes au moyen d'un petit nombre de lois générales. La figure de la Terre est un résultat de ces lois qui, modifiées par mille circonstances, peuvent l'écarter sensiblement de la sphère et la rendre fort compliquée. De petites variations observées dans la grandeur des degrés du méridien en France indiquaient ces écarts; mais les erreurs inévitables des observations laissaient des doutes sur cet intéressant phénomène, et l'Académie des Sciences, dans le sein de laquelle cette grande question fut vivement agitée, jugea avec raison que la différence des degrés terrestres, si elle était réelle, se manifesterait principalement dans la comparaison des degrés mesurés à l'équateur et vers les pôles. Elle envoya des académiciens à l'équateur même; et ils y trouvèrent le degré décimal du méridien, égal à $51077^t,7$, plus petit de $246^t,6$ que le degré correspondant au parallèle moyen. D'autres académiciens se transportèrent au Nord, à $73°,7$ environ de latitude, et le degré décimal du méridien y fut observé de $51664^t,5$, plus grand de $586^t,8$ qu'à l'équateur. Ainsi l'accroissement des degrés des méridiens de l'équateur aux pôles fut incontestablement prouvé par ces mesures; et il fut reconnu que la Terre n'est pas exactement sphérique.

Ces voyages fameux des académiciens français ayant dirigé vers cet objet l'attention des observateurs, de nouveaux degrés des méridiens furent mesurés en Italie, en Allemagne, en Afrique et en Pensylvanie; toutes ces mesures concourent à donner à la Terre une figure aplatie aux pôles.

L'ellipse étant, après le cercle, la plus simple des courbes rentrantes, on regarda la Terre comme un solide formé par la révolution d'une ellipse autour de son petit axe. Son aplatissement dans le sens des pôles est nécessairement indiqué par l'accroissement observé des degrés des méridiens des pôles à l'équateur. Les rayons de ces degrés étant sur le prolongement des lignes verticales ou dans la direction de la pesanteur, ils sont, par la loi de l'équilibre des fluides, perpendiculaires à la surface des mers dont la Terre est en grande partie recouverte. Ils n'aboutissent pas, comme dans la sphère, au centre de l'ellipsoïde; ils n'ont ni la même direction ni la même grandeur que les rayons menés de ce centre à la surface, et qui la coupent obliquement partout ailleurs qu'à l'équateur et aux pôles. La rencontre de

deux verticales voisines, situées sous le même méridien, est le centre
du petit arc terrestre qu'elles comprennent entre elles; si cet arc était
une droite, ces verticales seraient parallèles ou ne se rencontreraient
qu'à une distance infinie; mais, à mesure qu'on le courbe, elles se
rencontrent à une distance d'autant moindre que sa courbure devient
plus grande; ainsi l'extrémité du petit axe étant le point où l'ellipse
approche le plus de se confondre avec une ligne droite, le rayon du
degré du pôle, et par conséquent ce degré lui-même, est le plus considérable de tous. C'est le contraire à l'extrémité du grand axe de l'ellipse,
à l'équateur où, la courbure étant la plus grande, le degré dans le sens
du méridien est le plus petit. En allant du second au premier de ces
extrêmes, les degrés vont en augmentant et, si l'ellipse est peu aplatie,
leur accroissement est à très peu près proportionnel au carré du sinus
de la latitude.

Ces résultats sont autant de vérités incontestables généralement
admises par les géomètres. On peut même démontrer qu'en supposant à la Terre une figure de révolution sur laquelle les degrés des
méridiens vont en augmentant de l'équateur aux pôles, l'axe qui la
traverse dans le sens des pôles est moindre que le diamètre de l'équateur. L'importance de l'objet m'engage à vous donner cette démonstration fort simple.

Vous avez vu, dans la leçon précédente, que les points de concours
de toutes les perpendiculaires à une courbe forment sa développée.
Représentez-vous donc le rayon osculateur du méridien au pôle boréal,
et la suite de tous les rayons osculateurs depuis ce pôle jusqu'à l'équateur, rayons qui, par la supposition, vont en diminuant sans cesse; la
développée sera évidemment tangente à l'axe du pôle; ensuite, elle
s'écartera de cet axe, en tournant vers lui sa convexité et en s'élevant
vers le pôle, jusqu'à ce qu'enfin le rayon osculateur prenne une direction perpendiculaire à la première; alors, il sera sur le diamètre même
de l'équateur. Considérons comme le centre de la Terre l'intersection
de ce diamètre et de l'axe du pôle; il est visible que la somme des
deux tangentes à la développée du méridien, menées de ce centre, la

première suivant l'axe du pôle, et la seconde suivant le diamètre de
l'équateur, sera plus grande que l'arc de la développée qu'elles comprennent entre elles; or le rayon, mené du centre de la Terre au pôle
boréal, est égal au rayon osculateur du méridien à ce pôle, moins la
première tangente; le demi-diamètre de l'équateur est égal au rayon
osculateur du méridien à l'équateur, plus la seconde tangente; l'excès
du demi-diamètre de l'équateur, sur le rayon terrestre du pôle, est
donc égal à la somme de ces tangentes, moins l'excès du rayon osculateur du pôle sur celui de l'équateur; ce dernier excès est l'arc même
de la développée, arc qui est moindre que la somme des tangentes
extrêmes; donc l'excès du demi-diamètre de l'équateur sur le rayon
mené du centre de la Terre au pôle boréal est positif. On prouvera de
même que l'excès du demi-diamètre de l'équateur sur le rayon mené
du centre de la Terre au pôle austral est positif; l'axe entier des pôles
est donc moindre que le diamètre de l'équateur ou, ce qui revient au
même, la Terre est aplatie dans le sens de ses pôles.

En considérant chaque partie du méridien comme un arc très petit
de sa circonférence osculatrice, il est facile de voir que le rayon, mené
du centre de la Terre à l'extrémité de l'arc la plus voisine du pôle, est
plus petit que le rayon mené du même centre à l'autre extrémité; d'où
il suit que les rayons terrestres vont en croissant des pôles à l'équateur
si, comme toutes les observations l'indiquent, les degrés du méridien
augmentent de l'équateur aux pôles; et il est visible que ces démonstrations ont encore lieu dans le cas où les deux hémisphères boréal et
austral ne seraient pas égaux et semblables.

. La différence des rayons osculateurs au pôle et à l'équateur est égale
à la différence des rayons terrestres correspondants, plus à l'excès du
double de la développée sur la somme des deux tangentes extrêmes,
excès qui est évidemment positif. Ainsi, les degrés des méridiens
croissent de l'équateur aux pôles dans un plus grand rapport que celui
de la diminution des rayons terrestres.

La mesure de deux degrés, dans le sens du méridien, suffit pour
déterminer les deux axes de l'ellipse génératrice de la Terre, et par

conséquent sa figure, en la supposant elliptique. Si cette hypothèse est celle de la nature, on doit trouver le même rapport entre ces axes en comparant deux à deux les degrés mesurés; mais leur comparaison donne à cet égard des différences qu'il est difficile d'attribuer aux seules erreurs des observations, et qui semblent indiquer à la Terre une figure beaucoup plus composée qu'on ne l'avait cru d'abord; ce qui ne paraîtra point extraordinaire si l'on fait attention aux irrégularités de sa surface et à l'inégale densité de ses différentes couches et des eaux de la mer.

Un phénomène très remarquable, dont nous devons la connaissance aux voyages astronomiques, est la variation de la pesanteur à la surface de la Terre. Cette force singulière anime, dans le même lieu, tous les corps proportionnellement à leurs masses, et tend à leur imprimer dans le même temps des vitesses égales. Il est impossible, au moyen d'une balance, de reconnaitre ces variations, puisqu'elles affectent également le corps que l'on pèse et le poids auquel on le compare. Mais les observations du pendule sont propres à les faire découvrir; car il est clair que ses oscillations doivent être plus lentes dans les lieux où la pesanteur est moindre. Vous connaissez cet instrument, dont l'application aux horloges, en fournissant une mesure du temps très précise, a été l'une des causes principales des progrès de l'Astronomie moderne. Il consiste dans un corps suspendu à l'extrémité d'un fil ou d'une verge mobile autour du point fixe placé à l'autre extrémité; on écarte un peu l'instrument de sa situation verticale, et on l'abandonne à l'action de la pesanteur; il fait de petites oscillations qui sont à très peu près de la même durée, malgré la différence des arcs décrits. Cette durée dépend de la grandeur et de la figure du corps suspendu, et de la masse de la verge; mais les géomètres ont trouvé des règles générales pour déterminer, par l'observation des oscillations d'un pendule composé, de figure quelconque, la longueur d'un pendule dont les oscillations auraient une durée connue, et dans lequel la masse de la verge serait supposée nulle relativement à celle du corps considéré comme un point infiniment dense. C'est à ce pendule idéal, nommé *pendule simple*, que l'on a rapporté toutes les expériences du pendule faites dans les divers lieux de la Terre.

Richer, envoyé, en 1762, à Cayenne par l'Académie des Sciences pour y faire des observations astronomiques, trouva que son horloge, réglée à Paris sur le temps moyen, retardait, d'une quantité sensible, à l'équateur; il fut obligé d'en raccourcir le pendule de plus d'une ligne pour corriger ce retard. Cette observation donna la première idée de la diminution de la pesanteur à l'équateur, diminution qu'il était cependant facile de prévoir d'après le mouvement déjà reconnu de la rotation de la Terre. Mais l'esprit humain, si actif dans la formation des systèmes, a presque toujours attendu que l'observation et l'expérience aient fait connaître d'importantes vérités, qu'un raisonnement fort simple eût pu faire découvrir; c'est ainsi que la découverte des télescopes a suivi de près de trois siècles celle des verres lenticulaires, et n'a été due qu'au hasard; c'est encore ainsi que l'aberration des étoiles, résultat fort simple du mouvement progressif de la lumière, a échappé aux savants célèbres du commencement de ce siècle et n'a été reconnue que par l'observation cinquante ans après la découverte de ce mouvement.

L'expérience du pendule a été faite avec beaucoup de soin, dans un grand nombre d'endroits, en tenant compte de la température et de la résistance de l'air. Il en résulte que la pesanteur augmente de l'équateur aux pôles, et que son accroissement qui, sous le pôle même, est égal à cinquante-cinq dix-millièmes de la pesanteur totale, suit à peu près la loi du carré du sinus de latitude. Une nouvelle mesure de la longueur du pendule à secondes, que Borda vient de faire à l'Observatoire national, avec une précision remarquable, lui a donné 3 pieds 8 lignes 56 centièmes pour cette longueur réduite au vide, et rapportée à la toise de fer qui a servi à la mesure de la Terre à l'équateur, la température de cette toise étant 13 degrés du thermomètre de Réaumur.

Je reviens présentement au choix du mètre. La longueur du pendule et celle du méridien sont les deux moyens principaux qu'offre la nature pour fixer l'unité des mesures linéaires. Indépendants l'un et l'autre

des révolutions morales, ils ne peuvent éprouver d'altération sensible
que par de très grands changements dans la constitution physique de
la Terre. Le premier moyen, d'un usage facile, a l'inconvénient de faire
dépendre la mesure de la distance de deux éléments qui lui sont hété-
rogènes, la pesanteur et le temps, dont la division est d'ailleurs arbitraire. On se détermina donc pour le second moyen, qui paraît avoir
été employé dans la plus haute antiquité, tant il est naturel à l'homme
de rapporter les mesures itinéraires aux dimensions mêmes du globe
qu'il habite ; en sorte qu'en se transportant sur ce globe il connaisse,
par la seule dénomination de l'espace parcouru, le rapport de cet espace
au circuit entier de la Terre. On trouve encore à cela l'avantage de faire
correspondre les mesures nautiques avec les mesures célestes. Souvent
le navigateur a besoin de déterminer, l'un par l'autre, le chemin qu'il
a décrit et l'arc céleste compris entre les zéniths du lieu de son départ
et de celui où il est arrivé. Il est donc intéressant que l'une de ces
mesures soit l'expression de l'autre, à la différence près de leurs
unités ; mais, pour cela, l'unité fondamentale des mesures linéaires
doit être une partie aliquote du méridien terrestre qui corresponde à
l'une des divisions de la circonférence ; ainsi, le choix du mètre fut
réduit à celui de l'unité des angles.

L'angle droit est la limite des inclinaisons d'une ligne sur un plan
et de la hauteur des objets sur l'horizon ; d'ailleurs, c'est dans le premier quart de la circonférence que se forment les sinus, et généralement toutes les lignes que la Trigonométrie emploie, et dont les
rapports avec le rayon ont été réduits en tables ; il était donc naturel
de prendre l'angle droit pour l'unité des angles, et le quart de la circonférence pour l'unité de leur mesure. On le divisa en parties décimales et, pour avoir des mesures correspondantes sur la Terre, on
divisa, dans les mêmes parties, le quart du méridien terrestre, ce qui
a été fait dans des temps fort anciens ; car la mesure de la Terre, citée
par Aristote, et dont l'origine est inconnue, donne 100000 stades au
quart du méridien. Il ne s'agissait plus que d'avoir exactement sa longueur. Ici se présentaient plusieurs questions que l'ignorance où nous

sommes de la vraie figure de la Terre ne nous permet pas de résoudre. La Terre est-elle un sphéroïde de révolution? Ses deux hémisphères sont-ils égaux et semblables de chaque côté de l'équateur? Quel est le rapport d'un arc du méridien mesuré à une latitude donnée au méridien entier? Dans les hypothèses les plus naturelles sur la constitution du sphéroïde terrestre, la différence des méridiens est insensible, et le degré décimal, coupé dans son milieu par le parallèle moyen entre le pôle boréal et l'équateur, est la centième partie du quart du méridien. L'erreur de ces hypothèses, si elle existe, ne peut influer que sur les distances géographiques où elle n'est d'aucune importance. On pouvait donc conclure la grandeur du quart du méridien de celle de l'arc qui traverse la France, depuis Dunkerque jusqu'aux Pyrénées, et qui a été mesuré avec soin en 1740 par les Académiciens français. Mais une nouvelle mesure d'un arc plus grand, faite avec des moyens encore plus précis, devant inspirer en faveur du nouveau système de mesures un intérêt propre à le répandre, on résolut de mesurer l'arc du méridien terrestre, compris entre Dunkerque et Barcelone; et cependant, pour que la nation française pût jouir promptement des avantages de ce nouveau système, on se servit provisoirement des mesures exécutées et, après en avoir conclu la longueur du quart du méridien, on prit la dix-millionième partie de cette longueur pour le *mètre* ou l'unité des mesures linéaires. La décimale au-dessus eût été trop grande; la décimale au-dessous, trop petite, et le mètre, dont la longueur est de 3 pieds 11 pouces 44 centièmes, remplace avec avantage la toise et l'aune, deux de nos mesures les plus usuelles.

Delambre s'est déjà avancé, depuis Dunkerque jusqu'à Orléans, en formant une chaîne de triangles qu'il doit joindre à celle que Méchain, parti de Barcelone, forme de son côté en s'avançant au Nord; et il y a tout lieu de croire que la mesure de l'arc du méridien, compris entre Dunkerque et Barcelone, sera terminée dans le cours de la campagne prochaine. Les commissaires nommés par l'Académie des Sciences sont de nouveau réunis pour suivre avec activité cette grande opération, trop longtemps suspendue; mais nous avons la douleur de ne point revoir parmi nous l'infortuné Lavoisier, que la plus sanglante tyrannie a fait périr au milieu d'une carrière illustrée par d'importantes découvertes, et par la révolution heureuse qu'il a opérée dans la Philosophie chimique.

Pour conserver la longueur du mètre, la Convention a décrété qu'un étalon exécuté en platine, d'après les expériences et les observations des *commissaires* chargés de sa *détermination*, serait déposé près du Corps législatif. Cette longueur sera d'ailleurs liée d'une manière si précise à celle du pendule à secondes, qu'il sera facile de la retrouver dans.tous les temps, sans être obligé de recourir à la mesure du grand arc qui l'aura donnée. Deux monuments durables, élevés sur la base qui doit être mesurée près de Melun, et séparés par un intervalle exact de 10000^m, offriraient un nouveau moyen pour retrouver la longueur de la mesure universelle si, par la suite des siècles, elle vient à s'altérer.

Toutes les mesures dérivent du mètre de la manière la plus simple; les mesures linéaires en sont des multiples et des sous-multiples décimaux.

L'unité des mesures superficielles pour le terrain est un carré dont le côté est de 10^m ; elle se nomme *are*.

On a nommé *stère* une mesure égale au mètre cube et destinée particulièrement au bois de chauffage.

L'unité des mesures de capacité est le cube de la dixième partie du mètre ; on lui a donné le nom de *litre*.

L'unité de poids, que l'on a nommée *gramme*, est le poids absolu du cube de la centième partie du mètre, en eau distillée, et considérée à la température de la glace fondante. On a préféré l'eau comme étant l'une des substances les plus homogènes, et celle que l'on peut réduire le plus facilement à l'état de pureté; on l'a rapportée à la température de la glace fondante comme au degré de température le plus fixe et le plus indépendant des modifications de l'atmosphère. Le citoyen Haüy vous a fait connaître les précautions délicates qui ont été prises pour avoir, avec une grande précision, le poids d'un volume connu d'eau distillée. Cette expérience va être répétée avec des moyens encore plus précis; ainsi, quand la longueur du mètre sera irrévocablement fixée, on aura très exactement le rapport du gramme à la livre actuelle.

Toutes les mesures étant comparées sans cesse à la livre *monnaie*, il était surtout important de la diviser en parties décimales; on lui a donné le nom de *franc;* sa dixième partie s'appelle *décime*, et sa centième partie *centime*. La Convention nationale ayant décrété la fabrication de pièces de monnaie, multiples d'un centime, et d'un poids multiple du gramme, on aura des poids justes dans ces pièces, ce qui sera très utile au commerce.

Les unités de superficie, de capacité, de poids et de monnaie sont assez petites pour que l'on n'ait pas besoin de considérer, dans les calculs ordinaires, des fractions décimales au-dessous du centième, ce qui est un avantage; car l'esprit saisit plus aisément les multiples que les sous-multiples, dont l'idée se compose de divisions et de multiplications.

Il me reste à vous parler de la nomenclature qui a été adoptée. Deux moyens se présentent pour dénommer les mesures : l'un consiste à exprimer leurs multiples et leurs aliquotes, par des mots différents, d'une seule syllabe; l'autre consiste à ne désigner, par un nom propre, que l'unité principale de chaque espèce de mesures, et à distinguer ses aliquotes et ses multiples par un système de mots qui se composent avec le nom de cette unité. On a préféré ce second moyen qui, en réduisant la nomenclature des poids et mesures au plus petit nombre de mots possible, a l'avantage de soulager la mémoire et de simplifier la langue du commerce, celle de toutes les langues qui doit être la plus facile et la plus claire.

Pour désigner les multiples de l'unité principale, dix, cent, mille et dix mille fois plus grands, on la fait précéder des mots suivants tirés du grec : *deca, hecto, kilo, myria.* On exprime les sous-multiples en la faisant précéder des mots *deci, centi, milli*, qui répondent à sa dixième, centième et millième partie. Au reste, je vous engage à lire le rapport intéressant du citoyen Prieur, sur cet objet, à la Convention nationale, et la Note instructive qu'il y a jointe.

Pour faciliter le calcul de l'or et de l'argent fin contenu dans les pièces de monnaie, les commissaires de l'Académie ont proposé de les fabriquer avec un dixième d'alliage, et d'égaler leur poids à des multiples décimaux du gramme. Enfin, l'uniformité du système entier des poids et mesures leur a paru exiger que le jour fût divisé en dix heures, l'heure en cent minutes, la minute en cent secondes, ... Cette division du jour, qui va devenir nécessaire aux astronomes, est moins utile dans la vie civile, où l'on a peu d'occasions d'employer le temps comme multiplicateur ou comme diviseur. La difficulté de l'adapter aux horloges et aux montres et nos rapports commerciaux en horlogerie avec les étrangers ont fait suspendre indéfiniment son usage. On peut croire cependant qu'à la longue la division décimale du jour remplacera sa division actuelle, qui contraste trop avec les divisions des autres mesures pour n'être pas abandonnée.

Tel est le nouveau système des poids et mesures que les savants ont offert à la Convention nationale qui s'est empressée de le sanctionner. Ce système, fondé sur la mesure des méridiens terrestres, convient également à tous les peuples, il n'a de rapport avec la France que par l'arc du méridien qui la traverse; mais la position de cet arc, dont les extrémités aboutissent aux deux mers et qui est coupé par le parallèle moyen, est si avantageuse que les savants de toutes les nations, réunis pour fixer la mesure universelle, n'eussent pas fait un autre choix. Il est donc permis d'espérer qu'un jour ce nouveau système sera généralement adopté. Incomparablement plus simple que l'ancien, dans ses divisions et dans sa nomenclature, il présentera beaucoup moins de difficultés à l'enfance. Vous en éprouverez à le faire entendre aux instituteurs, qu'une longue habitude a familiarisés avec les anciennes mesures; il leur paraît fort compliqué; car l'homme est naturellement porté à rejeter sur la complication des choses la peine que ses préjugés et ses habitudes lui donnent à les concevoir; mais votre zèle éclairé surmontera ces obstacles.

DIXIÈME SÉANCE [1].

SUR LES PROBABILITÉS.

Pour suivre le plan que j'ai tracé dans le programme du cours de Mathématiques, je devrais vous entretenir encore des calculs différentiel et intégral aux différences, soit finies, soit infiniment petites; de la Mécanique, de l'Astronomie et de la théorie des probabilités. Le peu de durée de l'École Normale ne me le permet point; mais je me propose d'y suppléer, relativement à la Mécanique et à l'Astronomie, par la publication d'un Ouvrage qui aura pour titre *Exposition du système du Monde*, et dans lequel j'ai présenté, indépendamment de l'Analyse, la série des découvertes qui ont été faites, jusqu'à ce jour, sur le système du Monde. Je vous parlerai, dans cette dernière Leçon, de la théorie des probabilités, théorie intéressante par elle-même et par ses nombreux rapports avec les objets les plus utiles de la société.

Tous les événements, ceux même qui, par leur petitesse, semblent ne pas tenir aux grandes lois de l'Univers, en sont une suite aussi nécessaire que les révolutions du Soleil. Dans l'ignorance des liens qui les unissent au système entier de la nature, on les a fait dépendre des causes finales ou du hasard, suivant qu'ils arrivaient et se succédaient avec régularité ou sans ordre apparent; mais ces causes imaginaires ont été successivement reculées avec les bornes de nos connaissances, et disparaissent entièrement devant la saine philosophie, qui ne voit en elles que l'expression de l'ignorance où nous sommes des véritables causes.

[1] Cette Leçon est reproduite, avec des développements étendus, dans l'Introduction à la *Théorie analytique des probabilités* (*Œuvres de Laplace*, t. VII).

On sera convaincu de ce résultat important du progrès des lumières si l'on se rappelle qu'autrefois une pluie ou une sécheresse extrême, une comète traînant après elle une queue fort étendue, les éclipses, les aurores boréales, et généralement tous les phénomènes extraordinaires étaient regardés comme autant de signes de la colère céleste. On invoquait le ciel pour détourner leur funeste influence; on ne le priait point de suspendre le cours des planètes et du Soleil : l'observation eût bientôt fait sentir l'inutilité de ces prières; mais, parce que ces phénomènes, arrivant et disparaissant à de longs intervalles et sans causes apparentes, semblaient contrarier l'ordre de la nature, on supposait que le ciel les faisait naître et les modifiait à son gré pour punir les crimes de la Terre. Ainsi la longue queue de la comète de 1456 répandit la terreur dans l'Europe déjà consternée par les succès rapides des Turcs qui venaient de renverser le Bas-Empire; et le pape Callixte ordonna des prières publiques dans lesquelles on conjurait la comète et les Turcs. Cet astre, après quatre de ses révolutions, a excité parmi nous un intérêt bien différent. La connaissance des lois du système du Monde, acquise dans cet intervalle, avait dissipé les craintes enfantées par l'ignorance des vrais rapports de l'homme avec l'Univers; et Halley ayant reconnu l'identité de la comète avec celles des années 1531, 1607 et 1682, il annonça son prochain retour pour la fin de 1758 ou le commencement de 1759. Le monde savant attendit avec impatience ce retour qui devait confirmer l'une des plus grandes découvertes que l'on eût faites dans les sciences, et accomplir la prédiction de Sénèque lorsqu'il a dit, en parlant de la révolution de ces astres qui descendent d'une énorme distance : « Le jour viendra que, par une étude suivie de plusieurs siècles, les choses actuellement cachées paraîtront avec évidence, et la postérité s'étonnera que des vérités si claires nous aient échappé. » Clairaut entreprit alors de soumettre à l'analyse les perturbations que la comète avait éprouvées par l'action des deux plus grosses planètes, Jupiter et Saturne. Après d'immenses calculs, il fixa son prochain passage au périhélie, vers le commencement d'avril 1759; ce que l'observation ne tarda pas à vérifier. La régularité que l'Astronomie nous montre dans le mouvement des comètes a lieu, sans aucun doute, dans tous les phénomènes; la courbe décrite par le plus léger atome est réglée d'une manière aussi certaine que les orbites planétaires; il n'y a de différence entre elles que celle qu'y met notre ignorance.

La probabilité est relative en partie à cette ignorance, et en partie à nos connaissances. Nous savons que sur trois ou un plus grand nombre d'événements un seul doit exister; mais rien ne porte à croire que l'un d'eux arrivera plutôt que les autres; dans cet état d'indécision il nous est impossible de prononcer avec certitude sur leur existence. Il est cependant probable qu'un de ces événements, pris à volonté, n'existera pas, parce que nous voyons plusieurs cas également possibles qui excluent son existence, tandis qu'un seul la favorise.

La théorie des hasards consiste à réduire tous les événements du même genre à un certain nombre de cas également possibles, c'est-à-dire tels que nous soyons également indécis sur leur existence; et à déterminer le nombre des cas favorables à l'événement dont on cherche la probabilité. Le rapport de ce nombre à celui de tous les cas possibles est la mesure de cette probabilité, qui n'est ainsi qu'une fraction dont le numérateur est le nombre des cas favorables, et dont le dénominateur est le nombre de tous les cas possibles.

La notion précédente de la probabilité suppose qu'en faisant croître dans le même rapport le nombre des cas favorables et celui des cas possibles, la probabilité reste la même. Pour s'en convaincre, que l'on considère deux urnes A et B, dont la première contienne quatre boules blanches et deux noires, et dont la seconde ne renferme que deux boules blanches et une noire. On peut imaginer les deux boules noires de la première urne attachées par un fil qui se rompt au moment où l'on saisit l'une d'elles, et les quatre boules blanches formant deux systèmes semblables. Toutes les chances qui feront saisir l'une des boules du système noir amèneront une boule noire. Si l'on conçoit maintenant que les fils qui unissent les boules ne puissent se rompre, il est clair que le nombre des chances possibles ne changera pas, non plus que celui des chances favorables à l'extraction des boules noires,

seulement on tirera de l'urne deux boules à la fois. La probabilité
d'extraire une boule noire de l'urne sera donc la même qu'auparavant;
mais alors on a évidemment le cas de l'urne B, avec la seule différence
que les trois boules de cette dernière urne sont remplacées par trois
systèmes de deux boules invariablement unies. Ici les cas également
possibles ne sont pas les extractions des boules; ce sont les chances
qui les amènent et dont la somme, supposée la même pour chaque
urne, est répartie sur six boules dans la première et sur trois dans la
seconde. La juste appréciation des cas également possibles est un des
points les plus délicats de l'analyse des hasards.

Quand tous les cas possibles sont favorables à un événement, sa
probabilité se change en certitude, et son expression devient égale à
l'unité. Sous ce rapport, la certitude et la probabilité sont comparables, quoiqu'il y ait une différence essentielle entre les deux états
de l'esprit, lorsqu'une vérité lui est rigoureusement démontrée, ou
lorsqu'il aperçoit encore une petite source d'erreurs.

Dans les choses qui ne sont que vraisemblables, la différence des
données que chaque homme a sur elles est une des causes principales
de la diversité des opinions que l'on voit régner sur le même objet.
Supposons, par exemple, que l'on ait trois urnes A, B, C, dont une ne
contienne que des boules noires, tandis que les autres ne renferment
que des boules blanches; on doit tirer une boule de l'urne C et l'on
demande la probabilité que cette boule sera noire. Si l'on ignore quelle
est celle des trois urnes qui ne renferme que des boules noires, en
sorte que l'on n'ait aucune raison de croire qu'elle est plutôt C que B
ou A, ces trois hypothèses paraîtront également possibles; et, comme
une boule noire ne peut être extraite que dans la première, la probabilité de l'extraire est égale à un tiers. Si l'on sait que l'urne A ne
contient que des boules blanches, l'indécision ne porte plus alors que
sur les urnes B et C, et la probabilité que la boule extraite de l'urne C
sera noire est un demi; enfin cette probabilité se change en certitude
si l'on est assuré que les urnes A et B ne contiennent que des boules
blanches.

C'est ainsi que le même fait, récité devant un nombreux auditoire, obtient divers degrés de croyance, suivant l'étendue des connaissances de ceux qui l'écoutent. Si l'homme qui le rapporte en parait intimement persuadé et si son état et ses vertus sont propres à inspirer une grande confiance, quelque extraordinaire que soit son récit, il aura, par rapport aux auditeurs dépourvus de lumières, le même degré de vraisemblance qu'un fait ordinaire rapporté par le même homme, et ils lui ajouteront une foi entière. Cependant, si quelqu'un d'eux a eu occasion d'entendre des faits contraires affirmés par d'autres hommes également respectables, il sera dans le doute; et le fait sera jugé faux par les auditeurs éclairés qui le trouveront opposé, soit à des faits bien avérés, soit aux lois immuables de la nature. Quelle indulgence ne devons-nous donc pas avoir pour les opinions différentes des nôtres, puisque cette différence ne dépend souvent que des points de vue divers où les circonstances nous ont placés? Éclairons ceux que nous ne jugeons pas suffisamment instruits; mais, auparavant, examinons sévèrement nos propres opinions, et pesons avec impartialité leurs probabilités respectives.

La différence des opinions dépend encore de la manière dont chacun détermine l'influence des données qui lui sont connues. La théorie des probabilités est si difficile, elle tient à des considérations si délicates, qu'il n'est pas surprenant qu'avec les mêmes données deux personnes trouvent des résultats différents, surtout dans les matières trop compliquées pour être soumises à un calcul rigoureux. L'esprit a ses illusions comme le sens de la vue; et, de même que le toucher rectifie celles-ci, la réflexion et le calcul corrigent également les premières. La probabilité fondée sur une expérience journalière, ou exagérée par la crainte ou l'espérance, nous frappe plus qu'une probabilité supérieure qui n'est qu'un simple résultat analytique; il serait donc à désirer que dans tous les cas on pût assujettir les probabilités au calcul; mais le plus souvent la chose est impossible, et nous sommes forcés de nous en rapporter à des aperçus quelquefois trompeurs. Alors, l'analogie, l'induction, une saine critique, un tact donné par la nature et perfectionné par des comparaisons multipliées de ses indications avec l'expérience, suppléent, autant que cela se peut, les applications de l'Analyse.

C'est par l'analogie que nous attribuons des effets semblables à la même cause ou à des causes semblables, et réciproquement; ainsi nous jugeons que des êtres pourvus des mêmes organes, exécutant les mêmes choses et communiquant ensemble, éprouvent les mêmes sensations. C'est encore ainsi qu'en voyant le Soleil faire éclore, par l'action bienfaisante de sa lumière et de sa chaleur, les plantes et les animaux qui couvrent la Terre, nous jugeons qu'il produit des effets semblables sur les autres planètes; car il n'est pas naturel de penser que la matière dont nous observons la fécondité se développer en tant de façons est stérile sur une aussi grosse planète que Jupiter qui, comme le globe terrestre, a ses jours, ses nuits et ses années, et sur lequel les observations indiquent des changements qui supposent des forces très actives. Mais ce serait donner trop d'extension à l'analogie que d'en conclure la similitude des habitants des planètes avec ceux de la Terre. L'homme fait pour la température dont il jouit à sa surface ne pourrait pas, selon toute apparence, vivre sur les autres planètes. Mais ne doit-il pas y avoir une infinité d'organisations relatives aux diverses températures des globes de cet Univers? Si la seule différence des éléments et des climats met tant de variété dans les productions terrestres, combien plus doivent différer celles des diverses planètes et de leurs satellites? L'imagination la plus active ne peut s'en former aucune idée; mais leur existence est au moins fort vraisemblable.

Vous avez vu que souvent les lois des expressions analytiques se manifestent dans leurs premiers termes, et que celles de la nature sont indiquées par un petit nombre d'observations; le propre du génie est de les démêler au milieu des circonstances dont elles sont enveloppées, et de les exposer dans un jour tel qu'il soit impossible de les méconnaître. Ce moyen d'y parvenir se nomme *induction*; pour en accroître la probabilité, on forme de nouveaux termes, ou l'on fait de nouvelles observations, et, si les lois dont on a soupçonné l'existence continuent

d'y satisfaire, elles acquièrent un degré de vraisemblance qui finit par
se confondre avec la certitude.

Ce que l'on observe dans l'Analyse a également lieu dans la nature,
dont les phénomènes ne sont, en effet, que les résultats mathématiques
d'un petit nombre de lois invariables. Pour découvrir ces lois, il faut
choisir ou faire naître les phénomènes les plus propres à cet objet, les
multiplier pour en varier les circonstances, et observer ce qu'ils ont
de commun entre eux. Ainsi l'on s'élève à des rapports de plus en plus
étendus, et l'on parvient enfin aux lois générales que l'on vérifie, soit
par des preuves ou des expériences directes, lorsque cela est possible,
soit en examinant si elles satisfont à tous les phénomènes connus.

Telle est la méthode la plus sûre qui puisse nous guider dans la
recherche de la vérité. On lui doit les plus belles découvertes dans les
sciences; mais son application la plus sublime et la plus étendue est
celle que Newton en a faite au système du Monde, comme vous pouvez
le voir dans l'Ouvrage que je vous ai annoncé au commencement de
cette Leçon.

Ce système offre un exemple remarquable d'une probabilité bien
supérieure à celle d'un grand nombre de faits historiques sur lesquels
on ne se permet aucun doute, mais qui, n'étant point analogue aux
probabilités dont nous faisons habituellement usage, n'est pas généralement sentie. L'observation nous montre les planètes et leurs satellites
décrivant des orbes presque circulaires, et tournant sur eux-mêmes
dans le sens de la rotation du Soleil, et sur des plans peu inclinés à
son équateur. Si l'on applique le calcul à ce phénomène extraordinaire,
on trouve qu'il y a des millions de milliards à parier contre un qu'il
n'est point dû au hasard, et qu'il dépend d'une cause générale qui,
primitivement, embrassa tous les corps du système planétaire, sans
exercer d'influence sur les comètes observées, puisqu'elles se meuvent
dans tous les sens et sous toutes les inclinaisons à l'équateur solaire.
Cependant, leurs orbes étant fort excentriques, tandis que ceux des
planètes sont presque circulaires, il est naturel de penser que la même
cause fit disparaitre, à l'origine, les orbes qui présentaient les nuances

intermédiaires entre une grande et une petite excentricité. La cause
que j'ai assignée ailleurs à ces singuliers phénomènes me parait être
la seule qui puisse satisfaire à leur ensemble; mais, cette discussion
étant étrangère ici, je me borne à renvoyer pour cet objet à mon *Exposition du système du Monde*.

Un des points les plus délicats de la théorie des probabilités, et celui
qui prête le plus aux illusions, est la manière dont les probabilités
augmentent ou diminuent par leurs combinaisons mutuelles. Si les
événements sont indépendants les uns des autres, la probabilité de
l'existence de leur ensemble est le produit de leurs probabilités particulières. Ainsi la probabilité d'amener un as avec un seul dé étant un
sixième, celle d'amener deux as en projetant deux dés à la fois est un
trente-sixième. En effet, chacune des faces de l'un pouvant se combiner avec les six faces de l'autre, il y a trente-six cas possibles parmi
lesquels un seul donne les deux as. Généralement, la probabilité qu'un
événement simple dans les mêmes circonstances arrivera de suite un
nombre donné de fois est égale à la probabilité de l'événement simple
élevée à une puissance indiquée par ce nombre. Ainsi les puissances
successives d'une fraction moindre que l'unité diminuant sans cesse,
un événement qui dépend d'une suite de probabilités fort grandes peut
devenir extrêmement peu vraisemblable. Supposons qu'un fait nous
soit transmis par vingt témoins, de manière que le premier l'ait transmis au deuxième, le deuxième au troisième, et ainsi de suite; supposons encore que la probabilité de chaque témoignage soit égale à neuf
dixièmes; celle du fait sera moindre qu'un huitième, c'est-à-dire qu'il
y aura plus de sept à parier contre un qu'il est faux. On ne peut mieux
comparer cette diminution de la probabilité qu'à l'extinction de la
clarté des objets par l'interposition de plusieurs morceaux de verre,
une épaisseur peu considérable suffisant pour dérober la vue d'un
objet qu'un seul morceau laisse apercevoir d'une manière distincte.
Les historiens ne paraissent pas avoir fait assez d'attention à cette
dégradation de la probabilité des faits lorsqu'ils sont vus à travers un
grand nombre de générations successives; plusieurs événements histo-

riques, réputés comme certains, seraient au moins douteux si on les soumettait à cette analyse.

Dans les sciences purement mathématiques, les conséquences les plus éloignées participent de la certitude du principe dont elles dérivent. Dans les applications de l'Analyse à la Physique, les conséquences ont toute la certitude des faits ou des expériences. Mais dans les sciences morales, où chaque conséquence n'est déduite de ce qui la précède que d'une manière vraisemblable, quelque probables que soient ces déductions, la chance de l'erreur croit avec leur nombre et finit par surpasser la chance de la vérité dans les conséquences très éloignées du principe.

Quand la possibilité des événements simples est connue, la probabilité des événements composés peut être déterminée par la théorie des combinaisons; mais la méthode la plus directe et la plus générale pour y parvenir consiste à observer la loi de la variation qu'elle éprouve par l'addition d'un ou de plusieurs événements simples, et à la faire dépendre d'une équation aux différences finies ordinaires ou partielles. L'intégrale de cette équation est l'expression analytique de la probabilité cherchée. La théorie des fonctions génératrices, que j'ai donnée autrefois dans les *Mémoires de l'Académie des Sciences*, peut être ici d'un grand usage (¹). Cette théorie a pour objet les rapports des coefficients des puissances d'une variable indéterminée, dans le développement d'une fonction de cette variable, à la fonction elle-même. De la simple considération de ces rapports découlent, avec une extrême facilité, l'intégration des équations aux différences ordinaires ou partielles, l'analogie des puissances et des différences, et généralement le transport des exposants des puissances aux caractéristiques qui expriment la manière d'être des variables.

La théorie des fonctions génératrices s'étend aux différences infiniment petites; car, si l'on développe tous les termes d'une équation aux différences par rapport aux puissances de la différence supposée indé-

---

(¹) *Œuvres de Laplace*, t. VIII à XII. Ces divers Mémoires forment la première Partie de la *Théorie analytique des probabilités*, t. VII.

terminée, mais infiniment petite, et que l'on néglige les infiniment
petits d'un ordre supérieur relativement à ceux d'un ordre inférieur, on
aura une équation aux différences infiniment petites, dont l'intégrale
est celle de l'équation aux différences finies, dans laquelle on néglige
pareillement les infiniment petits par rapport aux quantités finies.

Les quantités qu'on néglige dans ces passages du fini à l'infiniment
petit semblent ôter au calcul infinitésimal la rigueur des résultats géométriques; mais pour la lui rendre il suffit d'envisager les quantités
que l'on conserve dans le développement d'une équation aux différences
finies et de son intégrale, par rapport aux puissances de la différence
indéterminée, comme ayant toutes pour facteur la plus petite puissance
dont on compare entre eux les coefficients. Cette comparaison étant
rigoureuse, le calcul différentiel, qui n'est évidemment que cette comparaison même, a toute la rigueur des autres opérations algébriques.
Mais la considération des infiniment petits de différents ordres, la facilité de les reconnaitre *a priori* par l'inspection seule des grandeurs, et
l'omission des infiniment petits d'un ordre supérieur à celui que l'on
conserve, à mesure qu'ils se présentent, simplifient extrêmement les
calculs et sont l'un des principaux avantages de l'Analyse infinitésimale, qui d'ailleurs, en réalisant les infiniment petits et leur attri-
buant de très petites valeurs, donne, par une première approximation,
les différences et les sommes des quantités.

Le passage du fini à l'infiniment petit a l'avantage d'éclairer plusieurs points de l'Analyse infinitésimale qui ont été l'objet de grandes
contestations parmi les géomètres. C'est ainsi que, dans les *Mémoires
de l'Académie des Sciences* pour l'année 1779 ([1]), j'ai fait voir que les
fonctions arbitraires qu'introduit l'intégration des équations différentielles partielles pouvaient être discontinues, et j'ai déterminé les
conditions auxquelles cette discontinuité doit être assujettie. Les
résultats transcendants de l'Analyse sont, comme toutes les abstractions de l'entendement, des signes généraux dont on ne peut déterminer la véritable étendue qu'en remontant, par l'Analyse métaphy-

([1]) *OEuvres de Laplace*, t. X, p. 59.

sique, aux idées élémentaires qui y ont conduit, ce qui présente souvent de grandes difficultés; car l'esprit humain en éprouve moins encore à se porter en avant qu'à se replier sur lui-même.

Il paraît que Fermat, le véritable inventeur du Calcul différentiel, a considéré ce calcul comme une dérivation de celui des différences finies, en négligeant les infiniment petits d'un ordre supérieur, par rapport à ceux d'un ordre inférieur; c'est, du moins, ce qu'il a fait dans sa méthode *de Maximis* et dans celle des tangentes, qu'il a étendue aux courbes transcendantes. On voit encore par sa belle solution du problème de la réfraction de la lumière, en supposant qu'elle parvient d'un point à un autre dans le temps le plus court et en concevant qu'elle se meut, dans divers milieux diaphanes, avec différentes vitesses, on voit, dis-je, qu'il savait étendre son calcul aux fonctions irrationnelles, en se débarrassant des irrationnalités par l'élévation des radicaux aux puissances. Newton a depuis rendu ce calcul plus analytique dans sa *Méthode des fluxions*, et il en a simplifié et généralisé les procédés par l'invention de son théorème du binome; enfin, presque en même temps, Leibnitz a enrichi le Calcul différentiel d'une notation très heureuse et qui s'est adaptée d'elle-même à l'extension que le Calcul différentiel a reçue par la considération des différentielles partielles. La langue de l'Analyse, la plus parfaite de toutes, étant par elle-même un puissant instrument de découvertes, ses notations, lorsqu'elles sont nécessaires et heureusement imaginées, sont les germes de nouveaux calculs. Ainsi la simple idée qu'eut Descartes d'indiquer les puissances des quantités représentées par des lettres, en écrivant vers le haut de ces lettres les nombres qui expriment le degré de ces puissances, a donné naissance au Calcul exponentiel; et Leibnitz a été conduit par sa notation à l'analogie singulière des puissances et des différences. Le calcul des fonctions génératrices, qui donne la véritable origine de cette analogie, offre tant d'exemples de ce transport des exposants des puissances aux caractéristiques, qu'il peut encore être considéré comme le calcul exponentiel des caractéristiques.

Après cette courte digression que je me suis permise pour suppléer, à quelques égards, les leçons que je devais vous faire sur l'Analyse infinitésimale, je reviens aux probabilités : lorsque les événements que l'on considère sont en très grand nombre, les formules auxquelles on est conduit se composent d'une si grande multitude de termes et de facteurs que leur calcul numérique devient impraticable. Il est alors indispensable d'avoir une méthode qui transforme ces formules en séries convergentes. J'ai donné pour cet objet, dans les *Mémoires de l'Académie des Sciences* (¹), une méthode fondée sur la transformation des formules fonctions de très grands nombres, en intégrales définies que l'on intègre par des séries très convergentes; et il y a cela de remarquable, savoir, que la quantité sous le signe intégral est la fonction génératrice de la fonction exprimée par l'intégrale définie; en sorte que les théories des fonctions génératrices et des approximations des formules fonctions de très grands nombres peuvent être considérées comme les deux branches d'un même calcul que je désigne sous le nom de *Calcul des fonctions génératrices*.

Par son moyen on peut déterminer avec facilité les limites de la probabilité des résultats et des causes indiqués par les événements considérés en grand nombre, et les lois suivant lesquelles cette probabilité approche de ses limites à mesure que les événements se multiplient. Cette recherche, la plus délicate de la théorie des hasards, mérite l'attention des géomètres par l'analyse qu'elle exige, et celle des philosophes, en faisant voir comment la régularité finit par s'établir dans les choses mêmes qui nous paraissent entièrement livrées au hasard, et en nous dévoilant les causes cachées, mais constantes, dont cette régularité dépend. Mais je dois ici me borner à vous présenter les principes et les résultats généraux de la théorie des probabilités.

Quand deux événements dépendent l'un de l'autre, la probabilité de l'événement composé est le produit de la probabilité du premier de ces événements par la probabilité que, cet événement étant arrivé, l'autre aura lieu.

(¹) *OEuvres de Laplace,* t. IX, X et XII.

Ainsi dans le cas précédent des trois urnes A, B, C, dont deux ne contiennent que des boules blanches et dont une ne renferme que des boules noires, la probabilité de tirer une boule blanche de l'urne C est $\frac{2}{3}$, puisque deux des trois urnes ne contiennent que des boules de cette couleur; mais, lorsqu'on a extrait une boule blanche de l'urne C, l'indécision relative à celle des urnes qui ne renferme que des boules noires ne portant plus que sur les urnes A et B, la probabilité d'extraire une boule blanche de l'urne B devient $\frac{1}{2}$; le produit de $\frac{2}{3}$ par $\frac{1}{2}$ ou $\frac{1}{3}$ est donc la probabilité d'extraire des urnes B et C deux boules blanches.

On voit, par ce qui précède, l'influence des événements passés sur la probabilité des événements futurs. Car la probabilité d'extraire une boule blanche de l'urne B, qui primitivement est $\frac{2}{3}$, se réduit à $\frac{1}{2}$ lorsqu'on a extrait une boule blanche de l'urne C; elle se changerait en certitude si l'on avait extrait une boule noire de la même urne. On déterminera cette influence des événements passés au moyen du principe suivant :

Si l'on calcule a priori les probabilités de l'événement arrivé et d'un événement composé de celui-ci et d'un autre que l'on attend, la seconde probabilité divisée par la première sera la probabilité de l'événement attendu tirée de l'événement observé.

Quand les possibilités des événements simples sont totalement inconnues, on détermine *a priori* la probabilité d'un événement composé en donnant successivement à ces possibilités toutes les valeurs dont elles sont susceptibles, et en prenant une moyenne entre les probabilités relatives à chacune de ces valeurs. On trouve ainsi, par exemple, qu'en faisant remonter à cinq mille ans l'époque la plus ancienne de l'histoire, le Soleil s'étant levé constamment dans cet intervalle à chaque révolution de vingt-quatre heures, il y a dix-huit cent vingt-six mille à parier contre un qu'il se lèvera dans la révolution suivante. Mais ce nombre est incomparablement plus fort pour celui qui, connaissant par l'ensemble des phénomènes célestes le principe régulateur des jours et des saisons, voit que rien ne peut, dans le moment actuel, en arrêter le cours.

Ici se présente la question agitée par quelques philosophes touchant l'influence du passé sur la probabilité de l'avenir.

Supposons qu'au jeu de *croix* et *pile* on ait amené *croix* plus souvent que *pile;* par cela seul nous serons portés à croire que, dans la constitution de la pièce, il existe une cause constante qui le favorise, les coups passés influent donc alors sur la probabilité des événements futurs. Ainsi, dans la conduite de la vie, le bonheur est souvent une preuve d'habileté qui doit faire employer de préférence les personnes heureuses. Mais si, par l'instabilité des circonstances, nous sommes ramenés sans cesse à l'état d'une indécision absolue sur ce qui doit arriver; si, par exemple, on change de pièce à chaque coup au jeu de croix et pile, le passé ne peut répandre aucune lumière sur l'avenir, et il serait absurde d'en tenir compte. On voit par là ce qu'il faut penser de ces veines de bonheur ou de malheur que les hommes imaginent pour expliquer la constance de quelques événements qui leur sont favorables ou contraires. Ils tombent même à cet égard dans une contradiction évidente, puisque dans plusieurs cas, et spécialement dans les loteries, ils jugent qu'un événement qui depuis longtemps n'est pas arrivé en devient plus vraisemblable. Cette erreur fort commune me parait tenir à une illusion par laquelle on se reporte involontairement à l'origine des événements. Il est, par exemple, très peu vraisemblable qu'au jeu de croix et pile on amènera croix dix fois de suite; cette invraisemblance, qui nous frappe encore lorsqu'il est arrivé neuf fois, nous porte à croire qu'au dixième coup il n'arrivera pas. Mais, loin de nous faire juger ainsi, le passé, en paraissant indiquer dans la pièce plus de pente pour croix que pour pile, rend le premier de ces événements plus probable que l'autre; il augmente conséquemment la probabilité de l'arrivée de croix au coup suivant. En étendant généralement cette remarque aux causes inconnues, mais constantes, qui favorisent les événements, on trouve ce résultat remarquable, savoir, *qu'elles accroissent toujours la probabilité des événements composés de la répétition d'un même événement simple sans accroître cependant la probabilité de sa première arrivée, puisque l'on est censé ignorer d'abord les événements que ces causes favorisent.* Ainsi, au jeu de croix et pile, l'inégalité inconnue qui, selon toute vraisemblance, existe entre les facilités des deux faces, n'augmente point la probabilité d'amener croix ou pile au premier coup; mais elle augmente la probabilité d'amener l'un ou l'autre deux fois de suite, probabilité qui serait $\frac{1}{4}$ si les facilités des deux faces étaient parfaitement égales.

Dans un grand nombre de cas, et ce sont les plus intéressants de l'analyse des hasards, les possibilités des événements simples sont inconnues, et nous sommes réduits à chercher dans les événements passés les indices qui peuvent nous guider dans nos conjectures sur les causes dont ils dépendent. Mais de quelle manière ces événements nous dévoilent-ils, en se développant, leurs causes et leurs possibilités respectives? C'est un problème dont la solution exige une analyse très délicate. Cette analyse conduit au théorème suivant :

Lorsqu'un événement, composé de plusieurs événements simples, tel qu'une partie de jeu, a été répété un grand nombre de fois, les possibilités des événements simples qui rendent ce que l'on a observé le plus probable sont celles que l'observation indique avec le plus de vraisemblance; à mesure que l'événement composé se répète, cette vraisemblance augmente sans cesse et finit par se confondre avec la certitude, dans la supposition d'un nombre infini de répétitions.

Il y a ici deux sortes d'approximations; l'une d'elles est relative aux limites prises de part et d'autre des possibilités qui donnent au passé le plus de vraisemblance; l'autre approximation se rapporte à la probabilité que ces possibilités tombent dans ces limites. La répétition de l'événement composé accroît de plus en plus cette probabilité, les limites restant les mêmes; elle resserre de plus en plus l'intervalle de ces limites, la probabilité restant la même; dans l'infini cet intervalle devient nul, et la probabilité se change en certitude. La même analyse conduit encore à cet autre théorème :

Si l'on multiplie indéfiniment les observations ou les expériences, leur résultat moyen converge vers un terme fixe, de manière qu'en prenant de part et d'autre de ce terme un intervalle aussi petit que l'on voudra, la probabilité que le résultat moyen tombera dans cet intervalle finira par ne différer de la certitude que d'une quantité moindre que toute grandeur assignable. Ce terme est la vérité même, si les erreurs positives et négatives sont également faciles; et, généralement, il est l'abscisse de la courbe de facilité des erreurs correspondant au centre de gravité de l'aire de cette courbe, l'origine des abscisses étant celle des erreurs.

Ainsi, le résultat moyen d'un grand nombre d'observations futures sera le même à très peu près que celui d'un grand nombre d'observations semblables déjà faites.

Les événements qui dépendent du hasard offrent dans leur ensemble une régularité qui paraît tenir à un dessein, mais qui n'est au fond que le développement de leurs possibilités respectives. Le rapport des naissances annuelles des garçons à celles des filles, dans les grandes villes telles que Paris et Londres, en est un exemple. Ce rapport est très peu variable; on a cru voir dans cette constance une preuve de la Providence qui gouverne le monde; mais elle n'est qu'un résultat du premier des théorèmes précédents, suivant lequel ce rapport doit toujours coïncider à peu près avec celui des facilités de naissance des deux sexes. On peut même en conclure, comme loi générale, que les rapports des effets de la nature, tels que celui des naissances à la population, ou des mariages aux naissances, sont à fort peu près constants quand ces effets sont considérés en très grand nombre. Ainsi, malgré la grande variété des années, la somme des productions, pendant un nombre d'années considérable, est sensiblement la même; en sorte que l'homme peut, par une utile prévoyance, se mettre à l'abri de l'irrégularité des saisons en répandant également sur tous les temps les biens que la nature lui distribue d'une manière inégale. Je n'excepte pas même de la loi précédente les effets dus aux causes morales : à Paris, le nombre des naissances annuelles, depuis un grand nombre

d'années, a peu différé de dix-neuf mille; et j'ai ouï dire qu'à la poste,
le nombre des lettres mises au rebut, par les défauts des adresses, était
à peu près le même chaque année.

Au milieu de l'inconstance des phénomènes qui semblent le plus
dépendre du hasard, il existe donc des rapports fixes vers lesquels ils
tendent sans cesse, mais qu'ils ne peuvent atteindre que dans l'infini.
La recherche de ces rapports et des lois suivant lesquelles les résultats
des phénomènes s'en approchent est un des points les plus intéressants
de la théorie des probabilités.

*Chacune des causes auxquelles un événement observé peut être attribué
est indiquée avec d'autant plus de vraisemblance qu'il est plus probable
que, cette cause étant supposée exister, l'événement aura lieu; la probabilité de l'existence d'une quelconque de ces causes est donc une fraction
dont le numérateur est la probabilité de l'événement résultant de cette
cause, et dont le dénominateur est la somme des probabilités semblables
relatives à toutes les causes.*

C'est le principe fondamental de cette branche de l'Analyse des
hasards, qui consiste à remonter des événements aux causes.

Ce principe donne la raison pour laquelle on attribue les événements
réguliers à une cause particulière. Quelques philosophes ont cru que
ces événements sont moins possibles que les autres et qu'au jeu de
croix et pile, par exemple, la combinaison dans laquelle croix arrive
vingt fois de suite est moins facile à la nature que celle où croix
et pile sont entremêlées d'une façon irrégulière. Mais cette opinion
suppose que les événements passés influent sur la possibilité des
événements futurs, ce qui n'est point admissible. Les combinaisons
régulières n'arrivent plus rarement que parce qu'elles sont moins
nombreuses. Si nous recherchons une cause là où nous apercevons de
la symétrie, ce n'est pas que nous regardions un événement symé-
trique comme étant moins possible que les autres; mais, cet événement
devant être l'effet d'une cause régulière ou celui du hasard, la première de ces suppositions est plus probable que la seconde. Nous

voyons sur une table des caractères d'imprimerie disposés dans cet ordre, *Constantinople*, et nous jugeons que cet arrangement n'est pas l'effet du hasard, non parce qu'il est moins possible que les autres, puisque, si ce mot n'était employé dans aucune langue, cet arrangement ne serait ni plus ni moins possible en lui-même, et cependant nous ne lui soupçonnerions alors aucune cause particulière ; mais, ce mot étant en usage parmi nous, il est incomparablement plus probable qu'une personne aura ainsi disposé les caractères précédents qu'il ne l'est que cet arrangement est dû au hasard.

De là nous devons généralement conclure que, plus un fait est extraordinaire, plus il a besoin d'être appuyé de fortes preuves ; car, ceux qui l'attestent pouvant ou tromper ou avoir été trompés, ces deux causes sont d'autant plus probables que la réalité du fait l'est moins en elle-même. Il y a des choses tellement extraordinaires que rien ne peut, aux yeux des hommes éclairés, en balancer l'invraisemblance. Mais celle-ci, par l'effet d'une opinion dominante, peut être affaiblie au point de paraître inférieure à la probabilité des témoignages ; et quand cette opinion vient à changer, un récit absurde, admis généralement dans le siècle qui lui a donné naissance, n'offre aux siècles suivants qu'une nouvelle preuve de la grande influence de l'opinion sur les meilleurs esprits.

Avant de prononcer sur l'existence d'une cause qui semble indiquée par les événements observés, il faut déterminer sa probabilité résultant de ces événements ; autrement, on s'exposerait à rapporter à une cause constante cette régularité qu'affectent quelquefois les événements dus au hasard, et qui ne se soutient plus quand ils sont très multipliés ; mais cette distinction exige une analyse toute particulière. En l'appliquant au rapport des naissances des garçons à celles des filles observé dans les diverses parties de l'Europe, on trouve que ce rapport, partout à peu près celui de 22 à 21, indique avec une extrême probabilité une plus grande facilité dans les naissances des garçons. Si l'on considère ensuite qu'il est le même à Naples qu'à Pétersbourg, on verra qu'à cet égard l'influence du climat est insensible. On pouvait donc soupçonner, contre l'opinion commune, que cette supériorité des naissances masculines subsiste dans l'Orient même. J'avais, en conséquence, invité les savants français envoyés en Égypte à faire des recherches sur cette question intéressante; mais la difficulté d'obtenir des renseignements précis sur les naissances ne leur a pas permis de la résoudre.

Les registres des naissances peuvent servir à déterminer la population sans recourir au dénombrement des habitants; mais il faut, pour cela, connaître le rapport de la population aux naissances. Le moyen d'y parvenir le plus exact consiste : 1° à choisir plusieurs communes dans chaque département pour avoir un milieu entre les petites différences que les causes locales apportent dans les résultats; 2° à faire le dénombrement des habitants de ces communes à une époque donnée; 3° à déterminer, par le relevé des naissances durant plusieurs années qui précèdent ou suivent cette époque, le nombre correspondant des naissances annuelles. Ce nombre, divisé par celui des habitants, donnera le rapport des naissances à la population, d'une manière d'autant plus précise que le dénombrement sera plus considérable. On trouve, par l'analyse des hasards, que ce dénombrement doit s'élever à douze ou quinze cent mille habitants, pour avoir une grande probabilité que les erreurs sur la population entière de la France, déterminée par les naissances, seront renfermées dans d'étroites limites. Le Gouvernement, convaincu de l'utilité d'un semblable dénombrement, en a bien voulu ordonner l'exécution, à ma prière. Dans trente départements distribués sur la surface de la France, on a fait choix des communes qui pouvaient donner les renseignements les plus précis. Elles ont fourni, pour le 1ᵉʳ vendémiaire an XI, des dénombrements dont la somme s'élève à 2 037 615 individus. Le relevé des naissances, des mariages et des morts, pendant les années VIII, IX et X, a donné pour ces trois années :

Naissances.	Mariages.	Décès.
110 312 garçons 105 287 filles	46 037	103 659 mâles 99 443 femelles

Le rapport de la population aux naissances annuelles est donc
$28 \frac{3328}{10000}$; il est donc plus grand qu'on ne l'avait estimé jusqu'ici. Le
rapport des naissances des garçons à celles des filles, que ce relevé
présente, est celui de 22 à 21; et les mariages sont aux naissances
comme 3 à 14.

A Paris, les baptêmes des enfants des deux sexes s'écartent un peu
du rapport de 22 à 21. Depuis le commencement de 1745, époque à
laquelle on a commencé à distinguer les sexes sur les registres des
naissances, jusqu'à la fin de 1784, on a baptisé dans cette grande
ville 393386 garçons et 377555 filles. Le rapport de ces deux nombres
est à peu près celui de 25 à 24; il paraît donc qu'à Paris une cause
particulière rapproche de l'égalité les baptêmes des deux sexes; et, si
l'on applique à cet objet le Calcul des probabilités, on trouve qu'il y a
238 environ à parier contre 1 en faveur de son existence, ce qui suffit
pour en autoriser la recherche. Alors j'ai soupçonné que la différence
observée à cet égard entre Paris et le reste de la France pouvait tenir
à ce que, dans la campagne et dans les provinces, les parents, trouvant
quelque avantage à retenir près d'eux les garçons, en avaient envoyé
à l'hospice des enfants trouvés de Paris dans un rapport moindre que
celui des naissances des deux sexes. C'est ce que le relevé des registres
de cet hospice m'a fait voir avec évidence. Depuis le commencement
de 1745 jusqu'à la fin de 1809, il y est entré 159405 filles et 163499 garçons; et ce dernier nombre n'excède que de $\frac{1}{38}$ le précédent, qu'il aurait
dû surpasser de $\frac{1}{21}$, d'après le rapport observé des naissances. Ce qui
achève de confirmer la cause assignée, c'est que, si l'on n'a point égard
aux enfants trouvés, le rapport des deux sexes, à Paris, est celui de 22
à 21, comme dans les départements.

La probabilité des événements sert à déterminer l'espérance et la
crainte des personnes intéressées à leur existence. Le mot *espérance* a
diverses acceptions : il exprime généralement l'avantage de celui qui
attend un bien quelconque, dans une supposition qui n'est que vraisemblable. Dans la théorie des hasards, cet avantage est le produit de
la somme espérée par la probabilité de l'obtenir; c'est la somme par-

tielle qui doit revenir, lorsqu'on ne veut point courir les risques de
l'événement, en supposant que la répartition de la somme entière se
fasse proportionnellement aux probabilités. Cette manière de la ré-
partir est la seule équitable, quand on fait abstraction de toute circonstance étrangère, parce qu'avec un égal degré de probabilité on a un
droit égal sur la somme espérée. Nous nommerons cet avantage *espérance mathématique*, pour la distinguer de l'*espérance morale*, qui
dépend, comme elle, de la somme espérée et de la probabilité de
l'obtenir, mais qui se règle encore sur mille circonstances variables
qu'il est presque toujours impossible de définir et plus encore d'assujettir au Calcul. Ces circonstances, il est vrai, ne font qu'augmenter ou
diminuer la valeur du bien espéré; alors on peut considérer l'espérance morale elle-même comme le produit de cette valeur par la probabilité de l'obtenir; mais on doit distinguer, dans le bien espéré, sa
valeur relative de sa valeur absolue. Celle-ci est indépendante des
motifs qui le font désirer, au lieu que la première croit avec ces motifs.

On ne peut donner de principe général pour apprécier cette valeur
relative. En voici cependant un proposé par Daniel Bernoulli, et qui
peut servir dans beaucoup de cas. *La valeur relative d'une somme infiniment petite est égale à sa valeur absolue divisée par le bien total de la
personne intéressée.* En effet, il est clair que 1^{fr} ayant peu de valeur
pour celui qui en possède un grand nombre, la manière la plus naturelle d'estimer sa valeur relative est de la supposer en raison inverse
de ce nombre.

En appliquant l'Analyse à ce principe, on parvient à divers résultats
conformes aux indications du sens commun, mais que l'on peut
apprécier par ce moyen avec quelque exactitude. Telle est cette règle
dictée par la prudence, et qui consiste à exposer sa fortune par parties
à des dangers indépendants les uns des autres, plutôt que de l'exposer
tout entière au même danger. Il résulte encore du même principe
qu'au jeu le plus égal la perte est toujours relativement plus grande
que le gain. Ainsi, l'on trouve qu'en supposant la fortune des joueurs
de 100^{fr} et leur mise au jeu de 50^{fr}, leur fortune se trouve réduite

à 87^{fr}; le jeu est donc désavantageux dans le cas même où la mise est égale au produit de la somme espérée par la probabilité de l'obtenir. On peut juger par là de l'immoralité des jeux dans lesquels la somme promise est au-dessous de ce produit : ils ne subsistent que par les faux raisonnements et la cupidité qu'ils fomentent et qui, portant le peuple à sacrifier son nécessaire à des espérances chimériques dont il est hors d'état d'apprécier l'invraisemblance, sont la source d'une infinité de maux.

Il existe, dans la répétition d'un événement avantageux, un terme fixe vers lequel le bénéfice moyen converge à mesure que l'événement se multiplie. Le bénéfice réel est de plus en plus probable et s'accroît sans cesse; il devient certain dans l'hypothèse d'un nombre infini de répétitions et, en le divisant par leur nombre, le quotient est l'espérance mathématique elle-même ou l'avantage relatif à chaque événement. Il en est de même de la perte, qui devient certaine à la longue, pour peu que l'événement soit désavantageux.

Ce théorème sur les bénéfices ou les pertes est analogue à ceux que nous avons donnés précédemment sur les rapports qu'indiquent les répétitions indéfinies des événements simples ou composés; et, comme eux, ils prouvent que la régularité finit par s'établir dans les choses les plus subordonnées à ce que nous nommons *hasard*.

On a construit des Tables de mortalité qui présentent toutes ce résultat affligeant, savoir : que la moitié du genre humain périt avant d'avoir terminé sa vingtième année. La manière de former ces Tables est très simple. On prend sur les registres des naissances et des morts un grand nombre d'enfants que l'on suit pendant le cours de leur vie, en déterminant combien il en reste à la fin de chaque année de leur âge, et l'on inscrit ce nombre vis-à-vis de chaque année finissante. Mais, comme dans les deux ou trois premières années de la vie la mortalité est très rapide, il faut, pour plus d'exactitude, indiquer dans ce premier âge le nombre des survivants à la fin de chaque demi-année. Les divers états de la vie offrent, à l'égard de la mortalité, des diffé-

rences très sensibles, relatives aux fatigues et aux dangers inséparables de chaque état, et dont il est indispensable de tenir compte dans
les calculs fondés sur la durée de la vie. Mais ces différences n'ont pas
encore été suffisamment déterminées. Elles le seront un jour : alors on
saura quel sacrifice de la vie chaque profession exige, et l'on profitera
de ces connaissances pour en diminuer les dangers.

Si l'on divise la somme des années de la vie de tous les individus
considérés dans une Table de mortalité par le nombre de ces individus,
on a la durée moyenne de la vie, que l'on trouve ainsi de vingt-huit ans
et demi. La durée moyenne de ce qui reste encore à vivre, lorsqu'on
est parvenu à un âge quelconque, se détermine en faisant une somme
des années qu'ont vécu au delà de cet âge tous les individus qui l'ont
atteint, et en la divisant par le nombre de ces individus. Ce n'est point
au moment de la naissance que cette durée est la plus grande; c'est
lorsqu'on a échappé aux dangers de la première enfance, et alors elle
est d'environ quarante-trois ans. La probabilité d'arriver à un âge
quelconque, en partant d'un âge donné, est égale au rapport des deux
nombres d'individus indiqués dans la Table à ces deux âges.

On conçoit que la précision de ces résultats exige que l'on considère
un très grand nombre de naissances; mais l'analyse des probabilités
nous montre qu'ils approchent sans cesse de la vérité, avec laquelle ils
finissent par coïncider, lorsque le nombre des naissances considérées
devient infini.

On a observé qu'il existe plus de femmes que d'hommes, quoiqu'il naisse plus de garçons que de filles. Or, dans les contrées où la
population est constante, le rapport de la population aux naissances
annuelles est égal au nombre des années de la durée moyenne de la
vie; cette durée est donc plus grande pour les femmes que pour les
hommes, soit en vertu de leur constitution, soit parce qu'elles sont
exposées à moins de dangers.

Il est visible que la durée moyenne de la vie serait augmentée si les
guerres devenaient plus rares, si l'aisance était plus grande et plus
générale et si, par des moyens quelconques, l'homme parvenait à

rendre plus salubre le sol qu'il habite et à diminuer le nombre et les dangers des maladies. C'est ce qu'il a fait à l'égard de la petite vérole, l'un des fléaux les plus destructeurs de l'espèce humaine. Daniel Bernoulli a trouvé, par une application ingénieuse du Calcul des probabilités, que l'inoculation augmente sensiblement la vie moyenne, en supposant même qu'il périt un inoculé sur deux cents; il n'est donc pas douteux qu'elle soit avantageuse à l'État. Mais celui qui veut se faire inoculer doit comparer le danger très petit, mais prochain, d'en mourir au danger beaucoup plus grand, mais plus éloigné, de mourir de la petite vérole naturelle; et, quoique la considération de la proximité du danger soit nulle pour l'État, qui n'envisage que la masse des citoyens, elle ne l'est pas pour les individus. Cependant, l'inoculation bien conduite fait périr un si petit nombre de personnes, et les ravages de la petite vérole naturelle sont si considérables, que l'intérêt particulier se joint à celui de l'État pour adopter cette méthode. Le père de famille, dont l'attachement pour ses enfants croît avec eux, ne doit point balancer à les soumettre à une opération qui les délivre de l'inquiétude et des dangers d'une aussi cruelle maladie, et qui lui assure le fruit de ses soins et de leur éducation. Je n'hésite donc point à conseiller la pratique salutaire de l'inoculation et à la regarder comme l'un des résultats les plus avantageux que la Médecine ait tirés de l'expérience (¹).

On a fondé, sur les Tables de mortalité, divers établissements, tels que les rentes viagères et les tontines; mais les plus utiles de ces établissements sont ceux dans lesquels, au moyen d'un léger sacrifice de son revenu, on assure l'existence de sa famille pour un temps où l'on doit craindre de ne pouvoir plus suffire à ses besoins. Autant le jeu est immoral, autant ces établissements sont avantageux aux mœurs en favorisant les plus doux penchants de la nature. D'ailleurs, des

(¹) Depuis la première publication de ses leçons, toutes les craintes de l'inoculation que la petite vérole laissait encore ont été dissipées par l'inestimable découverte de la vaccine, dont on est redevable à Jenner, qui, par là, s'est rendu l'un des plus grands bienfaiteurs de l'espèce humaine.

capitaux qui, par leur petitesse, seraient stériles entre les mains de
chaque particulier, deviennent productifs et alimentent le commerce
dans les grands établissements qui les reçoivent et qui, par la multitude de ces capitaux, produisent un bénéfice certain quand ils sont
bien conçus et sagement administrés. Ils n'offrent point l'inconvénient
que nous avons remarqué dans les jeux même les plus équitables, celui
de rendre la perte plus sensible que le gain, puisqu'au contraire ils
donnent le moyen d'échanger le superflu contre des ressources assurées
dans l'avenir. Le Gouvernement doit donc encourager ces établissements et les respecter dans ses vicissitudes; car les espérances qu'ils
présentent portant sur un avenir éloigné, ils ne peuvent prospérer
qu'à l'abri de toute inquiétude sur leur durée.

La méthode la plus générale et la plus simple de calculer les bénéfices et les charges de ces établissements consiste à les réduire en capitaux actuels au moyen de ce principe : *Le capital actuel équivalant à
une somme, qui ne doit être probablement payée qu'après un certain
nombres d'années, est égal à cette somme multipliée par la probabilité
qu'elle sera payée à cette époque, et divisée par l'unité augmentée du
taux de l'intérêt élevée à une puissance égale au nombre de ces années.*
L'intérêt annuel de l'unité est ce que l'on nomme *taux de l'intérêt.*

Il est facile d'appliquer ce principe aux rentes viagères sur une ou
plusieurs têtes, et aux caisses d'épargne et d'assurance, d'une nature
quelconque. Supposons que l'on se propose de former une Table de
rentes viagères d'après une Table donnée de mortalité. Une rente
viagère payable, par exemple, au bout de cinq ans, et réduite en
capital actuel, sera, par ce principe, égale au produit des deux quantités suivantes, savoir : la rente divisée par la cinquième puissance de
l'unité augmentée du taux de l'intérêt; et la probabilité de la payer :
cette probabilité est le rapport inverse du nombre des personnes à
l'âge de celui qui constitue la rente au nombre des personnes vivantes
à cet âge augmenté de cinq années. En formant donc une suite de
fractions dont les dénominateurs soient les produits du nombre des
personnes indiquées dans la Table de mortalité, comme vivantes à

l'âge de celui qui constitue la rente, par les puissances successives de
l'unité augmentée du taux de l'intérêt, et dont les numérateurs soient
les produits de la rente, par le nombre des personnes vivantes au même
âge, augmenté successivement d'une année, de deux années, ..., la
somme de ces fractions sera le capital requis pour la rente viagère à
cet âge.

Supposons maintenant qu'une personne veuille, au moyen d'une
rente viagère, assurer à ses héritiers un capital payable à la fin de
l'année de sa mort. Pour déterminer la valeur de cette rente, on peut
imaginer que la personne emprunte en viager, à une caisse d'assurance, ce capital divisé par l'unité augmentée du taux de l'intérêt, et
qu'elle le place à intérêt perpétuel à la même caisse. Il est clair que ce
capital sera dû par la caisse à ses héritiers à la fin de l'année de sa
mort; mais elle n'aura payé chaque année que l'excès de l'intérêt
viager sur l'intérêt perpétuel; la Table des rentes viagères fait donc
connaître ce que la personne doit payer annuellement à la caisse pour
assurer ce capital après sa mort.

Les assurances maritimes se calculent par les mêmes principes. Un
négociant a des vaisseaux en mer; il veut assurer leur valeur et celle
de leur cargaison contre les dangers qu'ils peuvent courir; pour cela,
il donne une somme à une compagnie qui lui répond de la valeur
estimée de ses cargaisons et de ses vaisseaux. Le rapport de cette
valeur à la somme qui doit être donnée pour prix de l'assurance dépend des dangers auxquels les vaisseaux sont exposés, et ne peut être
apprécié que par des observations nombreuses sur le sort des vaisseaux
partis du port pour la même destination. Mais ces établissements et
tous ceux du même genre, tels que les assurances contre les incendies
et les orages, ne peuvent réussir qu'autant qu'ils ont un avantage
propre à subvenir aux dépenses qu'ils entraînent. Il faut de plus qu'ils
aient des relations très nombreuses, afin que cet avantage en se développant produise un bénéfice certain et fasse coïncider leur espérance
mathématique et morale.

Il me reste à vous parler des milieux qu'il faut choisir entre les

résultats des observations et de la probabilité des décisions des
assemblées.

Quand on veut corriger par l'ensemble d'un grand nombre d'observations un ou plusieurs éléments déjà connus à fort peu près, on
forme de la manière suivante des équations que l'on nomme *équations
de condition*.

L'expression analytique de chaque observation étant une fonction
des éléments, on y substitue la valeur approchée de chacun d'eux, plus
sa correction ; en développant ensuite l'expression en série et en négligeant, à cause de leur petitesse, les carrés et les produits des corrections, on égale la série à l'observation qu'elle représente ; on a ainsi
une équation de condition entre les corrections des éléments. Chaque
observation fournit une équation de condition semblable. Si les observations étaient exactes, il suffirait d'en avoir un nombre égal à celui
des éléments ; mais, vu les erreurs dont elles sont toujours susceptibles,
on en considère un grand nombre, afin que les erreurs se compensent
à fort peu près dans les résultats moyens. L'observateur doit choisir
les circonstances les plus favorables à la détermination des éléments ;
l'art du calculateur consiste à combiner de la manière la plus avantageuse les équations de condition, fournies par les observations, pour
les réduire à un nombre égal à celui des éléments. Toutes les combinaisons que l'on peut faire reviennent à multiplier respectivement
chaque équation par un facteur particulier et à faire une somme de
tous ces produits ; ce qui donne une première équation finale relative
au système des facteurs employés. Un second système de facteurs
donnera une seconde équation finale, et ainsi de suite, jusqu'à ce que
l'on ait autant d'équations finales qu'il y a d'éléments. Il est visible
que l'on aura les corrections les plus précises si l'on choisit les systèmes de facteurs tels que l'erreur moyenne à craindre en plus ou en
moins sur chaque élément soit un minimum ; par *erreur moyenne* on
doit entendre la somme des produits de chaque erreur à craindre par
sa probabilité. La recherche de ce minimum, l'une des plus utiles de
la théorie des probabilités, exige des artifices singuliers d'analyse.

Nous nous bornerons à dire ici que l'on est conduit à ce résultat remarquable, savoir, que la manière la plus avantageuse de combiner les équations de condition consiste à rendre minimum la somme des carrés des erreurs des observations; ce qui fournit autant d'équations finales qu'il y a de corrections à déterminer.

La probabilité des décisions d'une assemblée dépend de la pluralité des voix, des lumières et de l'impartialité des membres qui la composent. Tant de passions et d'intérêts particuliers y mêlent souvent leur influence, qu'il est impossible de soumettre cette probabilité au Calcul. Voici cependant un résultat général auquel on est conduit par l'Analyse. Si l'assemblée est très peu éclairée sur l'objet soumis à sa décision, si cet objet exige des considérations délicates et à la portée du plus petit nombre, ou si la vérité sur ce point est contraire à des préjugés reçus, en sorte qu'il y ait plus d'un contre un à parier que chaque votant s'en écartera, il sera probable que la raison sera du côté de la minorité; et plus l'assemblée sera nombreuse, plus il y aura lieu de craindre que la décision de la majorité soit mauvaise. Ce sera le contraire si l'assemblée est composée d'hommes instruits. Concevez, par exemple, cent personnes rassemblées indistinctement, et proposez-leur de statuer sur cette question : *Le Soleil tourne-t-il, chaque jour, autour de la Terre?* Il y a tout lieu de croire que la décision de la majorité sera pour l'affirmative, et cela deviendra plus probable encore si, au lieu de cent personnes, vous en supposez mille ou dix mille réunies. De là vous pouvez tirer cette conséquence, dictée par le simple bon sens : c'est qu'il importe extrêmement à la chose publique que l'instruction soit fort répandue et que la représentation nationale soit l'élite des hommes justes et éclairés. *Vérité, justice, humanité,* voilà les lois éternelles de l'ordre social qui doit reposer uniquement sur les vrais rapports de l'homme avec ses semblables et avec la nature; elles sont aussi nécessaires à son maintien que la gravitation universelle à l'existence de l'ordre physique; la plus dangereuse des erreurs est de croire que l'on peut quelquefois s'en écarter et tromper ou asservir les hommes pour leur propre bonheur; de fatales expériences ont prouvé, dans tous les temps, que ces lois sacrées ne sont jamais impunément enfreintes.

Il est souvent difficile de connaître et même de définir le vœu d'une assemblée, au milieu de la variété des opinions de ses membres. Essayons de donner sur cela quelques règles, et considérons les deux cas les plus ordinaires, l'élection entre plusieurs candidats et celle entre plusieurs propositions relatives au même objet.

Lorsqu'une assemblée doit choisir entre divers candidats qui se présentent pour une ou plusieurs places du même genre, ce qui parait le plus *simple* consiste à faire écrire à chaque votant, sur un billet, les noms de tous les candidats dans l'ordre du mérite qu'il leur attribue. En supposant qu'il les classe de bonne foi, l'inspection de ces billets fera connaître les résultats des élections, de quelque manière que les candidats soient comparés entre eux, en sorte que de nouvelles élections ne peuvent apprendre rien de plus à cet égard. Il s'agit présentement d'en conclure l'ordre de préférence qu'ils établissent entre les candidats. Imaginons que l'on donne à chaque électeur une urne qui contienne une infinité de boules au moyen desquelles il puisse nuancer tous les degrés de mérite des candidats ; concevons encore qu'il tire de son urne un nombre de boules proportionnel au mérite de chaque candidat, et supposons ce nombre écrit sur son billet à côté du nom du candidat. Il est clair qu'en faisant une somme de tous les nombres relatifs à chaque candidat, sur chaque billet, celui de tous les candidats qui aura la plus grande somme sera le candidat que l'assemblée préfère, et qu'en général l'ordre de préférence des candidats sera celui des sommes relatives à chacun d'eux. Mais les billets ne marquent point le nombre de boules que chaque électeur donne aux candidats ; ils indiquent seulement que le premier en a plus que le second, le second plus que le troisième, et ainsi de suite. En supposant donc au premier, sur un billet donné, un nombre quelconque de boules, toutes les combinaisons des nombres inférieurs, qui remplissent les conditions précédentes, sont également admissibles, et l'on aura le nombre de boules relatif à chaque candidat, en faisant une somme de tous les

nombres que lui donne chaque combinaison et en la divisant par le
nombre entier des combinaisons. Si ces nombres sont très considérables, comme on doit le supposer pour qu'ils puissent exprimer toutes
les nuances de mérite, une analyse fort simple fait voir que les nombres
qu'il faut écrire sur chaque billet à côté du premier nom, du second
nom, sont entre eux comme les suivants : 1° le nombre des candidats ;
2° ce nombre diminué d'une unité ; 3° ce nombre diminué de deux
unités, etc. Il suffit donc d'écrire sur chaque billet ces derniers
nombres et d'ajouter les nombres relatifs à chaque candidat sur tous
les billets ; ces diverses sommes indiqueront, par leur grandeur, l'ordre
de préférence qui doit être établi entre les candidats. On simplifiera le
calcul en écrivant sur chaque billet, zéro, à côté du dernier candidat
et les nombres 1, 2, 3, ... respectivement à côté des candidats supérieurs. Tel est le mode d'élection qu'indique la théorie des probabilités.
Il serait sans doute le meilleur, si chaque électeur inscrivait sur sa
liste les noms des candidats suivant l'ordre de mérite qu'il leur suppose : mais les passions, les intérêts particuliers et beaucoup de considérations étrangères au mérite doivent souvent troubler cet ordre
et faire placer au dernier rang le concurrent le plus à redouter pour
celui que l'on préfère ; ce qui, en donnant un grand avantage aux concurrents d'un mérite médiocre, rend ce mode d'élection inférieur à
ceux que l'on emploie communément.

Le choix entre plusieurs propositions relatives au même objet
semble devoir être assujetti aux mêmes règles que l'élection entre
plusieurs candidats ; cependant il existe entre ces deux cas cette différence essentielle, que le mérite d'un candidat n'exclut point celui de
ses concurrents ; au lieu que, si les propositions entre lesquelles il faut
choisir sont contraires, la vérité de l'une exclut la vérité des autres.
Voici comment on peut alors envisager la question.

Donnons encore à chaque votant une urne qui renferme un très
grand nombre de boules, et concevons qu'il les distribue sur chaque
proposition en raison de la probabilité qu'il lui suppose. Il est clair
que le nombre total des boules exprimant la certitude, et le votant étant,

par l'hypothèse, assuré que l'une des propositions est vraie, il doit ré-
partir le nombre des boules de l'urne sur ces diverses propositions; le
problème se réduit donc à déterminer les comparaisons dans lesquelles
toutes les boules sont réparties sur les propositions, de manière qu'il
y ait plus sur la première que sur la seconde, plus sur la seconde que
sur la troisième, …; à faire les sommes de tous les nombres de boules,
relatifs à chaque proposition dans ces diverses combinaisons et à diviser ces sommes par le nombre des combinaisons; les quotients seront
les nombres de boules que l'on doit attribuer aux propositions sur un
billet quelconque. On trouve ainsi, par l'analyse, que ces quotients, en
partant de la dernière proposition pour remonter à la première, sont
entre eux comme les quantités suivantes : 1° l'unité divisée par le
nombre des propositions; 2° l'unité divisée par le nombre des propositions, plus l'unité divisée par ce nombre diminué d'un; 3° l'unité
divisée par le nombre des propositions, plus l'unité divisée par ce
nombre diminué d'un; plus, l'unité divisée par le même nombre
diminuée de deux, et ainsi du reste; on écrira donc ces quantités sur
chaque billet, à côté des propositions correspondantes et, en ajoutant
les quantités relatives à chaque proposition sur les divers billets, les
sommes indiqueront par leur grandeur l'ordre de préférence que
l'assemblée donne à ces propositions.

Je viens de parcourir la plupart des objets auxquels on a jusqu'à présent appliqué le calcul des probabilités. On peut, en tenant compte de
tous les résultats de l'observation et de l'expérience, étendre ces applications et perfectionner ainsi l'économie politique. Les questions que
cette science présente sont si compliquées; elles tiennent à tant d'éléments inappréciables ou inconnus, qu'il est impossible de les résoudre
a priori. On ne peut avoir à leur égard que des aperçus, et le calcul,
dans les matières qui en sont susceptibles, nous montre combien ils
sont trompeurs. Traitons l'économie, comme on a traité la physique,
par la voie de l'expérience et de l'analyse. Considérez, d'un côté, le
grand nombre de vérités que cette méthode a fait découvrir sur la nature et, de l'autre, la foule des erreurs que la manie des systèmes a

produites; vous sentirez alors la nécessité de consulter en tout l'expérience. C'est un guide lent, mais toujours sûr; en l'abandonnant, on s'expose aux plus dangereux écarts.

Si l'on considère les méthodes analytiques auxquelles la théorie des probabilités a déjà donné naissance et celles qu'elle peut faire naitre encore, la justesse des principes qui lui servent de base, la logique rigoureuse qu'exige leur emploi dans la solution des problèmes, le grand nombre et l'importance des objets qu'elle embrasse, les établissements d'utilité publique qui s'appuient sur elle; si l'on observe ensuite que, dans les choses mêmes qui ne peuvent être soumises au calcul, cette théorie donne les aperçus les plus sûrs qui puissent nous guider dans nos jugements et qu'elle apprend à se garantir des illusions qui souvent nous égarent, on verra qu'il n'est point de science plus digne de nos méditations et dont les résultats soient plus utiles. Elle doit la naissance à deux géomètres français du xviie siècle, si fécond en grands hommes et en grandes découvertes, et peut-être celui de tous les siècles qui fait le plus d'honneur à l'esprit humain. Pascal et Fermat se proposèrent et résolurent quelques problèmes sur les probabilités. Huygens réunit ces solutions et les étendit dans un petit Traité sur cette matière, qui ensuite a été considérée d'une manière plus générale par les Bernoulli, Montmort, Moivre et par plusieurs géomètres célèbres de ces derniers temps.

MÉMOIRE

SUR

DIVERS POINTS D'ANALYSE.

Journal de l'École Polytechnique, XVe Cahier, Tome VIII; 1809.

I.

Sur le calcul des fonctions génératrices.

L'objet de ce calcul est de ramener au simple développement des fonctions toutes les opérations relatives aux différences, et spécialement l'intégration des équations aux différences ordinaires ou partielles : en voici l'idée principale. Soit u une fonction quelconque de t, et supposons qu'en la développant par rapport aux puissances de t, on ait

$$u = y_0 + y_1 t + y_2 t^2 + \ldots + y_x t^x + \ldots + y_m t^m ;$$

u est ce que l'on nomme *fonction génératrice* de y_x ou du coefficient de t^x dans son développement. Il est visible que $y_{x+1} - y_x$, ou Δy_x, sera le coefficient de t^x dans le développement de $u\left(\frac{1}{t} - 1\right)$; en sorte que, pour avoir la fonction génératrice de la différence finie d'une variable, il suffit de multiplier par $\frac{1}{t} - 1$ la fonction génératrice de cette variable; $u\left(\frac{1}{t} - 1\right)^2$ sera donc la fonction génératrice de $\Delta^2 y_x$, et, généralement, la fonction génératrice de $\Delta^n y_x$ sera $u\left(\frac{1}{t} - 1\right)^n$. Maintenant on a

$$u\left(\frac{1}{t} - 1\right)^n = u\left[\frac{1}{t^n} - \frac{n}{t^{n-1}} + \frac{n(n-1)}{1 \cdot 2\, t^{n-2}} - \ldots\right];$$

le coefficient de t^x dans $\frac{u}{t^n}$ est évidemment y_{x+n}, celui de t^x dans $\frac{u}{t^{n-1}}$ est y_{x+n-1}, et ainsi de suite ; en égalant donc les coefficients de t^x dans les deux membres de l'équation précédente, c'est-à-dire en repassant des fonctions génératrices à leurs coefficients, on aura

$$\Delta^n y_x = y_{x+n} - n y_{x+n-1} + \frac{n(n-1)}{1\cdot 2} y_{x+n-2} - \dots$$

Si, au lieu de multiplier la fonction u par $\frac{1}{t} - 1$, on la multipliait par toute autre quantité, on aurait des résultats analogues. Soit, par exemple, $a + \frac{b}{t} + \frac{c}{t^2} + \dots$ ce nouveau multiplicateur ; le coefficient de t^x dans le développement de la fonction

$$u\left(a + \frac{b}{t} + \frac{c}{t^2} + \dots\right)$$

sera $ay_x + by_{x+1} + cy_{x+2} + \dots$; soit ∇y_x ce coefficient, et désignons par $\nabla^2 y_x$ la quantité $a\nabla y_x + b\nabla y_{x+1} + c\nabla y_{x+2} + \dots$, par $\nabla^3 y_x$ la quantité $a\nabla^2 y_x + b\nabla^2 y_{x+1} + \dots$, et ainsi de suite ; la fonction génératrice de $\nabla^n y_x$ sera

$$u\left(a + \frac{b}{t} + \frac{c}{t^2} + \dots\right)^n ;$$

et, en développant $\left(a + \frac{b}{t} + \frac{c}{t^2} + \dots\right)^n$ en série, on aura une équation de cette forme :

$$u\left(a + \frac{b}{t} + \frac{c}{t^2} + \dots\right)^n = u\left(A + \frac{B}{t} + \frac{C}{t^2} + \dots\right).$$

Cette équation donnera, en repassant des fonctions génératrices aux coefficients,

$$\nabla^n y_x = A y_x + B y_{x+1} + C y_{x+2} + \dots$$

Je renvoie, pour le développement de ce calcul des fonctions génératrices, aux *Mémoires de l'Académie des Sciences* pour l'année 1779 (¹). Je me bornerai ici à présenter quelques nouveaux théorèmes qui en résultent.

(¹) *OEuvres de Laplace*, T. X, p. 1.

Soit u une fonction de t, et supposons que y_x soit le coefficient de t^x dans son développement; soit pareillement u' une fonction de t', et désignons par y'_x le coefficient de t'^x dans son développement; soit encore u'' une fonction de t'', et désignons par y''_x le coefficient de t''^x dans son développement, et ainsi de suite. Il est clair que $y_x y'_x y''_x \ldots$ sera le coefficient de $t^x t'^x t''^x \ldots$, dans le développement de $uu'u''\ldots$; $\dfrac{uu'u''\ldots}{tt't''\ldots}$ sera la fonction génératrice de $y_{x+1} y'_{x+1} y''_{x+1}\ldots$; celle de $\Delta(y_x y'_x y''_x \ldots)$ sera donc

$$uu'u''\ldots\left(\frac{1}{tt't''\ldots}-1\right),$$

et, par conséquent, la fonction génératrice de $\Delta^n(y_x y'_x y''_x \ldots)$ sera

$$uu'u''\ldots\left(\frac{1}{tt't''\ldots}-1\right)^n;$$

en changeant n dans $-n$, on aura, par les principes exposés dans les *Mémoires* cités de l'Académie des Sciences, la fonction génératrice de $\Sigma^n(y_x y'_x y''_x \ldots)$, Σ étant la caractéristique des intégrales finies; en sorte que l'on peut changer n en $-n$ dans la fonction génératrice, pourvu que l'on change Δ^n en Σ^n dans son coefficient.

Considérons deux fonctions y_x et y'_x; la fonction génératrice de $\Delta^n y_x y'_x$ sera

$$uu'\left(\frac{1}{tt'}-1\right)^n.$$

On peut la mettre sous cette forme :

$$uu'\left[\frac{1}{t}-1+\frac{1}{t}\left(\frac{1}{t'}-1\right)\right]^n.$$

En la développant, elle devient

$$uu'\left[\left(\frac{1}{t}-1\right)^n+\frac{n}{t}\left(\frac{1}{t}-1\right)^{n-1}\left(\frac{1}{t'}-1\right)+\frac{n(n-1)}{1.2t^2}\left(\frac{1}{t}-1\right)^{n-2}\left(\frac{1}{t'}-1\right)^2+\ldots\right].$$

Les fonctions

$$uu'\left(\frac{1}{t}-1\right)^n,\quad \frac{uu'}{t}\left(\frac{1}{t}-1\right)^{n-1}\left(\frac{1}{t'}-1\right),\quad \frac{uu'}{t^2}\left(\frac{1}{t}-1\right)^{n-2}\left(\frac{1}{t'}-1\right)^2,\quad \ldots$$

sont respectivement génératrices des variables

$$ y'_x \Delta^n y_x, \quad \Delta y'_x \Delta^{n-1} y_{x+1}, \quad \Delta^2 y'_x \Delta^{n-2} y_{x+2}, \quad \ldots; $$

l'équation identique

$$ uu'\left(\frac{1}{tt'} - 1\right)^n = uu'\left[\left(\frac{1}{t} - 1\right)^n + \frac{n}{t}\left(\frac{1}{t} - 1\right)^{n-1}\left(\frac{1}{t'} - 1\right) + \ldots\right] $$

donnera donc, en repassant des fonctions génératrices aux coefficients,

$$ \Delta^n y_x y'_x = y'_x \Delta^n y_x + n\Delta y'_x \Delta^{n-1} y_{x+1} + \frac{n(n-1)}{1.2}\Delta^2 y'_x \Delta^{n-2} y_{x+1} + \ldots; $$

en changeant n dans $-n$, on aura

$$ \Sigma^n y_x y'_x = y'_x \Sigma^n y_x - n\Delta y'_x \Sigma^{n+1} y_{x+1} + \frac{n(n+1)}{1.2}\Delta^2 y'_x \Sigma^{n+2} y_{x+1} + \ldots. $$

Au lieu du multiplicateur $\frac{1}{tt'} - 1$, considérons généralement le multiplicateur

$$ a + \frac{bz}{tt'} + \frac{cz^2}{t^2 t'^2} + \ldots, $$

et désignons par $\nabla y_x y'_x$ la fonction

$$ a y_x y'_x + bz y_{x+1} y'_{x+1} + cz^2 y_{x+2} y'_{x+2} + \ldots; $$

$uu'\left(a + \frac{bz}{tt'} + \frac{cz^2}{t^2 t'^2} + \ldots\right)^n$ sera la fonction génératrice de $\nabla^n y_x y'_x$; désignons par $\varphi^n\left(\frac{z}{tt'}\right)$ la fonction

$$ \left(a + \frac{bz}{tt'} + \frac{cz^2}{t^2 t'^2} + \ldots\right)^n; $$

nous aurons

$$ uu'\varphi^n\left(\frac{z}{tt'}\right) = uu'\varphi^n\left[\frac{z}{t} + \frac{z}{t}\left(\frac{1}{t'} - 1\right)\right] $$

$$ = uu'\left[\varphi^n\left(\frac{z}{t}\right) + \frac{z}{t}\left(\frac{1}{t'} - 1\right)\frac{\partial \varphi^n\left(\frac{z}{t}\right)}{\partial z}\right. $$

$$ \left. + \frac{z^2}{t^2}\left(\frac{1}{t'} - 1\right)^2 \frac{\partial^2 \varphi^n\left(\frac{z}{t}\right)}{1.2\,\partial z^2} + \ldots\right]; $$

or, $uu'\varphi^n\left(\dfrac{z}{t}\right)$ est la fonction génératrice de $y'_z\nabla^n y_x$;

$$\frac{z}{t}\left(\frac{1}{t'}-1\right)\frac{d\varphi^n\left(\frac{1}{t}\right)}{dz}$$

est la fonction génératrice de $z\Delta y'_x\dfrac{d\nabla^n y_{x+1}}{dz}$, et ainsi de suite; on aura donc, en repassant des fonctions génératrices aux coefficients,

$$\nabla^n(y_x y'_x)=y'_x\nabla^n y_x+z\Delta y'_x\frac{d\nabla^n y_{x+1}}{dz}+z^2\Delta^2 y'_x\frac{d^2\nabla^n y_{x+1}}{1.2\,dz^2}+\dots$$

On a également

$$uu'u''\dots\left(\frac{1}{tt't''\dots}-1\right)^n$$
$$=uu'u''\dots\left[\left(1+\frac{1}{t}-1\right)\left(1+\frac{1}{t'}-1\right)\left(1+\frac{1}{t''}-1\right)\dots-1\right]^n;$$

en repassant donc des fonctions génératrices aux coefficients, on aura

$$\Delta^n(y_x y'_x y''_x\dots)=[(1+\Delta)(1+\Delta')(1+\Delta'')\dots-1]^n,$$

pourvu que, dans chaque terme du développement du second membre de cette équation, on place immédiatement après la puissance de chaque caractéristique la variable correspondante, et qu'ensuite on multiplie ce terme par le produit des variables dont il ne renferme point la caractéristique : ainsi, dans le cas de trois variables, on écrira, au lieu de Δ^r, $y'_x y''_x\Delta^r y_x$; au lieu de $\Delta^r\Delta''^r$, on écrira $y''_x\Delta^r y_x\Delta''^r y'_x$; et au lieu de $\Delta^r\Delta''^r\Delta'''^r$, on écrira $\Delta^r y_x\Delta''^r y'_x\Delta'''^r y''_x$; et ainsi du reste.

Dans le cas des différences infiniment petites, les caractéristiques Δ, Δ', Δ'', ... se changent en d, d', d'', ...; et l'équation précédente donne, en négligeant les différences supérieures, relativement aux inférieures,

$$d^n y_x y'_x y''_x\dots=(d+d'+d''+\dots)^n;$$

ainsi, dans le cas de deux variables, on a

$$d^n y_x y'_x=d^n+n\,d^{n-1}d'+\frac{n(n-1)}{1.2}\,d^{n-2}d'^2+\dots,$$

et, par conséquent,

$$d^n y_x)'_x = y'_x \, d^n y_x + n \, dy'_x \, d^{n-1} y_x + \frac{n(n-1)}{1.2} \, d^2 y'_x \, d^{n-2} y_x + \ldots :$$

en faisant n négatif, d^n se change en $\int^n$, et l'on a

$$\int^n y_x y'_x \, dx^n = y'_x \int^n y_x \, dx^n + n \frac{dy'_x}{dx} \int^{n+1} y_x \, dx^{n+1}$$
$$+ \frac{n(n-1)}{1.2} \frac{d^2 y'_x}{dx^2} \int^{n+2} y_x \, dx^{n+2} + \ldots$$

On a encore

$$uu'u''\ldots\left(\frac{1}{i'i''i'''\ldots} - 1\right)^n = uu'u''\ldots\left[\left(1 + \frac{1}{i} - 1\right)^i\left(1 + \frac{1}{i'} - 1\right)^{i'}\ldots - 1\right]^n :$$

en désignant donc par $'\Delta^n(y_x y'_x y''_x \ldots)$ la différence finie du produit $y_x y'_x y''_x \ldots$ lorsque x varie de i, l'équation précédente donnera, en repassant des fonctions génératrices aux coefficients,

$$(a) \qquad '\Delta^n(y_x y'_x y''_x \ldots) = [(1 + \Delta)^i (1 + \Delta')^{i'} (1 + \Delta'')^{i''} \ldots - 1]^n,$$

en observant les conditions prescrites ci-dessus, relativement aux caractéristiques Δ, Δ', ... et à leurs puissances. Supposons $x = \frac{x'}{dx}$, $i = \frac{\alpha}{dx'}$; y_x, y'_x, ... deviendront des fonctions de x', que nous désignerons par $y_{x'}$, $y'_{x'}$, ...; x variant de l'unité dans y_x, x' ne variera que de dx' dans $\Delta y_{x'}$; ainsi la caractéristique Δ se changera dans la caractéristique différentielle d; mais dans $'\Delta y_{x'}$, x variant de i ou de $\frac{\alpha}{dx'}$, x' variera de la quantité finie α; maintenant on a

$$(1 + d)^i = (1 + d)^{\frac{\alpha}{dx'}};$$

le logarithme hyperbolique de ce second membre est $\frac{\alpha d}{dx'}$, ce qui donne, en repassant des logarithmes aux nombres,

$$(1 + d)^{\frac{\alpha}{dx'}} = e^{\frac{\alpha d}{dx'}},$$

e étant le nombre dont le logarithme hyperbolique est l'unité; l'équation (a) donnera donc

$$'\Delta^n(y_x y'_{x'} y''_{x''} \ldots) = (e^{2dy_x + 2dy'_{x'} + 2dy''_{x''} + \cdots} - 1)^n,$$

pourvu que, dans le développement du second membre de cette équation, on applique à la caractéristique d les exposants des puissances de dy_x, $dy'_{x'}$, ...

Si, dans l'équation (a), on suppose i infiniment petit et égal à dx, x croîtra de dx dans $'\Delta y_x$; alors $'\Delta$ se changera dans la caractéristique différentielle d; de plus, on a $(1 + \Delta)^{dx} = 1 + dx \log(1 + \Delta)$; l'équation (a) deviendra donc

$$\frac{d^n y_x . y'_x y''_x \cdots}{dx^n} = [\log(1 + \Delta)(1 + \Delta')(1 + \Delta'') \ldots]^n,$$

en observant toujours les conditions prescrites ci-dessus, relativement aux caractéristiques Δ, Δ', ... On peut supposer dans toutes ces équations n négatif, pourvu que les caractéristiques différentielles correspondant aux exposants négatifs soient changées en caractéristiques intégrales.

Sur les intégrales définies des équations à différences partielles.

J'ai donné, dans les *Mémoires* déjà cités de l'Académie des Sciences de l'année 1779 ('), une méthode pour intégrer dans un grand nombre de cas les équations linéaires aux différences partielles finies ou infiniment petites, au moyen d'intégrales définies, lorsque l'intégration n'est pas possible en termes finis. Plusieurs géomètres se sont occupés depuis du même objet, mais sans s'assujettir à la condition que l'expression en intégrales définies devienne l'intégrale en termes finis, lorsqu'elle est possible. Cette condition est ce qui rend utile ce genre d'intégrales, et il en résulte qu'elles ont souvent les mêmes avantages que les intégrales finies, comme je l'ai fait voir dans les *Mémoires*

(') *OEuvres de Laplace*, T. X, p. 54 et suiv.

cités, relativement à la propagation du son dans un plan, et comme M. Poisson l'a remarqué ensuite dans la solution du problème de la *Chaîne vibrante*.

Parmi les équations que j'ai considérées, est l'équation aux différences partielles du second ordre, à coefficients constants; mais elle offre un cas particulier qui ne se trouve point compris dans la solution générale, et qui, donnant lieu à plusieurs remarques intéressantes sur la nature des intégrales des équations aux différences partielles, m'a paru mériter l'attention des Géomètres.

Soit

$$o = \frac{\partial^2 z}{\partial x^2} + a \frac{\partial^2 z}{\partial x \partial y} + b \frac{\partial^2 z}{\partial y^2} + c \frac{\partial z}{\partial x} + h \frac{\partial z}{\partial y} + lz,$$

a, b, c, h et l étant des coefficients constants; si l'on fait

$$s = y + fx,$$
$$s' = y + f'x;$$

l'équation proposée devient

$$(b) \quad \begin{cases} o = (f^2 + af + b) \dfrac{\partial^2 z}{\partial s^2} \\[2mm] \quad + [2ff' + a(f + f') + 2b] \dfrac{\partial^2 z}{\partial s \partial s'} + (f'^2 + af' + b) \dfrac{\partial^2 z}{\partial s'^2} \\[2mm] \quad + (cf + h) \dfrac{\partial z}{\partial s} + (cf' + h) \dfrac{\partial z}{\partial s'} + lz; \end{cases}$$

on fera disparaître les différences partielles $\frac{\partial^2 z}{\partial s^2}$ et $\frac{\partial^2 z}{\partial s'^2}$, si l'on prend pour f et f' les deux racines de l'équation

$$o = u^2 + au + b;$$

alors on a $f + f' = -a$ et $ff' = b$; l'équation précédente devient ainsi

$$o = \frac{\partial^2 z}{\partial s \partial s'} + \frac{cf + h}{4b - a^2} \frac{\partial z}{\partial s} + \frac{cf' + h}{4b - a^2} \frac{\partial z}{\partial s'} + \frac{lz}{4b - a^2}.$$

Il résulte des *Mémoires* cités (¹) que, si l'on intègre l'équation dif-

----

(¹) *OEuvres de Laplace*, T. X, p. 61.

férentielle de second ordre,

$$0 = \frac{(4b - a^2)l - bc^2 + ahc - h^2}{(4b - a^2)^2} \mu + \frac{d\mu}{d\vartheta} + \vartheta \frac{d^2\mu}{d\vartheta^2};$$

de manière que l'on ait $\mu = 1$,

$$\frac{d\mu}{d\vartheta} = \frac{bc^2 - ahc + h^2 - (4b - a^2)l}{(4b - a^2)^2},$$

lorsque ϑ est nul, et si l'on désigne par $r = \mathrm{J}(\vartheta)$ cette intégrale, on a

$$z = e^{\frac{(ac - 2h)y + (ah - 2bc)x}{4b - a^2}} \left\{ \int dt\, \mathrm{J}[(y + f'x)(y + fx - t)] \varphi(t) \right.$$
$$\left. + \int dt\, \mathrm{J}[(y + fx)(y + f'x - t)] \psi(t) \right\},$$

e étant le nombre dont le logarithme hyperbolique est l'unité. $\varphi(t)$ et $\psi(t)$ sont deux fonctions arbitraires de t : la première intégrale doit être prise depuis $t = 0$ jusqu'à $t = y + fx$, et la seconde, depuis $t = 0$ jusqu'à $t = y + f'x$.

Si l'on a
$$(4b - a^2)l - bc^2 + ach + h^2 = 0;$$

alors $\mathrm{J}(\vartheta)$ se réduit à l'unité, et l'on a

$$z = e^{(ac - 2h)y + (ah - 2bc)x} [\varphi_{,}(y + fx) + \psi_{,}(y + f'x)],$$

en désignant par $\varphi_{,}(t)$ et $\psi_{,}(t)$ les intégrales $\int dt\, \varphi(t)$ et $\int dt\, \psi(t)$; on aura donc alors, sous forme finie d'intégrales indéfinies, l'expression de z; mais c'est le seul cas dans lequel cela est possible : dans tous les autres cas l'intégrale n'est possible, en termes finis, qu'au moyen d'intégrales définies.

L'analyse précédente suppose que les deux racines f et f' de l'équation $0 = u^2 + au + b$ sont inégales. Si elles sont égales, alors s est égal à s', et la transformation précédente des variables x et y, dans s et s', ne peut avoir lieu. Dans ce cas, supposons f nul dans l'équation (b), et f' la racine de l'équation $0 = u^2 + au + b$. La condition de l'égalité des racines de cette équation donne $a^2 = 4b$, $f' = -\frac{1}{2}a$;

l'équation (b) devient ainsi

$$o = b\frac{\partial^2 z}{\partial s^2} + (cf' + h)\frac{\partial z}{\partial s'} + h\frac{\partial z}{\partial s} + lz.$$

Si l'on fait ensuite

$$z = ue^{-\frac{hs'}{2b} - \frac{(4bl - h^2)x'}{4b^2(cf'+h)}}, \qquad s' = \left(\frac{cf' + h}{b}\right)x',$$

on aura cette équation très simple

$$\frac{\partial^2 u}{\partial s^2} = \frac{\partial u}{\partial x'}.$$

J'ai fait voir, dans les *Mémoires de l'Académie des Sciences* pour l'année 1773, page 360 ([1]), que son intégrale est impossible en termes finis, au moyen d'intégrales indéfinies, et que l'expression de u ne peut être donnée par une série ascendante d'intégrales indéfinies d'une fonction arbitraire. On a observé depuis qu'elle pouvait l'être par une série ascendante de différences de ce genre de fonctions; et ce qui est digne de remarque, M. Poisson a fait voir que l'expression de u ne dépend que d'une seule fonction arbitraire, quoique l'équation soit aux différences partielles du second ordre.

Dans les questions délicates de l'Analyse infinitésimale, il est très utile de considérer les choses relativement aux différences finies, et de voir les modifications qu'elles subissent dans le passage du fini à l'infiniment petit. C'est ainsi que j'ai fait voir, dans les *Mémoires* cités de l'Académie des Sciences pour l'année 1779 ([2]), la nécessité d'introduire les fonctions discontinues, dans les intégrales des équations à différences partielles, et les conditions auxquelles ces fonctions doivent être assujetties. Je vais employer le même moyen pour déterminer le nombre des fonctions arbitraires que doit renfermer l'intégrale de l'équation précédente.

Soit u une fonction des deux quantités t et t', et concevons qu'en la

<hr>

[1] *OEuvres de Laplace*, T. IX, p. 26.
[2] *OEuvres de Laplace*, T. X, p. 80 et suiv.

développant dans une série ordonnée par rapport aux puissances de t et de t', $y_{x,x'}$ soit le coefficient de $t^x t'^{x'}$ dans cette série; u sera la fonction génératrice de $y_{x,x'}$; $u\left[\left(\frac{1}{t}-1\right)^2 - \left(\frac{1}{t'}-1\right)\right]$ sera la fonction génératrice de $\Delta^2 y_{x,x'} - \Delta' y_{x,x'}$, la caractéristique Δ étant relative à la variable x, et la caractéristique Δ' à la variable x'. Soit

$$\left(\frac{1}{t}-1\right)^2 - \left(\frac{1}{t'}-1\right) = z;$$

on aura

$$\frac{1}{t'} = 1 + \left(\frac{1}{t}-1\right)^2 - z,$$

ce qui donne

$$\begin{aligned}
\frac{u}{t'^{x'}} &= u\left[1 + \left(\frac{1}{t}-1\right)^2 - z\right]^{x'} \\
&= u\left\{1 + x'\left(\frac{1}{t}-1\right)^2 + \frac{x'(x'-1)}{1.2}\left(\frac{1}{t}-1\right)^4 + \ldots \right. \\
&\quad \left. - x' z\left[1 + (x'-1)\left(\frac{1}{t}-1\right)^2 + \ldots\right] + \ldots\right\},
\end{aligned}$$

si l'on a

$$\Delta^2 y_{x,x'} = \Delta' y_{x,x'},$$

l'équation précédente donnera, en repassant des fonctions génératrices aux coefficients,

$$y_{x,x'} = y_{x,0} + x' \Delta^2 y_{x,0} + \frac{x'(x'-1)}{1.2}\Delta^4 y_{x,0} + \ldots;$$

ainsi l'expression de $y_{x,x'}$ ne dépend que de la seule fonction arbitraire $y_{x,0}$; en sorte que, si l'on a toutes les valeurs de $y_{x,0}$ pour toutes les valeurs positives et négatives de x, on aura celles de $y_{x,x'}$ relatives à toutes les valeurs de x et x'. Les intégrations des équations aux différences finies ne sont, à proprement parler, que des éliminations des variables données par une suite d'équations formées suivant une même loi. L'équation précédente aux différences partielles donne

$$y_{x,x'+1} = y_{x,x'} + \Delta^2 y_{x,x'},$$

en faisant $x' = 0$, on aura d'abord

$$y_{x,1} = y_{x,0} + \Delta^2 y_{x,0},$$

en faisant ensuite $x' = 1$, on aura

$$y'_{x,1} = y_{x,1} + \Delta' y_{x,1},$$

et substituant pour $y_{x,1}$ sa valeur en $y_{x,0}$ donnée par l'équation précédente, on aura

$$y'_{x,1} = y_{x,0} + 2\,\Delta' y_{x,0} + \Delta' y_{x,0},$$

et en continuant ainsi, on parviendra à l'expression générale précédente de $y_{x,x'}$ en $y_{x,0}$. On voit par là que le calcul intégral aux différences finies n'est au fond qu'un calcul d'élimination, ce que l'on peut étendre au calcul intégral des différences infiniment petites, en observant dans les éliminations successives, de rejeter les infiniment petits d'un ordre supérieur à celui que l'on conserve.

L'équation aux différences finies,

$$\Delta' y_{x,x'} = \Delta' y_{x,x'},$$

se change dans une équation aux différences infiniment petites, en y substituant $\dfrac{\partial}{\partial x}$ et $\dfrac{\partial}{\partial x'}$, au lieu des caractéristiques Δ et Δ' (*Mémoires de l'Académie des Sciences*, 1779) (¹), et en y changeant $y'_{x,x'}$ en y, on a

$$\frac{\partial^2 y}{\partial x^2} = \frac{\partial y}{\partial x'}.$$

Pour avoir ce que devient alors l'expression précédente de $y_{x,x'}$, il faut, comme on l'a vu dans les *Mémoires* cités, faire x', $x' - 1$, ... égaux entre eux et à l'infini ; ce qui donne, en désignant $y_{x,0}$ par $\varphi(x)$,

$$y = \varphi(x) + x' \frac{d'\varphi(x)}{dx} + \frac{x'^2}{1.2} \frac{d'\varphi(x)}{dx} + \dots$$

Il est d'ailleurs facile de s'assurer par la différentiation, que cette valeur satisfait à l'équation proposée aux différences partielles ; mais l'analyse précédente montre avec évidence que l'intégrale complète de cette équation ne dépend que d'une seule fonction arbitraire.

(¹) *OEuvres de Laplace*, T. X, p. 35.

Pour avoir, sous forme finie, cette expression, au moyen d'intégrales définies, nous observerons que $\int dz\, e^{-z^2} = \sqrt{\pi}$, l'intégrale étant prise depuis $z = -\infty$ jusqu'à $z = \infty$; π étant le rapport de la demi-circonférence au rayon. Nous observerons ensuite que dans ces limites on a

$$\int z^{2r-1}\, dz\, e^{-z^2} = 0,$$

$$\int z^{2r}\quad dz\, e^{-z^2} = \frac{1.3.5\ldots\ldots(2r-1)}{2^r}\sqrt{\pi};$$

l'expression précédente de y peut donc être mise sous cette forme finie,

$$y = \frac{1}{\sqrt{\pi}} \int dz\, e^{-z^2}\, \varphi(x + 2z\sqrt{x'}),$$

car il est visible qu'en développant en série, par rapport aux puissances de z, la fonction $\varphi(x + 2z\sqrt{x'})$, et en intégrant, on aura l'expression précédente de y; cette intégrale satisfait ainsi à la condition de représenter exactement la série des différences, comme celles que j'ai données dans les *Mémoires* cités représentent les séries des intégrales indéfinies. Il est facile d'ailleurs de s'assurer par la différentiation, que l'équation

$$y = \int dz\, e^{-z^2}\, \varphi(x + 2z\sqrt{x'})$$

satisfait à l'équation aux différences partielles

$$\frac{\partial^2 y}{\partial x^2} = \frac{\partial y}{\partial x'},$$

car on a

$$\frac{\partial^2 y}{\partial x^2} = \int dz\, e^{-z^2}\, \varphi''(x + 2z\sqrt{x'}),$$

$\varphi'(x)$ étant égal à $\frac{d\varphi(x)}{dx}$ et $\varphi''(x)$ à $\frac{d\varphi'(x)}{dx}$, on a ensuite

$$\frac{\partial y}{\partial x'} = \int \frac{z\, dz}{\sqrt{x'}}\, e^{-z^2}\, \varphi'(x + 2z\sqrt{x'});$$

or, en intégrant par partie, on a

$$\frac{\partial y}{\partial x'} = -\frac{1}{2\sqrt{x'}}\, e^{-z^2}\, \varphi'(x + 2z\sqrt{x'}) + \int dz\, e^{-z^2}\, \varphi''(x + 2z\sqrt{x'}),$$

l'intégrale étant prise depuis $z=-\infty$ jusqu'à $z=\infty$, $e^{-z^2}\varphi'(x+2z\sqrt{x'})$
est nul à ces limites; car nous supposons la fonction $\varphi'(x+2z\sqrt{x'})$
telle que son produit par e^{-z^2} reste nul lorsque z est infini; on a donc
alors

$$\frac{\partial y}{\partial x'}=\int dz\,e^{-z^2}\varphi'(x+2z\sqrt{x'})=\frac{\partial^2 y}{\partial x^2}.$$

L'expression précédente de y, au moyen d'une intégrale définie, est
complète, quoiqu'elle ne renferme qu'une seule fonction arbitraire;
cependant, en développant y par rapport aux puissances de x, on
trouve que l'on satisfait à l'équation proposée aux différences partielles, en faisant

$$y=\quad\varphi(x')+\frac{x^2}{1.2}\frac{d\varphi(x')}{dx'}+\frac{x^4}{1.2.3.4}\frac{d^2\varphi(x')}{dx'^2}+\ldots$$
$$+x\psi(x')+\frac{x^3}{1.2.3}\frac{d\psi(x')}{dx'^2}+\frac{x^5}{1.2.3.4.5}\frac{d^2\psi(x')}{dx'^3}+\ldots;$$

$\varphi(x')$ et $\psi(x')$ étant deux fonctions arbitraires de x'. Cette expression
parait donc, au premier coup d'œil, plus générale que la précédente,
qui ne renferme qu'une seule fonction arbitraire; mais nous allons
faire voir qu'elle en dérive.

Supposons que $\Gamma(x+2z\sqrt{x'})$ soit une fonction arbitraire qui ne
renferme que des puissances paires de $x+2z\sqrt{x'}$, on satisfera par
ce qui précède, à l'équation proposée aux différences partielles, en
faisant

$$y=\int dz\,e^{-z^2}\Gamma(x+2z\sqrt{x'}).$$

En développant cette expression de y par rapport aux puissances
de x, on aura

$$y=\int dz\,e^{-z^2}\left[\Gamma(2z\sqrt{x'})+x\,\Gamma'(2z\sqrt{x'})+\frac{x^2}{1.2}\Gamma''(2z\sqrt{x'})+\ldots\right],$$

$\Gamma(2z\sqrt{x'})$ ne renfermant que des puissances paires de $2z\sqrt{x'}$, $\Gamma'(2z\sqrt{x'})$
ne renfermera que des puissances impaires de la même quantité; en
sorte que l'on aura

$$\Gamma'(-2z\sqrt{x'})=-\Gamma'(2z\sqrt{x'}),$$

et, par conséquent, $\int dz\, e^{-z^2}\, \Gamma^{\nu}(2z\sqrt{x'})$ est nul dans les limites $z = -\infty$ et $z = \infty$. De plus, on a

$$\int dz\, e^{-z^2}\, \Gamma^{(2r)}(2z\sqrt{x'}) = \frac{e^{-z^2}}{2\sqrt{x'}}\, \Gamma^{(2r-1)}(2z\sqrt{x'}) + \int \frac{e^{-z^2} z\, dz}{\sqrt{x'}}\, \Gamma^{(2r-1)}(2z\sqrt{x'}).$$

Le premier de ces deux termes est nul dans les limites $z = -\infty$ et $z = \infty$, parce que nous supposons généralement $\Gamma^{(2r-1)}(2z\sqrt{x})$ tel que son produit par e^{-z^2} disparaisse lorsque z est infini. Le terme $\int \frac{e^{-z^2} z\, dx}{\sqrt{x'}}\, \Gamma^{(2r-1)}(2z\sqrt{x'})$ est égal à

$$\frac{d}{dx'}\int e^{-z^2}\, dz\, \Gamma^{(2r-1)}(2z\sqrt{x'}),$$

on aura ainsi généralement

$$\int dz\, e^{-z^2}\, \Gamma^{(2r)}(2z\sqrt{x'}) = \frac{d^r}{dx'^r}\int e^{-z^2}\, dz\, \Gamma(2z\sqrt{x'});$$

en désignant donc par $\varphi(x')$ l'intégrale $\int dz\, e^{-z^2}\,\Gamma(2z\sqrt{x'})$, on aura

$$y = \varphi(x') + \frac{x^2}{1.2}\frac{d\varphi(x')}{dx'} + \frac{x^4}{1.2.3.4}\frac{d^2\varphi(x')}{dx'^2} + \ldots = \int dz\, e^{-z^2}\,\Gamma(x + 2z\sqrt{x'}).$$

Si l'on désigne maintenant par $\Pi(x + 2z\sqrt{x'})$ une fonction qui ne renferme que des puissances impaires de $x + 2z\sqrt{x'}$, on aura

$$y = \int dz\, e^{-z^2}\left[x\,\Pi'(2z\sqrt{x'}) + \frac{x^3}{1.2.3}\,\Pi''(2z\sqrt{x'}) + \ldots \right],$$

fonction que l'on réduira, comme ci-dessus, à la suivante, en faisant $\int dz\, e^{-z^2}\,\Pi'(2z\sqrt{x'}) = \psi(x')$,

$$y = x\,\psi(x') + \frac{x^3}{1.2.3}\frac{d\psi(x')}{dx'} + \ldots = \int dz\, e^{-z^2}\,\Pi(x + 2z\sqrt{x'}).$$

En réunissant ces deux expressions de y, comme on le peut, l'équation proposée aux différences partielles étant linéaire, on aura

$$y = \varphi(x') + \frac{x^2}{1.2}\frac{d\varphi(x')}{dx'} + \frac{x^4}{1.2.3.4}\frac{d^2\varphi(x')}{dx'^2} + \ldots$$

$$+ x\psi(x') + \frac{x^3}{1.2.3}\frac{d\psi(x')}{dx'} + \ldots$$

$$= \int dz\, e^{-z^2}\left[\Gamma(x + 2z\sqrt{x'}) + \Pi(x + 2z\sqrt{x'})\right] = \int dz\, e^{-z^2}\varphi(x + 2z\sqrt{x'}),$$

en faisant

$$\varphi(x + 2z\sqrt{x'}) = \Gamma(x + 2z\sqrt{x'}) + \Pi(x + 2z\sqrt{x'}).$$

On voit donc avec évidence comment l'expression de y, qui semble renfermer deux fonctions arbitraires $\varphi(x')$ et $\psi(x')$, ne dépend cependant que d'une seule fonction arbitraire.

Sur le passage réciproque des résultats réels aux résultats imaginaires.

Lorsque les résultats sont exprimés en quantités indéterminées, la généralité de la notation embrasse tous les cas, soit réels, soit imaginaires. L'analyse a tiré un grand parti de cette extension, surtout dans le calcul des sinus et des cosinus, qui peuvent, comme l'on sait, être représentés par des exponentielles imaginaires. J'ai fait voir, dans ma *Théorie des approximations des formules qui sont fonctions de très grands nombres*, insérée dans les *Mémoires de l'Académie des Sciences* pour l'année 1782 (¹), que ce passage du réel à l'imaginaire pouvait encore avoir lieu, même lorsque les résultats sont exprimés en quantités déterminées; et j'en ai conclu les valeurs de quelques intégrales définies, qu'il serait difficile d'obtenir par d'autres moyens. Je vais donner ici quelques nouvelles applications de cet artifice remarquable.

Je considère généralement l'intégrale $\displaystyle\int \frac{dx\, e^{x\sqrt{-1}}}{x^\alpha}$, α étant positif

(¹) *OEuvres de Laplace*, T. X, p. 209.

et moindre que l'unité. Soit $x = t^{\frac{1}{1-\alpha}} \sqrt{-1}$; cette intégrale deviendra

$$\frac{1}{1-\alpha} (-1)^{\frac{1-\alpha}{2}} \int dt\, e^{-t^{\frac{1}{1-\alpha}}}.$$

En prenant la première intégrale depuis $x = 0$ jusqu'à x infini ; la seconde intégrale devra être prise depuis $t = 0$ jusqu'à t infini.

Nommons k l'intégrale $\int dt\, e^{-t^{\frac{1}{1-\alpha}}}$, prise dans cet intervalle ; on aura

$$\int \frac{d.x\, e^{x\sqrt{-1}}}{x^2} = \frac{1}{1-\alpha} (-1)^{\frac{1-\alpha}{2}} k\,;$$

$(-1)^{\frac{1-\alpha}{2}}$ peut être représenté par $\cos\varphi + \sqrt{-1}\sin\varphi$, et alors on a

$$-1 = (\cos\varphi + \sqrt{-1}\sin\varphi)^{\frac{1}{1-\alpha}} = \cos\frac{2}{1-\alpha}\varphi + \sqrt{-1}\sin\frac{2}{1-\alpha}\varphi\,;$$

cette équation donne $\dfrac{2}{1-\alpha}\varphi = (2r+1)\pi$, r étant un nombre entier positif ou négatif, et π étant la demi-circonférence ; on a donc

$$\varphi = (2r+1)(1-\alpha)\frac{\pi}{2},$$

et, par conséquent,

$$(-1)^{\frac{1-\alpha}{2}} = \cos(2r+1)(1-\alpha)\frac{\pi}{2} + \sqrt{-1}\sin(2r+1)(1-\alpha)\frac{\pi}{2}\,;$$

on a donc

$$\int \frac{d.x\, e^{x\sqrt{-1}}}{x^2} = \int \frac{d.x\,\cos x}{x^2} + \sqrt{-1}\int \frac{d.x\,\sin x}{x^2}$$

$$= \left[\cos(2r+1)(1-\alpha)\frac{\pi}{2} + \sqrt{-1}\sin(2r+1)(1-\alpha)\frac{\pi}{2}\right]\frac{k}{1-\alpha}\,;$$

en comparant les quantités réelles aux réelles et les imaginaires aux imaginaires, on aura

$$(1)\qquad \int \frac{d.x\,\cos x}{x^2} = \frac{k}{1-\alpha}\cos(2r+1)(1-\alpha)\frac{\pi}{2},$$

$$(2)\qquad \int \frac{d.x\,\sin x}{x^2} = \frac{k}{1-\alpha}\sin(2r+1)(1-\alpha)\frac{\pi}{2},$$

les intégrales étant prises depuis x nul jusqu'à x infini. Dans cet intervalle, $\int \frac{dx \sin x}{x^2}$ est une quantité positive et finie, lorsque α est moindre que 2. En effet, dans la première demi-circonférence, tous les éléments de l'intégrale étant positifs, l'intégrale entière est positive. Dans la seconde demi-circonférence, tous les éléments sont négatifs; mais l'élément qui correspond à $\sin x$, dans la première, est $\frac{dx \sin x}{x^2}$, et l'élément qui correspond au même sinus, dans la seconde, est $-\frac{dx \sin x}{(\pi + x)^2}$; la somme de ces deux éléments est évidemment positive; ainsi la somme de leurs intégrales, prises depuis $x = 0$ jusqu'à $x = \pi$, est positive : or, cette somme est l'intégrale $\int \frac{dx \sin x}{x^2}$ prise depuis $x = 0$ jusqu'à $x = 2\pi$; cette intégrale, prise dans l'étendue de la circonférence, est donc positive. On prouvera de la même manière qu'elle est positive dans l'étendue de la deuxième, de la troisième, etc. circonférence; et c'est la somme de toutes ces quantités positives qui forme l'intégrale entière $\int \frac{dx \sin x}{x^2}$, prise depuis x nul jusqu'à x infini.

Cette intégrale, prise à l'infini, est plus petite que sa valeur prise dans l'étendue de la première demi-circonférence. En effet, si l'on suppose $x = \pi + x'$, elle devient $-\int \frac{dx' \sin x'}{(\pi + x')^2}$, et l'on prouvera, comme ci-dessus, que cette dernière intégrale prise depuis x' nul jusqu'à x' infini est une quantité négative et, comme elle doit être ajoutée à l'intégrale $\int \frac{dx \sin x}{x^2}$ prise dans l'étendue de la première demi-circonférence, il en résulte que cette dernière intégrale surpasse l'intégrale entière prise jusqu'à x infini.

L'intégrale $\int \frac{dx \cos x}{x^2}$ est égale à $\frac{\sin x}{x^2} + \alpha \int \frac{dx \sin x}{x^{2+1}}$, et cette dernière quantité se réduit à son second terme, lorsque les intégrales sont prises depuis $x = 0$ jusqu'à x infini : or, on vient de voir que la seconde intégrale est toujours positive et finie, lorsque α est moindre que l'unité. L'intégrale $\int \dfrac{dx \cos x}{x^2}$ est donc aussi positive et finie. Tous les éléments de cette intégrale sont positifs depuis $x = 0$ jusqu'à $x = \dfrac{\pi}{2}$. En faisant ensuite $x = \dfrac{\pi}{2} + x'$, l'intégrale se réduit à $-\int \dfrac{dx' \sin x'}{\left(\dfrac{\pi}{2} + x'\right)^2}$, et l'on voit par ce qui précède, que cette dernière intégrale, prise depuis x' nul jusqu'à x' infini, est une quantité négative; l'intégrale particulière $\int \dfrac{dx \cos x}{x^2}$, prise depuis x nul jusqu'à $x = \dfrac{\pi}{2}$, surpasse donc l'intégrale entière prise jusqu'à l'infini.

Reprenons maintenant les équations (1) et (2) et supposons d'abord $1 - \alpha$ infiniment petit, l'équation (2) donnera

$$\int \frac{dx \sin x}{x^2} = (2r + 1) \frac{\pi}{2} k,$$

k est égal à l'intégrale $\int dt\, e^{-t^{\frac{1}{1-\alpha}}}$, et cette intégrale devient ici $\int dt\, e^{-t^\infty}$. Tant que t est moindre que l'unité, e^{-t^∞} est égal à l'unité; et il devient nul, lorsque t surpasse l'unité; k est donc égal à l'unité. Maintenant, l'intégrale $\int \dfrac{dx \sin x}{x}$ est moindre que cette même intégrale, prise depuis $x = 0$ jusqu'à $x = \pi$; et cette dernière intégrale est plus petite que l'intégrale $\int \dfrac{x\, dx}{x}$, prise dans le même intervalle, et, par conséquent, plus petite que π; il faut donc ici faire $r = 0$ et $k = 1$, ce qui donne

$$\int \frac{dx \sin x}{x} = \frac{\pi}{2},$$

l'équation (1) donne alors $\int \dfrac{dx \cos x}{x}$ infini, comme cela doit être.

Si l'on suppose $\alpha = \dfrac{1}{2}$, on aura $k = \int dt\, e^{-t^2}$, et cette dernière quantité est $\dfrac{1}{2} \sqrt{\pi}$, comme je l'ai fait voir dans les *Mémoires de l'Académie des Sciences* pour l'année 1782 [(1)]; les équations (1) et (2) deviennent

(1) *OEuvres de Laplace*, T. X, p. 223.

donc

$$\int \frac{dx \cos x}{\sqrt{x}} = \sqrt{\pi} \cos \frac{2r+1}{4}\pi,$$

$$\int \frac{dx \sin x}{\sqrt{x}} = \sqrt{\pi} \sin \frac{2r+1}{4}\pi,$$

le sinus et le cosinus de $\frac{(2r+1)\pi}{4}$ doivent donc être positifs, ce qui suppose r nul ou un multiple de 4; alors, on a

$$\sin \frac{(2r+1)\pi}{4} = \cos \frac{(2r+1)\pi}{4} = \frac{1}{\sqrt{2}},$$

partant

$$\int \frac{dx \sin x}{\sqrt{x}} = \int \frac{dx \cos x}{\sqrt{x}} = \sqrt{\frac{\pi}{2}}.$$

Mascheroni, dans un Ouvrage intitulé *Annotationes in Calculum intégralem Euleri*, a trouvé $\int \frac{dx \cos x}{\sqrt{x}} = \sqrt{2\pi}$; mais cette valeur est évidemment trop grande, car on a vu que $\int \frac{dx \cos x}{\sqrt{x}}$ est moindre que l'intégrale partielle, prise depuis $x = 0$ jusqu'à $x = \frac{\pi}{2}$, et cette intégrale partielle est plus petite elle-même que l'intégrale $\int \frac{dx}{\sqrt{x}}$, prise dans le même intervalle : or, cette dernière intégrale est $\sqrt{2\pi}$; donc $\int \frac{dx \cos x}{\sqrt{x}}$ est moindre que $\sqrt{2\pi}$.

Si $\alpha = \frac{3}{4}$, on aura

$$k = \int dt e^{-t}.$$

En nommant π' l'intégrale $\int \frac{du}{(1-u^4)^{\frac{1}{4}}}$, prise depuis $u = 0$ jusqu'à $u = 1$, on a

$$\pi' = 1,311\,028\,777\,146\,059\,87$$

et

$$k = \frac{1}{2}\sqrt{\pi'\sqrt{2\pi}} = 0,906\,402.$$

(*Mémoires de l'Académie des Sciences*, 1782, p. 21) ('); on a ensuite

$$\int \frac{dx \cos x}{x^{\frac{1}{4}}} = 4k \cos \frac{(2r+1)}{4} \frac{\pi}{2},$$

$$\int \frac{dx \sin x}{x^{\frac{1}{4}}} = 4k \sin \frac{(2r+1)}{4} \frac{\pi}{2}.$$

Ici, on peut supposer encore r nul; car l'intégrale $\int \frac{dx \sin x}{x^{\frac{3}{4}}}$ doit

être comprise entre les intégrales $\int \frac{dx \sin x}{x^{\frac{1}{2}}}$ et $\int \frac{dx \sin x}{x}$, et c'est ce

qui a lieu en supposant r nul; car alors ces trois intégrales sont $1,2533$;

$1,3875$; $1,5708$: la valeur de l'intégrale $\int \frac{dx \cos x}{x^{\frac{1}{2}}}$ est $3,34963$.

Si α est infiniment petit, alors $k = \int dt\, e^{-t^{\frac{1}{1-\alpha}}} = \int dt\, e^{-t} = 1$, ensuite
on a

$$\int \frac{dx \sin x}{x^2} = \sin(2r+1)\frac{\pi}{2} \quad = 1,$$

$$\int \frac{dx \cos x}{x^2} = \sin(2r+1)\alpha\frac{\pi}{2} = (2r+1)\frac{\alpha\pi}{2};$$

or on a, pour ce qui précède,

$$\int \frac{dx \cos x}{x^2} = \alpha \int \frac{dx \sin x}{x^{2+1}},$$

et, dans le cas de α infiniment petit,

$$\int \frac{dx \sin x}{x^{2+1}} = \int \frac{dx \sin x}{x} = \frac{\pi}{2},$$

donc

$$\int \frac{dx \cos x}{x^2} = \frac{\alpha\pi}{2}.$$

En comparant cette valeur à la précédente, on voit que r doit être
supposé nul.

Considérons encore le cas de $\alpha = \frac{1}{4}$. Dans ce cas, on a

$$k = \int dt\, e^{-t^{\frac{4}{3}}};$$

(') *OEuvres de Laplace*, T. X, p. 226.

en faisant $t = t''$, on aura

$$k = 3 \int dt' t'' e^{-t'};$$

or on a (page citée des *Mémoires de l'Académie des Sciences*)

$$16 \int dt\, e^{-t} \int dt'\, t'^2 e^{-t'} = \pi \sqrt{2},$$

on aura donc

$$k = \frac{3\pi\sqrt{2}}{16 \int dt\, e^{-t}} = 0,919\,062.$$

On peut encore ici supposer $r = 0$, parce que $\int \frac{dx \sin x}{x^{\frac{1}{3}}}$ doit être compris entre $\int \frac{dx \sin x}{x^2}$, α étant infiniment petit, et $\int \frac{dx \sin x}{x^{\frac{1}{3}}}$; on a ainsi

$$\int \frac{dx \sin x}{x^{\frac{1}{3}}} = 1,1321, \qquad \int \frac{dx \cos x}{x^{\frac{1}{3}}} = 0,4689.$$

Si l'on rassemble ces divers résultats, on en formera le Tableau suivant :

α.	$\int \frac{dx \sin x}{x^2}$.	$\int \frac{dx \cos x}{x^2}$.
0	1,0000	0,0000
$\frac{1}{4}$	1,1321	0,4689
$\frac{2}{4}$	1,2533	1,2533
$\frac{3}{4}$	1,3875	3,34963
$\frac{4}{4}$	1,5708	∞
$\frac{5}{4}$	1,8756	∞
$\frac{6}{4}$	2,2507	∞
$\frac{7}{4}$	4,4662	∞
$\frac{8}{4}$	∞	∞

De là nous pouvons généralement conclure que, dans les équations (1) et (2), r peut être supposé nul, et alors elles deviennent

$$(3) \qquad \int \frac{dx \cos x}{x^2} = \frac{k}{1-\alpha} \sin \frac{\alpha\pi}{2},$$

$$(4) \qquad \int \frac{dx \sin x}{x^2} = \frac{k}{1-\alpha} \cos \frac{\alpha\pi}{2},$$

on doit y joindre l'équation

$$(5) \qquad \int \frac{dx \sin x}{x^{\alpha+1}} = \frac{k}{\alpha(1-\alpha)} \sin \frac{\alpha\pi}{2}.$$

Pour donner une application de cette analyse, considérons une lame élastique repliée naturellement sur elle-même en forme de spirale. Concevons que son extrémité intérieure soit fixe, et que la lame puisse être développée dans une ligne horizontale, par un poids p suspendu à son autre extrémité. Dans cet état, l'action du poids sur un élément de la lame, placé à la distance s de l'extrémité, sera ps; et le ressort de l'élément doit lui faire équilibre. Ce ressort est réciproque au rayon osculateur de la lame dans son état naturel. En nommant donc r ce rayon relatif à la partie s de la lame, prise de son extrémité extérieure, on aura

$$ps = \frac{g}{r},$$

g étant une constante dépendant de l'élasticité propre de la lame. Nous ferons $\frac{g}{p} = a^2$, a étant une droite, pour conserver l'homogénéité des dimensions; on aura ainsi, dans l'état naturel de la lame,

$$s = \frac{a^2}{r}.$$

Maintenant concevons dans cet état, et par l'extrémité extérieure de la lame, deux coordonnées orthogonales x et y dont la première soit, à cette origine, tangente à la lame; on aura

$$\frac{ds}{r} = \frac{d\frac{dy}{ds}}{\sqrt{1 - \frac{dy^2}{ds^2}}},$$

ce qui donne

$$\frac{dy}{ds} = \sin\left(\int \frac{ds}{r}\right),$$

et, par conséquent,

$$\frac{dx}{ds} = \cos\left(\int \frac{ds}{r}\right);$$

substituant pour $\frac{1}{r}$ sa valeur $\frac{s}{a^2}$, on aura

$$x = \int ds \cos \frac{s^2}{2a^2}, \qquad y = \int ds \sin \frac{s^2}{2a^2}.$$

Euler parvient aux mêmes équations, dans son bel Ouvrage *Sur les isopérimètres*, page 276; mais il ajoute : « *Curva ergo erit ex spiralium genere, ita ut infinitis peractis spiris, in certo quodam puncto tanquam centro convolvatur, quod punctum ex hâc constructione invenire difficillimum videtur.* » La détermination de ce point se déduit facilement de l'analyse précédente; car, en faisant $\frac{s^2}{2a^2} = \varphi$, on aura

$$ds = a \frac{d\varphi}{\sqrt{2\varphi}} \qquad \text{et} \qquad x = a \int \frac{d\varphi}{\sqrt{2\varphi}} \cos\varphi, \qquad y = a \int \frac{d\varphi \sin\varphi}{\sqrt{2\varphi}},$$

les intégrales étant prises depuis φ nul jusqu'à φ infini; alors on a, par ce qui précède,

$$x = y = \frac{1}{2} a \sqrt{\pi}.$$

On peut généraliser l'analyse précédente, en l'appliquant à l'intégrale

$$\int \frac{dx}{x^2} e^{-fx + gx\sqrt{-1}}.$$

Si l'on fait

$$fx - gx\sqrt{-1} = t^{\frac{1}{1-\alpha}},$$

l'intégrale devient

$$\int \frac{dt\, e^{-t^{\frac{1}{1-\alpha}}}}{(1-\alpha)(f - g\sqrt{-1})^{1-\alpha}};$$

en nommant donc, comme ci-dessus, k l'intégrale $\int dt\, e^{-t^{\frac{1}{1-\alpha}}}$ prise depuis t nul jusqu'à t infini, et substituant, au lieu de $e^{gx\sqrt{-1}}$,

$\cos gx + \sqrt{-1}\,\sin gx$, on aura

$$(6) \qquad \int \frac{dx\,e^{-fx}}{x^{\alpha}}\left(\cos gx + \sqrt{-1}\,\sin gx\right) = \frac{k}{(1-\alpha)(f - g\sqrt{-1})^{1-\alpha}},$$

l'intégrale étant prise depuis x nul jusqu'à x infini.

Représentons la fraction $\dfrac{1}{(f - g\sqrt{-1})^{1-\alpha}}$, par $h(\cos\varphi + \sqrt{-1}\,\sin\varphi)$;
nous aurons

$$f - g\sqrt{-1} = h^{\frac{1}{\alpha-1}}\left(\cos\frac{\varphi}{1-\alpha} - \sqrt{-1}\,\sin\frac{\varphi}{1-\alpha}\right),$$

ce qui donne

$$h^{\frac{1}{\alpha-1}}\cos\frac{\varphi}{1-\alpha} = f,$$

$$h^{\frac{1}{\alpha-1}}\sin\frac{\varphi}{1-\alpha} = g,$$

d'où l'on tire

$$\operatorname{tang}\frac{\varphi}{1-\alpha} = \frac{g}{f},$$

$$h = (f^2 + g^2)^{\frac{\alpha-1}{2}}.$$

La première équation donne

$$\varphi = (A + r\pi)(1 - \alpha),$$

A étant le plus petit angle positif dont $\dfrac{g}{f}$ soit la tangente, et r étant un nombre entier, que l'on doit supposer nul, d'après ce qui précède. Cela posé, l'équation (6) donnera les deux suivantes

$$(7) \qquad \int \frac{dx\,e^{-fx}\cos gx}{x^{\alpha}} = \frac{k\cos A}{(1-\alpha)(f^2 + g^2)^{\frac{1-\alpha}{2}}},$$

$$(8) \qquad \int \frac{dx\,e^{-fx}\sin gx}{x^{\alpha}} = \frac{k\sin A}{(1-\alpha)(f^2 + g^2)^{\frac{1-\alpha}{2}}}.$$

On a, en prenant les intégrales depuis x nul jusqu'à x infini,

$$\int \frac{dx\,e^{-fx}\cos gx}{x^{\alpha}} = \int \frac{f}{g}\,\frac{dx\,e^{-fx}\sin gx}{x^{\alpha}} + \int \frac{\alpha}{g}\,\frac{dx\,e^{-fx}\sin gx}{x^{\alpha+1}};$$

on aura donc

$$(9) \qquad \int \frac{dx\, e^{-fx} \sin gx}{x^{\alpha+1}} = \frac{k}{\alpha(1-\alpha)(f^2+g^2)^{\frac{1-\alpha}{2}}} (g\cos A - f\sin A);$$

en supposant f nul et $g = 1$, on a

$$\operatorname{tang} \frac{\varphi}{1-\alpha} = \frac{1}{0} = \infty,$$

ce qui donne

$$\frac{\varphi}{1-\alpha} = \frac{\pi}{2},$$

et, par conséquent,

$$A = \frac{\pi}{2}(1-\alpha);$$

alors il est visible que les équations (7), (8), (9) coïncident avec les équations (3), (4), (5).

Sur l'intégration des équations aux différences finies, non linéaires.

Jusqu'à présent, les géomètres se sont principalement occupés des équations aux différences finies, linéaires; ce sont, en effet, celles qui se présentent le plus fréquemment dans ce genre d'analyse : mais la considération des équations non linéaires pouvant être utile, je vais exposer ici une méthode pour les intégrer dans plusieurs cas.

J'ai déjà observé que l'intégration des équations aux différences finies n'est, au fond, qu'une élimination entre un nombre quelconque d'équations semblables. En désignant donc par $x^{(n)}$ et $x^{(n+1)}$ les deux variables d'une équation donnée entre elles, cette équation se changera dans une équation aux différences finies. Pour l'intégrer, différentions cette équation par rapport aux différences infiniment petites $dx^{(n)}$ et $dx^{(n+1)}$; on pourra, au moyen de l'équation proposée et de sa différentielle, parvenir à une équation de cette forme,

$$dx^{(n)}\,\varphi(x^{(n)}) = dx^{(n+1)}\,\psi(x^{(n+1)}),$$

et, par conséquent, à l'équation

$$\int dx^{(n+1)}\,\psi(x^{(n+1)}) - \int dx^{(n)}\,\varphi(x^{(n)}) = a.$$

Cette équation n'est qu'une transformée de la proposée, mais dans laquelle les deux variables sont séparées.

Si, dans la proposée, les deux variables $x^{(n)}$ et $x^{(n+1)}$ entrent de manière que l'on ait $\psi(x^{(n+1)}) = \varphi(x^{(n+1)})$, la transformée deviendra

$$\int dx^{(n+1)}\,\varphi(x^{(n+1)}) - \int dx^{(n)}\,\varphi(x^{(n)}) = a,$$

et, en intégrant

$$\int dx^{(n)}\,\varphi(x^{(n)}) = an + b,$$

b étant la constante arbitraire introduite par l'intégration; on aura ainsi $x^{(n)}$ en fonction de $an + b$. Appliquons cette méthode à quelques exemples.

Considérons d'abord l'équation

$$0 = 1 - \beta(x - y) + xy,$$

ce qui donne

$$\beta = \frac{1 + xy}{x - y};$$

en différentiant, on aura

$$\frac{dx}{1 + x^2} - \frac{dy}{1 + y^2} = 0,$$

et, par conséquent,

$$\int \frac{dx}{1 + x^2} - \int \frac{dy}{1 + y^2} = a,$$

a étant une constante qui doit être une fonction de β; car cette dernière équation n'est qu'une transformée de la proposée. Maintenant, si l'on fait $x = x^{(n+1)}$, $y = x^{(n)}$, cette proposée se change dans l'équation aux différences finies,

$$0 = 1 - \beta(x^{(n+1)} - x^{(n)}) + x^{(n+1)}x^{(n)},$$

ou

$$0 = 1 + (x^{(n)} - \beta)\Delta x^{(n)} + x^{(n)^2}.$$

Sa transformée devient

$$a = \int \frac{dx^{(n+1)}}{1 + x^{(n+1)^2}} - \int \frac{dx^{(n)}}{1 + x^{(n)^2}},$$

ou

$$\Delta \int \frac{dx^{(n)}}{1 + x^{(n)2}} = a;$$

en l'intégrant, on aura

$$\int \frac{dx^{(n)}}{1 + x^{(n)2}} = an + b,$$

b étant la constante arbitraire introduite par l'intégration aux différences finies. L'intégrale $\int \frac{dx^{(n)}}{1 + x^{(n)2}}$ est, comme on sait, arc tang $x^{(n)}$; ainsi l'on a

$$x^{(n)} = \text{tang}(an + b).$$

Pour déterminer a, supposons n et b tels que $an + b$ soit nul; on aura $x^{(n)}$ nul, et $x^{(n+1)} = \text{tang}\, a$: or, l'équation précédente aux différences finies donne, lorsque $x^{(n)}$ est nul,

$$x^{(n+1)} = \frac{1}{\beta} = \text{tang}\, a;$$

a est donc l'angle dont la tangente est $\frac{1}{\beta}$. L'arbitraire b est l'angle dont la tangente est $x^{(o)}$.

Considérons maintenant l'équation

$$0 = 1 - \beta(x^2 + y^2) + 2\gamma xy + x^2 y^2,$$

elle donne, en la différentiant,

$$\frac{dx^2}{dy^2} = \frac{(x^2 y - \beta y + \gamma x)^2}{(xy^2 - \beta x + \gamma y)^2} = \frac{y^2(x^2 - \beta)^2 + 2\gamma xy(x^2 - \beta) + \gamma^2 x^2}{x^2(y^2 - \beta)^2 + 2\gamma xy(y^2 - \beta) + \gamma^2 y^2}.$$

Substituant dans le numérateur, pour x^2 sa valeur $\frac{1 - \beta y^2 + 2\gamma xy}{\beta - y^2}$, et dans le dénominateur, pour y^2 sa valeur $\frac{1 - \beta x^2 + 2\gamma xy}{\beta - x^2}$, on aura

$$\frac{dx^2}{dy^2} = \frac{1 - \dfrac{1 + \beta^2 - \gamma^2}{\beta} x^2 + x^4}{1 - \dfrac{1 + \beta^2 - \gamma^2}{\beta} y^2 + y^4},$$

en faisant donc

$$2\alpha = \frac{1 + \beta^2 - \gamma^2}{\beta},$$

on aura

$$\frac{dx}{\sqrt{1 - 2\alpha x^2 + x^4}} - \frac{dy}{\sqrt{1 - 2\alpha y^2 + y^4}} = 0,$$

et en intégrant, on aura l'équation suivante, qui n'est qu'une transformée de l'équation proposée,

$$\int \frac{dx}{\sqrt{1 - 2\alpha x^2 + x^4}} - \int \frac{dy}{\sqrt{1 - 2\alpha y^2 + y^4}} = a.$$

Si l'on fait maintenant $x = x^{(n+1)}$, $y = x^{(n)}$; la proposée se changera dans l'équation aux différences finies,

$$0 = 1 - \beta(x^{(n+1)^2} + x^{(n)^2}) + 2\gamma x^{(n+1)} x^{(n)} + x^{(n+1)^2} x^{(n)^2},$$

et sa transformée deviendra

$$\Delta \int \frac{dx^{(n)}}{\sqrt{1 - 2\alpha x^{(n)^2} + x^{(n)^4}}} = a,$$

d'où l'on tire, en intégrant aux différences finies,

$$\int \frac{dx^{(n)}}{\sqrt{1 - 2\alpha x^{(n)^2} + x^{(n)^4}}} = an + b,$$

b étant une constante arbitraire, qui est égale à

$$\int \frac{dx^{(0)}}{\sqrt{1 - 2\alpha x^{(0)^2} + x^{(0)^4}}}.$$

Pour déterminer a, nous désignerons par $\psi(x^{(n)})$ l'intégrale

$$\int \frac{dx^{(n)}}{\sqrt{1 - 2\alpha x^{(n)^2} + x^{(n)^4}}};$$

et a par $\psi(q)$; nous aurons

$$\psi(x^{(n+1)}) - \psi(x^{(n)}) = \psi(q).$$

Supposons que $\psi(x)$ soit nul, lorsque x est nul; on aura, en faisant $x^{(0)}$ nul,

$$\psi(x^{(1)}) = \psi(q) \qquad \text{ou} \qquad q = x^{(1)};$$

or, la proposée donne alors $x^{(1)} = \dfrac{1}{\sqrt{\beta}}$, donc

$$q = \frac{1}{\sqrt[3]{\beta}},$$

partant

$$\psi(x^{(n)}) = n\,\psi\left(\frac{1}{\sqrt[3]{\beta}}\right) + \psi(x^{(o)}).$$

En tirant de cette équation la valeur de $x^{(n)}$, on aura l'intégrale de la proposée. La valeur de $\psi(x^{(n)})$, en quantités algébriques, circulaires ou logarithmiques, est impossible en termes finis; il est donc impossible de représenter autrement que par une caractéristique l'expression de $x^{(n)}$; mais il est remarquable qu'elle dépende de la rectification des sections coniques.

On peut semblablement intégrer par une quadrature transcendante l'équation générale aux différences finies,

$$o = a + b(x^{(n+1)} + x^{(n)}) + c(x^{(n+1)^{2}} + x^{(n)^{2}}) + f x^{(n+1)} x^{(n)}$$
$$+ g\,x^{(n+1)} x^{(n)}(x^{(n+1)} + x^{(n)}) + h\,x^{(n+1)^{2}} x^{(n)^{2}},$$

car, si l'on fait

$$x^{(n)} = \frac{l\,x'^{(n)} + p}{x'^{(n)} + q},$$

on aura une équation différentielle en $x'^{(n)}$ de la même forme que la précédente; et, en déterminant convenablement les trois arbitraires l, p et q, on pourra faire disparaître les coefficients de $(x'^{(n+1)} + x'^{(n)})$ et de $x'^{(n+1)} x'^{(n)}(x'^{(n+1)} + x'^{(n)})$, et rendre égaux le coefficient constant et celui de $x'^{(n)^{2}} x'^{(n+1)^{2}}$. L'équation différentielle est alors réduite à la forme de celle que nous venons d'intégrer.

Sur la réduction des fonctions en Tables.

Pour réduire en Tables les valeurs d'une fonction à une seule variable, on donne à cette variable des valeurs numériques successives, et telles que ses accroissements soient très petits et égaux entre eux.

On place ensuite à côté de chaque accroissement la valeur correspondante de la fonction. Une Table ainsi formée se nomme *Table à simple entrée*. Elle donne non seulement les valeurs de la fonction, correspondant aux accroissements indiqués de la variable, mais encore celles qui correspondent aux accroissements intermédiaires : une simple proportion, où, si l'on veut plus d'exactitude, la méthode des différences fait connaître les valeurs intermédiaires de la fonction.

Si la fonction renferme deux variables x et y, alors, en donnant à x une valeur déterminée, on fera croître successivement y, et l'on placera la valeur correspondante de la fonction à côté de chaque accroissement. On formera ainsi, pour chaque valeur de x, une Table à simple entrée, et la réunion de ces Tables correspondant aux accroissements successifs de x, formera une Table à *double entrée*, qui représentera la fonction proposée, en x et y.

La Table de Pythagore, qui donne le produit xy des deux nombres x et y, est le cas le plus simple de ce genre de Tables; et en la prolongeant jusqu'à un nombre considérable, elle donnerait les produits des grands nombres; mais alors elle deviendrait embarrassante par son étendue excessive : on faciliterait donc extrêmement les calculs numériques, en la réduisant à une Table à simple entrée.

Pour y parvenir, il faudrait pouvoir réduire xy à une ou plusieurs fonctions de la forme $\varphi(X + Y)$, X étant une fonction de x et Y étant une fonction de y. Alors on aurait X, au moyen des valeurs de x, par une Table à simple entrée; la même Table donnerait encore Y, au moyen des valeurs de y; car, dans le cas présent, Y est une fonction de y, entièrement semblable à celle de X en x. Enfin, une Table à simple entrée donnerait encore xy, au moyen des valeurs de X + Y.

Voyons maintenant si cette réduction de xy est possible. Supposons

$$xy = \varphi(X + Y).$$

En différentiant cette équation par rapport à x, on aura

$$y\,\frac{dx}{dX} = \varphi'(X + Y),$$

en désignant $\dfrac{d\varphi(z)}{dz}$ par $\varphi'(z)$. On aura pareillement, en différentiant par rapport à y,

$$x\frac{dy}{dY} = \varphi'(X + Y).$$

La comparaison de ces deux équations donne

$$\frac{dx}{x\,dX} = \frac{dy}{y\,dY},$$

le premier membre de cette équation étant fonction de x seul, et le second membre étant fonction de y seul; il est clair que les deux variables x et y étant indépendantes, chacun de ces membres doit être égal à une même constante que nous indiquerons par q; on aura donc

$$\frac{dx}{x\,dX} = q = \frac{dy}{y\,dY}.$$

Les intégrales de ces équations sont évidemment

$$x = A\,e^{qX}, \qquad y = B\,e^{qY}.$$

A et B étant deux constantes arbitraires, car il est visible que l'on a

$$dx = A\,e^{qX}(e^{q\,dX} - 1) = x(e^{q\,dX} - 1),$$

ce qui donne

$$\frac{dx}{x\,dX} = q,$$

si l'on a

$$e^{q\,dX} - 1 = q\,dX \qquad \text{ou} \qquad e = (1 + q\,dX)^{\frac{1}{q\,dX}}.$$

En développant le second membre en série, par le théorème connu du binome, et négligeant l'unité, eu égard à $\dfrac{1}{q\,dX}$, on aura

$$e = 2 + \frac{1}{1.2} + \frac{1}{1.2.3} + \frac{1}{1.2.3.4} + \ldots = 2,71821;$$

on aura ainsi les trois équations

$$x = A\,e^{qX}, \qquad y = B\,e^{qY}, \qquad xy = AB\,e^{q(X+Y)};$$

et il est visible que les Tables à simple entrée, dont on a parlé ci-dessus, se réduiront à une seule, si l'on fait $A = B = 1$; et alors X et Y sont nuls, lorsque x et y sont égaux à l'unité.

La Table à simple entrée, que l'on obtient de cette manière, est une Table de logarithmes, X étant le logarithme de x. Les logarithmes sont hyperboliques, si q est égal à l'unité, c'est-à-dire si l'accroissement infiniment petit du logarithme X est égal à celui du nombre x, lorsque x est égal à l'unité. Les logarithmes sont ceux que l'on nomme *tabulaires*, si q est tel que l'on ait $e^q = 10$. Cette valeur de q offre l'avantage de donner les logarithmes des nombres dix, cent, mille, etc. fois plus grands ou plus petits, en ajoutant ou retranchant de ces logarithmes 1, ou 2, ou 3, ...

Si l'on emploie deux fonctions pour représenter xy, si, par exemple, on suppose

$$xy = \varphi(X + Y) - \varphi(X - Y),$$

on aura

$$y\frac{d^2x}{dX^2} = x\frac{d^2y}{dY^2} = \varphi'(X + Y) - \varphi'(X - Y),$$

$\varphi''(z)$ étant égal à $\dfrac{d\,\varphi'(z)}{dz}$. On aura donc

$$\frac{d^2x}{dX^2} + a^2x = 0,$$

$$\frac{d^2y}{dY^2} + a^2y = 0;$$

a étant une constante quelconque. Le cas le plus simple est celui de a nul, et alors on peut supposer $x = X$, $y = Y$; ce qui donne

$$0 = \varphi'(X + Y) - \varphi'(X - Y).$$

Ainsi, $\varphi''(X + Y)$ est égal à une constante et, par conséquent, $\varphi(X + Y)$ est de la forme $b(X + Y)^2 + p(X + Y) + q$; b, p et q étant des constantes. L'expression précédente de xy déterminera ces constantes, et elle donnera

$$xy = \frac{1}{2}\left[(x + y)^2 - (x - y)^2\right].$$

En formant une Table à simple entrée, de la fonction $\frac{1}{2}t^2$, la différence des deux nombres qui répondront dans cette Table à $t = x + y$ et $t = x - y$ ou $y - x$, suivant que X sera plus ou moins grand que Y; cette différence, dis-je, sera le produit xy.

En faisant $a = 1$, les équations

$$\frac{d^2 x}{dX^2} + x = 0, \qquad \frac{d^2 y}{dY^2} + y = 0$$

seront satisfaites, en faisant $x = \sin X$, $y = \sin Y$; et alors on aura

$$xy = \frac{1}{2}[\cos(X - Y) - \cos(X + Y)];$$

on peut donc, au moyen d'une Table de sinus et de cosinus, déterminer le produit des deux nombres x et y; on déterminera les angles X et Y au moyen de leurs sinus x et y, et en prenant dans la Table les cosinus des angles $X - Y$ et $X + Y$, leur demi-différence sera le produit xy. Cette manière ingénieuse de faire servir les Tables de sinus à la multiplication des nombres fut imaginée et employée un siècle environ avant l'invention des logarithmes, qui, comme on vient de le voir, ne dépendant que d'une seule fonction $\varphi(X + Y)$, est beaucoup plus simple et rend très facile la division des nombres, leur élévation aux puissances et l'extraction de leurs racines; car on a

$$\frac{x}{y} = e^{q(X - Y)} \qquad \text{et} \qquad x^n = e^{qnX};$$

ainsi la division se réduit à une soustraction; l'élévation aux puissances se réduit à une multiplication et l'extraction des racines à une division.

La facilité de tous ces calculs rend les logarithmes un des instruments les plus puissants de l'esprit humain et, lorsque le système métrique sera généralement adopté, ils deviendront d'un usage commun dans la Société, à laquelle ils seront aussi utiles que notre échelle arithmétique, dont ce système est le complément. On doit donc multiplier, le plus qu'il est possible, les usages des logarithmes et par leur moyen réduire en Tables à simple entrée les Tables à double entrée. C'est ce que j'ai fait à l'égard de la Table des réfractions astronomiques, publiée par le Bureau des Longitudes, et dans laquelle la formule des réfractions, que j'ai donnée dans le dixième Livre de la *Mécanique céleste*, est réduite de cette manière à des Tables à simple entrée. M. Oltmans a fait ensuite la même chose à l'égard de la formule des hauteurs conclues des observations barométriques.

On peut généraliser l'analyse précédente, en considérant une fonction quelconque $\varphi(X + Y)$. Supposons que l'on ait généralement

$$u = \varphi(X + Y),$$

en différentiant, on aura

$$\frac{\partial u}{\partial x}\frac{dx}{dX} = \varphi'(X + Y), \qquad \frac{\partial u}{\partial y}\frac{dy}{dY} = \varphi'(X + Y),$$

partant

$$\frac{\dfrac{dx}{dX}}{\dfrac{dy}{dY}} = \frac{\dfrac{\partial u}{\partial y}}{\dfrac{\partial u}{\partial x}}.$$

Il faut donc, pour que la réduction soit possible, que le quotient de $\frac{\partial u}{\partial x}$, divisé par $\frac{\partial u}{\partial y}$, soit de la forme $\frac{S}{T}$, S étant une fonction de x, et T une fonction de y. L'équation différentielle

$$o = S\,dx + T\,dy$$

a pour intégrale

$$\text{const.} = \int S\,dx + \int T\,dy,$$

elle a donc aussi pour intégrale $u = \text{const.}$; ainsi toute équation finie en x et y, qui, de plus, renfermant une arbitraire, satisfait à l'équation précédente, donne pour l'expression de cette constante une fonction de x et de y, dont on pourra déterminer les valeurs au moyen d'une Table à simple entrée.

On a vu précédemment que l'équation

$$o = 1 - \beta(x^2 + y^2) + 2\gamma xy + x^2 y^2$$

donnait la suivante,

$$0 = \frac{dx}{\sqrt{1 - 2\alpha x^2 + x^4}} - \frac{dy}{\sqrt{1 - 2\alpha y^2 + y^4}},$$

dans laquelle

$$\alpha = \frac{1 + \beta^2 - \gamma^2}{2\beta},$$

et comme α est donné en fonction des deux constantes β et γ, l'équation finie précédente renferme une constante arbitraire et, par conséquent, elle est l'intégrale complète de l'équation différentielle. En effet, si l'on suppose $\frac{1}{\beta} = a^2$, l'équation finie devient

$$0 = a^2 - (x^2 + y^2) + 2xy\sqrt{1 - 2\alpha a^2 + a^4} + a^2 x^2 y^2,$$

a étant une constante arbitraire qui ne se rencontre point dans l'équation différentielle. Cette équation donne

$$a = \frac{x\sqrt{Y} - y\sqrt{X}}{1 - x^2 y^2},$$

Y étant égal à $1 - 2\alpha y^2 + y^4$, et X étant $1 - 2\alpha x^2 + x^4$. On a de plus, par ce qui précède,

$$\psi(x) = \psi(y) + \psi(a),$$

$\psi(x)$ étant l'intégrale $\int \frac{dx}{\sqrt{X}}$, cette intégrale commençant avec x; en formant donc une Table à simple entrée des valeurs de $\psi(x)$, cette Table donnera les valeurs de $\frac{x\sqrt{Y} - y\sqrt{X}}{1 - x^2 y^2}$ ou de a; car la différence $\psi(x) - \psi(y)$ étant égale à $\psi(a)$, cette Table donnera la valeur de a. On pourra même, au moyen d'une seconde Table à simple entrée, qui donne les valeurs d'une fonction quelconque $\Gamma(x)$ de x, avoir celle de $\Gamma\left(\frac{x\sqrt{Y} - y\sqrt{X}}{1 - x^2 y^2}\right)$.

Si l'on fait $A = 1 - 2\alpha a^2 + a^4$, l'équation algébrique précédente donnera

$$x = \frac{y\sqrt{A} + a\sqrt{Y}}{1 - a^2 y^2},$$

en changeant x en $x^{(n)}$ et y en $x^{(n-1)}$, on aura

$$x^{(n)} = \frac{x^{(n-1)}\sqrt{X} + a\sqrt{X^{(n-1)}}}{1 - a^2 x^{(n-1)2}}.$$

$X^{(n)}$ étant ce que devient X lorsqu'on y change x en $x^{(n)}$. On aura, au moyen de cette équation, la valeur de $x^{(n)}$ en $x^{(o)}$ et a; car elle donnera la valeur de $x^{(1)}$ en fonction de ces deux quantités; ensuite elle donne $x^{(2)}$ en fonction de $x^{(1)}$ et de a et, par conséquent, en fonction de $x^{(o)}$ et de a, en substituant pour $x^{(1)}$ sa valeur, et ainsi de suite. On aura ainsi $x^{(n)}$ en fonction de $x^{(o)}$, a et n; or on a, par ce que l'on a vu ci-dessus,

$$\psi(x^{(n)}) = n\,\psi(a) + \psi(x^{(o)});$$

en désignant donc par le signe renversé ϕ la valeur de $x^{(n)}$ en $\psi(x^{(n)})$. en sorte que l'on ait

$$x^{(n)} = \phi[\psi(x^{(n)})];$$

on aura

$$x^{(n)} = \phi[n\,\psi(a) + \psi(x^{(o)})].$$

La Table à simple entrée qui donne $\psi(x)$ en x donnera donc la valeur de $x^{(n)}$.

Supposons $\alpha = -1$; on aura

$$X = (1 + x^2)^2, \qquad x^{(n)} = \frac{x^{(n-1)} + a}{1 - a x^{(n-1)}}, \qquad \psi(x) = \int \frac{dx}{1 + x^2} = \operatorname{arc\,tang} x;$$

$\psi(x)$ sera donc arc tang$x$ et, par conséquent, $\phi(x)$ sera tang$x$; on aura donc

$$x^{(n)} = \operatorname{tang}(n \operatorname{arc\,tang} a + \operatorname{arc\,tang} x^{(o)}),$$

ainsi la Table des tangentes donnera généralement la valeur de $x^{(n)}$ ou les valeurs de l'intégrale de l'équation aux différences finies,

$$0 = a - (x^{n+1} - x^{(n)}) + a x^{(n+1)} x^{(n)}.$$

MÉMOIRES

EXTRAITS DU

JOURNAL DE PHYSIQUE.

LA THÉORIE DES TUBES CAPILLAIRES [1].

Journal de Physique, t. LXII; 1806.

Ce Mémoire, destiné à paraitre parmi ceux de la première Classe de l'Institut [2], est précédé par l'analyse suivante de la théorie qu'il renferme, et que l'auteur nous a communiquée.

Clairaut a soumis le premier, à une analyse exacte et rigoureuse, les phénomènes des tubes capillaires, dans son *Traité sur la figure de la Terre*. Mais sa théorie, exposée avec l'élégance qui caractérise ce bel et important Ouvrage, laisse à désirer l'explication complète du principal de ces phénomènes, qui consiste en ce que l'élévation du fluide au-dessus de son niveau, dans les tubes de même matière, est en raison inverse de leurs diamètres. Ce grand géomètre se contente d'observer, sans le prouver, qu'il doit y avoir une infinité de lois d'attraction qui, substituées dans ses formules, donnent ce résultat. J'ai cherché, il y a longtemps, à suppléer ce qui manque à la théorie de Clairaut : de nouvelles recherches m'ont enfin conduit non seulement à reconnaitre l'existence de semblables lois, mais encore à faire voir que toutes les lois dans lesquelles l'attraction cesse d'être sensible à une distance sensible, donnent l'élévation du fluide, en raison inverse du diamètre du tube ; et il en résulte une théorie complète de ce genre de phénomène.

Clairaut suppose que l'action du tube capillaire est sensible sur la

---

[1] Extrait d'un Mémoire lu à l'Institut, le 23 décembre 1805; par M. Laplace.
[2] *OEuvres de Laplace*, T. IV. Supplément au Livre X.

colonne infiniment étroite du fluide, qui passe par l'axe du tube. Je m'écarte en cela de son opinion et je pense, avec Hawskbée et beaucoup d'autres physiciens, que l'action capillaire, comme la force réfractive et toutes les affinités chimiques, n'est sensible qu'à des distances imperceptibles. Hawskbée a observé que dans les tubes de verre, ou très minces, ou très épais, l'eau s'élevait à la même hauteur, toutes les fois que les diamètres intérieurs étaient les mêmes. Les couches cylindriques du verre, qui sont à une distance sensible de la surface intérieure, ne contribuent donc point à l'ascension de l'eau, quoique dans chacune d'elles, prise séparément, ce fluide s'élèverait au-dessus de son niveau. D'ailleurs une expérience bien simple prouve la vérité de ce principe. Si l'on enduit d'une couche extrêmement mince de matière grasse la surface intérieure d'un tube de verre, on fait disparaitre sensiblement l'effet capillaire. Cependant le tube agit toujours de la même manière sur la colonne fluide de son axe; car les attractions capillaires doivent se transmettre à travers les corps, ainsi qu'on l'observe dans la pesanteur et dans les attractions et répulsions magnétiques et même électriques. Newton, Clairaut et tous les géomètres qui ont soumis au calcul ce genre d'attractions, sont partis de cette hypothèse : l'effet capillaire étant donc détruit par l'interposition d'une couche de matière grasse, quelque mince que soit son épaisseur, l'action du tube doit être insensible à une distance sensible.

Le phénomène suivant fournit une nouvelle preuve du principe que je viens d'exposer. On sait que, par une forte ébullition du mercure dans un tube capillaire de verre, on parvient à élever ce fluide au niveau, et même au-dessus, par une ébullition plus longtemps continuée. Ce phénomène me parait dépendre de la petite couche aqueuse qui, dans l'état ordinaire, tapissant la surface intérieure du tube, affaiblit l'action réciproque du verre et du mercure, action qui s'accroit de plus en plus, à mesure que, par l'ébullition de ce fluide dans le tube, on diminue l'épaisseur de la couche. Dans les expériences que j'ai faites avec M. Lavoisier sur les baromètres, en y faisant bouillir longtemps le mercure, nous avons fait disparaitre la convexité de sa surface intérieure; nous sommes même parvenus à la rendre concave; mais nous avons toujours rétabli l'effet de la capillarité, en introduisant une goutte d'eau dans le tube. Si l'on considère maintenant le peu d'épaisseur que la couche aqueuse doit avoir, surtout lorsqu'on a bien fait sécher le tube et le mercure, ce qui ne suffit pas pour détruire la capillarité, on jugera que l'action du verre sur ce fluide n'est sensible qu'à des distances insensibles.

En partant de ce principe je détermine, par les formules de mon *Traité de Mécanique céleste*, l'action d'une masse fluide terminée par une surface sphérique concave ou convexe, sur une colonne fluide intérieure, renfermée dans un canal infiniment étroit qui passe par l'axe de cette surface. Par cette action, j'entends la pression que le fluide renfermé dans le canal exercerait en vertu de l'attraction de la masse entière, sur une base plane, située dans l'intérieur du canal, perpendiculairement à ses côtés, à une distance quelconque sensible de la surface, cette base étant prise pour unité. Je fais voir que cette action est plus petite ou plus grande que si la surface était plane : plus petite, si la surface est concave; plus grande, si la surface est convexe. Son expression analytique est composée de deux termes : le premier, beaucoup plus grand que le second, exprime l'action de la masse terminée par une surface plane, et je pense que de ce terme dépendent les phénomènes de l'adhérence des corps entre eux, et de la suspension du mercure, dans un tube de baromètre, à une hauteur deux ou trois fois plus grande que celle qui est due à la pression de l'atmosphère. Le second terme exprime la partie de l'action, due à la sphéricité de la surface : il est positif ou négatif, suivant que la surface est convexe ou concave. Je fais voir que dans l'un et l'autre cas ce terme est en raison inverse du rayon de la surface sphérique. De là je conclus ce théorème général, savoir : *que dans toutes les lois où l'attraction n'est sensible qu'à des distances insensibles, l'action d'un corps terminé par une surface courbe, sur un canal intérieur infiniment étroit et perpendiculaire à cette surface dans un point quelconque, est égale à la demi-somme des actions sur le même canal, de deux sphères qui auraient pour rayons, le plus grand et le plus petit des rayons osculateurs de la surface, à ce point.* Au moyen de ce théorème et des lois de l'équilibre des fluides, on peut déterminer la figure que doit prendre une masse fluide animée par la pesanteur. Je prouve que dans un tube cylindrique d'un diamètre considérable, la section de la surface du fluide, par un plan vertical, est une courbe du genre de celles que les géomètres ont nommées *élastiques,* et qui sont formées par une lame élastique pliée par des poids; cela résulte de ce que dans cette section, comme dans la courbe élastique, la force due à la courbure est réciproque au rayon osculateur. Si le tube est très étroit, la surface du fluide approche d'autant plus de celle d'un segment sphérique, que le diamètre du tube est plus petit; je prouve ensuite que, dans divers tubes de même matière, ces segments sont à très peu près semblables; d'où il suit que les rayons de leurs surfaces sont à fort peu près proportionnels aux diamètres des tubes. Cette similitude des segments sphériques sera évidente, si l'on considère que la distance où l'action du tube cesse d'être sensible est imperceptible; en sorte que si, par le moyen d'un très fort microscope, on parvenait à la faire paraitre égale à 1^{mm}, il est vraisemblable que le même pouvoir amplifiant donnerait au diamètre du tube une grandeur apparente de plusieurs mètres. La surface du tube peut donc être considérée comme étant plane à très peu près, dans un rayon égal à cette distance; le fluide dans cet intervalle s'abaissera donc ou s'élèvera depuis cette surface, à très peu près, comme si elle était plane : au delà le fluide n'étant plus soumis sensiblement qu'à la pesanteur et à son action sur lui-même, sa surface sera à fort peu près celle d'un segment sphérique dont les côtés extrêmes étant ceux de la surface aux limites de la sphère d'activité sensible du tube, seront à très peu près également inclinés à l'horizon, dans les différents tubes; d'où il suit que tous ces segments seront à fort peu près semblables.

Le rapprochement de ces résultats donne la vraie cause de l'ascension ou de l'abaissement des fluides dans les tubes capillaires, en raison inverse de leurs diamètres. Si, par l'axe d'un tube de verre, on conçoit un canal infiniment étroit qui, se recourbant un peu au-dessous du tube, aille aboutir à la surface plane et horizontale de l'eau d'un vase dans lequel l'extrémité inférieure du tube est plongée, l'action de l'eau du tube sur ce canal sera moindre, à raison de la concavité de sa surface, que l'action de l'eau du vase sur le même canal; le fluide doit donc s'élever dans le tube, pour compenser cette différence, et comme elle est, par ce qui précède, en raison inverse du diamètre du tube, l'élévation du fluide au-dessus de son niveau doit suivre le même rapport.

Si le fluide est du mercure, sa surface, dans l'intérieur d'un tube capillaire de verre, est convexe; son action sur le canal est donc plus forte que celle du mercure du vase, et le fluide doit s'abaisser dans le tube en raison de cette différence et, par conséquent, en raison inverse du diamètre du tube.

Ainsi, l'attraction des tubes capillaires n'a d'influence sur l'élévation ou l'abaissement des fluides qu'ils renferment, qu'en déterminant l'inclinaison des premiers plans de la surface du fluide intérieur, extrêmement voisins des parois du tube, inclinaison dont dépend la concavité ou la convexité de cette surface et la grandeur de son rayon. Si, par l'effet du frottement du fluide contre les parois du tube, on augmente ou l'on diminue la courbure, l'effet capillaire augmentera ou diminuera dans le même rapport.

Il est intéressant de connaître le rayon de courbure de la surface de l'eau renfermée dans les tubes capillaires de verre. On peut y parvenir au moyen d'une expérience curieuse qui rend sensibles à la fois les effets de la concavité et de la convexité des surfaces. Elle consiste à enfoncer dans l'eau, à une profondeur connue, un tube capillaire de verre, d'un diamètre pareillement connu. En fermant avec le doigt l'extrémité inférieure du tube, on le retire de l'eau et l'on essuie légèrement sa surface extérieure. En ôtant le doigt, on voit l'eau s'abaisser dans le tube et former une goutte d'eau sur la base inférieure; mais la hauteur de la colonne est toujours plus grande que l'élévation de l'eau dans le tube, au-dessus du niveau. Cet excès est dû à l'action de la goutte sur cette colonne, à raison de sa convexité; et l'on observe qu'il est d'autant plus considérable que le diamètre de la goutte est plus petit. La longueur de la colonne fluide employée à former cette goutte en détermine la masse; et comme sa surface est sphérique, ainsi que celle du fluide intérieur, si l'on connait la hauteur du fluide, au-dessus du sommet de la goutte, et la distance de ce sommet au plan de la base inférieure du tube, il sera facile d'en conclure les rayons de ces deux surfaces. Quelques expériences me portent à croire que la surface du fluide intérieur est fort approchante de celle d'une demi-sphère.

Clairaut a fait cette singulière remarque : savoir que, *si la loi de l'attraction de la matière du tube sur le fluide ne diffère que par son intensité de la loi de l'attraction du fluide sur lui-même, le fluide s'élèvera au-dessus du niveau, tant que l'intensité de la première de ces attractions surpassera la moitié de l'intensité de la seconde.* Si elle en est exactement la moitié, il est facile de s'assurer que la surface du fluide dans le tube sera horizontale, et qu'il ne s'élèvera pas au-dessus du niveau. Si ces deux intensités sont égales, la surface du fluide dans le tube sera concave, et celle d'une demi-sphère; et il y aura élévation du fluide. Si l'intensité de l'attraction du tube est nulle ou insensible, la surface du fluide dans le tube sera convexe, et celle d'une demi-sphère; il y aura dépression du fluide. Entre ces deux limites, la surface du fluide sera celle d'un segment sphérique, et elle sera concave ou convexe, suivant que l'intensité de l'attraction de la matière du tube sur le fluide sera plus grande ou plus petite que la moitié de celle de l'attraction du fluide sur lui-même.

Si l'intensité de l'attraction du tube sur le fluide surpasse celle de l'attraction du fluide sur lui-même, il me parait vraisemblable qu'alors le fluide, en s'attachant au tube, formera un tube intérieur qui seul élèvera le fluide dont la surface sera concave, et celle d'une demi-sphère. Je présume que ce cas est celui de l'eau dans un tube de verre.

Après avoir considéré les fluides terminés par des surfaces sphé-

riques, je les considère terminés par des surfaces cylindriques. Ce cas
est celui d'un fluide renfermé entre deux plans parallèles très proches
l'un de l'autre et plongeant par leurs extrémités inférieures, dans un
vase rempli du même fluide. Je trouve, par l'analyse, que le fluide doit
s'élever ou s'abaisser suivant que la surface cylindrique du fluide est
concave ou convexe et que cette élévation ou cette dépression suit
encore la raison inverse de la distance mutuelle des plans. Je trouve,
de plus, que l'élévation ou la dépression est égale à celle qui aurait
lieu dans un tube cylindrique dont cette distance serait le demi-diamètre intérieur. Parvenu à ce résultat de l'analyse, j'ai proposé à
M. Haüy de le vérifier par des expériences, et il l'a trouvé entièrement
conforme à celles qu'il a bien voulu faire à ma prière. Depuis, en relisant ce que l'on a écrit sur l'action capillaire, j'ai vu que ces expériences avaient été déjà faites avec beaucoup de soin, en présence de
la Société royale de Londres et sous les yeux de Newton, et que leur
résultat est exactement conforme à celui de l'analyse. On peut s'en
convaincre par le passage suivant de son *Optique*, Ouvrage admirable,
dans lequel ce profond génie a jeté, en avant de son siècle, un grand
nombre de vues originales que la Chimie moderne a confirmées.

« Voici (dit-il, question 31) quelques expériences de la même
espèce. Si deux plaques de verre planes et polies (supposez deux
pièces d'un miroir bien poli) sont jointes ensemble à une distance
très petite l'une de l'autre, leurs côtés étant parallèles, et que par
leurs extrémités inférieures on les enfonce un peu dans un vase plein
d'eau; cette eau montera entre les deux verres et, à mesure que les
plaques seront moins éloignées, l'eau s'élèvera à une plus grande
hauteur. Si leur distance est environ la centième partie d'un pouce,
l'eau montera à la hauteur d'un pouce environ, et, si la distance est
plus grande ou plus petite, en quelque proportion que ce soit, la hauteur sera à peu près en proportion réciproque de la distance...... Si
l'on trempe, dans une eau dormante, le bout d'un tuyau de verre fort
menu, l'eau montera dans le tuyau, à une hauteur qui sera réciproquement proportionnelle au diamètre de la cavité du tuyau, et égalera la

hauteur à laquelle elle monte entre les deux plaques de verre, si le demi-diamètre de la cavité du tuyau est égal à la distance qui est entre les plaques, ou à peu près. Du reste, toutes ces expériences réussissent aussi bien dans le vide qu'en plein air, comme on l'a éprouvé en présence de la Société royale et, par conséquent, elles ne dépendent en aucune manière du poids ou de la pression de l'atmosphère. »

Les phénomènes capillaires des plans inclinés et des tubes coniques et prismatiques sont autant de corollaires de mon analyse. Ainsi, l'on observe qu'une petite colonne d'eau, dans un tube conique ouvert par ses deux extrémités et maintenu horizontalement, se porte vers le sommet du tube, et l'on voit, par ce qui précède, que cela doit être. En effet, la surface de la colonne fluide est concave à ses deux extrémités, mais le rayon de sa surface est plus petit du côté du sommet que du côté de la base; l'action du fluide sur lui-même est donc moindre du côté du sommet et, par conséquent, la colonne doit tendre vers ce côté. Mais si la colonne fluide est du mercure, alors sa surface est convexe et son rayon est moindre encore vers le sommet que vers la base, mais à raison de sa convexité, l'action du fluide sur lui-même est plus grande vers le sommet et la colonne doit se porter vers la base du tube.

On peut balancer cette action par le propre poids de la colonne, et la tenir suspendue en équilibre, en inclinant l'axe du tube à l'horizon. Un calcul fort simple fait voir que, si la longueur de la colonne est très petite, le sinus de l'inclinaison de l'axe est alors à très peu près en raison inverse du carré de la distance du milieu de la colonne au sommet du cône, ce qui a lieu semblablement si, au lieu de faire mouvoir une goutte de fluide dans un tube conique, on la fait mouvoir entre deux plans qui forment entre eux un très petit angle. Ces résultats sont entièrement conformes à l'expérience, comme on peut le voir dans l'*Optique* de Newton (question 31).

Le calcul nous apprend, de plus, que le sinus de l'inclinaison de l'axe du cône à l'horizon est alors, à très peu près, égal à une fraction dont le dénominateur est la distance du milieu de la goutte au sommet

du cône, et dont le numérateur est la hauteur à laquelle le fluide
s'élèverait dans un tube cylindrique dont le diamètre serait celui du
cône au milieu de la colonne. Si deux plans qui renferment une goutte
du même fluide forment entre eux un angle égal au double de l'angle
formé par l'axe du cône et ses côtés, l'inclinaison à l'horizon de la
ligne qui divise également l'angle formé par les plans ne doit être que
la moitié de celle de l'axe du cône, pour que la goutte reste en équilibre.

La théorie précédente donne encore l'explication et la mesure d'un
phénomène singulier que présente l'expérience. Soit que le fluide
s'élève ou s'abaisse entre deux plans verticaux et parallèles plongeant
dans ce fluide par leurs extrémités inférieures, ces plans tendent à se
rapprocher. L'analyse nous montre que, si le fluide s'élève entre eux,
chaque plan éprouve, du dehors en dedans, une pression égale à celle
d'une colonne du même fluide, dont la hauteur serait la moitié de la
somme des élévations, au-dessus du niveau, des points de contact des
surfaces intérieures et extérieures du fluide avec le plan, et dont la
base serait la partie du plan comprise entre les deux lignes horizontales menées par ces points. Si le fluide s'abaisse entre les plans,
chacun d'eux éprouvera pareillement, du dehors en dedans, une pression égale à celle d'une colonne du même fluide, dont la hauteur
serait la moitié de la somme des abaissements, au-dessous du niveau,
des points de contact des surfaces intérieures et extérieures du fluide
avec le plan, et dont la base serait la partie du plan comprise entre
les deux lignes horizontales menées par ces points.

En général, si l'on compare la théorie que j'expose aux nombreuses
expériences des physiciens sur l'action capillaire, on verra que les
résultats, obtenus dans ces expériences, s'en déduisent, non par des
considérations vagues et toujours incertaines, mais par une suite de
raisonnements géométriques qui me paraissent ne laisser aucun doute
sur la vérité de cette théorie. Je désire que cette application de l'analyse à l'un des objets les plus curieux de la Physique puisse intéresser les géomètres et les exciter à multiplier, de plus en plus, ces

applications qui joignent, à l'avantage d'assurer les théories physiques, celui de perfectionner l'analyse elle-même, en exigeant souvent de nouveaux artifices de calcul.

NOTE.

Les démonstrations des théorèmes précédents seront publiées dans l'un des prochains Volumes de l'Institut. Voici quelques résultats d'analyse, qui pourront guider ceux qui voudront parvenir d'eux-mêmes aux principales.

Désignons par $\varphi(f)$ la loi de l'attraction d'une molécule fluide, sur une autre molécule placée à la distance f; $\varphi(f)$ décroissant avec une extrême rapidité, lorsque f augmente, et étant insensible pour toute valeur sensible de f. Désignons ensuite par $c - \Pi(f)$ l'intégrale $\int df\,\varphi(f)$ prise depuis $f = o$, c étant la valeur de cette intégrale, lorsque f est infini; $\Pi(f)$ décroîtra pareillement avec une rapidité extrême et sera encore insensible pour toutes les valeurs sensibles de f. Désignons encore par $c' - \Psi(f)$ l'intégrale $\int f\,df\,\Pi(f)$, c' étant sa valeur lorsque f est infini; $\Psi(f)$ sera pareillement insensible pour toutes les valeurs sensibles de f. Enfin, désignons par K et H les intégrales $2\pi \int dz\,\Psi(z)$ et $2\pi \int z\,dz\,\Psi(z)$ prises depuis z nul jusqu'à z infini, π étant la demi-circonférence dont le rayon est l'unité. On trouvera, par l'analyse du n° 12 du second Livre de la *Mécanique céleste* (¹), que l'action d'une sphère dont le rayon est b, sur le fluide renfermé dans un canal infiniment étroit, perpendiculairement à la surface, est $K + \dfrac{H}{b}$. Par cette action, j'entends la pression que le fluide du canal exercerait en vertu de cette action, sur une base perpendiculaire à la direction du canal, placée dans son intérieur à une distance quelconque sensible de la surface du corps, et prise pour unité.

(¹) *OEuvres de Laplace*, T. I, p. 155.

Ce serait encore l'expression de l'action d'un corps terminé par un segment sensible d'une sphère dont le rayon est b; ce qui résulte de ce que l'attraction n'est sensible qu'à des distances insensibles. Si la surface, au lieu d'être convexe, est concave, il faut faire b négatif et alors l'action devient $K - \dfrac{H}{b}$. Dans le cas du plan ou de b infini, elle se réduit à K.

Ces attractions sont du même genre que celles dont dépend la réfraction de la lumière et que j'ai considérées dans les nᵒˢ 2 et 3 du dixième Livre de ma *Mécanique céleste* (¹). Ce qui les rend indépendantes des dimensions des corps, c'est qu'il est indifférent de prendre les intégrales précédentes, depuis zéro jusqu'à l'infini, ou depuis zéro jusqu'à une valeur sensible de la variable.

Le théorème relatif à l'action d'un corps quelconque, sur un canal intérieur infiniment étroit et perpendiculaire à sa surface, se démontre en observant qu'à chaque point de la surface on peut concevoir un ellipsoïde osculateur qui se confond avec le corps, de manière que la différence d'action de ces deux corps sur le canal est insensible; et il est facile de prouver que l'action d'un ellipsoïde sur un canal, qui passe par l'un de ses axes, est égale à la demi-somme des actions de deux sphères qui auraient pour rayons le plus grand et le plus petit des rayons osculateurs de la surface de l'ellipsoïde à l'extrémité de cet axe. En nommant donc b et b' ces deux rayons, l'action du corps sera $K + \dfrac{H}{2}\left(\dfrac{1}{b} + \dfrac{1}{b'}\right)$. Dans le cas d'une surface cylindrique, b est infini, et l'action devient $K + \dfrac{H}{2b'}$. La différence de cette action et de celle d'un corps terminé par une surface plane est donc $\dfrac{H}{2b'}$ et, par conséquent, la moitié plus petite que si la surface du corps était sphérique et d'un rayon égal à b'. C'est la raison pour laquelle le fluide s'abaisse ou s'élève entre deux plans parallèles, la moitié moins que dans un tube cylindrique d'un diamètre égal à leur distance.

(¹) *OEuvres de Laplace*, T. IV, p. 235 et suiv.

L'ATTRACTION ET LA RÉPULSION APPARENTE

DES PETITS CORPS

QUI NAGENT A LA SURFACE DES FLUIDES ([1]).

Journal de Physique, t. LXIII; 1806.

Dans la théorie que j'ai donnée de l'action capillaire, j'ai soumis à l'analyse l'attraction de deux plans verticaux et parallèles, très proches l'un de l'autre et plongeant par leurs extrémités inférieures dans un fluide. J'ai fait voir que, s'ils sont de même matière, cette action tend à les rapprocher, soit que ces plans élèvent près d'eux le fluide, comme des plans d'ivoire plongeant dans l'eau, soit qu'ils l'abaissent, comme des plans de talc laminaire dans lequel le toucher indique une sorte d'onctuosité qui l'empêche de se mouiller. Chaque plan éprouve alors, vers l'autre plan, une pression égale au poids d'un parallélépipède du même fluide, dont la hauteur serait la demi-somme des élévations au-dessus du niveau, ou des abaissements au-dessous, des points extrêmes de contact des surfaces intérieure et extérieure du fluide avec le plan, et dont la base serait la partie du plan comprise entre les deux lignes horizontales menées par ces points. Ce théorème renferme la vraie cause de l'attraction apparente des corps qui nagent sur un fluide, lorsqu'il s'élève ou s'abaisse près d'eux. Mais l'expérience fait connaître que les corps se repoussent lorsque le fluide s'élève vers

([1]) Extrait d'un Mémoire, lu à la séance de la première Classe de l'Institut, du 29 septembre 1806, par M. Laplace.

l'un d'eux, tandis qu'il s'abaisse vers l'autre. Ayant appliqué mon analyse à ces répulsions, elle m'a conduit aux résultats suivants que j'ai cru pouvoir intéresser les physiciens géomètres et qui complètent la théorie de l'action capillaire.

Si l'on suppose toujours que les corps sont des plans verticaux et parallèles, la section de la surface du fluide compris entre eux, par un plan vertical et perpendiculaire à ces plans, a un point d'inflexion, lorsque les deux plans sont à quelques centimètres de distance l'un de l'autre. En les rapprochant, le point d'inflexion se rapproche du plan près duquel le fluide s'abaisse, si l'abaissement du fluide en contact à l'extérieur de ce plan est moindre que l'élévation du fluide en contact à l'extérieur de l'autre plan. Dans le cas contraire, le point d'inflexion se rapproche de ce dernier plan. Ce point est toujours au niveau du fluide du vase dans lequel les plans sont plongés. L'élévation et l'abaissement du fluide en contact avec ces plans sont moindres à l'intérieur qu'à l'extérieur. Dans cet état, les deux plans se repoussent. En continuant de les rapprocher, la répulsion a toujours lieu, tant qu'il y a un point d'inflexion. Ce point finit par coïncider avec l'un des plans. La répulsion subsiste encore au delà de ce terme; mais en continuant de rapprocher les plans, cette répulsion devient nulle et se change en attraction. A cet instant, le fluide est également élevé à l'intérieur et à l'extérieur du plan susceptible de se mouiller : il est autant élevé au-dessus du niveau, à l'intérieur de l'autre plan, qu'il est abaissé au-dessous à l'extérieur. Ainsi la répulsion se change en attraction au même moment pour l'un et l'autre plan. En les rapprochant encore, ils s'attirent et vont se réunir par un mouvement accéléré. Ces plans offrent ainsi le phénomène remarquable d'une attraction à de très petites distances, qui se change en répulsion, au delà d'une certaine limite : phénomène que la nature nous présente dans l'inflexion de la lumière près de la surface des corps et dans les attractions électriques et magnétiques. Il y a cependant un cas dans lequel les plans se repoussent, quelque petite que soit leur distance mutuelle : c'est le cas où le fluide s'abaisse près de l'un d'eux, autant qu'il s'élève près de l'autre. Alors la surface du fluide a constamment une inflexion au milieu de l'intervalle qui les sépare.

L'intégration de l'équation différentielle de cette surface dépend, en général, de la rectification des sections coniques et, par conséquent, il est impossible de l'obtenir en termes finis. Mais elle devient possible lorsque les plans sont à la distance où la répulsion se change en attraction : alors on peut déterminer cette distance, en fonction de l'élévation et de l'abaissement du fluide à l'extérieur des plans. On trouve ainsi qu'elle est infinie, si le fluide ne s'abaisse qu'infiniment peu, à l'extérieur du plan qui n'est pas susceptible de se mouiller; d'où il suit qu'alors les deux plans ne se repoussent jamais. Cela peut encore avoir lieu dans le cas même où le fluide s'abaisse sensiblement à l'extérieur de ce dernier plan; il suffit pour cela que le frottement maintienne le fluide un peu plus élevé, à l'intérieur du plan, qu'il ne devrait l'être si cette cause n'existait pas : effet analogue à celui que l'on observe journellement dans le baromètre, lorsqu'il descend. On trouve encore par cette analyse que, si la surface du plan susceptible d'être mouillé vient à s'humecter, les deux plans commenceront à s'attirer à une distance très sensible et plus grande que celle à laquelle ils commençaient à s'attirer auparavant. Il n'est donc pas vrai de dire qu'en général deux plans, l'un susceptible et l'autre non susceptible de se mouiller, se repoussent toujours. Il arrive ici la même chose que relativement à deux globes qui ont une électricité du même genre et qui cependant s'attirent, lorsqu'on fait varier convenablement les intensités respectives de leurs électricités et leurs distances.

On peut, au moyen des deux théorèmes suivants, évaluer la tendance des plans l'un vers l'autre, ou leur répulsion mutuelle :

Quelles que soient les substances dont les plans sont formés, la tendance de chacun d'eux vers l'autre est égale au poids d'un parallélépipède fluide dont la hauteur est l'élévation au-dessus du niveau des points extrêmes de contact du fluide avec le plan à l'intérieur, moins cette élévation à l'extérieur, dont la profondeur est la demi-somme de ces élévations et dont la largeur est celle du plan, dans le sens horizontal. On doit supposer l'élévation négative, lorsqu'elle se change en abaissement au-dessous du niveau. Si le produit des trois dimensions précédentes est négatif, la tendance devient répulsion.

Lorsque les plans sont très rapprochés, l'élévation du fluide entre eux est en raison inverse de leur distance mutuelle, et elle est égale à la demi-somme des élévations qui auraient lieu, si l'on supposait d'abord le premier plan de la même matière que le second, et ensuite le second, de la même matière que le premier. On doit encore observer de supposer l'élévation négative, lorsqu'elle se change en abaissement.

On voit par ces théorèmes que, en général, la force répulsive est beaucoup plus faible que la force attractive qui se développe lorsque les plans sont très rapprochés, et qui doit alors les porter l'un vers l'autre d'un mouvement accéléré. Dans ce cas l'élévation du fluide entre les plans est très grande relativement à son élévation près des mêmes plans à leur extérieur. En négligeant donc le carré de cette dernière élévation, par rapport au carré de la première, le parallélépipède fluide dont le poids exprime la tendance d'un des plans vers l'autre, en vertu du premier des deux théorèmes précédents, sera égal au produit du carré de l'élévation du fluide intérieur par la demi-largeur du plan dans le sens horizontal. Cette élévation étant, par le second de ces théorèmes, réciproque à la distance mutuelle des plans, le parallélépipède sera proportionnel à la largeur horizontale du plan, divisée par le carré de cette distance. La tendance des deux plans l'un vers l'autre suivra donc la loi de l'attraction universelle, c'est-à-dire qu'elle sera en raison inverse du carré de leur distance.

Désirant connaître jusqu'à quel point ces résultats de ma théorie étaient conformes à la nature, j'ai prié M. Haüy de faire quelques expériences sur un point de Physique aussi délicat et aussi curieux. Il a bien voulu s'en occuper et il a trouvé l'analyse entièrement d'accord avec l'expérience. Il a surtout bien constaté le phénomène singulier d'une attraction qui se change en répulsion, par l'accroissement de la distance, comme on le voit par la Note suivante qu'il m'a communiquée :

« On a suspendu, à un fil très délié, une petite feuille carrée de talc laminaire, de manière qu'elle fût plongée dans l'eau par le bas. On a plongé dans la même eau, à la distance de quelques centimètres, la partie inférieure d'un parallélépipède d'ivoire, en sorte qu'une de ses faces fût parallèle à la feuille de talc; ensuite on a fait avancer très lentement ce parallélépipède vers la feuille de talc, en le maintenant toujours dans une situation parallèle à cette feuille et en l'arrêtant par intervalles, afin d'être assuré que l'effet du mouvement qu'il pouvait imprimer au fluide était insensible dans l'expérience. Alors cette feuille s'est éloignée du parallélépipède, et lorsqu'en continuant de faire mouvoir celui-ci, toujours avec une extrême lenteur, il n'y a plus eu qu'une très petite distance entre les deux corps, la feuille de talc s'est approchée tout à coup du parallélépipède et s'est mise en contact avec lui. En séparant alors les deux corps, on a trouvé le parallélépipède mouillé jusqu'à une certaine hauteur au-dessus du niveau de l'eau; en recommençant l'expérience avant de l'avoir essuyé, l'attraction a commencé plus tôt, et quelquefois elle a eu lieu dès le premier instant, sans être précédée d'une répulsion sensible. Ces expériences, répétées plusieurs fois et avec soin, ont toujours donné les mêmes résultats. »

SUR L'ACTION CAPILLAIRE [1].

Journal de Physique, t. LXIII; 1806.

En considérant sous un nouveau point de vue la théorie de l'action
capillaire, je suis parvenu non seulement à la simplifier mais encore
à généraliser les résultats auxquels j'avais été précédemment conduit
par l'analyse. Je n'avais déterminé l'élévation ou la dépression des
fluides que dans les espaces capillaires de révolution et entre des
plans; je vais la déterminer ici, quels que soient ces espaces et la
nature des parois qui les renferment, en supposant même dans ces
espaces un nombre quelconque de fluides placés les uns au-dessus des
autres, et j'en conclurai l'accroissement et la diminution de poids
que les corps plongés dans les fluides éprouvent par l'action capillaire.
La combinaison de ces résultats avec ceux que j'ai trouvés par l'analyse
m'a donné l'expression exacte des affinités des différents corps avec les
fluides, au moyen des expériences faites sur la résistance que les
disques des diverses substances, appliqués à la surface des fluides,
opposent à leur séparation. J'ose croire que cela pourra répandre un
grand jour sur la théorie des affinités; car ce que j'avance est fondé sur
des raisonnements géométriques, et non sur des considérations vagues
et précaires qu'il faut bannir sévèrement de la philosophie naturelle, à
moins qu'on ne les présente, ainsi que Newton l'a fait dans son *Optique*,
comme de simples conjectures propres à guider dans des recherches

---

[1] M. le professeur de Physique de l'École Polytechnique fait dans son Cours toutes
les expériences sur l'action capillaire, qu'il est indispensable de connaître pour entendre
la théorie exposée par M. Laplace, et montre l'accord de cette théorie avec tous les faits
qui ont été observés jusqu'à présent.

ultérieures, mais qui laissent presque en entier le mérite de la découverte à celui qui les établit solidement par l'observation ou par l'analyse. Je me propose de publier incessamment, dans un supplément à ma théorie de l'action capillaire, les démonstrations analytiques des théorèmes que je n'ai fait qu'énoncer. J'exposerai en même temps un nouveau moyen de parvenir aux équations fondamentales de cette théorie. Je déduirai de ces équations les théorèmes généraux que je vais présenter ici, en les démontrant par la considération directe de toutes les forces qui concourent à la production des effets capillaires. Ces démonstrations réunissent, à l'avantage d'une extrême simplicité, celui d'éclairer la cause et le mécanisme de ces effets. On verra que les forces dont ils dépendent ne s'arrêtent point à la superficie des fluides, mais qu'elles s'étendent dans tout leur intérieur et jusqu'aux extrémités des corps qui y sont plongés; ce qui établit l'entière identité de ces forces avec les affinités.

Si l'on conçoit un tube quelconque prismatique droit, vertical et plongeant par son extrémité inférieure dans un fluide indéfini, le volume du fluide intérieur, élevé au-dessus du niveau de l'action capillaire, est égal au contour de la base intérieure du prisme multiplié par une constante qui est la même pour tous les tubes prismatiques de la même matière, plongeant dans le même fluide.

Pour démontrer ce théorème, imaginons à l'extrémité inférieure du tube un second tube dont les parois infiniment minces soient le prolongement de la surface intérieure du premier tube et qui, n'ayant aucune action sur le fluide, n'empêchent point l'attraction réciproque des molécules du premier tube et du fluide. Supposons que ce second tube soit d'abord vertical, qu'ensuite il se recourbe horizontalement et qu'enfin il reprenne sa direction verticale, en conservant dans toute son étendue la même figure et la même largeur; il est visible que, dans l'état d'équilibre du fluide, la pression doit être la même dans les deux branches verticales du canal composé du premier et du second tube. Mais comme il y a plus de fluide dans la première branche ver-

ticale, formée du premier tube et d'une partie du second, que dans
l'autre branche verticale, il faut que l'excès de pression qui en résulte
soit détruit par les attractions du prisme et du fluide sur le fluide contenu dans cette première branche. Analysons avec soin ces attractions
diverses, considérons d'abord celles qui ont lieu vers la partie inférieure du premier tube.

Concevons pour cela que la base de ce tube soit horizontale : le
fluide contenu dans le second tube sera attiré verticalement vers le bas :
1° par lui-même; 2° par le fluide environnant ce second tube. Mais
ces deux attractions sont détruites par les attractions semblables
qu'éprouve le fluide contenu dans la seconde branche verticale du
canal, près de la surface du niveau du fluide : on peut donc en faire
abstraction ici. Le fluide de la première branche verticale du second
tube sera encore attiré verticalement en haut par le fluide du premier
tube; mais cette attraction sera détruite par l'attraction qu'il exerce
sur ce dernier fluide; on peut donc encore ici faire abstraction de ces
deux attractions réciproques. Enfin, le fluide du second tube sera
attiré verticalement en haut par le premier tube, et il en résultera dans
ce fluide une force verticale que nous désignerons par Q et qui contri-
buera à détruire l'excès de pression dû à l'élévation du fluide dans le
premier tube.

Examinons présentement les forces dont le fluide du premier tube
est animé. Il éprouve, dans sa partie inférieure, les attractions suivantes : 1° il est attiré par lui-même; mais les attractions réciproques
des molécules d'un corps ne lui-impriment aucun mouvement, s'il est
solide et l'on peut, sans troubler l'équilibre, concevoir le fluide du
premier tube, consolidé; 2° ce fluide est attiré par le fluide intérieur
du second tube; mais on vient de voir que les attractions réciproques
de ces deux fluides se détruisent et qu'il n'en faut point tenir compte;
3° il est attiré par le fluide extérieur qui environne le second tube et,
de cette attraction, il résulte une force verticale dirigée par le bas et
que nous désignerons par — Q'. Nous lui donnons le signe — pour
indiquer que sa direction est contraire à celle de la force Q. Nous

observerons ici que si les lois d'attractions relatives à la distance sont
les mêmes pour les molécules du premier tube et pour celles du fluide,
en sorte qu'elles ne diffèrent que par leur intensité, en nommant ρ et ρ'
ces intensités à volume égal, les forces Q et Q' sont proportionnelles
à ρ et à ρ'; car la surface intérieure du fluide qui environne le second
tube est la même que la surface intérieure du premier tube : les deux
masses ne diffèrent donc que par leur épaisseur. Mais l'attraction des
masses devenant insensible à des distances sensibles, la différence de
leurs épaisseurs n'en produit aucune dans leurs attractions, pourvu
que ces épaisseurs soient sensibles; 4° enfin, le fluide du premier
tube est attiré verticalement par ce tube. En effet, concevons ce fluide
partagé dans une infinité de petites colonnes verticales; si par l'extrémité supérieure d'une de ces colonnes on mène un plan horizontal, la
partie du tube inférieure à ce plan ne produira aucune force verticale
dans la colonne. Il n'y aura donc de force verticale produite que celle
qui sera due à la partie du tube supérieure au plan, et il est visible
que l'attraction verticale de cette partie du tube sur la colonne sera la
même que celle du tube entier sur une colonne égale et semblablement
placée dans le second tube. La force verticale entière, produite par
l'attraction du premier tube sur le fluide qu'il renferme, sera donc
égale à celle que produit l'attraction de ce tube sur le fluide renfermé
dans le second tube : cette force sera donc égale à Q.

En réunissant toutes les attractions verticales qu'éprouve le fluide
renfermé dans la première branche verticale du canal, on aura une
force verticale dirigée de bas en haut et égale à $2Q - Q'$. Cette force
doit balancer l'excès de pression dû au poids du fluide élevé au-
dessus du niveau. Soient

V son volume,
D sa densité,
g la pesanteur,
$g\,\mathrm{DV}$ sera son poids.

On aura donc
$$g\,\mathrm{DV} = 2\,\mathrm{Q} - \mathrm{Q}'.$$

Maintenant, l'attraction n'étant sensible qu'à des distances imperceptibles, le premier tube n'agit sensiblement que sur des colonnes extrêmement voisines de ses parois; on peut donc faire abstraction de la courbure de ces parois et les considérer comme étant développées sur une surface plane. La force Q sera proportionnelle à la largeur de cette surface, ou, ce qui revient au même, au contour de la base de la surface intérieure du parallélépipède. Ainsi, en nommant c ce contour, on aura

$$Q = \rho c,$$

ρ étant une constante proportionnelle à l'intensité de l'attraction de la matière du premier tube sur le fluide. On aura pareillement

$$Q' = \rho' c,$$

ρ' étant proportionnel à l'intensité de l'attraction du fluide sur lui-même; donc

$$V = \frac{(2\rho - \rho')c}{g\,D}$$

ce qui est l'expression algébrique du théorème qu'il s'agissait de démontrer.

On déterminera la constante $\frac{2\rho - \rho'}{g\,D}$ au moyen de l'élévation observée du fluide dans un tube cylindrique très étroit. Soient q la hauteur à laquelle le fluide s'élève dans ce tube et l le rayon du creux du tube; en nommant π la demi-circonférence dont le rayon est l'unité, on aura, à très peu près,

$$V = \pi l^2 q, \qquad c = 2 l \pi;$$

l'équation précédente donnera donc

$$\frac{2\rho - \rho'}{g\,D} = \frac{lq}{2},$$

et, par conséquent, on aura

$$V = \frac{lq}{2} c.$$

Si ρ' surpasse 2ρ, q sera négatif et, par conséquent, l'élévation du fluide se changeant en dépression, V sera négatif.

Nommons h la hauteur moyenne de toutes les colonnes fluides qui composent le volume V et b la base intérieure du parallélépipède, on aura

$$V = hb$$

et, par conséquent,

$$h = \frac{lqc}{2b}.$$

Lorsque les bases des différents parallélépipèdes sont des figures semblables, elles sont proportionnelles aux carrés de leurs lignes homologues, et leurs contours sont proportionnels à ces lignes; les hauteurs h sont donc alors réciproques à ces mêmes lignes.

Si les bases sont des polygones réguliers, elles seront égales au produit de leurs contours par la moitié des rayons des cercles inscrits; les hauteurs h sont donc réciproques à ces rayons. En désignant par r ces rayons, on aura

$$h = \frac{lq}{r}.$$

Ainsi, en supposant deux bases égales, dont l'une soit un carré et dont l'autre soit un triangle équilatéral, les valeurs de h seront entre elles comme $2 : 3^{\frac{3}{4}}$, ou, à fort peu près, comme $7 : 8$.

M. Gellert a fait quelques expériences sur l'élévation de l'eau dans des tubes de verre prismatiques, rectangulaires et triangulaires ([1]). Elles confirment la loi suivant laquelle les hauteurs sont réciproques aux lignes homologues des bases semblables. Ce savant conclut encore de ses expériences que, dans des prismes rectangulaires et triangulaires dont les bases sont égales, les élévations du fluide sont les mêmes; mais il convient que cela n'est pas aussi certain que la loi des hauteurs réciproques aux lignes homologues des bases semblables. En effet, on vient de voir qu'il y a $\frac{1}{8}$ de différence entre les élévations

<hr>

[1] *Mémoires de l'Académie de Pétersbourg*, t. XII.

du fluide dans deux prismes rectangulaires et triangulaires dont les bases sont égales, et dont l'une est un carré et l'autre un triangle équilatéral. Les expériences rapportées par M. Gellert n'offrent point de données suffisantes pour en comparer exactement les résultats à la théorie précédente.

Si la base du parallélépipède est un rectangle dont le grand côté soit égal à a et dont l'autre côté, supposé très petit, soit égal à l, on aura

$$b = al \quad \text{et} \quad c = 2a + 2l,$$

donc

$$h = \frac{lq(2a + 2l)}{2al} = q\left(1 + \frac{l}{a}\right).$$

En négligeant $\frac{l}{a}$, eu égard à l'unité, on aura

$$h = q,$$

conformément à l'expérience.

Si le vase indéfini, dans lequel le parallélépipède est plongé, renferme un nombre quelconque de fluides placés horizontalement les uns au-dessus des autres, l'excès du poids des fluides contenus dans le tube sur le poids des fluides qu'il eût renfermés sans l'action capillaire est le même que le poids du fluide qui s'élèverait au-dessus du niveau, dans le cas où il n'y aurait dans le vase que le fluide dans lequel plonge l'extrémité inférieure du parallélépipède.

En effet, l'action du prisme et de ce fluide sur le même fluide renfermé dans le tube est évidemment la même que dans ce dernier cas. Les autres fluides contenus dans le prisme étant élevés sensiblement au-dessus de sa base inférieure, le prisme n'a aucune action sur chacun d'eux pour les élever ou pour les abaisser. Quant à l'action réciproque de ces fluides les uns sur les autres, elle se détruirait évidemment s'ils formaient ensemble une masse solide, ce que l'on peut supposer sans troubler l'équilibre.

Si le vase ne renferme que deux fluides dans lesquels le prisme soit entièrement plongé, de manière qu'il plonge dans l'un par sa partie supé-

rieure et dans l'autre par sa partie inférieure, le poids du fluide inférieur élevé dans le prisme par l'action capillaire, au-dessus de son niveau dans le vase, sera égal au poids d'un pareil volume du fluide supérieur, plus au poids du fluide inférieur qui s'élèverait dans le prisme au-dessus du niveau, s'il n'y avait que ce fluide dans le vase, moins au poids du fluide supérieur qui s'élèverait dans le même prisme, au-dessus du niveau, si ce fluide existait seul dans le vase.

Pour le démontrer, on observera que l'action du prisme sur la partie du fluide inférieur qu'il contient est la même que si ce fluide existait seul dans le vase; ce fluide est donc, dans ces deux cas, sollicité verticalement de bas en haut de la même manière, soit par l'attraction du prisme, soit par l'attraction du fluide qui environne la partie inférieure du prisme; et la réunion de ces attractions équivaut au poids du volume de ce fluide qui s'élèverait dans le prisme, au-dessus du niveau, s'il existait seul dans le vase. Pareillement, le fluide supérieur contenu dans la partie supérieure du prisme est sollicité verticalement de haut en bas par l'action du prisme et du fluide qui environnent cette partie, comme il serait sollicité de bas en haut par les mêmes actions, si le vase ne renfermait que le fluide supérieur; et la réunion de ces actions équivaut au poids du fluide supérieur qui s'élèverait alors dans le prisme au-dessus de son niveau dans le vase. Enfin, la colonne des fluides intérieurs au prisme, qui est au-dessus du niveau du fluide inférieur dans le vase, est sollicitée verticalement du haut en bas par son propre poids, et du bas en haut par le poids d'une colonne semblable du fluide supérieur. En réunissant toutes ces forces qui doivent se faire équilibre, on aura le théorème que nous venons d'énoncer. On déterminera, par les mêmes principes, ce qui doit avoir lieu lorsqu'un prisme creux est entièrement plongé dans un vase rempli d'un nombre quelconque de fluides.

Nous avons supposé, dans ce qui précède, la base inférieure du prisme horizontale; mais si elle était inclinée à l'horizon, l'action verticale du prisme sur le fluide serait toujours la même, car un plan

d'une épaisseur sensible, qui plonge dans un fluide par sa partie inférieure dont la surface est terminée par une ligne droite inclinée à
l'horizon, attire ce fluide parallèlement à sa surface, et perpendiculairement à la droite qui la termine, proportionnellement à la longueur
de cette ligne; mais cette attraction, décomposée verticalement, est
proportionnelle à la largeur horizontale du plan. De là il est facile de
conclure généralement que, quelle que soit la forme de la base inférieure du prisme, son attraction verticale et celle du fluide extérieur
sur le fluide qu'il renferme sont les mêmes que si la base était horizontale. Ainsi, le premier théorème aura généralement lieu, si l'on
entend par le contour de la base intérieure celui de la section intérieure perpendiculaire aux côtés du prisme.

*Si le prisme qui, par sa partie inférieure, plonge dans le fluide d'un
vase indéfini, est oblique à l'horizon, le volume de fluide élevé dans le
prisme au-dessus du niveau du fluide du vase, multiplié par le sinus de
l'inclinaison des côtés du prisme à l'horizon, est constamment le même,
quelle que soit cette inclinaison.*

En effet, ce produit exprime le poids du volume du fluide élevé au-
dessus du niveau, et décomposé parallèlement aux côtés du prisme :
ce poids, ainsi décomposé, doit balancer l'attraction du prisme et du
fluide extérieur sur le fluide qu'il renferme; attraction qui est évidemment la même, quelle que soit l'inclinaison du prisme : la hauteur
verticale moyenne du fluide au-dessus du niveau est donc constamment
la même.

*Si l'on place verticalement un parallélépipède dans un autre parallélé-
pipède vertical de la même matière, et que l'on plonge dans un fluide
leurs extrémités inférieures; en nommant V le volume du fluide élevé au-
dessus du niveau, dans l'espace compris entre ces deux parallélépipèdes,
on aura*

$$V = \frac{(2\rho - \rho')}{g\,D}(c + c') = \frac{lq}{2}(c + c'),$$

c étant le contour de la base intérieure du plus grand parallélépipède, et c' étant le contour de la base extérieure du plus petit.

Ce théorème se démontre de la même manière que le premier. Si les bases des deux parallélépipèdes sont des polygones semblables, dont les côtés homologues soient parallèles et placés à la même distance; en nommant l cette distance, la base de l'espace que les deux parallélépipèdes laissent entre eux sera $\frac{l(c + c')}{2}$; ainsi h étant la hauteur moyenne du fluide soulevé, on aura

$$V = hl\frac{(c + c')}{2}$$

et, par conséquent,

$$h = q.$$

On peut déterminer encore, par les principes précédents, ce qui doit avoir lieu dans le cas où les prismes sont plongés, en tout ou en partie, dans un vase rempli d'un nombre quelconque de fluides, et dans le cas où ces prismes sont inclinés à l'horizon.

Les mêmes choses étant posées comme dans le théorème précédent, si les deux parallélépipèdes sont de différentes matières, en nommant ρ pour le plus grand, et ρ_1 pour le plus petit, ce que nous avons précédemment désigné par ρ, on aura

$$V = \frac{(2\rho - \rho')}{g\mathrm{D}}c + \frac{(2\rho_1 - \rho')}{g\mathrm{D}}c',$$

en sorte que si l'on nomme q et q_1 les élévations du fluide, dans deux tubes cylindriques très étroits du même rayon intérieur l, formés respectivement de ces matières, on aura

$$V = \frac{1}{2}l(qc + q_1c').$$

Ce théorème se démontre encore de la même manière que le premier théorème. On voit facilement que l'on obtiendra, par les mêmes principes, le volume de fluide élevé au-dessus du niveau, dans un espace renfermé par un nombre quelconque de plans verticaux de différentes matières.

Il résulte du théorème précédent que le volume V du fluide élevé, par l'action capillaire, à l'extérieur d'un prisme plongeant dans un fluide par son extrémité inférieure, est

$$V = \frac{2\rho - \rho'}{g\,\mathrm{D}}\,c = \frac{1}{2}\,lqc,$$

c étant le contour extérieur du prisme. L'augmentation du poids du prisme, due à l'action capillaire, est égale au poids de ce volume de fluide. Elle se change en diminution, si q est négatif, et alors le prisme est soulevé par l'action capillaire. Si ce prisme a pour base un rectangle très étroit dont a soit le grand côté et l le petit, en nommant i sa hauteur, sa solidité sera ail, et son contour c sera $2a + 2l$; le volume V du fluide déprimé par l'action capillaire sera $aql\left(1 + \frac{l}{a}\right)$. En nommant donc k le rapport de la pesanteur spécifique du prisme à celle du fluide, le poids du prisme sera au poids du volume de fluide déprimé comme $ik : q\left(1 + \frac{a}{l}\right)$; en diminuant donc i convenablement, on pourra rendre ces deux poids égaux et maintenir ainsi le prisme à la surface du fluide. On pourra déterminer encore, par les principes précédents, la diminution du poids d'un corps entièrement plongé dans un vase rempli de plusieurs fluides.

Si l'on plonge verticalement le bout d'un tube très étroit dans un fluide, en nommant l le rayon du creux du tube et q la hauteur à laquelle le fluide y est élevé au-dessus du niveau, on aura, par ma *Théorie de l'action capillaire* (') :

$$lq = \frac{\cos\varpi}{\alpha},$$

ϖ étant l'angle que la surface du fluide intérieur forme avec la partie

(') *OEuvres de Laplace*, t. IV, p. 432 et suiv.

de la surface intérieure du tube, qui est en contact avec le fluide. Lorsque le fluide est déprimé au-dessous du niveau, cet angle surpasse un angle droit, et alors son cosinus devient négatif ainsi que q; α est une constante qui ne dépend que de la pesanteur et de l'action du fluide sur lui-même. On a, par ce qui précède,

$$\frac{2\rho - \rho'}{gD} = \frac{lq}{2};$$

on aura donc

(1) $$\cos\varpi = \frac{2\alpha(2\rho - \rho')}{gD}.$$

Mais on a vu dans la théorie citée que, ρ étant nul, ϖ est égal à deux angles droits; ce que l'on peut conclure encore de l'analyse que j'exposerai dans un supplément à cette théorie, sur la résistance qu'un disque circulaire fort large, appliqué à la surface d'un fluide, oppose à sa séparation de ce fluide. Il résulte de cette analyse que, i étant le rayon du disque supposé de la même matière que le tube précédent, cette résistance est égale à

$$\frac{gD\pi i^2 \sqrt{2}\cos\frac{1}{2}\varpi}{\sqrt{\alpha}};$$

or, il est clair qu'elle doit être nulle, lorsque ρ est nul, ou lorsque le disque n'a aucune action sur le fluide; on a donc alors $\cos\frac{1}{2}\varpi$ nul, ce qui donne

$$\varpi = \pi$$

et, par conséquent,

$$\cos\varpi = -1;$$

l'équation (1) donnera ainsi

$$\rho' = \frac{gD}{2\alpha}$$

et, par conséquent,

$$\frac{\rho}{\rho'} = \cos^2\frac{1}{2}\varpi;$$

l'expression précédente de la résistance que le disque oppose à sa séparation du fluide, ou, ce qui revient au même, du poids nécessaire pour l'enlever, devient ainsi $2\pi i^2 \sqrt{gD\rho}$. *Donc, pour des disques de même diamètre et de matières différentes, les carrés de ces poids, divisés par les densités spécifiques des fluides, sont proportionnels aux valeurs de ρ.* On peut donc, par des expériences très précises sur les résistances que les disques opposent à leur séparation de la surface des fluides, déterminer leurs attractions respectives sur ces fluides.

On doit faire ici deux observations importantes : la première est que ρ exprime l'action d'un plan d'une épaisseur sensible sur un plan fluide d'une épaisseur sensible, et dont la largeur est prise pour une unité, qui lui est parallèle et qui le touche par la droite qui termine une de ses extrémités, quelles que soient d'ailleurs les lois d'attraction des molécules du fluide sur celles du plan et sur ses propres molécules, dans le cas même où ces lois ne seraient pas exprimées par une même fonction de la distance. Mais si cette fonction est la même, alors les valeurs de ρ et de ρ' sont proportionnelles aux intensités respectives des attractions, ou, ce qui revient au même, aux coefficients constants qui multiplient la fonction commune de la distance par laquelle la loi de ces attractions est représentée; mais ces valeurs sont relatives à des volumes égaux. Pour le faire voir, concevons deux tubes capillaires de même diamètre et de substances différentes, mais dans lesquels un fluide s'élève à la même hauteur. Il est clair que si l'on prend dans ces tubes deux volumes égaux et infiniment petits, semblablement placés relativement au fluide intérieur, leur action sur ce fluide sera la même, et l'on pourra substituer l'un au lieu de l'autre; or, pour avoir leurs attractions à égalité de masses, il faut diviser les attractions des volumes égaux par les densités respectives; il faut donc diviser les valeurs de ρ et de ρ' par les densités respectives des différents corps.

La seconde observation est que les résultats précédents supposent ρ moindre que ρ'; car si ρ surpassait ρ', le fluide s'unirait intimement au disque qu'il touche et formerait ainsi un nouveau disque dont la surface en contact avec le fluide serait le fluide lui-même. Mais comme on peut, par la formule précédente, déterminer la résistance qu'un pareil disque opposerait à sa séparation, on sera sûr que ρ est moindre que ρ' si la résistance qu'un disque oppose est plus petite que la résistance ainsi calculée.

DE L'ADHÉSION

DES

CORPS A LA SURFACE DES FLUIDES [1].

Journal de Physique, t. LXIII; 1806.

On a fait un grand nombre d'expériences sur l'adhésion des corps à la surface des fluides, mais sans se douter que cette adhésion était un effet de l'action capillaire. M. Thomas Young me paraît être le premier qui en ait fait l'ingénieuse remarque [2]. En appliquant mon analyse à ces expériences, j'ai trouvé qu'elle les représente aussi bien qu'on doit l'attendre d'expériences très délicates, et qui ne s'accordent pas toujours entre elles. Les phénomènes dus à l'action capillaire étant aujourd'hui ramenés à une théorie mathématique, il ne manque plus, à cette branche intéressante de la Physique, qu'une suite d'expériences exactes dans lesquelles on isole avec soin tout ce qui peut altérer les effets de cette action. Le besoin d'expériences très précises se fait sentir à mesure que les sciences se perfectionnent. C'est au concours des grandes découvertes en Mécanique et en Analyse, avec celles du télescope et du pendule, que l'Astronomie doit ses immenses progrès. On ne peut donc trop inviter les physiciens à donner la plus grande précision à leurs résultats; comme on ne peut assez encourager l'habile artiste qui se voue à la perfection des instruments des sciences. Une expérience mal faite a été souvent la cause de beaucoup d'erreurs;

---

[1] Extrait d'un Mémoire, lu dans la séance de la première Classe de l'Institut, du 24 novembre 1806.

[2] *Transactions philosophiques*, année 1805.

au lieu qu'une expérience bien faite subsiste toujours et devient quelquefois une source de découvertes : on s'appuie sur elle avec confiance; mais le physicien circonspect se croit obligé de vérifier les résultats des observateurs qui n'ont point acquis une juste réputation d'exactitude.

Lorsqu'on applique un disque de verre sur la surface de l'eau stagnante dans un vase d'une grande étendue, on éprouve pour l'en détacher une résistance d'autant plus considérable que la surface du disque est plus grande. En élevant le disque, on soulève en même temps, au-dessus du niveau du fluide renfermé dans le vase, une colonne de ce fluide, dont la figure ressemble à celle d'une gorge de poulie. Sa base inférieure s'étend indéfiniment sur la surface de niveau : à mesure que la colonne s'élève, elle se rétrécit jusqu'aux sept dixièmes environ de sa hauteur; ensuite, elle s'élargit et couvre la surface du disque par sa base supérieure. Pour déterminer son volume concevons, dans le plan de sa plus petite largeur, un canal intérieur, d'abord horizontal, se recourbant ensuite verticalement jusqu'à la surface de niveau du fluide et reprenant, à ce point, sa direction horizontale. Il est facile de voir que, dans le cas de la colonne en équilibre, la force due à la capillarité de sa surface doit balancer le poids du fluide renfermé dans la branche verticale du canal. En élevant le disque davantage, ce poids l'emporte sur la force capillaire, et la colonne se détache du disque. Le poids de la colonne d'eau soulevée dans cet état d'équilibre est donc la mesure de la résistance que l'on éprouve à détacher le disque. Si la largeur du disque est considérable on trouve, par l'analyse, que ce poids est égal à celui d'un cylindre d'eau, dont la base serait celle du disque, et dont la hauteur serait le produit de 1^{mm} par la racine carrée du nombre de millimètres contenus dans la hauteur à laquelle l'eau s'élève dans un tube de verre de 1^{mm} de diamètre. La surface de l'eau est tangente à celle du disque; mais si ces deux surfaces se coupaient, il faudrait alors multiplier le résultat précédent par le cosinus de la moitié de l'angle aigu qu'elles forment entre elles, et le diviser par la racine carrée du cosinus de l'angle entier.

Lorsque le fluide, au lieu de s'élever, s'abaisse dans un tube capillaire de la matière du disque, comme le mercure dans un tube de verre; la colonne soulevée par le disque n'est plus celle d'une gorge de poulie : sa base inférieure s'étend indéfiniment sur la surface du disque; mais la colonne se rétrécit continuellement depuis cette base jusqu'aux points de son contact avec le disque. Le poids de cette colonne, dans l'état d'équilibre, est égal à celui d'un cylindre fluide, dont la base serait celle du disque, et dont la hauteur serait le produit de 1^{mm} par le nombre de millimètres dont le fluide s'abaisse dans un tube de la matière du disque, dont le diamètre serait de 1^{mm}, ce produit étant multiplié par le sinus de la moitié de l'angle aigu que la surface du fluide forme avec le disque et, de plus, étant divisé par la racine carrée du cosinus de l'angle total.

Tous ces résultats ont besoin d'une légère correction relative à la supposition d'une grande largeur du disque. Je donne cette correction qui peut être négligée, sans erreur sensible, pour les disques dont le diamètre est de 30^{mm}, ou au-dessus.

Pour comparer les résultats précédents à l'expérience, considérons un disque de verre de 100^{mm} de diamètre. M. Haüy a observé que dans un tube de verre de 1^{mm} de diamètre l'eau s'élève, au-dessus du niveau, à la hauteur de $13^{mm},569$; d'où il est facile de conclure, au moyen du théorème énoncé ci-dessus, que la force nécessaire pour détacher le disque, de la surface de l'eau, équivaut à un poids de $28^{g},931$. Suivant les expériences de M. Achard, cette force est de $29^{g},319$, ce qui diffère très peu du résultat précédent. On a fait quelques expériences sur la résistance qu'oppose un disque de verre appliqué à la surface du mercure. Mais pour les comparer à la théorie, il faudrait connaitre l'angle que forme la surface de ce fluide, en contact avec le verre. Une expérience de ce genre, faite avec précision, est très propre à déterminer cet angle qui parait s'élever à 30° ou 40°.

Si l'on place, horizontalement l'un sur l'autre, deux disques de verre, en laissant entre eux une couche d'eau très mince, ces deux disques adhèrent avec une force considérable. Pour la déterminer, on observera que le fluide interposé prend alors la forme d'une poulie, et que le plus petit rayon de courbure de sa surface est à très peu près égal à la moitié de l'épaisseur de la couche. En négligeant donc ici, comme on peut le faire lorsque les disques sont fort larges, le plus grand rayon de courbure, on trouve la résistance que les deux disques opposent à leur séparation, égale au poids d'un cylindre d'eau qui aurait pour base la surface du disque et pour hauteur l'élévation de l'eau entre deux plans de verre parallèles et distants, l'un de l'autre, de l'intervalle qui sépare les disques. M. Guyton de Morveau a fait une semblable expérience avec deux disques de verre dont le diamètre était de 81^{mm},21, et il a trouvé la résistance à leur séparation, égale à 250^g,6. Suivant le théorème précédent, cette résistance n'est que de 155^g,78. La différence d'environ un tiers, entre ces deux résultats, tient sans doute, soit à l'évaluation de l'intervalle qui sépare les disques, évaluation très délicate, lorsqu'il s'agit d'aussi petits intervalles, soit aux inégalités des surfaces des disques, qu'il est difficile de rendre exactement planes.

La suspension des petits corps à la surface des fluides dépend de ce principe général : *La diminution du poids d'un corps plongeant dans un fluide qui s'abaisse près de lui par l'action capillaire, est égale au poids d'un volume de fluide, pareil à celui de la partie du corps située au-dessous du niveau, plus au poids du volume de fluide que le corps écarte par l'action capillaire. Si cette action élève le fluide au-dessus du niveau, la diminution du poids du corps est alors égale au poids d'un volume de fluide, pareil à la partie du corps située au-dessous du niveau, moins le poids du fluide soulevé par l'action capillaire.*

Ce principe embrasse le principe connu d'hydrostatique sur la diminution du poids d'un corps plongeant dans un fluide; il suffit d'en supprimer ce qui est relatif à l'action capillaire qui disparait totalement, lorsque le corps est entièrement plongé dans le fluide, au-dessous du niveau.

Pour démontrer le principe que nous venons d'énoncer, considérons un canal vertical assez large pour embrasser le corps et tout le

volume sensible de fluide qu'il soulève, ou de l'espace qu'il laisse vide
par l'action capillaire. Concevons que ce canal, après avoir pénétré
dans le fluide, se recourbe horizontalement et qu'ensuite il se relève
verticalement, en conservant dans toute son étendue la même largeur.
Il est clair que, dans le cas de l'équilibre, les poids contenus dans les
deux branches verticales de ce canal doivent être égaux. Il faut donc
que le corps par son poids compense le vide qu'il produit par l'action
capillaire; ou s'il soulève par cette action le fluide, il faut que par sa
légèreté spécifique il compense le poids du fluide élevé. Dans le premier cas, cette action soulève le corps qui peut être par là maintenu à
la surface, quoique plus pesant spécifiquement que le fluide; dans le
second cas, elle tend à faire plonger le corps dans le fluide. C'est ainsi
qu'un cylindre d'acier, très délié, dont le contact avec l'eau est em-
pêché soit par un vernis, soit par une petite couche d'air qui l'enveloppe, est soutenu à la surface de ce fluide. Si l'on place ainsi deux
cylindres égaux et parallèles, qui se touchent de manière qu'ils se dé-
passent mutuellement, on observe qu'à l'instant ils glissent l'un sur
l'autre, pour se mettre de niveau par leurs extrémités. La raison de ce
phénomène est visible. Le fluide est plus déprimé par l'action capillaire
des deux cylindres, à l'extrémité de chacun d'eux, qui est en contact
avec l'autre cylindre, qu'à l'extrémité opposée. La base de cette dernière extrémité est donc plus pressée que l'autre base, puisque le
fluide y est plus élevé. Chaque cylindre tend, en conséquence, à se
réunir de plus en plus avec l'autre; et comme les forces accélératrices
portent toujours un système de corps, dérangé de l'état d'équilibre, au
delà de cette situation, les deux cylindres doivent se dépasser alternativement en faisant des oscillations qui, diminuant sans cesse par les
résistances qu'elles éprouvent, finissent par être anéanties. Ces cylindres, alors parvenus à l'état de repos, sont de niveau par leurs extrémités. On pourrait déterminer ces oscillations par l'analyse, et
comparer sur ce point la théorie de l'action capillaire avec l'expérience. Ces comparaisons sont la vraie pierre de touche des théories
qui ne laissent plus rien à désirer, lorsqu'on peut à leur moyen, non

seulement prévoir tous les effets qui doivent résulter de circonstances données, mais encore en déterminer exactement les quantités.

Si l'on considère l'ensemble des phénomènes capillaires et leur dépendance du seul principe d'une attraction entre les molécules des corps, décroissante avec une extrême rapidité, il est impossible de révoquer ce principe en doute. Cette attraction est la cause des affinités chimiques : elle ne s'arrête point à la surface des corps; mais pénétrant dans leur intérieur, à des profondeurs qui, quoique imperceptibles à nos sens, sont très sensibles dans le jeu des affinités, elle produit cette influence des masses, dont M. Berthollet a développé les effets d'une manière si neuve et si heureuse. Combinée avec la figure des espaces capillaires, elle donne naissance à une variété presque infinie de phénomènes qui rentrent maintenant, comme les phénomènes célestes, dans le domaine de l'Analyse. Leur théorie est le point de contact le plus intime de la Physique avec la Chimie, deux sciences qui se touchent aujourd'hui par tant de côtés, que l'on ne peut cultiver l'une avec un grand succès, sans avoir approfondi l'autre. La ressemblance de la figure des fluides élevés, déprimés ou arrondis par l'action capillaire, avec les surfaces engendrées par les courbes connues sous les noms de *chaînette*, de *linéaire* et d'*élastique*, dont les géomètres s'occupèrent à l'origine du Calcul infinitésimal, donna lieu de penser à quelques physiciens que les surfaces des fluides étaient uniformément tendues, comme les surfaces élastiques. Segner, qui paraît avoir eu le premier cette idée (¹), sentit bien qu'elle ne pouvait être qu'une fiction propre à représenter les effets d'une attraction entre les molécules, décroissante très rapidement. Cet habile géomètre essaya de démontrer que cette attraction devait avoir les mêmes résultats; mais, en suivant son raisonnement, il est facile d'en reconnaître l'inexactitude, et l'on peut juger, par la note qui termine ses recherches, qu'il semble n'en avoir pas été satisfait lui-même. D'autres physiciens, en reprenant l'idée d'une tension uniforme des surfaces fluides, l'ont

(¹) *Mémoires de la Société royale de Göttingue*, t. I.

appliquée à divers phénomènes capillaires. Mais ils n'ont pas été plus heureux que Segner, dans l'explication de cette force, et les plus sages se sont contentés de l'envisager comme un moyen de représenter les phénomènes. En se livrant à toutes les conjectures que leur première vue fait naître, on peut rencontrer quelques vérités; mais elles sont presque toujours mêlées avec beaucoup d'erreurs, et leur découverte n'appartient qu'à celui qui, les séparant de ce mélange, parvient à les établir solidement par l'observation ou par le calcul.

SUR LA LOI

DE LA

RÉFRACTION EXTRAORDINAIRE DE LA LUMIÈRE
DANS LES CRISTAUX DIAPHANES [1].

Journal de Physique, t. LXVIII; 1809.

La vraie loi de la réfraction extraordinaire dans le cristal d'Islande
a été découverte par Huygens. M. Malus, qui vient de la comparer à
un très grand nombre d'expériences faites avec une extrême précision,
sur les faces naturelles et artificielles de ce cristal, a reconnu qu'elle
y satisfait exactement, en sorte qu'on doit la mettre au rang des plus
certains comme des plus beaux résultats de la Physique. Huygens
l'avait déduite d'une manière ingénieuse, de son hypothèse sur la
propagation de la lumière qu'il concevait formée par les ondulations
d'un fluide éthéré. Ce grand géomètre supposait, dans les milieux
diaphanes ordinaires, la vitesse de ces ondulations, plus petite que
dans le vide et la même dans tous les sens. Il imaginait, dans le cristal
d'Islande, deux espèces d'ondulations : dans l'une, la vitesse est la
même suivant toutes les directions; dans l'autre, cette vitesse est variable et représentée par les rayons d'un ellipsoïde de révolution, dont
le centre est au point d'incidence du rayon lumineux sur la face du
cristal, et dont l'axe est parallèle à l'axe du cristal, c'est-à-dire à la
droite qui joint les deux angles solides obtus du rhomboïde. Huygens
n'assigne point la cause de cette variété d'ondulations; et les singu-

[1] Lu à la première Classe de l'Institut, dans sa séance du 30 janvier 1809.

liers phénomènes qu'offre la lumière, en passant d'un cristal dans un autre, sont inexplicables dans son hypothèse. Cela, joint aux grandes difficultés que présente la théorie des ondes de lumière, a fait rejeter par la plupart des physiciens la loi de réfraction qu'il y avait attachée. Mais l'expérience ayant prouvé l'exactitude de cette loi remarquable, on doit la séparer entièrement des hypothèses qui l'ont fait découvrir. Il serait bien intéressant de la rapporter, ainsi que Newton l'a fait à l'égard de la réfraction ordinaire, à des forces attractives ou répulsives, dont l'action n'est sensible qu'à des distances imperceptibles; il est, en effet, très vraisemblable qu'elle en dépend, et je m'en suis assuré par les considérations suivantes :

On sait que le principe de la moindre action a généralement lieu dans le mouvement d'un point soumis à ce genre de forces. En appliquant ce principe à la lumière, on peut faire abstraction de la courbe insensible qu'elle décrit dans son passage du vide dans un milieu diaphane, et supposer sa vitesse constante, lorsqu'elle y a pénétré d'une quantité sensible. Le principe de la moindre action se réduit donc alors à ce que la lumière parvient d'un point pris au dehors, à un point pris dans l'intérieur du cristal, de manière que si l'on ajoute le produit de la droite qu'elle décrit au dehors, par sa vitesse primitive, au produit de la droite qu'elle décrit au dedans, par la vitesse correspondante, la somme soit un *minimum*. Ce principe donne toujours la vitesse de la lumière dans un milieu diaphane, lorsque la loi de la réfraction est connue; et réciproquement il donne cette loi, quand on connait la vitesse. Mais une condition à remplir dans le cas de la réfraction extraordinaire est que la vitesse du rayon lumineux, dans le milieu, soit indépendante de la manière dont il y est entré et ne dépende que de sa position par rapport à l'axe du cristal, c'est-à-dire de l'angle que ce rayon forme avec une ligne parallèle à cet axe. En effet, si l'on imagine une face artificielle perpendiculaire à l'axe, tous les rayons intérieurs également inclinés à cet axe le seront également à la face et seront évidemment soumis aux mêmes forces au sortir du cristal; tous reprendront leur vitesse primitive dans le vide :

la vitesse dans l'intérieur est donc pour tous la même. J'ai reconnu
que la loi de la réfraction extraordinaire donnée par Huygens satisfait à cette condition, en même temps qu'au principe de la moindre
action ; ce qui ne laisse aucun lieu de douter qu'elle est due à des forces
attractives et répulsives, dont l'action n'est sensible qu'à des distances
insensibles. Une donnée précieuse, pour découvrir leur nature, est
l'expression de la vitesse à laquelle l'analyse m'a conduit, et qui est
égale à une fraction dont le numérateur est l'unité, et dont le dénominateur est le rayon de l'ellipsoïde suivant lequel la lumière se dirige,
la vitesse dans le vide étant prise pour unité. La vitesse du rayon *ordinaire*, dans le cristal, est l'unité divisée par l'axe de révolution de
l'ellipsoïde ; elle est, par conséquent, plus grande que celle du rayon
extraordinaire : la différence des carrés des deux vitesses étant proportionnelle au carré du sinus de l'angle que ce dernier rayon forme avec
l'axe. Cette différence représente celle des actions du cristal, sur les
deux espèces de rayons. Suivant Huygens, la vitesse du rayon extraordinaire, dans le cristal, est exprimée par le rayon même de l'ellipsoïde ; son hypothèse ne satisfait donc point au principe de la moindre
action. Mais il est remarquable qu'elle satisfasse au principe de
Fermat, qui consiste en ce que la lumière parvient d'un point donné
au dehors du cristal à un point pris dans son intérieur, dans le moins
de temps possible, car il est facile de voir que ce principe revient à
celui de la moindre action, en y renversant l'expression de la vitesse.
Ainsi l'un et l'autre de ces principes conduisent à la loi de la réfraction
extraordinaire, découverte par Huygens, pourvu que dans le principe de Fermat on prenne, avec Huygens, le rayon de l'ellipsoïde pour
représenter la vitesse et que, dans le principe de la moindre action,
ce rayon représente le temps employé par la lumière à parcourir un
espace déterminé pris pour unité. Si les axes de l'ellipsoïde sont égaux
entre eux, l'ellipsoïde devient une sphère, et la réfraction se change
en réfraction ordinaire ; ainsi dans ces phénomènes la nature, en allant
du simple au composé, fait succéder les formes elliptiques à la forme
circulaire, comme dans les mouvements et la figure des corps célestes.

Descartes est le premier qui ait publié la vraie loi de la réfraction ordinaire, que Képler et d'autres physiciens avaient inutilement cherchée. Huygens affirme, dans sa *Dioptrique*, qu'il l'a vue présentée sous une autre forme, dans un manuscrit de Snellius, qu'on lui a dit avoir été communiqué à Descartes, et d'où peut-être, ajoute-t-il, ce dernier a tiré le rapport constant des sinus de réfraction et d'incidence. Mais cette réclamation tardive d'Huygens en faveur de son compatriote ne me paraît pas suffisante pour enlever à Descartes le mérite d'une découverte que personne ne lui a contestée de son vivant. Ce grand géomètre l'a déduite des deux propositions suivantes : l'une, que la vitesse de la lumière parallèle à la surface d'incidence n'est altérée ni par la réflexion, ni par la réfraction ; l'autre, que la vitesse est différente dans les milieux divers, et plus grande dans ceux qui réfractent plus la lumière. Descartes en a conclu que si, dans le passage d'un milieu dans un autre moins réfringent, l'inclinaison du rayon lumineux est telle que l'expression du sinus de réfraction soit égale ou plus grande que le rayon, alors la réfraction se change en réflexion, les deux angles de réflexion et d'incidence étant égaux. Tous ces résultats sont conformes à la nature, comme Newton l'a fait voir par la théorie des forces attractives ; mais les preuves que Descartes en a données sont inexactes et il est assez remarquable que Huygens et lui soient parvenus, au moyen de théories incertaines ou fausses, aux véritables lois de la réfraction de la lumière. Descartes eut à ce sujet, avec Fermat, une longue querelle, que les Cartésiens prolongèrent après sa mort et qui fournit à Fermat l'occasion heureuse d'appliquer sa belle méthode *de maximis et minimis*, aux expressions radicales. En considérant cette matière sous un point de vue métaphysique, il chercha la loi de la réfraction, par le principe que nous avons exposé précédemment, et il fut très surpris d'arriver à celle de Descartes. Mais ayant trouvé que, pour satisfaire à son principe, la vitesse de la lumière devait être plus petite dans les milieux diaphanes que dans le vide, tandis que Descartes la supposait plus grande, il se confirma dans la pensée que les démonstrations de ce grand géomètre étaient fautives. Maupertuis,

convaincu par les raisonnements de Newton de la vérité des suppositions de Descartes, reconnut que la fonction qui, dans le mouvement
de la lumière, est un *minimum* n'est pas, comme Fermat le suppose,
la somme des quotients, mais celle des produits des espaces décrits
par les vitesses correspondantes. Ce résultat, étendu à l'intégrale du
produit de l'élément de l'espace par la vitesse dans les mouvements
variables, a conduit Euler au principe de la moindre action, que M. de
Lagrange ensuite a dérivé des lois primordiales du mouvement.
L'usage que je fais de ce principe, soit pour reconnaître si la loi de
réfraction extraordinaire donnée par Huygens dépend de forces
attractives ou répulsives, et pour l'élever ainsi au rang des lois rigoureuses, soit pour déduire réciproquement l'une de l'autre les lois de la
réfraction et de la vitesse de la lumière dans les milieux diaphanes,
m'a paru mériter l'attention des physiciens et des géomètres.

CONSIDÉRATIONS

SUR LA

THÉORIE DES PHÉNOMÈNES CAPILLAIRES.

Journal de Physique, t. LXXXIX; 1819.

J'ai donné, dans deux suppléments au dixième Livre de la *Mécanique céleste* (¹), une théorie de ces phénomènes, fondée sur l'hypothèse d'attractions entre les molécules des corps qui cessent d'être sensibles à des distances sensibles. Déjà Newton, dans la question très étendue qui termine son *Optique*, avait attribué à ce genre d'attraction les phénomènes capillaires et tous les phénomènes chimiques. Il avait ainsi posé les vrais fondements de la Chimie; mais ses idées, justes et profondes, ne furent pas alors mieux comprises que sa théorie du système du monde; elles ont même été adoptées plus tard que cette théorie. A la vérité, ce géomètre n'ayant pas soumis au calcul, comme il l'avait fait pour les lois de Képler, la loi principale des phénomènes capillaires, savoir : l'élévation ou la dépression des liquides dans un tube capillaire et cylindrique, en raison inverse de son diamètre, on pourrait élever des doutes sur la cause à laquelle il attribuait ce phénomène général; car il ne suffit pas, pour expliquer les effets de la nature, de les faire dépendre vaguement d'un principe, il faut prouver par le calcul que ces effets en sont une suite nécessaire. Personne ne sentait mieux que Newton la nécessité de cette règle; mais il a sans doute été arrêté par les difficultés du problème comme à l'égard de plusieurs points du système du monde, qu'il s'était contenté d'attri-

(¹) *OEuvres de Laplace*, T. IV.

buer, sans preuve, à l'attraction universelle, et que l'analyse perfec-
tionnée a fait dériver de ce principe. Clairaut est le premier qui ait entrepris d'appliquer l'analyse aux phénomènes capillaires, dans son bel
Ouvrage sur la figure de la Terre ; il suppose que les molécules du verre
et de l'eau s'attirent réciproquement suivant une loi quelconque et,
après avoir analysé toutes les forces qui en résultent pour soulever
l'eau dans un tube de verre, capillaire et cylindrique, il se contente
d'observer, sans le prouver, *qu'il y a une telle loi à donner à l'attraction, qu'il en résulte que l'élévation de l'eau dans le tube sera en raison
renversée du diamètre, ainsi que l'expérience le donne.* Mais la difficulté
du problème consiste à faire voir l'existence de cette loi, et à la déterminer. C'est l'objet que j'ai rempli dans ma théorie de l'action capillaire. D'après cette théorie, l'élévation et la dépression des liquides
dans les tubes capillaires, en raison inverse du diamètre de ces tubes,
exigent que l'attraction moléculaire soit insensible à des distances
sensibles ; toute loi de ce genre satisfait à ce phénomène. L'analyse qui
m'a conduit à ce résultat m'a donné pareillement l'explication des
phénomènes nombreux et variés que présentent les liquides dans les
espaces capillaires ; j'ai multiplié le plus qu'il m'a été possible ces
phénomènes, et j'ai trouvé constamment les résultats du calcul d'accord
avec l'expérience ; aussi ai-je eu la satisfaction de voir ma théorie
adoptée par tous les géomètres qui l'ont approfondie. Mes savants
confrères Haüy et Biot l'ont exposée avec autant de clarté que d'élégance dans leurs traités de Physique, et un jeune physicien bien connu
de l'Académie, M. Petit, en a fait le sujet d'une dissertation intéressante. Il faut donc exclure toutes les lois d'attraction, sensibles à des
distances sensibles et différentes de la gravitation universelle.
Hawskbée avait déjà reconnu, par l'expérience, que l'épaisseur plus ou
moins grande des parois d'un tube capillaire n'a aucune influence sur
l'élévation du liquide, et il en avait conclu que l'attraction du tube est
insensible à une distance sensible ; mais l'élévation du liquide, à raison inverse du diamètre du tube, le prouve d'une manière beaucoup
plus précise.

Une remarque importante est que la même attraction moléculaire
agit d'une manière très différente dans les phénomènes chimiques et
dans les phénomènes capillaires. Dans les premiers, elle exerce toute
son énergie; elle est très faible dans les seconds et dépend de la
courbure des espaces capillaires qui renferment les liquides. L'effet
chimique de l'attraction est exprimé par l'intégrale de la différentielle
de la distance, multipliée par une fonction qui dépend de cette attraction, et qui diminue avec une extrême rapidité quand la distance
augmente. L'intégrale du produit de la même différentielle par la distance, divisée par le rayon de courbure de l'espace, exprime l'effet
capillaire. Il est facile d'en conclure que cet effet est d'un ordre très
inférieur à celui de l'effet chimique, quand la distance à laquelle
l'attraction devient insensible est très petite relativement au rayon de
courbure.

Dans la nature, les molécules des corps sont animées de deux forces
contraires : leur attraction mutuelle et la force répulsive de la chaleur.
Quand les liquides sont placés dans le vide, ces deux forces se font à
très peu près équilibre; si elles suivaient la même loi de variation relativement à la distance, l'intégrale qui exprime l'effet capillaire serait
insensible; mais si les lois de leur variation sont différentes, et si,
comme cela est nécessaire pour la stabilité de l'équilibre, la force répulsive de la chaleur décroît plus rapidement que la force attractive,
alors l'expression intégrale des effets capillaires est sensible, dans le
cas même où l'expression intégrale des effets chimiques devient nulle,
et les phénomènes capillaires ont lieu dans le vide comme dans l'air,
conformément à l'expérience : la théorie que j'ai donnée de ces phénomènes embrasse l'action des deux forces dont je viens de parler, en
prenant pour l'expression intégrale de l'effet capillaire la différence
des deux intégrales relatives à l'attraction moléculaire et à la force répulsive de la chaleur, ce qui répond à l'objection du savant physicien
M. Young, qui reproche à cette théorie de ne point considérer cette
dernière force.

Comment ces forces attractives et répulsives dont l'action est si différente dans les phénomènes chimiques et dans les phénomènes capillaires agissent-elles dans le mouvement des liquides? C'est une question que les vrais géomètres jugeront très difficile. Une longue suite d'expériences précises et variées, l'emploi de toutes les ressources de l'analyse, et probablement encore la création de nouvelles méthodes, seront nécessaires pour cet objet. Après avoir reconnu l'influence de la courbure des surfaces dans les espaces capillaires, j'essayai d'appliquer mon analyse au mouvement d'oscillation des liquides dans les tubes recourbés très étroits. On conçoit, en effet, que dans ce mouvement la courbure de la surface du liquide change sans cesse, ce qui produit une force variable qui tend à élever ou à déprimer le liquide, suivant que la surface est concave ou convexe. Cette force a sur le mouvement du liquide une influence sensible lorsque le tube est fort étroit et quand les oscillations ont peu d'étendue. Quelques expériences me paraissent l'indiquer; mais le frottement du liquide contre les parois du tube et la viscosité des molécules liquides, ou la difficulté plus ou moins grande qu'elles éprouvent à glisser les unes sur les autres, deux causes qu'il est presque impossible de soumettre au calcul et de combiner avec le changement de sa surface, me firent abandonner cette recherche. L'effet de ces causes est remarquable, même dans les phénomènes capillaires, et l'on doit user de précautions pour s'en garantir. On l'éprouve journellement dans les observations du baromètre, qu'il faut légèrement agiter pour avoir la hauteur du mercure due à la seule pression de l'atmosphère. Cet effet s'observe encore lorsque l'eau s'élève dans un tube de verre capillaire. Newton, Hawskbée et M. Haüy n'ont trouvé, par leurs expériences, que la moitié de la hauteur observée par M. Gay-Lussac. Les premiers employaient des tubes secs, dont les parois opposaient par leur frottement et par l'air adhérent à leur surface une résistance sensible à l'ascension de l'eau; le second, pour anéantir cette résistance, humectait ces parois; il obtenait ainsi une hauteur toujours la même et double à peu près de la précédente.

Le frottement et la viscosité des liquides doivent être principalement sensibles dans leur écoulement par des canaux étroits; ce phénomène composé ne peut donc pas nous conduire aux lois de l'attraction moléculaire. Quand on veut remonter à un principe général, la méthode philosophique prescrit d'en considérer les effets les plus simples. Ce fut par les lois simples du mouvement elliptique que Newton découvrit le principe de la pesanteur universelle, qu'il eût difficilement reconnu dans les inégalités nombreuses et compliquées du mouvement lunaire. On doit pareillement rechercher les lois des attractions moléculaires, en considérant leurs effets dans les phénomènes de la statique chimique et dans ceux que présente l'équilibre des liquides contenus dans les espaces capillaires. Ces phénomènes ne laissent aucun lieu de douter que ces attractions soient insensibles à des distances sensibles; ils prouvent encore qu'elles s'étendent au delà du contact; autrement l'expression intégrale des effets capillaires serait nulle, ainsi que l'influence de la masse dans les affinités chimiques, influence dont M. Berthollet a si bien développé les effets et à laquelle la théorie capillaire prête l'appui du calcul. Mais s'il est indispensable d'admettre, entre les molécules des substances pondérables, des forces qui s'étendent à une petite distance des surfaces, il serait contraire à tous les phénomènes de supposer cette distance appréciable. De pareilles forces seraient sensibles dans les observations astronomiques et dans les expériences du pendule; surtout elles se seraient manifestées dans la belle expérience de Cavendish, pour déterminer la densité de la Terre. Dans toutes ces observations très précises, on n'a reconnu que les effets de la pesanteur universelle. Quelques physiciens, pour expliquer les phénomènes du magnétisme, avaient introduit des forces attractives et répulsives, décroissantes comme le cube de la distance; mais Coulomb, qui joignait, à l'art de faire avec précision les expériences, l'esprit d'investigation qui sait les diriger vers un but intéressant, reconnut que les forces de l'électricité et du magnétisme suivent la même loi que l'attraction universelle. Ces forces présentent quelquefois, par leur décomposition, des résultantes qui décroissent en raison du cube de la distance, comme il arrive aux attractions du

Soleil et de la Lune dans le flux et le reflux de la mer. Mais si les phénomènes composés qui sont les effets de ces résultantes ne conviennent pas pour faire découvrir les lois primordiales, ils sont très propres
à vérifier ces lois, quand on peut les soumettre au calcul. Le savant
dont je viens de parler avait fait, dans cette vue, un grand nombre
d'expériences délicates touchant la manière dont l'électricité est répandue sur la surface de divers globes électrisés, en contact ou en présence les uns des autres; mais les explications qu'il en a données,
quoique ingénieuses, étaient imparfaites et ne pouvaient acquérir
l'exactitude désirable qu'au moyen d'une analyse plus profonde que
celle dont il a fait usage. Cet objet a été complètement rempli par
M. Poisson, dans deux beaux Mémoires insérés parmi ceux de l'Institut. L'accord de ses calculs avec les expériences de Coulomb est
une vérification importante de la loi des forces électriques. Ces applications de la haute analyse ont le double avantage de perfectionner
ce puissant instrument de l'esprit humain, et de nous faire pénétrer
profondément dans la nature dont les phénomènes sont les résultats
mathématiques d'un petit nombre de lois générales.

MÉMOIRES

EXTRAITS DU

BULLETIN DE LA SOCIÉTÉ PHILOMATHIQUE.

MÉMOIRE SUR LE MOUVEMENT

D'UN

CORPS QUI TOMBE D'UNE GRANDE HAUTEUR.

Bulletin de la Société philomathique, t. III; 1803.

Un corps qui tombe d'une hauteur considérable s'éloigne un peu de la verticale, en vertu du mouvement de rotation de la Terre; cet écart bien observé est donc propre à manifester ce mouvement. Quoique la rotation de la Terre soit maintenant établie avec toute la certitude que les Sciences physiques comportent, cependant une preuve directe de ce phénomène doit intéresser les géomètres et les astronomes. Ils ont fait, en conséquence, plusieurs expériences sur la chute des corps qui tombent d'une grande hauteur et ils ont en même temps donné la théorie de ce mouvement; mais leurs résultats présentent de grandes différences. Tous conviennent que le corps doit dévier vers l'est de la verticale, plusieurs pensent qu'il doit à la fois dévier vers l'équateur; d'autres, enfin, prétendent que cette dernière déviation n'aurait point lieu dans le vide, mais qu'elle doit être produite par la résistance de l'air. Au milieu de ces incertitudes, j'ai cru qu'une analyse exacte de ce problème serait utile à ceux qui voudront comparer sur ce point la théorie aux observations. C'est l'objet de ce Mémoire dans lequel je donne la véritable expression de la déviation du corps, en ayant égard à la résistance de l'air et je fais voir que, quelles que soient cette résistance et la figure de la Terre, il ne doit point y avoir de déviation vers l'équateur.

L'Observatoire national offre un puits d'environ 54^m de profondeur, depuis la plate-forme du sommet jusqu'au fond des caves, et qui est très propre à ce genre d'expériences, auquel il fut primitivement destiné. En choisissant le moment où l'atmosphère est calme et en fermant exactement l'Observatoire, on évitera l'influence du mouvement de l'air dont on se garantirait plus sûrement encore et très facilement, au moyen de quatre tambours adaptés verticalement aux quatre voûtes que le puits traverse. La déviation du corps vers l'est serait d'environ 6^{mm}, suivant la théorie. Cette quantité, quoique très petite, peut être reconnue par des expériences très précises et répétées plusieurs fois.

Nommons x, y, z les trois coordonnées rectangles du corps, l'origine de ces coordonnées étant au centre de la Terre et l'axe des x étant l'axe de rotation de cette planète. Soient

r le rayon mené de ce centre au sommet de la tour d'où le corps tombe;

θ l'angle que r forme avec l'axe de rotation;

ω l'angle que le plan passant par r et par l'axe de la Terre forme avec le plan passant par le même axe et par l'un des axes principaux de la Terre, situés dans le plan de son équateur;

nt le mouvement angulaire de rotation de la Terre.

En nommant X, Y, Z les coordonnées du sommet de la tour, on aura

$$X = r\cos\theta,$$
$$Y = r\sin\theta\cos(nt + \omega),$$
$$Z = r\sin\theta\sin(nt + \omega);$$

$nt + \omega$ étant l'angle que le plan passant par r et par l'axe de la Terre forme avec le plan des x et des y.

Supposons ensuite que, relativement au corps dans sa chute, r se change en $r - \alpha s$, θ dans $\theta + \alpha u$ et ω dans $\omega + \alpha v$; on aura

$$x = (r - \alpha s)\cos(\theta + \alpha u),$$
$$y = (r - \alpha s)\sin(\theta + \alpha u)\cos(nt + \omega + \alpha v),$$
$$z = (r - \alpha s)\sin(\theta + \alpha u)\sin(nt + \omega + \alpha v).$$

Nommons V la somme de toutes les molécules du sphéroïde terrestre, divisées par leurs distances au corps attiré. Les forces dont ce corps est animé par l'attraction de ces molécules sont, parallèlement aux axes des x, des y et des z, $\left(\dfrac{dV}{dx}\right)$, $\left(\dfrac{dV}{dy}\right)$ et $\left(\dfrac{dV}{dz}\right)$, comme il résulte du n° 11 du second Livre de ma *Mécanique céleste* ([1]). Pour avoir égard à la résistance de l'air, nous pouvons représenter par $\varphi\left(\alpha s,\ \alpha\dfrac{ds}{dt}\right)$ l'expression de cette résistance; car la vitesse du corps, relative à l'air considéré comme immobile, étant considérablement plus grande dans le sens de r que dans le sens perpendiculaire à r, ainsi qu'on le verra bientôt, l'expression de cette vitesse relative est à très peu près $\alpha\dfrac{ds}{dt}$. Si l'on fait, pour plus de simplicité, $r = 1$, la vitesse relative du corps dans le sens de θ est $\alpha\dfrac{du}{dt}$ et dans le sens de ω elle est égale à $\alpha\dfrac{dv}{dt}\sin\theta$; la résistance de l'air sera donc

$$\frac{\varphi\left(\alpha s,\ \alpha\dfrac{ds}{dt}\right)}{\alpha\dfrac{ds}{dt}}\,\alpha\dfrac{ds}{dt},$$

dans le sens de r;

$$-\frac{\varphi\left(\alpha s,\ \alpha\dfrac{ds}{dt}\right)}{\alpha\dfrac{ds}{dt}}\,\alpha\dfrac{du}{dt},$$

dans le sens de θ;

$$-\frac{\varphi\left(\alpha s,\ \alpha\dfrac{ds}{dt}\right)}{\alpha\dfrac{ds}{dt}}\,\alpha\dfrac{dv}{dt}\sin\theta,$$

dans le sens de ω.

Nommons K le facteur $\dfrac{\varphi\left(\alpha s,\ \alpha\dfrac{ds}{dt}\right)}{\alpha\dfrac{ds}{dt}}$; on aura, par le principe des vi-

[1] *OEuvres de Laplace*, t. I.

tesses virtuelles,

$$o = \delta x \frac{d^2 x}{dt^2} + \delta y \frac{d^2 y}{dt^2} + \delta z \frac{d^2 z}{dt^2},$$

$$- \delta x \left(\frac{dV}{dx}\right) - \delta y \left(\frac{dV}{dy}\right) - \delta z \left(\frac{dV}{dz}\right),$$

$$- K \,\delta r\, \alpha \frac{ds}{dt} + K \,\delta\vartheta\, \alpha \frac{du}{dt} + K \,\delta\omega \sin^2\vartheta\, \alpha \frac{dv}{dt},$$

la caractéristique différentielle δ se rapportant aux coordonnées r, ϑ et ω, dont x, y, z sont fonctions. En substituant pour x, y, z, leurs valeurs précédentes, on a, en négligeant les termes de l'ordre α^2,

$$(1) \quad \begin{cases} o = \delta r\left(-\alpha \dfrac{d^2 s}{dt^2} - 2\alpha n r \dfrac{dv}{dt}\sin^2\theta - \alpha K \dfrac{ds}{dt}\right) \\[2ex] \quad + r^2 \,\delta\vartheta\left(\alpha \dfrac{d^2 u}{dt^2} - 2\alpha n \dfrac{dv}{dt}\sin\theta\cos\theta + \alpha K \dfrac{du}{dt}\right) \\[2ex] \quad + r^2 \,\delta\omega \sin\vartheta\left(\alpha\dfrac{d^2 v}{dt^2}\sin\vartheta + 2\alpha n \dfrac{du}{dt}\cos\theta - 2\alpha n \dfrac{ds}{dt}\dfrac{\sin\vartheta}{r} + \alpha K \dfrac{dv}{dt}\sin\vartheta\right) \\[2ex] \quad - \delta V - \dfrac{n^2}{2}\delta[(r-\alpha s)^2 \sin^2(\theta + \alpha u)] + \ldots \end{cases}$$

Par la nature de l'équilibre de la couche d'air dans laquelle le corps se trouve, on a

$$(2) \qquad o = \delta V + \frac{n^2}{2}\delta[(r-\alpha s)^2 \sin^2(\vartheta + \alpha u)] \ldots \quad (^1),$$

pourvu que la valeur de δr soit assujettie à la surface de niveau de la couche. Soit, à cette surface,

$$r = a + y,$$

y étant une fonction de ϑ, de ω et de a, a étant constant pour la même couche ; l'équation (2) donne ainsi

$$o = \left(\frac{dQ}{dr}\right)\left[\left(\frac{dy}{d\vartheta}\right)\delta\vartheta + \left(\frac{dy}{d\omega}\right)\delta\omega\right] + \left(\frac{dQ}{d\vartheta}\right)\delta\vartheta + \left(\frac{dQ}{d\omega}\right)\delta\omega,$$

Q étant supposé égal à $V + \frac{n^2}{2}[(r-\alpha s)^2 \sin^2(\theta + \alpha u)]$ et en retran-

____
(^{1}) *Œuvres de Laplace*, t. I, p. 110.

chant cette équation de l'équation (1), on aura

$$0 = \delta r \left(-\alpha \frac{d^2 s}{dt^2} - 2\alpha n r \frac{dv}{dt} \sin^2\theta - \alpha K \frac{ds}{dt} \right)$$
$$+ r^2 \delta\theta \left(\alpha \frac{d^2 u}{dt^2} - 2\alpha n \frac{dv}{dt} \sin\theta\cos\theta + \alpha K \frac{du}{dt} \right)$$
$$+ r^2 \delta\omega \sin\theta \left(\alpha \frac{d^2 v}{dt^2}\sin\theta + 2\alpha n \frac{du}{dt}\cos\theta - 2\alpha n \frac{ds}{dt}\frac{\sin\theta}{r} + \alpha K \frac{dv}{dt}\sin\theta \right)$$
$$- \left(\frac{dQ}{dr}\right)\left[\delta r - \left(\frac{dy}{d\theta}\right)\delta\theta - \left(\frac{dy}{d\omega}\right)\delta\omega \right].$$

Si l'on égale à zéro les coefficients des trois variations δr, $\delta\theta$ et $\delta\omega$, et si l'on observe que $-\left(\frac{dQ}{dr}\right)$ représente la pesanteur que nous désignerons par g (¹), on aura, en prenant pour l'unité le rayon r, ce qu'on peut faire ici sans erreur sensible, les trois équations suivantes :

$$0 = \alpha \frac{d^2 s}{dt^2} + 2\alpha n \frac{dv}{dt}\sin^2\theta + \alpha K \frac{ds}{dt} - g,$$
$$0 = \alpha \frac{d^2 u}{dt^2} - 2\alpha n \frac{dv}{dt}\sin\theta\cos\theta + \alpha K \frac{du}{dt} - g\left(\frac{dy}{d\theta}\right),$$
$$0 = \alpha \frac{d^2 v}{dt^2}\sin\theta + 2\alpha n \frac{du}{dt}\cos\theta - 2\alpha n \frac{ds}{dt}\sin\theta + \alpha K \frac{dv}{dt}\sin\theta - \frac{g}{\sin\theta}\left(\frac{dy}{d\omega}\right).$$

Si l'on prend la seconde décimale, ou la cent-millième partie du jour moyen, pour unité de temps, n est le petit angle décrit dans une seconde par la rotation de la Terre. Cet angle est extrêmement petit; et comme αu et αv sont de très petites quantités par rapport à αs, on peut négliger, dans la première de ces trois équations, le terme $2\alpha n \frac{dv}{dt}\sin^2\theta$; dans la deuxième, le terme $-2\alpha n \frac{dv}{dt}\sin\theta\cos\theta$ et, dans la troisième, le terme $2\alpha n \frac{du}{dt}\cos\theta$; ce qui réduit ces trois équations

(¹) *OEuvres de Laplace*, t. II, p. 75.

aux suivantes

$$0 = \alpha \frac{d^2 s}{dt^2} + \alpha K \frac{ds}{dt} - g,$$

$$0 = \alpha \frac{d^2 u}{dt^2} + \alpha K \frac{du}{dt} - g \frac{dy}{d\vartheta},$$

$$0 = \alpha \frac{d^2 v}{dt^2} \sin\vartheta - 2\alpha n \frac{ds}{dt} \sin\vartheta + \alpha K \frac{dv}{dt} \sin\vartheta - \frac{g}{\sin\vartheta} \left(\frac{dy}{d\omega}\right),$$

K étant une fonction de αs et de $\alpha \frac{ds}{dt}$, la première de ces équations donne αs en fonction du temps t. Si l'on fait $\alpha u = \alpha s \left(\frac{dy}{d\vartheta}\right)$, on satisfera à la deuxième de ces équations; parce que g et $\left(\frac{dy}{d\vartheta}\right)$ peuvent être supposés constants pendant la durée du mouvement, vu la petitesse de la hauteur d'où le corps tombe, relativement au rayon terrestre. Cette manière de satisfaire à la seconde équation est la seule qui convienne à la question présente, dans laquelle u, $\frac{du}{dt}$ sont nuls ainsi que s et $\frac{ds}{dt}$ à l'origine du mouvement. Maintenant, si l'on imagine un fil à plomb de la longueur αs, suspendu au point d'où le corps tombe, il s'écartera, au midi du rayon r, de la quantité $\alpha s \left(\frac{dy}{d\vartheta}\right)$ et, par conséquent, de la quantité αu; le corps en tombant est donc toujours sur les parallèles des points de la verticale qui sont à la même hauteur que lui, il n'éprouve ainsi aucune déviation vers le midi de cette ligne.

Pour intégrer la troisième équation, nous ferons

$$\alpha v \sin\vartheta = \frac{\alpha s}{\sin\vartheta} \left(\frac{dy}{d\omega}\right) + \alpha v'$$

et nous aurons

$$0 = \alpha \frac{d^2 v'}{dt^2} + \alpha K \frac{dv'}{dt} - 2\alpha n \frac{ds}{dt} \sin\vartheta.$$

Le corps s'écarte, à l'est du rayon r, de la quantité $\alpha v \sin\vartheta$ ou $\frac{\alpha s}{\sin\vartheta} \left(\frac{dy}{d\omega}\right) + \alpha v'$, mais le fil à plomb s'écarte, à l'est de ce rayon, de la quantité $\dfrac{\alpha s}{\sin\theta}\left(\dfrac{dy}{d\omega}\right)$; $\alpha v'$ est donc l'écart du corps à l'est de la verticale.

Supposons maintenant la résistance de l'air proportionnelle au carré de la vitesse, en sorte que $k = m\alpha\dfrac{ds}{dt}$, m étant un coefficient qui dépend de la figure du corps et de la densité de l'air, densité variable à raison de l'élévation du corps, mais qui peut être ici supposée constante sans erreur sensible. On aura

$$o = \alpha\frac{d^2s}{dt^2} + \alpha^2 m\frac{ds^2}{dt^2} - g.$$

Pour intégrer cette équation, nous ferons

$$\alpha s = \frac{1}{m}\log s',$$

et nous aurons

$$o = \frac{d^2 s'}{dt^2} - mgs',$$

ce qui donne en intégrant

$$s' = A e^{t\sqrt{mg}} + B e^{-t\sqrt{mg}},$$

e étant le nombre dont le logarithme hyperbolique est l'unité et A et B étant deux arbitraires. Pour les déterminer nous observerons que αs doit être nul lorsque $t = o$, ce qui donne alors

$$s' = 1$$

et, par conséquent,

$$A + B = 1;$$

de plus, $\alpha\dfrac{ds}{dt}$ doit être nul avec t et, par conséquent, aussi $\dfrac{ds'}{dt}$, ce qui donne

$$A - B = o.$$

On a donc

$$A = B = \frac{1}{2}$$

et, par conséquent,

$$\alpha s = \frac{1}{m}\log\left(\frac{1}{2}e^{t\sqrt{mg}} + \frac{1}{2}e^{-t\sqrt{mg}}\right),$$

et en réduisant en séries

$$\alpha s = \frac{g t^2}{2} - \frac{m g^2 t^4}{12} + \frac{m^2 g^3 t^6}{45} - \ldots$$

Pour déterminer $\alpha v'$, nous observerons que l'on a

$$\alpha \frac{ds}{dt} = \frac{1}{m} \frac{ds'}{s' dt},$$

et qu'ainsi l'équation différentielle en $\alpha v'$ devient

$$o = \alpha s' \frac{d^2 v'}{dt^2} + \alpha \frac{ds'}{dt} \frac{dv'}{dt} - \frac{2 n}{m} \frac{ds'}{dt} \sin \theta,$$

d'où l'on tire, en intégrant,

$$\alpha s' \frac{dv'}{dt} = \frac{2 n}{m} \sin \theta s' + \mathrm{C},$$

C étant une constante arbitraire. Pour la déterminer, nous observerons que t étant nul, $\dfrac{dv'}{dt} = o$ et qu'alors $s' = 1$, ce qui donne

$$\mathrm{C} = - \frac{2 n}{m} \sin \theta,$$

$$\alpha \frac{dv'}{dt} = \frac{2 n}{m} \left(1 - \frac{1}{s'} \right) \sin \theta = \frac{2 n}{m} \left(1 - \frac{2}{e^{t \sqrt{mg}} + e^{-t \sqrt{mg}}} \right) \sin \theta.$$

En intégrant de manière que $\alpha v'$ soit nul avec t, on aura

$$\alpha v' = \frac{2 n \sin \theta}{m} t - \frac{4 n \sin \theta}{m \sqrt{mg}} \text{ arc tang} \left(\frac{e^{\frac{t}{2} \sqrt{mg}} - e^{-\frac{t}{2} \sqrt{mg}}}{e^{\frac{t}{2} \sqrt{mg}} + e^{-\frac{t}{2} \sqrt{mg}}} \right),$$

et en réduisant en séries, on aura

$$\alpha v' = \frac{n g t^3 \sin \theta}{3} \left(1 - \frac{m g t^2}{4} + \frac{61}{840} m^2 g^2 t^4 - \ldots \right).$$

On doit observer, dans ces expressions de αs et de $\alpha v'$, que t exprimant un nombre d'unités de temps, g est le double de l'espace que la pesanteur fait décrire dans la première unité de temps; nt est l'angle de rotation de la Terre pendant le nombre t d'unités et mg est un nombre dépendant de la résistance que l'air oppose au mouvement du corps.

Pour avoir le temps de la chute et l'écart vers l'est, en fonction de la hauteur d'où le corps est tombé, nommons h cette hauteur. On aura par ce qui précède

$$2\,e^{mh} = e^{t\sqrt{mg}} + e^{-t\sqrt{mg}},$$

d'où l'on tire

$$t = \frac{1}{\sqrt{mg}} \log \frac{1}{2} \left(\sqrt{e^{mh}+1} + \sqrt{e^{mh}-1}\right)^2;$$

et ensuite

$$\alpha v' = \frac{2n}{m\sqrt{mg}} \left[\log \frac{1}{2} \left(\sqrt{e^{mh}+1} + \sqrt{e^{mh}-1}\right)^2 - 2\,\text{arc tang}\left(\frac{\sqrt{e^{mh}-1}}{\sqrt{e^{mh}+1}}\right) \right] \sin\theta.$$

La hauteur h étant donnée, l'observation du temps t donnera la valeur de m et l'on en conclura $\alpha v'$ ou la déviation du corps vers l'est de la verticale. L'accord de ce résultat avec l'expérience manifestera le mouvement de rotation de la Terre. On pourra encore déterminer m par la figure et la densité du corps et par les expériences déjà faites sur la résistance de l'air.

Dans le vide ou, ce qui revient au même, dans le cas de m infiniment petit, on a

$$\alpha v' = \frac{2nh}{3} \sin\theta \sqrt{\frac{2h}{g}}.$$

θ est à fort peu près le complément de la latitude du lieu et, pour Paris, on peut supposer $\theta = 41°9'46''$, n est l'angle de rotation de la Terre pendant une unité de temps. Si l'on prend pour cette unité la cent-millième partie du jour, on aura

$$n = \frac{1\,296\,000}{99\,727},$$

parce que la durée de la rotation de la Terre est $0^{\text{jour}},99727$; on a ensuite à Paris

$$\frac{1}{2}\,g = 3^{\text{m}},66107.$$

En supposant donc $h = 54^m$, on trouve

$$\alpha v' = 5^{mm},7337 \ (^1).$$

Additions du Rédacteur.

M. Guglielmini paraît être le premier qui ait éveillé sur ces objets l'attention des astronomes et des géomètres, par des expériences qu'il fit en 1791, et dont le C. Lalande a rendu compte dans le *Magasin encyclopédique*. En faisant tomber des corps d'une hauteur de 241 pieds, il trouva à l'est de la verticale une déviation de 8 lignes et une de 5 lignes vers le sud, et ces résultats furent conformes à la théorie qu'il s'était faite. Ces expériences ont été répétées l'année dernière à Hambourg, par M. Henzenberg, qui a communiqué ses résultats au C. Laplace.

M. Henzenberg, faisant tomber des corps d'une hauteur de 235 pieds de Paris, trouva que leur déviation à l'est était de 4 lignes, et il en observa aussi une au sud, mais de 1,5 ligne seulement. Cette dernière, que la théorie du C. Laplace n'explique pas, tient peut-être à des circonstances météorologiques.

La latitude de Hambourg étant de 53°36', on a

$$\theta = 36°24',$$

puis

$$h = 235 = 76^m,337.$$

Avec ces données on trouve, par la formule du C. Laplace, en ne tenant pas compte de la résistance de l'air, une déviation à l'est de

(^{1}) Pour effectuer ce calcul, il faut observer que le numérateur de n est la circonférence du cercle, exprimée en secondes sexagésimales, et doit être converti en parties du rayon, en le divisant par l'arc égal au rayon, arc dont le logarithme est 5,3144251.

Le C. Laplace n'a pas tenu compte ici de la résistance de l'air, parce que son influence sur les balles de plomb d'un petit diamètre, avec lesquelles on fait les expériences, est très petite. (*Note du R.*)

$8^{\text{том}},79$ ou environ $3,9$ lignes du pied de Paris, résultat qui s'accorde à $\frac{1}{14}$ de ligne avec l'observation de M. Henzenberg.

M. Guglielmini a écrit au C. Lalande, en 1797, qu'il avait reconnu qu'il ne devait point y avoir de déviation au sud, et il a fait, en conséquence, de nouvelles expériences, mais dont les résultats ne nous sont pas parvenus.   L. C.

MÉMOIRE

SUR

LA DOUBLE RÉFRACTION DE LA LUMIÈRE

DANS LES CRISTAUX DIAPHANES [1].

Bulletin de la Société philomathique, t. I: 1808.

La lumière, en passant de l'air dans un milieu diaphane non cristallisé, se réfracte de manière que les sinus de réfraction et d'incidence sont constamment dans le même rapport; mais lorsqu'elle traverse la plupart des cristaux diaphanes, elle présente un singulier phénomène, qui fut d'abord observé dans le cristal d'Islande, où il est très sensible.

Un rayon lumineux, qui tombe perpendiculairement sur une des faces naturelles de ce cristal, se divise en deux parties : l'une traverse le cristal sans changer de direction; l'autre s'en écarte dans un plan parallèle au plan mené perpendiculairement à la face, par l'axe du cristal, c'est-à-dire par la ligne qui joint les sommets de ses deux angles solides obtus. Cette division du rayon a généralement lieu relativement à une face quelconque naturelle ou artificielle, et quel que soit l'angle d'incidence : une partie suit la loi de la réfraction ordinaire; l'autre partie suit une loi de réfraction extraordinaire reconnue par Huygens et qui, considérée comme un résultat de l'expérience, peut être mise au rang des plus belles découvertes de ce rare génie.

[1] *Voir* le développement de ce Mémoire dans les *OEuvres de Laplace,* T. XII, p. 267.

Il y fut conduit par la manière dont il envisageait la propagation de la lumière qu'il supposait formée par les ondulations d'un fluide éthéré. Dans les milieux diaphanes ordinaires, la vitesse de ces ondes était, suivant lui, plus petite que dans le vide et la même dans tous les sens. Mais il imaginait dans le cristal d'Islande deux espèces d'ondulations : dans l'une, la vitesse était la même suivant toutes les directions, comme dans les milieux ordinaires; dans l'autre, cette vitesse était variable et représentée par les rayons d'un ellipsoïde de révolution aplati, dont le centre serait au point d'incidence du rayon lumineux sur la face du cristal, et dont l'axe serait parallèle à l'axe du cristal. Huygens avait encore reconnu que, pour satisfaire à l'expérience, il fallait représenter la vitesse des ondulations relatives à la réfraction *ordinaire*, par le demi-petit axe de l'ellipsoïde ; ce qui lie d'une manière très remarquable les deux réfractions, *ordinaire* et *extraordinaire*. Ce grand géomètre n'assignait point la cause de cette variété d'ondulations; et le singulier phénomène qu'offre la lumière en passant d'un cristal dans un autre, et dont nous parlerons à la fin de ce Mémoire, est inexplicable dans son hypothèse. Cela, joint aux grandes difficultés que présente la théorie des ondes de lumière, a fait rejeter, par Newton et la plupart des physiciens qui l'ont suivi, la loi de réfraction qu'Huygens y avait attachée. Mais M. Malus ayant prouvé, par un grand nombre d'expériences très précises, l'exactitude de cette loi, on doit la séparer entièrement des hypothèses qui l'ont fait découvrir. Il serait bien intéressant de la rapporter, ainsi que Newton l'a fait à l'égard de la réfraction ordinaire, à des forces attractives ou répulsives, dont l'action n'est sensible qu'à des distances insensibles. Il est, en effet, très vraisemblable qu'elle en dépend, et je m'en suis assuré par les considérations suivantes :

Le principe de la moindre action a généralement lieu dans le mouvement d'un point soumis à ce genre de forces. En appliquant ce principe à la lumière, on peut faire abstraction de la courbe insensible qu'elle décrit dans son passage du vide dans un milieu diaphane, et supposer sa vitesse constante, lorsqu'elle y a pénétré d'une quantité

sensible. Le principe de la moindre action se réduit donc alors à ce
que la lumière parvient, d'un point pris au dehors, à un point pris
dans l'intérieur du cristal, de manière que si l'on ajoute le produit de
la droite qu'elle décrit au dehors, par sa vitesse primitive, au produit
de la droite qu'elle décrit au dedans, par sa vitesse correspondante, la
somme soit un minimum. Ce principe donne toujours la vitesse de la
lumière dans un milieu diaphane, lorsque la loi de la réfraction est
connue; et réciproquement il donne cette loi, quand on connait la
vitesse. Mais une condition à remplir dans le cas de la réfraction extraordinaire est que la vitesse du rayon lumineux dans le cristal soit
indépendante de la manière dont il y est entré et ne dépende que de sa
position par rapport à l'axe du cristal, c'est-à-dire de l'angle que ce
rayon forme avec une ligne parallèle à l'axe. En effet, si l'on imagine
une face artificielle perpendiculaire à l'axe, tous les rayons intérieurs
extraordinaires, également inclinés à cet axe, le seront également à la
face et seront évidemment soumis aux mêmes forces au sortir du
cristal : tous reprendront leur vitesse primitive dans le vide; la vitesse
dans l'intérieur est donc pour tous la même. J'ai reconnu que la loi de
réfraction extraordinaire donnée par Huygens satisfait à cette condition ainsi qu'au principe de la moindre action; ce qui ne laisse aucun
lieu de douter qu'elle est due à des forces attractives et répulsives,
dont l'action n'est sensible qu'à des distances insensibles. Jusqu'alors
on ne pouvait la considérer que comme étant approchée dans des limites moindres que les erreurs inévitables de l'expérience; maintenant, on doit la considérer comme une loi rigoureuse.

   Une donnée précieuse, pour découvrir la nature des forces qui la
produisent, est l'expression de la vitesse à laquelle l'analyse m'a conduit et que je trouve égale à une fraction dont le numérateur est l'unité
et dont le dénominateur est le rayon de l'ellipsoïde précédent, suivant
lequel la lumière se dirige, la vitesse dans le vide étant prise pour
unité. Je fais voir que la vitesse du rayon ordinaire est l'unité divisée
par le demi-axe de révolution de l'ellipsoïde et, par ce moyen, la liaison
très remarquable qu'Huygens avait trouvée par l'expérience, entre

les deux réfractions *ordinaire* et *extraordinaire* dans le cristal, est démontrée *a priori*, comme un résultat nécessaire de la loi de la réfraction extraordinaire. La vitesse du rayon *ordinaire* dans le cristal est donc toujours plus grande que celle du rayon *extraordinaire*, la différence des carrés des deux vitesses étant proportionnelle au carré du sinus de l'angle que l'axe forme avec ce dernier rayon. Suivant Huygens, la vitesse du rayon extraordinaire dans le cristal est exprimée par le rayon même de l'ellipsoïde; son hypothèse ne satisfait donc point au principe de la moindre action; mais il est remarquable qu'elle satisfasse au principe de Fermat, qui consiste en ce que la lumière parvient, d'un point donné au dehors du cristal, à un point pris dans son intérieur, dans le moins de temps possible; car il est facile de voir que ce principe revient à celui de la moindre action, en y renversant l'expression de la vitesse. Ainsi l'on peut déduire également de ces deux principes la loi de réfraction donnée par Huygens. Au reste, cette identité des lois de réfraction, déduites de la manière dont Huygens envisageait la réfraction de la lumière, avec celles que donne le principe de la moindre action, a lieu généralement quel que soit le sphéroïde dont les rayons, suivant lui, expriment la vitesse de la lumière dans l'intérieur du cristal; ce que je démontre très simplement de la manière suivante :

Huygens considère un rayon RC (¹), tombant sur une face naturelle ou artificielle AFEK du cristal d'Islande. En menant un plan CO perpendiculairement à ce rayon et prenant OK parallèle à CR pour représenter la vitesse de la lumière dans le vide, il suppose que tous les points Coo'O de l'onde lumineuse parviennent, en même temps et suivant des directions parallèles, au plan Kri'l qu'il détermine de cette manière. AFED est un ellipsoïde de révolution dont C est le centre et CD le demi-axe de révolution et dont les rayons représentent, suivant Huygens, les vitesses respectives de la lumière qui suit leurs directions. Il mène par le rayon RC un plan perpendiculaire

<hr>

(¹) *OEuvres de Laplace*, T. XII, p. 281.

à la face et qui la coupe suivant la droite BCK et, par le point K, il mène,
dans le plan de la face, KT perpendiculairement à KC. Enfin, par KT, il
mène un plan KI qui touche l'ellipsoïde en I. CI est, suivant lui, la
direction du rayon réfracté. En effet, il est aisé de voir que, dans
cette construction, un point quelconque o de l'onde lumineuse parvient en i, suivant la ligne brisée oci, dans le même temps que O
parvient en K. CI représentant la vitesse du rayon réfracté, la droite CI
est parcourue dans le même temps que la droite OK. Nous prendrons
ce temps pour unité de temps et OK pour unité d'espace. Le point o
parvient en c dans un temps proportionnel à oc et, par conséquent,
égal à $\frac{Cc}{KC}$. Il parvient de c en i dans l'intérieur du cristal, dans un
temps égal au temps que la lumière emploie à parvenir de C en I,
multiplié par $\frac{Kc}{CK}$ et, par conséquent, égal à $\frac{Kc}{KC}$, ci étant parallèle à CI.
En ajoutant ce temps à $\frac{Cc}{KC}$ on aura l'unité pour le temps que le point o
met à parvenir en i.

Prenons $o'c'$ infiniment près de oc et parallèle à cette ligne; le
point o' parviendra en i' dans une unité de temps. Tirons les droites $c'o$
et $c'i$, et supposons que le point o parvienne en i, suivant la ligne
brisée $oc'i$; $c'o$ étant perpendiculaire à CO, la droite $c'o$ peut être
supposée égale à $c'o'$ et les temps employés à les parcourir peuvent être
supposés égaux. De plus, le temps employé à parcourir $c'i$ peut être
supposé égal au temps employé à parcourir $c'i'$, parce que le plan KI
touchant en i le sphéroïde semblable au sphéroïde AFED, dont le
centre est en c' et dont les dimensions sont diminuées dans la raison
de Kc' à KC, les deux points i et i' peuvent être supposés à la surface
de ce sphéroïde. Selon Huygens, les vitesses suivant $c'i$ et $c'i'$ sont
proportionnelles à ces lignes; les temps employés à les parcourir sont
donc égaux. Ainsi le temps de la transmission de la lumière, suivant
la ligne brisée $oc'i$, est égal à l'unité comme suivant la ligne brisée oci:
la différentielle de ces deux temps est donc nulle; ce qui est le principe de Fermat.

Il est clair que ce raisonnement a généralement lieu quelles que soient la nature du sphéroïde et la position des points c et c' sur la face du cristal, et quand même ils ne seraient pas sur la droite CK, pourvu qu'ils en soient infiniment près.

En renversant l'expression de la vitesse le principe de Fermat donne celui de la moindre action. Les lois de réfraction qui résultent des hypothèses d'Huygens sont donc généralement conformes à ce dernier principe et c'est la raison pour laquelle ces hypothèses, quoique fautives, représentent la nature.

Si l'on nomme

b le demi-axe de révolution de l'ellipsoïde d'Huygens ;
a son demi-grand axe ;
v la vitesse d'un rayon de lumière dans l'intérieur du cristal ;
V l'angle que fait sa direction avec l'axe,

le rayon de l'ellipsoïde sera

$$\frac{ab}{\sqrt{a^2 - (a^2 - b^2)\sin^2 V}}.$$

Ainsi la vitesse v devant être, par le principe de la moindre action, égale à l'unité divisée par ce rayon, on aura

$$v^2 = \frac{1}{b^2} - \left(\frac{1}{b^2} - \frac{1}{a^2}\right)\sin^2 V.$$

Cette vitesse est la plus petite lorsque le rayon de lumière est perpendiculaire à l'axe du cristal et alors elle devient $\frac{1}{a}$. Elle est la plus grande lorsqu'elle est parallèle à cet axe et alors elle est égale à $\frac{1}{b}$.

Huygens a reconnu, par l'expérience, que b est le rapport du sinus de réfraction au sinus d'incidence dans la réfraction ordinaire du cristal d'Islande. Ce résultat, très remarquable, qui lie entre elles les deux réfractions *ordinaire* et *extraordinaire* est une suite nécessaire de ce que les modifications qui distinguent le rayon ordinaire du rayon extraordinaire ne sont point absolues, mais qu'elles sont uniquement relatives à la position du rayon par rapport à l'axe du cristal. Pour le faire voir, rappelons le singulier phénomène que la lumière présente après son passage à travers un cristal.

En passant dans un cristal, la lumière se divise en deux faisceaux, l'un ordinaire et l'autre extraordinaire, et chacun d'eux sort du cristal sans se diviser. Si l'on conçoit un second cristal placé au-dessous du premier, dans une situation entièrement semblable, alors le rayon ordinaire sera rompu ordinairement en passant dans le second cristal, et le rayon extraordinaire sera rompu extraordinairement. Cela aura lieu généralement si les sections principales des deux faces opposées sont parallèles. On nomme *section principale* d'une face la section du cristal par un plan perpendiculaire à cette face et passant par l'axe du cristal. Mais si les sections principales sont perpendiculaires entre elles, alors le rayon ordinaire sera rompu extraordinairement en passant dans le second cristal, et le rayon extraordinaire sera rompu ordinairement. Dans les positions intermédiaires, chaque rayon se partagera en deux autres à son entrée dans le second cristal.

Concevons maintenant que l'on présente un rayon rompu ordinairement par un premier cristal, perpendiculairement à un second cristal coupé par un plan perpendiculaire à son axe; il est clair qu'une inclinaison infiniment petite de l'axe sur la face d'incidence suffit pour changer ce rayon en rayon extraordinaire. Or cette inclinaison ne peut qu'altérer infiniment peu l'action du cristal et, par conséquent, la vitesse du rayon dans son intérieur; cette vitesse est donc alors celle du rayon extraordinaire et, par conséquent, elle est égale à $\frac{1}{b}$, ce qui revient au résultat d'Huygens; car on sait que la vitesse de la lumière dans les milieux diaphanes ordinaires exprime le rapport des sinus d'incidence et de réfraction, sa vitesse dans le vide étant prise pour unité.

Le principe de la moindre action peut servir encore à déterminer les lois de la réflexion de la lumière; car, quoique la nature de la force qui fait rejaillir la lumière à la surface des corps soit inconnue, cependant, on peut la considérer comme une force répulsive qui rend, en sens contraire à la lumière, la vitesse qu'elle lui fait perdre, de même que l'élasticité restitue aux corps, en sens contraire, la vitesse qu'elle détruit. Or on sait que, dans ce cas, le principe de la moindre action subsiste toujours. A l'égard d'un rayon lumineux, soit ordinaire, soit extraordinaire, réfléchi par la surface extérieure d'un corps, ce principe se réduit à ce que la lumière parvient d'un point à un autre par le chemin le plus court de tous ceux qui rencontrent la surface. En effet, la vitesse de la lumière réfléchie est la même que celle de la lumière directe et l'on peut établir en principe général que, lorsqu'un rayon lumineux, après avoir éprouvé l'action de tant de forces que l'on voudra, revient dans le vide, il y reprend sa vitesse primitive. La condition du chemin le plus court donne l'égalité des angles de réflexion et d'incidence, dans un plan perpendiculaire à la surface, ainsi que Ptolémée l'avait déjà remarqué. C'est la loi générale de la réflexion à la surface extérieure des corps.

Mais lorsque la lumière, en entrant dans un cristal, s'est divisée en rayons ordinaire et extraordinaire, une partie de ces rayons est réfléchie par la surface intérieure à leur sortie du cristal. En se réfléchissant, chaque rayon, soit ordinaire, soit extraordinaire, se divise en deux autres; en sorte qu'un rayon solaire, en pénétrant dans le cristal, forme par sa réflexion partielle, à la surface de sortie, quatre faisceaux distincts dont nous allons déterminer la direction.

Supposons d'abord les surfaces d'entrée et de sortie, que nous nommerons *première* et *seconde* face, parallèles; donnons au cristal une épaisseur insensible, et cependant plus grande que la somme des rayons des sphères d'activité des deux faces. Dans ce cas on prouvera, par le raisonnement qui précède, que les quatre faisceaux réfléchis n'en formeront sensiblement qu'un seul, situé dans le plan d'incidence du rayon générateur et formant, avec la première face, l'angle de réflexion égal à l'angle d'incidence. Restituons maintenant au cristal son épaisseur; il est clair que, dans ce cas, les faisceaux réfléchis après

leur sortie par la première face prendront des directions parallèles à
celles qu'ils avaient prises dans le premier cas : ces faisceaux seront
donc parallèles entre eux et au plan d'incidence du rayon générateur;
seulement, au lieu d'être sensiblement confondus, comme dans le
premier cas, ils seront séparés par des distances d'autant plus grandes
que le cristal aura plus d'épaisseur.

Maintenant, si l'on considère un rayon quelconque intérieur sortant
en partie par la seconde face et en partie réfléchi par elle en deux
faisceaux, le rayon sorti sera parallèle au rayon générateur; car la
lumière, en sortant du cristal, doit prendre une direction parallèle à
celle qu'elle avait en y entrant, puisque les deux faces d'entrée et de
sortie étant supposées parallèles, elle éprouve en sortant l'action des
mêmes forces qu'elle avait éprouvées en entrant, mais en sens contraire. Concevons, par la direction du rayon sorti, un plan perpendiculaire à la seconde face et, dans ce plan, imaginons au dehors du
cristal une droite passant par le point de sortie et formant avec la
perpendiculaire à la face, mais du côté opposé à la direction du rayon
sorti, le même angle que cette direction; enfin, concevons un rayon
solaire entrant suivant cette droite dans le cristal. Ce rayon se partagera, à son entrée, en deux autres qui, au sortir du cristal par la première face, prendront des directions parallèles au rayon solaire avant
son entrée par la seconde face; elles seront visiblement parallèles aux
directions des deux faisceaux réfléchis : ce qui ne peut avoir lieu
qu'autant que les deux rayons dans lesquels se divise le rayon solaire,
en entrant par la seconde face, se confondent respectivement dans
l'intérieur du cristal avec les directions des deux faisceaux réfléchis.
Or, la loi d'Huygens donne les directions des rayons dans lesquels le
rayon solaire se divise; elle donnera donc aussi celles des deux faisceaux réfléchis dans l'intérieur du cristal.

Si les deux faces du cristal ne sont pas parallèles, on aura par la
même loi les directions des deux rayons dans lesquels le rayon générateur se divise en pénétrant par la première face; on aura ensuite,
par cette loi, les directions de chacun de ces rayons à leur sortie par

la seconde face; ensuite, la construction précédente donnera les directions, dans l'intérieur, des quatre faisceaux réfléchis par cette face; enfin, par la loi d'Huygens, on conclura leurs directions au sortir du cristal par la première face. On aura donc ainsi tous les phénomènes de la réflexion de la lumière par les surfaces des cristaux diaphanes. M. Malus a le premier reconnu ces lois de réflexion de la lumière, et il les a confirmées par un grand nombre d'expériences. Leur accord avec le résultat du principe de la moindre action achève de démontrer que tous ces phénomènes sont dus à l'action de forces attractives et répulsives.

LA TRANSMISSION DU SON
A TRAVERS LES CORPS SOLIDES.

Bulletin de la Société philomathique, t. V; 1816.

Ce Mémoire n'est pas écrit par Laplace. Il donne les formules analytiques du théorème sur la vitesse du son dans les corps solides énoncé par Laplace au Mémoire : *Sur l'action réciproque des pendules et sur la vitesse du son dans les diverses substances.* (*Annales de Chimie et de Physique*, t. III, 1816. — *OEuvres*, t. XIV, p. 291.)

MÉMOIRES

EXTRAITS DES

ANNALES DE CHIMIE ET DE PHYSIQUE.

SUR

L'ACTION RÉCIPROQUE DES PENDULES

ET SUR LA

VITESSE DU SON DANS LES DIVERSES SUBSTANCES (¹).

Annales de Chimie et de Physique, t. III; 1816.

La remarque que j'ai lue, il y a peu de temps, à l'Académie, sur la
mesure du pendule à secondes par Borda m'a conduit à examiner particulièrement les diverses circonstances qui peuvent influer sur ce
genre d'expériences et les précautions à prendre pour assurer l'exactitude des résultats, précautions qui doivent être extrêmes, lorsqu'on
veut obtenir la longueur du pendule à un centième près de milli-
mètre. L'une d'elles, la plus importante, consiste à fixer l'appareil de
la manière la plus solide, en l'attachant à un corps très massif tel
qu'un mur très épais et dont les molécules ne soient pas susceptibles
de faire entre elles des vibrations étendues. Daniel Bernoulli rapporte,
dans les *Mémoires de Pétersbourg* pour l'année 1777, une observation
de Ferdinand Berthoud qui, ayant fermement attaché une excellente
pendule astronomique, peu fixe auparavant, trouva que, par ce changement seul, elle retardait de 5 minutes en un jour : ce que Bernoulli
explique d'une manière ingénieuse et juste. Des horloges fixées sur
une même barre lui impriment un léger mouvement, font vibrer ses
molécules et, par la réunion de ces causes, agissent les unes sur les
autres et modifient réciproquement leurs oscillations. Huygens, dans
son Ouvrage *De horologio oscillatorio*, rapporte qu'ayant ainsi fixé

(¹) Lu à l'Académie des Sciences le 25 novembre 1816.

deux horloges dont la marche était égale, il les vit avec surprise osciller en sens contraire, les oscillations de l'une d'elles commençant toujours au même instant où les oscillations de l'autre finissaient. Mais il est bien plus remarquable encore que cela ait lieu dans le cas même où il existe une légère différence dans la marche des deux horloges isolées. Ellicot a fait sur cet objet des expériences curieuses qu'il a consignées dans les *Transactions philosophiques* de l'année 1741; et M. Bréguet a obtenu des résultats semblables sur deux chronomètres placés très près l'un de l'autre. Je fais voir ici que ces phénomènes sont produits par le mouvement que les horloges impriment à la masse qui les soutient et par les vibrations qu'elles excitent dans ses molécules. Déjà les physiciens ont observé plusieurs effets très curieux de ces vibrations, parmi lesquels on doit surtout distinguer les phénomènes observés par M. Chladni sur les plaques et les verges sonores. Ce savant physicien en a déduit une méthode ingénieuse pour déterminer la vitesse du son dans les divers corps solides. Les recherches précédentes m'ont conduit au théorème suivant pour avoir cette vitesse dans les substances solides, liquides et aériformes.

Je suppose que l'on ait déterminé par l'expérience l'allongement qu'un mètre solide, placé horizontalement et fixe à l'une de ses extrémités, reçoit par l'action d'un poids égal au sien et qui agit à son autre extrémité : si la substance est fluide, je suppose que l'on ait déterminé le raccourcissement d'une colonne horizontale de ce fluide, de la longueur de 1^m et comprimée par un poids égal au sien. Cela posé, si l'on divise, par cet allongement ou ce raccourcissement, le double des mètres dont la pesanteur fait tomber les corps dans une seconde sexagésimale, la racine carrée de ce quotient sera le nombre de mètres que le son parcourt dans cette substance pendant le même intervalle.

Ainsi, Borda ayant observé qu'une règle de cuivre jaune, longue de 11 pieds et demi et pesant 37 onces, s'allonge, par l'action d'un poids de 24 livres, de cinq parties trois quarts, chaque partie étant un cent-millième de la toise; il en résulte qu'une règle de 1^m s'allonge de $0^m,000\,000\,773\,79$ par l'action d'un poids égal au sien. En divisant par cette fraction l'espace $9^m,8088$, double de celui que la pesanteur fait décrire à Paris dans la première seconde, la racine carrée $3560,4$ du quotient sera le nombre de mètres que le son parcourt en une seconde dans le cuivre jaune.

On sait que la vitesse du son dans l'air est accrue d'un sixième environ par la chaleur que développe le rapprochement des molécules vibrantes. La même cause doit sans doute altérer cette vitesse dans tous les corps; mais il est difficile d'en déterminer l'influence. On peut cependant y parvenir en comparant la vitesse déduite du théorème précédent avec celle que donne la méthode de M. Chladni; car cette méthode, fondée sur le son produit par les vibrations longitudinales des verges sonores, donnant la vitesse réelle du son, l'excès de cette vitesse sur la précédente sera l'effet de la température alternativement élevée et abaissée dans les vibrations. La vitesse du son, conclue des expériences de M. Chladni sur une verge de cuivre jaune, est de $3596^m,58$ par seconde, ce qui ne surpasse la précédente que d'environ un centième. L'influence de la cause dont j'ai parlé est donc ici beaucoup moindre que pour l'air; mais les petites erreurs des expériences laissent encore sur cet objet quelque incertitude.

Pour appliquer ce résultat aux fluides, je prendrai l'eau pour exemple. Suivant les expériences de Canton, rapportées dans les Volumes LII et LIV des *Transactions philosophiques*, lorsque la hauteur du baromètre est $0^m,76$, le thermomètre centigrade marquant $10°$, la pression de l'atmosphère diminue le volume de l'eau de $42,5$ millionièmes. La diminution linéaire est trois fois moindre; ainsi, une colonne d'eau de 1^m de longueur est diminuée de $14,2$ millionièmes par une pression équivalente à celle d'une colonne verticale du même fluide haute de $10^m,325$. Le raccourcissement de la première colonne, comprimée par un poids égal au sien, est donc $0^m,0000014044$. En divisant $9^m,8088$ par cette fraction, $2642,8$, racine carrée du quotient, sera le nombre de mètres que le son parcourt dans l'eau pendant une seconde; sa vitesse dans ce fluide est donc à peu près huit fois plus grande que dans l'air.

Les expériences de Canton sur l'eau de mer, dont la pesanteur spécifique est 1,028, donnent 37,5 millionièmes pour la diminution de son volume par la pression de l'atmosphère; d'où il suit que le son y parcourt 2807^m,4 dans une seconde. Ces deux vitesses, relatives à une température de 10°, varient très sensiblement avec elle. Les expériences propres à déterminer ainsi la vitesse du son dans les diverses substances me paraissent dignes de fixer l'attention des physiciens.

Note du rédacteur. — Les expériences d'Ellicot dont M. de Laplace parle dans son Mémoire étant peu connues, nous allons en rapporter la substance.

Deux horloges, contenues dans des boîtes séparées qui fermaient parfaitement, furent placées l'une à côté de l'autre et de manière qu'elles reposaient sur une même tringle en bois. Les pendules pesaient chacun 23 livres; dans l'état de repos, ils étaient distants l'un de l'autre de 2 pieds; un poids de 3 livres suffisait pour leur faire décrire des arcs de 3°. Dans cet état, l'on faisait osciller le pendule d'une des deux horloges que, pour abréger, j'appellerai n° 1; après un intervalle de temps de 16 minutes, ce pendule avait communiqué une telle quantité de mouvement au pendule du n° 2, qui d'abord était en repos, que celui-ci décrivait des arcs de 2° et avait mis en jeu tous les rouages de l'horloge; 3o minutes après le commencement de l'expérience, l'horloge n° 1 était arrêtée, tandis que le pendule du n° 2 parcourait des arcs de 5°.

Les effets étaient différents lorsqu'on faisait d'abord osciller le pendule du n° 2; celui-ci n'exerçait jamais une assez grande influence sur le pendule voisin pour faire engrener les rouages de l'horloge et communiquer le mouvement aux aiguilles. Ces variétés tenaient, suivant l'auteur, à l'inégalité de longueur qui existait entre les deux pendules.

Pour découvrir par quelles pièces de l'appareil les deux pendules influaient l'un sur l'autre, M. Ellicot plaça derrière la boîte de l'horloge n° 2 un appui qui l'éloignait de la tringle de bois, et dès lors il ne put pas remarquer, même après un temps très long, qu'elle fût influencée, soit dans l'état de repos, soit dans celui du mouvement, par l'horloge voisine, qui était toujours dans la première situation. Un coin convenablement placé éloigna ensuite de même l'horloge n° 1 de la tringle. Après avoir ainsi isolé les deux boîtes, M. Ellicot plaça dans l'intervalle qui les séparait une pièce de bois qui se soutenait d'elle-même par un léger frottement; l'influence des deux pendules était tellement augmentée par cette disposition, qu'il suffisait de *six mi-nutes* pour que l'horloge n° 1 mit en mouvement sa voisine et, après un nouvel intervalle de même durée, la première était déjà en repos. Cette influence parut diminuer, sans cependant être jamais détruite, à mesure que le sol sur lequel les boîtes des pendules reposaient devenait plus solide.

Si de là nous passons aux phénomènes que présentaient les deux pendules lorsqu'on les mettait simultanément en mouvement avec une amplitude d'environ 4°, nous trouvons que les arcs décrits par le n° 1 augmentaient d'étendue, pendant que ceux du n° 2 diminuaient; en sorte qu'après un certain temps les rouages et les aiguilles que celui-ci conduisait ne marchaient plus. A peine cependant quelques minutes s'étaient-elles écoulées, que les oscillations de ce second pendule se ranimaient; mais elles n'atteignaient jamais la valeur qu'elles avaient eue à l'origine du mouvement; c'est à 2° d'amplitude qu'elles déterminaient la marche des aiguilles. Pendant que les oscillations du pendule n° 2 allaient ainsi toujours en augmentant, celles du n° 1 diminuaient et, lorsque les arcs n'étaient plus que de 1°30′, cette horloge s'arrêtait à son tour. Ces arcs s'agrandissaient bientôt; ceux du n° 2 diminuaient alors de nouveau; l'horloge s'arrêtait encore et, après un certain nombre de minutes, recouvrait une seconde fois son premier mouvement. Dès lors, le n° 1 commençait à décliner et bientôt après l'horloge était arrêtée; mais son pendule, qui ne se mouvait presque plus, ne décrivait jamais, dans la suite de l'expérience, des arcs assez grands pour faire engrener les rouages; le n° 2 continuait à se mouvoir indéfiniment avec une amplitude d'environ 4°.

Pour étudier de plus près cette influence *mutuelle* et *alternative* des deux horloges, M. Ellicot imagina de mettre une seconde fois les deux pendules en mouvement, mais en leur faisant décrire de très grands arcs. Durant cette expérience, comme dans l'autre, chacun des pendules paraissait faire à son tour les oscillations les plus étendues; mais les horloges ne s'arrêtèrent pas; elles allèrent au contraire pendant plusieurs jours consécutifs, sans jamais s'écarter l'une de l'autre *d'une seule seconde*, quoique leurs marches, déterminées séparément, différassent d'*une minute et trente-six secondes* en 24 heures. L'horloge n° 1 avança, dans ce cas, relativement à son état ordinaire, de 1 minute 17 secondes, tandis que le n° 2 retarda de 19 secondes.

En changeant la longueur des pendules, on altérait la durée de la période pendant laquelle leurs mouvements augmentaient et diminuaient : plus les pendules approchaient d'être égaux et plus la période était longue.

Une circonstance importante de ces expériences, dont M. Ellicot ne parle pas et qui n'avait point échappé à l'auteur anonyme d'une lettre insérée dans le *Journal des Savants*, du 6 mars 1665, c'est que, lorsque deux horloges voisines marchent d'accord, les pendules ne sont pas parallèles dans leurs vibrations, mais qu'ils s'approchent et s'écartent par des mouvements contraires. Si on les fait battre par des coups entremêlés, ils se mettent toujours en consonance après un certain temps et y restent ensuite indéfiniment. Les deux horloges dont se servait cet observateur différaient l'une de l'autre de 5 secondes par jour lorsqu'elles marchaient séparément; la communication de mouvement avait lieu par une tringle de bois. Dans le double chronomètre de M. Bréguet, les deux systèmes ne pouvaient agir l'un sur l'autre que par l'entremise des pièces de cuivre sur lesquelles ils étaient fixés : l'air du moins n'y entrait pour rien; car leur accord n'était pas altéré, comme je m'en suis assuré, lorsqu'on les plaçait dans le vide, quoique alors leur marche s'accélérât de plus de 20 secondes par jour.

SUR LA

VITESSE DU SON DANS L'AIR ET DANS L'EAU [1].

Annales de Chimie et de Physique, t. III; 1816.

Newton a donné, dans le second Livre des *Principes mathématiques
de la Philosophie naturelle*, l'expression de la vitesse du son : la manière dont il y parvient est un des traits les plus remarquables de son
génie. La vitesse conclue de cette expression est plus petite d'environ
un sixième que celle qui résulte des expériences faites avec un grand
soin, en 1738, par les membres de cette Académie. Newton, qui avait
déjà reconnu cette différence par les expériences faites de son temps,
a essayé de l'expliquer; mais les découvertes modernes sur la nature
de l'air atmosphérique ont détruit cette explication et toutes celles
que divers géomètres avaient proposées. Heureusement ces découvertes
nous présentent un phénomène qui m'a paru être la vraie cause de
l'excès de la vitesse observée du son sur sa vitesse calculée : ce que la
plupart des physiciens géomètres ont ensuite adopté. Ce phénomène
est la chaleur que l'air développe par sa compression. Lorsqu'on élève
sa température, sa pression restant la même, une partie seulement du
calorique qu'il reçoit est employée à produire cet effet; l'autre partie,
qui devient latente, sert à dilater son volume. C'est elle qui se développe quand on réduit par la compression l'air ainsi dilaté à son
volume primitif. La chaleur dégagée par le rapprochement de deux
molécules voisines d'une fibre aérienne vibrante élève donc leur température et se répand de proche en proche sur l'air et les corps envi-

(1) Lu à l'Académie des Sciences, le 23 décembre 1816.

ronnants; mais, cette diffusion et l'irradiation se faisant avec une
extrême lenteur relativement à la vitesse des vibrations, on peut supposer sans erreur sensible que, pendant la durée d'une vibration, la
quantité de chaleur reste la même entre deux molécules voisines.
Ainsi ces molécules, en se rapprochant, se repoussent davantage,
d'abord parce que, leur température étant supposée constante, leur
répulsion mutuelle augmente en raison inverse de leur distance;
ensuite parce que le calorique latent qui se développe élève leur température. Newton n'a eu égard qu'à la première de ces deux causes de
répulsion; mais il est visible que la seconde cause doit accroître la
vitesse du son, puisqu'elle augmente le ressort de l'air. En la faisant
entrer dans le calcul, je parviens au théorème suivant :   .

*La vitesse réelle du son est égale au produit de la vitesse que donne la
formule newtonienne par la racine carrée du rapport de la chaleur spécifique de l'air, soumis à la pression constante de l'atmosphère et à
diverses températures, à sa chaleur spécifique lorsque son volume reste
constant* (¹).

Si l'on suppose, avec plusieurs physiciens, que la chaleur contenue
dans une masse d'air soumise à une pression constante et à des températures diverses est proportionnelle à son volume (ce qui doit
s'écarter peu de la vérité), la racine carrée précédente devient celle du
rapport de la différence de deux pressions à la différence des quantités de chaleur que développent deux volumes égaux d'air atmosphérique soumis respectivement à ces pressions, en passant d'une température donnée à une même température inférieure, la plus petite de
ces quantités de chaleur et la plus petite de ces pressions étant prises
pour unités.

Désireux de comparer ce théorème à l'expérience, j'ai heureusement
trouvé les données d'observation qu'il suppose, parmi les nombreux
résultats du travail intéressant de MM. La Roche et Bérard sur la cha-

______

(¹) *OEuvres de Laplace*, T. V, Liv. XII, p. 109, 137, 157.

leur spécifique des gaz (¹). Ces habiles physiciens ont mesuré les
quantités de chaleur que dégagent, par un abaissement de température
d'environ 80°, deux volumes égaux d'air atmosphérique : l'un comprimé par le poids de l'atmosphère, l'autre comprimé par ce même
poids augmenté de trente-six centièmes. Ils ont trouvé que la chaleur
dégagée, relative à la plus grande pression, était 1,24; la chaleur relative à la plus petite pression étant l'unité. Il faut donc, suivant le théorème précédent, pour avoir la vitesse réelle du son, multiplier la vitesse
déduite de la formule de Newton par la racine carrée du rapport de
trente-six centièmes à vingt-quatre centièmes ou par la racine de $\frac{3}{2}$.
A la température de 6° cette formule donne $282^m,42$ pour l'espace
que le son doit parcourir dans une seconde sexagésimale. En la multipliant par $\sqrt{\frac{3}{2}}$, cet espace devient égal à $345^m,9$. Les académiciens
français l'ont observé de $337^m,18$. La différence de ces deux résultats
peut tenir à l'incertitude des expériences; mais la petitesse de cette
différence établit d'une manière incontestable que l'excès de la vitesse
observée du son sur sa vitesse calculée par la formule newtonienne est
dû à la chaleur latente que la compression de l'air développe.

Il résulte de ce qui précède que la pression étant constante, si l'on
augmente un volume donné d'air en élevant sa température et qu'ensuite on le réduise par la compression à son volume primitif, il déga-
gera par cette compression un tiers de la chaleur employée. Il est à
désirer que les physiciens déterminent, par des expériences directes,
le rapport des chaleurs spécifiques de l'air à pression constante et de
l'air à volume constant, rapport que nous venons de trouver égal à 1,5.
La vitesse du son, observée par les académiciens français, donne 1,4254
pour ce rapport; peut-être, vu la difficulté des expériences directes,
cette vitesse est le moyen le plus précis de l'obtenir.

J'ai conclu [p. 166, Cahier d'octobre (²)] les vitesses du son dans

(¹) *Œuvres de Laplace*, T. V, Liv. XII, p. 143.
(²) *Id.*, T. XIV, p. 293.

l'eau de pluie et dans l'eau de mer égales à $2642^m,8$ et $2807^m,4$ par seconde sexagésimale, en partant des expériences de Canton sur la compression de ces liquides et en n'ayant égard qu'à la diminution linéaire des dimensions du volume comprimé. J'ai reconnu qu'il faut considérer la diminution totale de ce volume, et qu'ainsi les nombres précédents doivent être divisés par $\sqrt{3}$, ce qui les réduit à $1525^m,8$ et $1620^m,9$; en sorte que la vitesse du son dans l'eau douce est quatre fois et demie plus grande que dans l'air.

MÉMOIRE [1] SUR L'APPLICATION
DU
CALCUL DES PROBABILITÉS AUX OBSERVATIONS
ET SPÉCIALEMENT
AUX OPÉRATIONS DU NIVELLEMENT [2].

Annales de Chimie et de Physique, t. XII; 1819.

Dans les grandes triangulations que l'on a exécutées pour la mesure de la Terre, on a observé avec soin les distances zénithales des signaux, soit pour réduire les angles à l'horizon, soit pour déterminer les hauteurs respectives des stations diverses. La réfraction terrestre a sur ces hauteurs une grande influence, et sa variabilité les rend fort incertaines. Je me propose ici d'apprécier la probabilité des erreurs dont elles sont susceptibles.

La théorie des réfractions nous montre que, dans une atmosphère constante, la réfraction terrestre est un aliquote de l'arc céleste compris entre les zéniths de l'observateur et du signal observé; en sorte que, pour l'obtenir, il suffit de multiplier cet arc par un facteur qui serait constant si l'atmosphère était toujours la même, mais qui varie sans cesse, à raison des changements continuels de la température et de la densité de l'air. Un grand nombre d'observations peut donner la valeur moyenne de ce facteur et la loi de probabilité de ses variations. J'ai conclu l'une et l'autre des observations de M. Delambre, publiées

(1) Lu à l'Académie des Sciences, le 20 décembre 1819.

(2) *Voir*, pour les développements analytiques, *OEuvres de Laplace*, T. VII, 3ᵉ Suppl., p. 581 et suiv.

dans le second Volume de son Ouvrage intitulé : *Base du Système métrique*. En partant de ces données, j'ai déterminé la probabilité des erreurs de la hauteur de Paris au-dessus de la mer, dans l'hypothèse d'une chaine de vingt-cinq triangles équilatéraux qui unirait Dunkerque et Paris, ce qui suppose environ 20 000^m de longueur à chacun de leurs côtés. On peut obtenir cette hauteur par divers procédés; mais celui dans lequel la loi de probabilité des erreurs est le plus rapidement décroissante doit être préféré comme étant le plus avantageux. Sa recherche est un corollaire facile de l'analyse que j'ai donnée ailleurs pour tous ces objets, et il en résulte qu'il y a neuf à parier contre un que l'erreur sur la hauteur de Paris au-dessus de la mer n'excéderait pas alors 8^m. Le procédé que M. Delambre a suivi, pour conclure cette hauteur d'un nombre à peu près égal de triangles, est un peu moins exact que le précédent; mais c'est principalement la grandeur des côtés de plusieurs de ses triangles qui répand sur son résultat de l'incertitude et qui ne permet pas de répondre, avec une probabilité suffisante, qu'il n'est pas en erreur de 16^m ou 18^m; ce qui en forme une partie considérable.

Les erreurs également probables diminuent beaucoup quand on rapproche les stations, et il est indispensable de le faire lorsqu'on veut obtenir un nivellement exact. Les grands triangles, très propres à la mesure des degrés terrestres, ne conviennent point à la mesure des hauteurs, et il est nécessaire de séparer ces deux espèces de mesures. Mais, en multipliant les stations, l'erreur qui tient à l'observation des angles zénithaux augmente par leur nombre et devient comparable à l'erreur qui dépend de la variabilité de la réfraction terrestre. Cela m'a donné lieu de rechercher la loi de probabilité des erreurs des résultats lorsqu'il y a plusieurs sources d'erreur. Tels sont la plupart des résultats astronomiques; car on observe les astres au moyen de deux instruments, la lunette méridienne et le cercle, tous deux susceptibles d'erreurs dont la loi de probabilité ne doit pas être supposée la même. L'analyse que j'ai donnée dans la théorie analytique des probabilités s'applique facilement à ce cas, quel que soit le nombre des sources d'erreur. Elle détermine les résultats les plus avantageux et les lois de probabilité des erreurs dont ils sont susceptibles. Pour l'appliquer aux opérations de nivellement, il faut connaître la loi de probabilité des erreurs dues aux réfractions astronomiques; et l'on vient de voir qu'elle résulte des grandes triangulations de la méridienne. Il faut de plus connaître la loi de probabilité des erreurs des angles zénithaux. Nous manquons d'observations à cet égard; mais on s'écartera peu de la vérité en supposant cette loi la même que pour les angles horizontaux, et qui se déduit des erreurs observées dans la somme des trois angles de chaque triangle de la méridienne. En partant de ces lois, je trouve que, si l'on partage la distance de Paris à Dunkerque en stations équidistantes d'un intervalle de 1200^m, il y a mille à parier contre un que l'erreur dans la hauteur de Paris au-dessus de la mer n'excédera pas quatre dixièmes de mètre. On diminuerait cette erreur en rapprochant les stations; mais la précision que l'on obtiendrait par ce rapprochement ne compenserait pas la longueur des opérations qu'il exige.

Les équations de condition que l'on forme pour avoir les éléments astronomiques renferment implicitement les erreurs des deux instruments qui servent à déterminer la position des astres. Ces erreurs sont affectées de coefficients différents dans chaque équation. Alors le système le plus avantageux des facteurs par lesquels on doit multiplier respectivement ces équations pour obtenir, par la réunion des produits, autant d'équations finales qu'il y a d'éléments à déterminer; ce système, dis-je, n'est plus celui des coefficients des éléments dans chaque équation de condition. L'analyse m'a conduit à l'expression générale de ce système de facteurs et de là aux résultats pour lesquels la même erreur à craindre est moins probable que dans tout autre système. La même analyse donne les lois de probabilité des erreurs de ces résultats. Ces formules renferment autant de constantes qu'il y a de sources d'erreurs et qui dépendent des lois de probabilité de ces erreurs. Dans le cas d'une source unique, j'ai donné, dans ma théorie des probabilités, le moyen d'éliminer la constante, en formant la somme des carrés des restes de chaque équation de condition, lorsqu'on y a substitué les valeurs trouvées pour les éléments. Un procédé semblable donne généralement les valeurs de ces constantes, quel que soit leur nombre : ce qui complète l'application du calcul des probabilités aux résultats des observations.

Je finirai par une remarque qui me parait importante. La petite incertitude que les observations, quand elles ne sont pas très multipliées, laissent sur les valeurs des constantes dont je viens de parler, rend un peu incertaines ces probabilités déterminées par l'analyse; mais il suffit presque toujours de connaître si la probabilité que les erreurs des résultats obtenus sont renfermées dans d'étroites limites approche extrèmement de l'unité, et, quand cela n'est pas, il suffit de savoir jusqu'à quel point il faut multiplier les observations pour acquérir une probabilité telle qu'il ne reste sur la bonté des résultats aucun doute raisonnable. Les formules analytiques des probabilités remplissent parfaitement cet objet, et, sous ce point de vue, elles peuvent être envisagées comme le complément nécessaire de la méthode des sciences, fondée sur l'ensemble d'un grand nombre d'observations susceptibles d'erreurs. Ainsi, quand on réduirait à 15^m l'erreur de 18^m que l'on peut craindre dans la hauteur de Paris au-dessus de la mer, conclue des grands triangles de la méridienne, il n'en serait pas moins vrai que cette hauteur est incertaine et qu'il faut la déterminer par des moyens plus précis. Pareillement, les formules analytiques, appliquées aux triangles de la méridienne depuis la base mesurée près de Perpignan jusqu'à Formentera, donnent environ dix-sept cent mille à parier contre un que l'erreur de l'arc correspondant du méridien, dont la longueur surpasse 460000^m, n'est pas de 60^m en erreur. Cela doit dissiper les craintes d'inexactitude que l'omission d'une base de vérification sur la côte d'Espagne pouvait inspirer. On serait encore rassuré à cet égard quand même la probabilité d'une erreur égale, ou plus grande que 60^m, surpasserait la fraction donnée par les formules et s'élèverait à un millionième.

ÉCLAIRCISSEMENTS

DE

LA THÉORIE DES FLUIDES ÉLASTIQUES.

Annales de Chimie et de Physique, t. XVIII; 1821.

La théorie que j'ai donnée de ces fluides consiste à regarder chacune de leurs molécules comme un petit corps en équilibre dans l'espace, en vertu de toutes les forces qui le sollicitent. Ces forces sont : 1° l'action répulsive de la chaleur des molécules environnant une molécule A, sur la chaleur propre que cette molécule retient par son attraction; 2° l'attraction de cette dernière chaleur par les mêmes molécules; 3° l'attraction qu'elles exercent sur la molécule A. Je suppose que ces forces répulsives et attractives ne sont sensibles qu'à des distances imperceptibles et qu'à raison de la rareté du fluide la troisième de ces forces est insensible. Cela posé, je trouve, par les lois de l'équilibre des fluides, qu'en désignant par P la pression que le fluide exerce contre les parois qui le contiennent, on a

$$(1) \qquad\qquad \mathrm{P} = kn^2(c^2 - ic);$$

k est une constante dépendant de la force répulsive de la chaleur et qu'il parait naturel de supposer la même pour tous les gaz; n est le nombre des molécules du fluide contenues dans un espace pris pour unité et que je supposerai être 1^{litre}; c est le calorique contenu dans chaque molécule, et i est une constante dépendant de l'attraction de la chaleur par les molécules fluides.

J'obtiens une seconde équation par les considérations suivantes. Je conçois le litre comme un espace vide ayant une température quelconque. En y plaçant un ou plusieurs corps, ils rayonneront du calorique les uns sur les autres et sur les parois du litre qui rayonneront pareillement du calorique sur eux et sur elles-mêmes; il y aura équilibre de température lorsque chaque molécule rayonnera autant de calorique qu'elle en absorbe. L'espace vide du litre sera traversé dans tous les sens par les rayons caloriques qui formeront ainsi un fluide discret d'une densité très petite et dont la quantité sera insensible relativement à la quantité de chaleur contenue dans les corps. Il est clair que la densité de ce fluide discret augmente avec la chaleur des corps; elle peut ainsi servir de mesure à leur température et en donner une définition précise. Elle croit proportionnellement aux dilatations du thermomètre d'air à pression constante et qui, par cette raison, me parait être le vrai thermomètre de la nature.

J'imagine présentement que le système des corps contenus dans le litre soit un gaz. Chaque molécule, dans l'état d'équilibre, rayonnera autant de calorique qu'elle en absorbe. Or il est évident que cette absorption est proportionnelle à la densité du fluide discret que je viens de considérer ou à la température que je désignerai par u. Pour avoir l'expression du rayonnement de la molécule, il faut remonter à sa cause. On ne peut pas l'attribuer à la molécule même, qui est supposée n'agir que par attraction sur le calorique. Il parait donc naturel de le faire dépendre de la force répulsive du calorique contenu, soit dans la molécule même, soit dans les molécules environnantes. Le calorique de la molécule n'étant qu'un infiniment petit de l'ensemble du calorique de toutes les autres molécules, on peut n'avoir égard qu'à la force répulsive de cet ensemble. Sans chercher à expliquer comment cette force détache une partie du calorique de la molécule A et la fait rayonner, je considère que l'action du calorique d'une molécule B pour cet objet est proportionnelle à ce calorique ou à c. Mais cette action est diminuée par l'attraction de la molécule B sur le calorique de A; cette action est donc proportionnelle à $c - i'$, i' étant une constante dépendant de l'attraction des molécules du gaz sur le calorique, et, comme cette action s'exerce sur la chaleur entière c de la molécule A, je la fais proportionnelle au produit $c(c - i')$. Le rayonnement de la molécule A est donc proportionnel à ce produit, puisqu'il est facteur commun de l'action de toutes les molécules environnant la molécule A. En l'égalant à l'absorption du calorique, on a

$$(2) \qquad nc(c - i') = qu,$$

q étant une constante dépendant de la nature du gaz. Quoique i et i', dans les équations (1) et (2), dépendent l'un et l'autre de l'attraction du calorique par les molécules du gaz, cependant ils ne peuvent être supposés égaux que dans le cas où la loi de la force attractive des molécules du gaz sur le calorique est, relativement à la distance, la même que la loi de la force répulsive mutuelle des molécules de la chaleur. On peut voir, dans la *Connaissance des Temps* de 1824 ([1]), l'analyse sur laquelle ces résultats son fondés. En supposant $i = i'$, les équations (1) et (2) donnent

$$P = qknu;$$

n est évidemment proportionnel à la densité du gaz; l'équation précédente donne ainsi la loi de Mariotte.

Pour un autre gaz, on aura

$$P = q'kn'u,$$

q' et n' étant ce que deviennent q et n relativement à ce nouveau gaz; on aura donc, quels que soient P et u,

$$\frac{n'}{u} = \frac{q}{q'}.$$

Ainsi, le rapport des densités de deux gaz reste le même, quelles que soient les variations de P et de u; ce qui est la loi de M. Gay-Lussac.

L'équation (1) donne

$$c = i + c\frac{P}{kn'c'}.$$

([1]) *OEuvres de Laplace*, T. XIII, p. 285 et suiv.

Pour avoir, par aperçu, la valeur de la fraction

$$\frac{P}{kn^2c^2},$$

relative à la vapeur aqueuse, je considère un gaz pour lequel n, c et i sont n_1, c_1 et i_1. On a, relativement à ce gaz,

$$n_1^2 c_1^2 \left(1 - \frac{i_1}{c_1} \right) = \frac{P}{k}.$$

Ainsi, le gaz, relativement auquel le facteur $1 - \frac{i}{c}$ est un *minimum*, est celui dont 1^{litre}, sous une pression et une température données, contient le moins de chaleur exprimée par $n_1 c_1$. Le gaz hydrogène est, de tous les gaz dont on a déterminé les chaleurs spécifiques, celui qui jouit de cette propriété. Si l'on suppose i nul relativement à ce gaz, on a

$$n_1^2 c_1^2 = \frac{P}{k},$$

et la fraction

$$\frac{P}{kn^2c^2}$$

devient

$$\frac{n_1^2 c_1^2}{n^2 c^2}.$$

La chaleur contenue dans 1^g de gaz hydrogène à 100° de température et à la pression $0^m,76$ du baromètre peut, d'après les expériences, élever de 1° la température d'un nombre de grammes d'eau égal au produit de $366\frac{2}{3}$ par la chaleur spécifique du gaz hydrogène, celle de l'eau étant prise pour unité, et cette chaleur spécifique a été trouvée égale à 3,2936; la quantité de chaleur que contient, à cette température, 1^{litre} de gaz hydrogène est donc le produit de 366,67.3,2936 par le nombre de grammes que pèse 1^{litre} de gaz hydrogène, à cette pression et à cette température; c'est l'expression de $n_1 c_1$.

Pour avoir l'expression de nc, j'observe que 1^g de vapeur aqueuse, à 100° de température et à la pression de $0^m,76$, contient d'abord une chaleur latente capable d'élever de 1° la température de 560^g d'eau. Il contient, de plus, la chaleur propre de 1^g à 100°. En nommant donc a la chaleur propre de 1^g d'eau à 0° de température, on aura la chaleur de 1^g de vapeur, à 100° de température et à la pression $0^m,76$, égale à

$$a + 660.$$

De là il suit qu'en désignant par ε le rapport de la densité du gaz hydrogène à la densité de la vapeur aqueuse, on aura

$$\frac{n_1 c_1}{nc}$$

égal à

$$\frac{\varepsilon\, 366,67.3,2936}{a + 660}$$

et l'on a ε égal à $0,1282$.

La valeur de a est inconnue. On l'a évaluée d'après l'expérience de la chaleur absorbée par 1^g de glace à 0° pour être converti en liquide à 0° de température, et l'expérience que nous avons faite, M. de Lavoisier et moi, nous a donné cette chaleur égale à 75, c'est-à-dire capable d'élever de 1° la température de 75^g d'eau. En faisant donc la chaleur spécifique de la glace égale à $\frac{9}{10}$, conformément à l'expérience de Kirvan, et supposant les quantités de chaleur contenues dans la glace et dans l'eau proportionnelles aux chaleurs spécifiques de ces substances, on aura

$$c = 750.$$

La fraction précédente, élevée au carré et multipliée par c, devient ainsi à peu près égale à 15; ce serait, dans toutes ces suppositions, la valeur de la fraction

$$\frac{c\,P}{kn^2 c^2}.$$

Mais cette fraction deviendrait presque insensible si a était quatre ou cinq fois plus grand. Je la désignerai par a, en observant qu'elle diminue proportionnellement au carré de la densité divisé par la pression.

Ainsi, la chaleur de 1^g de vapeur aqueuse est

$$a + 660 + a' - a,$$

a' étant la valeur de a relative à une pression P'. Elle diminue quand
P' surpasse la pression P de l'atmosphère, et les limites de a peuvent
être supposées o et 15; on voit donc que cette chaleur reste à très peu
près constante, quel que soit l'accroissement de la pression P': ce qui
est un phénomène remarquable dont la théorie précédente donne une
explication fort simple.

a' étant moindre que a lorsque la pression augmente, la chaleur de
1 molécule de vapeur est alors un peu diminuée. Cependant quelques
physiciens, et spécialement M. Southern, ont trouvé un petit accroissement dans leurs expériences. Si cela était bien avéré, l'action des
molécules de vapeurs sur la chaleur augmenterait un peu avec leur
température; l'action des corps diaphanes sur la lumière offre, d'après
M. Arago, de tels accroissements. Mais, pour les admettre dans la
théorie de la chaleur, il faut y être conduit par des expériences certaines, que j'engage d'autant plus les physiciens à faire, avec un soin
particulier, que plusieurs observateurs ont cru remarquer une diminution de chaleur pour une augmentation de pression. Ce genre
d'expériences est très délicat, et l'on peut en juger par les différences
que présentent les résultats des physiciens sur la chaleur latente de la
vapeur aqueuse formée sous la pression de $0^m,76$. M. de Rumford la
trouve égale à 567 ou capable d'élever de $1°$ la température de 567^g
d'eau, tandis que M. Southern et d'autres physiciens ne l'ont trouvée
que de 532 à peu près.

J'observerai, en finissant, que la supposition précédente, et qui me
parait très naturelle, que l'action du calorique d'une molécule B de
gaz sur le calorique d'une molécule A de gaz et sur cette molécule A
n'est point modifiée par la nature de ces molécules, simplifie les formules que j'ai publiées dans la *Connaissance des Temps* de 1824 (¹).

(¹) *OEuvres de Laplace*, T. XIII.

Elle diminue le nombre des constantes à déterminer par l'expérience. Je donnerai, dans la *Connaissance des Temps* de 1825 ('), de nouveaux développements de ces formules et leur comparaison avec les expériences déjà faites et avec celles que plusieurs physiciens préparent sur cet objet.

(') *OEuvres de Laplace*, T. XIII.

RÉDUCTION DE LA LONGUEUR DU PENDULE,

AU NIVEAU DE LA MER.

Annales de Chimie et de Physique, t. XXX; 1825.

Définissons d'abord le niveau de la mer relatif à un point quelconque des continents. Pour m'en former une idée juste j'ai imaginé, dans le Livre XI de la *Mécanique céleste* (¹), un fluide extrêmement rare, répandu autour de la Terre, très peu élevé au-dessus de la surface, mais assez élevé pour en embrasser les plus hautes montagnes : telle serait l'atmosphère terrestre réduite à sa moyenne densité. Je le nommerai, par cette raison, *atmosphère*. J'ai fait voir, dans le Livre cité, que les points de cette atmosphère sont tous à la même hauteur au-dessus de la surface de la mer. Je conçois donc cette surface prolongée dans l'intérieur du continent, de manière à remplir la même condition, celle d'avoir tous ses points également abaissés au-dessous de la surface de l'atmosphère; elle sera ce que je nomme *surface de niveau de la mer;* la distance verticale d'un point du continent à cette surface est ce que j'entends par sa hauteur au-dessus du niveau de la mer.

Cette hauteur peut être déterminée de deux manières. Si l'on imagine dans un plan quelconque, à partir d'un point du continent jusqu'à

(¹) *OEuvres de Laplace*, T. V, p. 62.

la mer, une suite de verticales très rapprochées, que l'on joigne le
pied de chaque verticale à la verticale voisine par une ligne horizontale, la somme des parties de ces verticales, comprises entre les lignes
horizontales et la surface de la Terre, sera la hauteur du point au-
dessus du niveau de la mer que donne une suite de nivellements. Cette
somme est la différence des deux verticales extrêmes prolongées jusqu'à la surface de l'atmosphère. En effet, il est facile de prouver que
la direction de la pesanteur est, aux quantités près du second ordre,
la même au pied de chaque verticale et au point où son prolongement
coupe la surface de l'atmosphère à laquelle elle est perpendiculaire
par la condition de l'équilibre. Je nomme *quantité du premier ordre* le
rapport de la hauteur de l'atmosphère au rayon terrestre. La ligne
horizontale qui joint le pied d'une verticale à la verticale voisine est
donc parallèle à la ligne qui joint les points où ces verticales coupent
la surface de l'atmosphère; d'où il est facile de conclure que la différence des deux verticales extrêmes est égale à la hauteur du point
au-dessus du niveau de la mer, déterminée par le nivellement. Le baromètre fait connaitre cette différence et donne ainsi un second moyen
d'obtenir la hauteur du point au-dessus du niveau de la mer, hauteur
évidemment égale à la distance verticale de ce point à la surface du
niveau de la mer telle que nous l'avons définie.

De là il suit qu'en diminuant la longueur du pendule à secondes,
observée à un point du continent, du double de son produit par la
distance verticale du point à la surface de l'atmosphère, le rayon terrestre étant pris pour unité, on aura cette longueur telle qu'on l'observerait au point correspondant de cette surface. En augmentant la
même longueur du double de son produit par la hauteur du point
au-dessus du niveau de la mer, on aura cette longueur réduite à ce
niveau.

Imaginons, par exemple, que la Terre soit une sphère recouverte en
partie par la mer dont nous supposons la densité très petite par rapport à la moyenne densité de la Terre. Un calcul fort simple fait voir
que, dans ce cas, la mer recouvrira l'équateur et qu'elle s'étendra

également vers chaque pôle dont elle approchera d'autant plus que
son volume sera plus considérable. Les surfaces de la mer et de
l'atmosphère seront elliptiques et semblables, et leur aplatissement
sera la moitié du rapport de la force centrifuge à la pesanteur, à l'équateur. Les accroissements de la longueur du pendule à secondes sur
ces deux surfaces, en allant de l'équateur aux pôles, seront égaux au
double du produit de cette longueur par ce rapport et par le carré du
sinus de la latitude.

Si l'on conçoit la surface elliptique de la mer prolongée dans l'intérieur des continents, la distance d'un point à cette surface sera la
hauteur de ce point au-dessus du niveau de la mer. A mesure qu'on
s'avancera sur les continents vers les pôles, on montera sans s'éloigner
du centre de la Terre. La longueur du pendule à secondes croîtra sans
cesse, mais la moitié moins qu'à la surface de l'atmosphère; en sorte
que, pour réduire la longueur du pendule observée sur un point du
continent à la longueur qu'on observerait sur le point correspondant
de cette surface, il faut la diminuer de son produit par le double de la
distance mutuelle de ces deux points, le rayon terrestre étant pris pour
unité. Les deux surfaces de la mer et de l'atmosphère étant partout à
la même distance, on réduira au niveau de la mer la longueur du pendule observée sur le continent en l'augmentant de son produit par le
double de la hauteur du point d'observation au-dessus de ce niveau.
Ce n'est que par une réduction semblable que l'ellipticité conclue de
la mesure des degrés terrestres, ajoutée à l'accroissement de la longueur du pendule sous le pôle, divisée par cette longueur, forme une
somme égale à $\frac{5}{2}$ du rapport de la force centrifuge à la pesanteur, à
l'équateur.

La règle précédente de réduction est générale, quelles que soient la
densité de la mer et la figure du sphéroïde terrestre dans le cas même
où cette figure serait discontinue. On ne doit point, dans la réduction
de la longueur du pendule à secondes au niveau de la mer, tenir
compte de l'attraction des parties des continents qui s'élèvent au-
dessus de ce niveau, pourvu que leurs pentes soient très petites et du

même ordre que l'ellipticité du sphéroïde terrestre. Tel est le cas de
la longueur du pendule observée à Paris. La hauteur du lieu de l'observation au-dessus du niveau de la mer étant à peu près $\frac{1}{100000}$ du
rayon terrestre, pour rapporter à ce niveau la longueur du pendule à
secondes sexagésimales, il faut diminuer cette longueur de $\frac{2}{100}$ de mil-
limètre. Dans tous les cas semblables, lorsque les dimensions des
continents sont considérables par rapport à la hauteur de l'atmosphère, l'attraction des parties des continents qui s'élèvent au-dessus
du niveau de la mer augmente à peu près de la même quantité la pesanteur aux points correspondants des surfaces des continents et de
l'atmosphère. Si la pente est rapide, par exemple quand on s'élève
sur une montagne, il devient nécessaire de considérer l'attraction de
la montagne; mais le calcul de cette attraction présente de grandes
difficultés pour la solution desquelles on ne peut prescrire de règles
générales. Il convient donc de ne point faire usage des observations
faites dans de pareilles circonstances pour avoir la figure de l'atmosphère, que l'on peut considérer comme la vraie figure de la Terre,
puisque c'est elle que déterminent les mesures des degrés des méridiens et des longueurs du pendule réduites, comme nous venons de le
prescrire, au niveau de la mer.

Rendons les résultats précédents sensibles par un exemple. En soumettant au calcul les effets de l'attraction d'un paraboloïde élevé entre
deux mers au-dessus de leur niveau, on trouve que si le rayon osculateur au sommet de ce paraboloïde est fort grand par rapport à l'élévation de ce point, et même à la hauteur de l'atmosphère, les pesanteurs
à ce sommet et au point correspondant de l'atmosphère seront, par
l'attraction du paraboloïde, augmentées d'une même quantité égale
à $\frac{3}{2}$ de la pesanteur terrestre, multipliée par la densité du paraboloïde
et par sa hauteur, le rayon et la densité moyenne de la Terre étant pris
pour unités. Il ne faut donc, pour réduire la longueur du pendule à
secondes observée à ce sommet à celle que l'on observerait au point
correspondant de l'atmosphère, que diminuer la première de ces longueurs de son produit par le double de la distance de ces deux points,

et, pour la réduire au niveau de la mer, il suffit de l'augmenter de son
produit par le double de la hauteur du paraboloïde.

Il peut paraitre singulier de ne point avoir égard, dans cette réduction, à l'attraction du paraboloïde; de ne considérer, par exemple, que
l'élévation de Quito au-dessus du niveau de la mer pour réduire à ce
niveau la longueur du pendule à secondes observée dans cette ville.
On fera disparaitre ce que cette réduction semble offrir de paradoxal
en imaginant dans l'intérieur de la Terre, et très près de sa surface,
un second paraboloïde pareil à celui que nous venons de considérer,
mais creux dans son intérieur. Cette cavité diminuera la longueur du
pendule à secondes observée au point de la surface terrestre correspondant au sommet de ce second parabaloïde, de la même quantité
dont elle est augmentée au sommet du premier paraboloïde, par l'attraction de ce corps supposé de même densité que la partie de la Terre
remplacée par le second paraboloïde. Si ce point de la surface terrestre
est au niveau de la mer, on ne fait aucune réduction à la longueur du
pendule à secondes que l'on y observe; on n'a point égard à l'attraction, si je puis ainsi dire, négative de la cavité formée par le second
paraboloïde; on en conclut seulement l'existence d'une cause locale
qui diminue la pesanteur terrestre, et dont on peut déterminer l'intensité en comparant la longueur du pendule observée à ce point avec
celle qui résulte de l'ensemble des observations de ce genre faites sur
un grand nombre de points de la Terre. On doit ainsi considérer les
parties vastes et élevées des continents, et les immenses cavités de
l'intérieur de la Terre, comme autant de causes locales qui produisent
des irrégularités dans les degrés terrestres et dans la pesanteur réduits
au niveau de la mer ou de l'atmosphère. Avoir égard aux effets de ces
causes est une opération différente de la réduction au niveau de la
mer : c'est corriger les irrégularités de la surface de ce niveau et de la
pesanteur à cette surface.

On peut déterminer par le calcul les changements que produirait à
la surface de la Terre une cavité souterraine dont la surface serait celle
d'un solide pour lequel la loi d'attraction sur un point quelconque

extérieur serait connue; telle est une cavité elliptique. Mais ce cas est purement mathématique et, dans la nature, ces cavités ont une forme irrégulière. Lorsqu'elles sont trop profondes pour qu'on puisse y pénétrer, les irrégularités que l'on observe, soit dans les distances zénithales des astres, soit dans la longueur du pendule à secondes, peuvent les faire reconnaitre. Par là, ce genre d'observation devient utile à la Géologie.

MÉMOIRE

EXTRAIT DU

JOURNAL DES MINES.

RAPPORT

SUR

UN MÉMOIRE DE M. MALUS ^(¹).

Journal des Mines, t. XXIV; 1808.

La Classe nous ayant chargés, M. Haüy et moi, d'examiner un Mémoire de M. Malus sur divers phénomènes de la double réfraction de la lumière, nous allons lui en rendre compte. En passant de l'air dans un milieu transparent non cristallisé les rayons de lumière se réfractent, de manière que les sinus de réfraction et d'incidence sont constamment dans le même rapport; mais, lorsqu'ils traversent la plupart des cristaux diaphanes, ils présentent un singulier phénomène, qui fut d'abord observé dans le cristal d'Islande, où il est très sensible.

Un rayon tombant perpendiculairement sur une des faces naturelles de ce cristal est divisé en deux parties : l'une traverse le cristal sans changer sa direction, l'autre s'en écarte dans un plan parallèle au plan perpendiculaire à la face et passant par l'axe du cristal, c'est-à-dire par la ligne qui joint les sommets de ses deux angles solides obtus. Nous nommerons *section principale* d'une face naturelle ou artificielle tout plan mené d'une manière semblable. Cette division du rayon lumineux a généralement lieu, relativement à une face quelconque et quel que soit l'angle d'incidence. Une partie suit la loi de la réfraction

---

(¹) Fait à la première Classe de l'Institut.

ordinaire; l'autre partie suit une loi de réfraction extraordinaire, reconnue par Huygens et qui, considérée comme un résultat de l'expérience, peut être mise au rang des plus belles découvertes de ce rare
génie. Il y fut conduit par la manière dont il envisageait la propagation de la lumière qu'il supposait formée par les ondulations d'un
fluide éthéré. Cette hypothèse, sujette à de grandes difficultés, est
sans doute la cause pour laquelle Newton et la plupart des physiciens
qui l'ont suivi ne paraissent pas avoir justement apprécié la loi
que Huygens y avait attachée. Ainsi cette loi a éprouvé le même sort
que les belles lois de Kepler, qui furent pendant longtemps mé-
connues pour avoir été associées à des idées systématiques dont malheureusement ce grand homme a rempli tous ses Ouvrages. Huygens
avait représenté par une construction géométrique la réfraction extraordinaire de la lumière dans le cristal d'Islande; M. Malus a traduit
cette construction en analyse. La formule très simple à laquelle il est
parvenu renferme deux constantes indéterminées, dont une est le
rapport du sinus de réfraction au sinus d'incidence dans la réfraction
ordinaire du cristal, en sorte que sa double réfraction ne dépend que
de deux constantes comme la réfraction simple ne dépend que d'une
seule, et, pour rendre l'analogie plus frappante, nous observerons que,
si l'on fait passer par l'axe du cristal une face artificielle et si l'on conçoit un plan perpendiculaire à cet axe, tous les rayons incidents sur
la surface et situés dans ce plan se diviseront en deux autres qui
seront réfractés suivant la loi ordinaire; mais le rapport des sinus de
réfraction et d'incidence sera différent pour chaque espèce de rayons;
ces deux rapports sont les constantes dont nous venons de parler.
M. Malus les a déterminées plus exactement que ne l'avait fait Huygens; en substituant ensuite leurs valeurs dans la formule et comparant ses résultats à ceux d'un grand nombre d'expériences très
précises et relatives aux faces naturelles et artificielles du cristal, il a
trouvé entre eux un accord parfait et qui ne laisse aucun doute sur la
vérité de la loi découverte par Huygens. Nous devons à l'excellent
physicien, M. Wollaston, la justice d'observer qu'ayant fait, par un

moyen fort ingénieux, diverses expériences sur la double réfraction
du cristal d'Islande, il les a trouvées conformes à cette loi remarquable. L'analogie et des expériences directes sur le cristal de roche
ont fait voir à M. Malus qu'elle s'étend encore à ce cristal, et il est
extrêmement vraisemblable qu'elle a lieu pour tous les cristaux qui
réfractent doublement la lumière; seulement, les constantes dont
cette loi dépend varient suivant la nature du cristal.

Voici maintenant un phénomène que présente la lumière après avoir
subi une double réfraction. Si l'on place à une distance quelconque,
au-dessous d'un cristal d'Islande, un second cristal de la même substance et disposé de manière que les sections principales des deux
cristaux soient parallèles, le rayon réfracté, soit ordinairement, soit
extraordinairement par le premier, le sera de la même manière par le
second; mais, si l'on fait tourner l'un des cristaux de manière que
leurs sections principales soient perpendiculaires entre elles, alors le
rayon réfracté ordinairement par le premier cristal le sera extraordinairement par le second et réciproquement; dans les positions intermédiaires, chaque rayon émergent du premier cristal se divise en deux
autres à son entrée dans le second cristal. Lorsqu'on eut fait remarquer ce phénomène à Huygens il convint, avec la candeur qui caractérise un ami sincère de la vérité, qu'il était inexplicable par ses
hypothèses : ce qui montre combien il est essentiel de les séparer,
comme nous l'avons fait, de la loi de la réfraction extraordinaire que
ce grand géomètre en avait déduite. Ce phénomène indique avec évidence que la lumière, en traversant le cristal d'Islande, reçoit deux
modifications diverses en vertu desquelles une partie est réfractée
ordinairement et l'autre partie est réfractée extraordinairement; mais
ces modifications ne sont point absolues, elles sont relatives à la position des rayons par rapport au cristal, puisqu'un rayon rompu ordinairement par un cristal est rompu extraordinairement par un autre si
leurs sections principales sont perpendiculaires entre elles. On peut
se former une idée assez juste de ces modifications en supposant, avec
Newton, dans chaque rayon de lumière, deux côtés opposés originai-

rement doués d'une propriété qui le rend *extraordinaire* lorsqu'il est
tourné de manière que leurs plans soient perpendiculaires à l'axe du
cristal, et qui le rend *ordinaire* lorsque ces plans sont parallèles au
même axe. A son entrée dans le cristal d'Islande, un trait de lumière
est divisé, par l'action du cristal, en deux rayons qui prennent respectivement les deux positions précédentes, et chaque rayon, à son émer-
gence, prend, sans se diviser, la direction qui convient à la position
de ses côtés. Voilà ce qu'on peut imaginer de plus satisfaisant pour se
représenter ces phénomènes, jusqu'à ce que leur comparaison ait fait
découvrir la loi des forces dont ils dépendent.

Quoi qu'il en soit de ces modifications singulières, imprimées aux
rayons de lumière par le cristal d'Islande, M. Malus a reconnu qu'elles
sont non seulement analogues dans les cristaux divers, mais encore
parfaitement identiques. Ainsi, en substituant à l'un des deux cristaux
d'Islande, dont nous avons parlé ci-dessus, un cristal de roche ayant
comme lui sa section principale parallèle à celle de l'autre cristal, le
rayon réfracté d'une manière par le premier cristal le sera encore de la
même manière par le second, et l'expérience a fait voir à M. Malus que
cela est généralement vrai pour deux cristaux quelconques de nature
différente qui réfractent doublement la lumière. Le moyen le plus
simple de s'en assurer est d'observer la lumière d'une bougie à travers
deux prismes formés de ces cristaux ; si l'on fait tourner les prismes
l'un sur l'autre, on voit les quatre images qu'ils formaient d'abord se
réduire à deux quand les sections principales des deux faces qui se
touchent sont parallèles.

A ce fait remarquable M. Malus ajoute un autre fait plus remarquable encore et qui consiste en ce que, sous un certain angle, la
lumière réfléchie par la surface d'un corps diaphane est exactement
modifiée, comme si elle était rompue ordinairement par un cristal
dont l'axe serait dans le plan d'incidence et de réflexion. Il est facile
de s'en convaincre en regardant, à travers un prisme de cristal d'Islande, l'image d'une bougie ou du Soleil réfléchie par l'eau sous un
angle d'environ 53°. On aperçoit d'abord deux images qui conservent

à peu près la même intensité lorsqu'on fait tourner le prisme; mais,
au delà d'une certaine limite, une des images s'affaiblit très sensiblement et finit par s'éteindre quand, par ce mouvement du prisme, le
rayon réfléchi se trouve dans la section principale de la face prismatique qui le reçoit. L'angle de réflexion, nécessaire pour la disparition de l'image, varie avec la nature de la substance réfléchissante.
M. Malus l'a mesuré avec soin pour diverses substances; il l'a trouvé
de 52°45′ pour l'eau et de 54°35′ pour le verre. Mais il est fort singulier que ce phénomène n'ait point lieu, du moins sensiblement,
dans la réflexion des images par les miroirs métalliques. M. Malus a
observé que cette réflexion et la réfraction des substances non cristal-
lisées ne modifient point, d'une manière sensible, la lumière et n'al-
tèrent point les modifications qu'elle a reçues. Pour analyser plus
particulièrement le phénomène que nous venons d'exposer, M. Malus
a voulu connaître directement ce que devient un rayon *extraordinaire*
lorsqu'il tombe sur la surface d'un corps diaphane sous l'angle qui
convient à la production du phénomène. Il était naturel de penser
qu'aucune partie de ce rayon n'est alors réfléchie, mais qu'il est
entièrement absorbé par le corps, puisque, sous cet angle, la surface
ne réfléchit que les rayons *ordinaires*. L'expérience a confirmé ce résultat. M. Malus a disposé la section principale d'un cristal d'Islande
dans le plan vertical d'incidence d'un rayon de lumière; ensuite, après
avoir divisé ce rayon à l'aide de la double réfraction, il a reçu les deux
faisceaux partiels sur la surface de l'eau et sous l'angle de 52°45′; une
partie du rayon *ordinaire* a été réfléchie, mais aucune partie du rayon
extraordinaire ne l'a été, tout le rayon a pénétré dans le liquide. En
disposant ensuite la section principale du cristal dans un plan perpendiculaire à celui d'incidence, une partie du rayon *extraordinaire* a
été réfléchie, tandis que le rayon *ordinaire* a été totalement absorbé (¹).

(¹) Depuis la lecture de ce Rapport, M. Malus a reconnu, par l'expérience, le fait
suivant qu'on peut facilement ramener à la théorie des forces attractives et répulsives
à des distances insensibles et qui montre que les phénomènes de la double réfraction
dépendent de semblables forces. Une partie d'un rayon lumineux qui a pénétré dans un
milieu diaphane est réfléchie à la surface par laquelle il sort; et cette réflexion, sous un

Nous avons répété plusieurs des expériences par lesquelles M. Malus établit tout ce qu'il avance, et nous pouvons en garantir l'exactitude. Son Mémoire nous paraît donc mériter l'approbation de la Classe, soit par l'intérêt que présente son objet, l'un des plus délicats et des plus curieux de la Physique, soit par la nouveauté des faits, soit par la précision des expériences, soit enfin par l'excellente méthode qui guide son auteur, et nous concluons à ce que ce Mémoire soit imprimé dans le *Recueil des Savants étrangers*.

certain angle, le change en rayon *ordinaire*, comme la réflexion à la surface d'entrée sous l'angle convenable pour cet objet ; le sinus du premier angle est à celui du second dans le rapport des sinus de réfraction et d'incidence dans ce milieu. Ainsi, en supposant les surfaces d'entrée et de sortie parallèles et l'angle d'incidence à la première surface tel que le rayon réfléchi devienne un rayon *ordinaire*, le rayon réfléchi par la seconde surface sera pareillement un rayon *ordinaire*. On doit observer que les angles d'incidence, de réfraction et de réflexion sont ceux que le rayon forme avec la perpendiculaire à la surface. (*Note de M. Laplace.*)

MÉMOIRES DIVERS.

EXTRAIT

DE

L'ESSAI DE STATIQUE CHIMIQUE,

Par C.-L. BERTHOLLET.

... Lors donc qu'on comprime l'air, il en sort une quantité de calorique qui est proportionnelle à la diminution du volume.

On peut opposer que, lorsque l'air éprouve une compression, l'augmentation de son ressort fait voir qu'il tient une quantité de calorique qui, étant lui-même dans un état de compression, est la cause de cet effort; ce qui prouve que c'est la même quantité de calorique qui produit l'équilibre de température dans les deux circonstances, c'est que, si après avoir comprimé l'air on le remet en liberté, il se produit un refroidissement qui correspond à la chaleur qui avait été dégagée. S'il eût retenu dans la compression une plus grande quantité de calorique que celle qui convenait à la réduction de son volume dans la température donnée, il ne reprendrait pas les dimensions qu'il doit avoir sous la nouvelle compression; il s'arrêterait au terme où le calorique comprimé se trouverait en équilibre avec l'action des corps voisins, et il n'y aurait pas de refroidissement dans ces corps; ce n'est donc point par l'effet du calorique plus comprimé qu'il tend à reprendre son premier état. Je ne puis que confirmer plus solidement cette théorie par l'opinion de Laplace, qui a bien voulu me remettre la Note ci-jointe (Note V).

NOTE V.

On sait depuis longtemps que, à la même température, le ressort d'une même quantité d'air est à très peu près réciproque à son volume. Cette propriété est commune à tous les gaz et même à tous les fluides

(¹) Paris, Firmin Didot, 1ʳᵉ Partie, an XI-1803, p. 164.

dans l'état de vapeurs. Il en résulte que, à températures égales, deux
molécules d'air plus ou moins rapprochées se repoussent toujours
avec la même force; en sorte que si l'on représente leur force répulsive par l'action d'un ressort tendu entre elles, la tension de ce ressort
est la même, quel que soit leur écartement naturel. Concevons, en
effet, une masse de gaz ou de vapeurs renfermée dans une vessie qui
communique avec un tube recourbé, en partie rempli de mercure, et
supposons que son ressort élève une colonne de $0^m,75$ de hauteur;
concevons ensuite qu'en comprimant la vessie on réduise le gaz à la
moitié de son volume; il est visible que, dans ce nouvel état, la couche
de gaz contiguë à la surface du mercure aura une densité deux fois
plus grande que dans son premier état et qu'il y aura, par conséquent,
deux fois plus de ressorts appuyés sur cette surface; ainsi, puisque
suivant l'expérience, la hauteur de la colonne de mercure devient
double, il faut que la tension de ces ressorts soit la même; cette tension ne change donc point par le rapprochement des molécules du
gaz; elle ne fait que multiplier le nombre des ressorts appliqués sur
une même surface.

De là il suit que les molécules d'un gaz n'obéissent sensiblement
qu'à la force répulsive de la chaleur et que leur action d'affinité les
unes sur les autres est très petite relativement à cette force. Ainsi,
leur ressort ne dépend que de la température, et la quantité de chaleur
libre qui existe dans une masse de gaz ou de vapeurs est, à température égale, proportionnelle à son volume; car, s'il y en avait plus sous
le même volume dans l'état de condensation que dans celui de dilatation, la force répulsive de deux molécules voisines en serait augmentée.

En diminuant donc d'un tiers ou de moitié le volume d'un gaz, il
doit s'en dégager un tiers ou une moitié de la chaleur libre qui existe
dans ses molécules. Si l'on pouvait mesurer exactement cette chaleur
dégagée, on en conclurait la quantité de chaleur libre contenue dans
un volume donné de ce gaz; mais cette mesure est très difficile à
obtenir au moyen du thermomètre, soit parce qu'une partie de la chaleur dégagée se répand sur les corps environnants ou se développe en

chaleur rayonnante, soit parce que la masse du thermomètre, quelque
petit qu'il soit, est fort grande relativement à celle du gaz qu'on
condense. Des expériences faites avec le calorimètre la donneraient
d'une manière très précise. L'effet de la chaleur ainsi dégagée est sensible sur la vitesse du son; elle produit l'excès de cette vitesse sur
celle que donne la théorie ordinaire, comme je m'en suis assuré par le
calcul.

Il suit encore de ce qui précède que, si l'on conçoit des volumes
égaux de deux différents gaz renfermés dans deux enveloppes de
même capacité et inextensibles, si l'on suppose qu'à une température
donnée le ressort de ces deux gaz soit le même en augmentant de la
même manière leur température, l'accroissement de leur ressort sera
le même, puisqu'il ne dépend que de la température. Concevons maintenant que les enveloppes qui les contiennent cessent d'être inextensibles; les deux gaz se dilateront jusqu'à ce que leurs ressorts soient
égaux à la pression de l'atmosphère qui environne ces enveloppes, et
comme, pour chaque gaz, le volume est en raison inverse du ressort,
les deux gaz prendront le même volume et se dilateront également.
C'est, en effet, ce que le citoyen Gay-Lussac a constaté par un grand
nombre d'expériences. On voit, par ce que nous venons de dire, que
ce fait intéressant est lié à celui de l'accroissement du ressort des gaz
en raison inverse de leur volume et, par conséquent, à ce principe
général que la force répulsive des molécules des gaz est indépendante
de leur écartement mutuel et ne dépend que de la température.

NOTE XVIII.

Laplace, que j'avais consulté sur les changements que l'élasticité des gaz
éprouve dans leur compression, me remit la Note V que je fis imprimer
aussitôt; après un examen plus attentif, il me donna celle que je joins ici; il
en résulte qu'il faut modifier ce que j'ai exposé : que les quantités de calorique qui sont contenues dans un gaz ne suivent pas les rapports des volumes,
indépendamment des effets de la compression, et que les gaz ne diffèrent pas

des liquides et des solides relativement au calorique qu'ils peuvent abandonner dans une circonstance et à celui qui est retenu dans un plus grand état de condensation.

La Note V de la page 245 (¹) ayant été écrite à la hâte, j'ai reconnu depuis son impression qu'elle doit être modifiée : il n'est point exact de dire que la force répulsive de deux molécules voisines d'un gaz est toujours la même, à température égale, quelle que soit sa condensation. Cette force est proportionnelle à la température et réciproque à la distance mutuelle de ces molécules ou, ce qui revient au même, à la racine cubique du volume du gaz dans ses divers états de condensation ou de raréfaction. Pour le démontrer, considérons un volume de gaz réduit par la compression à sa huitième partie; il y aura, dans ce nouvel état, quatre fois plus de molécules et, par conséquent, quatre fois plus de ressorts appliqués à une surface donnée; ainsi, puisque la pression est huit fois plus grande, il est nécessaire que la tension de chacun de ses ressorts soit deux fois plus considérable; elle est donc réciproque à la distance mutuelle des molécules voisines qui, dans cet état, est deux fois moindre. Le raisonnement qui termine la Note citée lie cette propriété générale à celle d'une dilatation égale pour tous les gaz par des accroissements égaux de température. Il paraît encore que, dans le gaz condensé, il y a plus de chaleur à volume égal, puisque le ressort des molécules voisines est alors augmenté; par conséquent, si le volume est réduit par la compression à la moitié, il s'en dégage moins que la moitié de la chaleur qu'il contenait dans son premier état, ce qui est conforme à l'expérience et à la vitesse observée du son.

(¹) *Voir* plus haut, p. 329.

RAPPORT

SUR

L'OUVRAGE DE DU SÉJOUR INTITULÉ :

ESSAI SUR LES PHÉNOMÈNES

RELATIFS AUX

DISPARITIONS PÉRIODIQUES DE L'ANNEAU DE SATURNE [1].

Nous Commissaires nommés par l'Académie, MM. d'Alembert, Borda, Bézout, Vandermonde et moi, avons examiné un Ouvrage de M. du Séjour qui a pour titre : *Essai sur les phénomènes relatifs aux disparitions périodiques de l'anneau de Saturne.* Pour donner une idée juste de cet Ouvrage, il ne sera pas inutile d'exposer, en peu de mots, ce qu'on avait déjà fait et ce qu'on pouvait désirer sur cet objet intéressant.

L'anneau de Saturne fut, pour la première fois, aperçu par Galilée au commencement du dernier siècle. Cet astronome, ayant perfectionné les lunettes qu'un heureux hasard venait de faire découvrir, observa, aux extrémités de Saturne, deux points lumineux qu'il prit pour des satellites adhérents à la planète; mais il fut très surpris, 2 ans après, de ne les plus retrouver. Un phénomène aussi remarquable fixa l'attention des astronomes et les étonna par les variétés singulières qu'ils y aperçurent et par la bizarrerie des formes sous lesquelles Saturne s'offrait à leurs regards. La figure, la grandeur et la vivacité de la lumière des deux anses dont cette planète leur semblait accompagnée, assujetties à des changements considérables, ne laissaient entrevoir aucune loi qui pût servir à faire connaître la nature de ces corps;

[1] Extrait des registres de l'Académie royale des Sciences, du 6 septembre 1775.

quelquefois même ces anses disparaissaient entièrement et Saturne
était vu rond comme les autres planètes. Ces apparences étaient d'autant moins explicables qu'aux inégalités qui tiennent à la nature du
phénomène se joignaient encore les irrégularités qui venaient de l'imperfection des lunettes dont ces premiers observateurs faisaient usage ;
aussi voyons-nous qu'ils se tourmentèrent inutilement pendant plus
de 40 ans pour en deviner la cause jusqu'au moment où le célèbre
Huygens, ayant porté l'art des télescopes à un degré de perfection
inconnu avant lui, suivit ces apparences avec plus d'exactitude et
démontra qu'elles étaient produites par un anneau fort mince dont
Saturne est environné. Le sentiment d'Huygens, d'abord combattu et
depuis confirmé par toutes les observations, est aujourd'hui généralement adopté ; en sorte qu'il ne reste plus qu'à déterminer avec toute la
précision possible, au moyen des phénomènes déjà observés, les éléments de cet anneau pour en conclure les phénomènes qui doivent
avoir lieu dans les siècles à venir. Les astronomes ont imaginé pour
cela différentes méthodes, mais elles sont indirectes et ne peuvent
servir, tout au plus, qu'à déterminer les apparences à un instant
donné. D'ailleurs, ce qui importe le plus dans ces recherches est de
fixer l'attention des observateurs sur les phases de l'anneau les plus
propres à en constater les éléments ; car on sait, et M. du Séjour a eu
plus d'une fois occasion de le remarquer dans son Ouvrage, que les
astronomes ont souvent négligé des observations utiles pour n'en avoir
pas connu l'importance ; or il est visible que les méthodes trigonométriques, limitées par leur nature à des cas particuliers, ne peuvent rien
apprendre sur cela. La loi générale de ces phénomènes ne peut donc
être que le résultat d'une analyse très délicate et c'est l'objet du travail
de M. du Séjour dont nous allons rendre compte à l'Académie.

Son Ouvrage est divisé en dix-neuf Sections que nous allons parcourir successivement. Dans la première il expose, en peu de mots,
les différentes causes qui font disparaître l'anneau de Saturne et les
problèmes qu'on peut se proposer relativement à ses disparitions.
Deux circonstances doivent le rendre invisible : la première lorsque,

passant par le centre du Soleil, il ne reçoit de lumière que par son
épaisseur; la seconde lorsque l'œil de l'observateur est au-dessous de
sa surface éclairée. Les mouvements de Saturne et de la Terre et la
position de l'anneau dans l'espace sont, par conséquent, les seuls éléments dont dépendent ses apparences; mais comme on a des moyens
incomparablement plus exacts que l'observation de ces phénomènes,
pour déterminer les mouvements de la Terre et de Saturne, on peut ici
les supposer connus et ne regarder comme indéterminée que la position de l'anneau. Toutes les questions qu'on peut faire sur cet objet
sont ainsi renfermées dans les deux suivantes :

*Étant données les phases observées à une certaine époque, quels étaient
alors les éléments de l'anneau?*

*Étant donnés les éléments de l'anneau, quelles seront à l'avenir ses
apparences?*

De quelque manière qu'on envisage ces problèmes, toutes les
équations auxquelles on parvient doivent toujours se réduire à deux :
l'une relative au passage du plan de l'anneau par le centre du Soleil et
l'autre relative à son passage par le centre de la Terre, puisque c'est
uniquement dans ces deux circonstances que l'anneau peut commencer à disparaître ou à reparaître. Il n'est pas difficile de trouver
ces deux équations avec toute la rigueur possible; mais il le serait
extrêmement d'en tirer, sous cette forme, des résultats simples et qui
puissent faire connaître l'ensemble des phénomènes. Heureusement le
peu d'excentricité de l'orbite terrestre et l'inégalité presque insensible
du mouvement de Saturne, tandis que le plan de l'anneau traverse
cette orbite, permettent de n'y avoir aucun égard au moins dans une
première approximation. Les équations deviennent, par ces négligences, d'une grande simplicité sans perdre beaucoup de leur exactitude, et c'est dans cet état que M. du Séjour les considère. Il commence
par donner, dans la deuxième Section, le moyen le plus facile pour y
parvenir en faisant voir que le problème se réduit à déterminer les
instants où deux corps mus uniformément avec des vitesses quel-

conques, l'un sur le diamètre d'un cercle et l'autre sur sa circonférence, se trouvent à la fois dans la même ordonnée et l'instant où le
corps mû sur le diamètre parvient au centre. De là naissent deux
équations dont la première est transcendante et renferme un arc de
cercle avec son cosinus; la seconde est algébrique et du premier
degré. La discussion de celle-ci n'a, comme on voit, aucune difficulté,
mais la première donne lieu à l'auteur de faire, sur le nombre des
racines réelles dont elle est susceptible, des remarques très fines et
d'autant plus importantes que les phases de l'anneau dépendent de
ces racines. Cette savante analyse est l'objet de la deuxième et de la
troisième Section. Il nous est impossible d'en donner une idée, même
imparfaite, sans figure et sans calcul; ainsi nous nous contenterons
d'observer qu'elle peut être regardée comme une des applications les
plus délicates et les plus heureuses qu'on ait encore faites de l'Algèbre
à l'Astronomie.

Dans la quatrième Section, M. du Séjour applique son analyse aux
six planètes principales en observant cependant de la modifier, par
rapport à Jupiter, à cause de la grandeur de son orbite. Ensuite, il
examine, dans la cinquième Section, la légitimité des suppositions
précédentes relativement à la Terre et il y démontre : 1° que l'inégalité
du mouvement de l'anneau produit, sur l'instant précis des phases, une
différence inappréciable et qui ne va pas aux deux septièmes d'un jour;
2° que la différence qui vient de l'ellipticité de l'orbite de la Terre ne
peut excéder 4 jours dans les cas les plus défavorables. Or ces quantités étant au-dessous des erreurs que comportent les observations, il
semble qu'on peut se dispenser d'y avoir égard, mais comme il est
toujours à craindre que les erreurs du calcul, en s'ajoutant avec celles
des observations, ne conduisent à des résultats éloignés de la vérité,
le géomètre ne doit, autant qu'il est possible, laisser dans ses calculs
d'autre incertitude que celle des phénomènes. L'auteur donne conséquemment, dans la sixième Section, une méthode pour rectifier
l'inexactitude résultante de l'égalité supposée du mouvement de la
Terre dans son orbite considérée comme circulaire. Reprenant ensuite

cette première hypothèse, il discute avec étendue, dans les Sections
suivantes, les phénomènes qui ont lieu dans les nœuds boréal et austral
de l'anneau. Il y donne : 1° les symptômes auxquels on peut connaître
le nombre des disparitions par l'inspection seule du lieu de la Terre au
moment où le plan de l'anneau est tangent à son orbite; 2° les équations pour déterminer l'instant précis des phases; et comme l'épaisseur
de l'anneau de Saturne n'est pas connue, que d'ailleurs l'observateur
peut cesser de le voir quelque temps avant son passage par le centre
de la Terre ou par celui du Soleil, M. du Séjour observe avec raison
que, dans un calcul rigoureux, on doit tenir compte de cette épaisseur
en partie réelle et en partie hypothétique, et, d'après cette remarque,
il donne les équations relatives aux deux surfaces antérieure et postérieure de l'anneau et à un plan mené par son centre parallèlement
à ces surfaces.

Dans les neuvième et dixième Sections l'auteur développe le calcul
des apparitions et des réapparitions de l'anneau de Saturne depuis 1600
jusqu'en 1900. Non seulement il y compare les observations déjà faites
avec les solutions, mais il examine encore avec le plus grand détail
toutes les circonstances qui peuvent accompagner ces phénomènes.
Une des plus remarquables est celle où l'anneau tend à disparaître,
quoiqu'il ne puisse y avoir de disparition réelle, et cela doit arriver
toutes les fois que le plan de l'anneau approche très près de la Terre
sans l'atteindre. M. Heinsius est le premier qui ait observé cette tendance en 1744, mais ce qu'il en dit se réduit à fort peu de chose et la
véritable théorie de ces maxima d'approximation était entièrement
inconnue avant les recherches de M. du Séjour dont elle n'est qu'un
corollaire extrêmement simple. Cette partie de son Ouvrage, une des
plus précieuses pour les astronomes, est terminée par l'examen d'une
période de 59 ans qu'on a cru ramener dans le même ordre, les
apparences de l'anneau de Saturne. Cette période, que l'inspection
seule du rapport des révolutions de Saturne et de la Terre suffit pour
détruire, est encore démontrée fausse par les résultats du calcul,
puisque, dans les années 1612 et 1671, séparées l'une de l'autre par

un intervalle de 59 ans, les apparences n'ont pas été les mêmes,
l'anneau n'ayant disparu qu'une fois dans la première année et deux
fois dans la seconde.

Les recherches dont nous venons de présenter l'analyse sont
fondées sur la circularité de l'orbite de la Terre et sur l'égalité du
mouvement de l'anneau durant le temps des phénomènes : deux suppositions qui, comme nous l'avons observé, s'éloignent fort peu de la
vérité. Dans les Sections suivantes l'auteur donne les équations rigoureuses du problème, et il s'en sert pour déterminer, soit par l'élimination, soit par des méthodes différentielles, les éléments de l'anneau
proprement dits, c'est-à-dire son inclinaison sur l'écliptique, son
épaisseur et la position de ses nœuds. Comparant ensuite les observations de 1715 et de 1774, les seules sur l'exactitude desquelles on
puisse compter jusqu'à présent, il donne les différents systèmes d'éléments qui résultent de cette comparaison. Cette matière est discutée
avec le soin et les détails qu'exige son importance. M. du Séjour n'a
rien négligé de ce qui peut avoir influé sur les phénomènes. Une des
considérations qu'il est le plus essentiel de ne pas négliger est celle
relative à l'élévation plus ou moins grande du Soleil au-dessus du plan
de l'anneau, car il est évident que nous devons le perdre plus tôt et le
revoir plus tard lorsqu'il nous réfléchit moins de lumière. Or la hauteur du Soleil au-dessus de ce plan étant toujours fort petite à l'instant
des phénomènes, la lumière que l'anneau reçoit est à très peu près
proportionnelle à cette hauteur. En faisant entrer cet élément dans
les calculs, M. du Séjour trouve que les observations sont plus cohé-
rentes entre elles. Ces recherches lui ont donné lieu de faire une
remarque intéressante et qui nous paraît mériter l'attention des astronomes. Les observations les plus exactes du mois d'octobre 1774
laissent, sur l'instant précis de la disparition, une incertitude de 5 ou
6 jours, incertitude qui n'a point lieu pour les autres phénomènes.
Cette circonstance a fait soupçonner à M. du Séjour qu'une des surfaces de l'anneau est peut-être moins propre que l'autre surface à
réfléchir la lumière. Ce qui donne à cette conjecture beaucoup de vrai-

semblance c'est que, en 1714, dans les mêmes circonstances, on retrouve la même incertitude entre les observations. Cet accord très remarquable ne suffit pas, à la vérité, pour décider un point aussi délicat de la théorie de l'anneau de Saturne, mais il doit rendre les astronomes attentifs aux moyens de le vérifier. Le plus simple est la comparaison d'un grand nombre d'observations faites dans le nœud boréal et dans le nœud austral de l'anneau, car, si les observations diffèrent constamment plus entre elles dans une circonférence que dans l'autre, on pourra conclure avec certitude que les deux surfaces de l'anneau sont inégalement propres à réfléchir la lumière.

L'Ouvrage est terminé par différentes remarques sur l'anneau de Saturne, sur une méthode pour déterminer son inclinaison sur l'écliptique et sur quelques autres circonstances qui précèdent ses disparitions ou qui suivent ses réapparitions. L'auteur expose, en peu de mots, les opinions des philosophes sur la formation primitive d'un phénomène aussi extraordinaire et ce qu'on sait de plus probable sur la manière dont l'anneau peut se soutenir en équilibre autour de sa planète.

Tels sont les objets que M. du Séjour a traités dans son Ouvrage et l'on voit qu'il n'a rien laissé à désirer sur la théorie des phases de l'anneau de Saturne. L'élégance, la finesse et la simplicité des méthodes dont il a fait usage rendent cet Ouvrage très intéressant pour les géomètres, et la discussion des phénomènes, depuis 1600 jusqu'en 1900, le rend nécessaire aux astronomes qui voudront, dans la suite, observer avec précision ces apparences; ainsi nous croyons qu'il mérite d'être imprimé avec l'approbation et le privilège de l'Académie.

Signé :

D'ALEMBERT, le Chevalier BORDA, BÉZOUT,
VANDERMONDE, LAPLACE.

LETTRES INÉDITES

DE LAPLACE

PUBLIÉES AVEC UNE PREMIÈRE RÉDACTION DE SA

MÉTHODE POUR DÉTERMINER LES ORBITES DES COMÈTES

ET UNE

NOTICE SUR LES MANUSCRITS DE PINGRÉ,

Par Charles HENRY ([1]).

Les écrits de Laplace qu'on va lire ont une double origine.

Les six premiers documents sont conservés à la Bibliothèque de l'Institut dans les papiers de Condorcet et de d'Alembert (Ms. M. 623*), manuscrits que nous avons étudiés dans de précédents travaux ([2]).

Il y est question de la méthode de l'auteur pour l'intégration des équations différentielles aux différences infiniment petites et aux différences finies qui admettent une solution générale, du problème de l'équilibre des sphéroïdes homogènes, du problème des cordes vibrantes, les trois sujets désormais classiques, qui ont le plus vivement attiré l'attention des géomètres vers la fin du xviii° siècle : c'est assez préciser le degré de leur intérêt qui, d'ailleurs, sera toujours actuel, en ce qu'ils touchent à la métaphysique de la Science.

La Lettre de Laplace à d'Alembert du 15 novembre 1777 est piquante; sans doute que le vieux géomètre s'était alarmé de cette déclaration du jeune auteur au sujet du problème des oscillations d'un fluide de peu de profondeur sur une planète immobile : « On trouvera dans ces Recherches la solu- » tion rigoureuse de ce même problème quelle que soit la densité du fluide

---

([1]) *Bulletino di Bibliografia e di Storia delle Scienze matematiche e fisiche*, T. XIX, avril 1886.

([2]) *Ibid.*, T. XVI, mai 1883; T. XVIII, septembre-décembre 1885; T. XIX, mars 1886.

» et le mouvement de l'astre attirant. » Laplace lui envoie une addition flatteuse à l'adresse des *Réflexions sur la cause des vents*.

Les quatre pièces suivantes sont conservées à la Bibliothèque Sainte-Geneviève dans les manuscrits de Pingré.

. . . .

Le manuscrit dont nous extrayons les écrits de Laplace est un in-4° oblong de 11 feuillets : il y a 2 feuillets de garde avant et après, 1 feuillet de garde entre le Mémoire et les Lettres.

Ce Mémoire, qui traite de la méthode pour déterminer les orbites des comètes, a tout l'intérêt d'une première rédaction originale; on peut s'en convaincre en le comparant avec les pages imprimées dans l'*Histoire de l'Académie des Sciences pour* 1780 (p. 51 à 66), avec le Chapitre de la *Cométographie* de Pingré (T. II, p. 324), où la méthode de Laplace est exposée, enfin avec l'édition définitive de la *Mécanique céleste* (¹).

Nous le publions tel qu'il se trouve dans le manuscrit, les Lettres ultérieures ayant pour objet de le rectifier.

I.

(Bibliothèque de l'Institut, Ms. M. 623*.)

1. LAPLACE A CONDORCET (²).

A l'École militaire, ce 3 décembre, 1771.

Monsieur,

En repassant sur les différents Mémoires que j'ai présentés jusqu'ici à l'Académie, j'en ai extrait les remarques suivantes qui sont relatives à un objet dont vous vous êtes occupé dans le *troisième Volume des Mémoires de Turin* (³), et je prends la liberté de les soumettre à votre examen.

(¹) *Œuvres de Laplace*, T. I, 1878, p. 243-256. — *Consulter* ensuite le Tome X, p. 93 et suivantes.

(²) Folios 4 et 5. Sans adresse.

(³) Il s'agit, sans aucun doute, du Mémoire de Condorcet intitulé : *Solution générale*

Vous et M. de Lagrange avez démontré dans ces Mémoires d'une manière fort élégante que si l'on sait intégrer l'équation

$$(1) \qquad 0 = y + H \frac{dy}{dx} + H' \frac{d^2 y}{dx^2} + \ldots + H^{n-1} \frac{d^n y}{dx^n},$$

dx étant constant et H, H', ... étant des fonctions de x, on pourra toujours intégrer celle-ci

$$(2) \qquad X = y + H \frac{dy}{dx} + H' \frac{d^2 y}{dx^2} + \ldots + H^{n-1} \frac{d^n y}{dx^n},$$

X étant une fonction de x.

Je suis parvenu, par une méthode assez singulière, non seulement à démontrer ce théorème, mais encore à la règle suivante :

Soit
$$y = C u + C' u' + C'' u'' + \ldots + C^{n-1} u^{n-1}$$

l'intégrale complète de l'équation (1), u, u', u'', ... étant des intégrales particulières de cette équation, et C, C', C'', ... étant des constantes arbitraires, on fera

$$\bar{u} = \frac{u' \, du - u \, du'}{du}, \qquad \bar{\bar{u}} = \frac{\bar{u}' \, d\bar{u} - \bar{u} \, d\bar{u}'}{d\bar{u}}, \qquad \bar{\bar{\bar{u}}} = \frac{\bar{\bar{u}}' \, d\bar{\bar{u}} - \bar{\bar{u}} \, d\bar{\bar{u}}'}{d\bar{\bar{u}}}, \qquad \ldots,$$

$$\bar{u}' = \frac{u'' \, du - u \, du''}{du}, \qquad \bar{\bar{u}}' = \frac{\bar{u}'' \, d\bar{u} - \bar{u} \, d\bar{u}''}{d\bar{u}}, \qquad \ldots\ldots\ldots\ldots, \qquad \ldots,$$

$$\bar{u}'' = \frac{u''' \, du - u \, du'''}{du}, \qquad \ldots\ldots\ldots\ldots, \qquad \ldots\ldots\ldots\ldots, \qquad \ldots,$$

$$\ldots\ldots\ldots\ldots, \qquad \ldots\ldots\ldots\ldots, \qquad \ldots\ldots\ldots\ldots, \qquad \ldots,$$

jusqu'à ce qu'on parvienne ainsi à former $\dfrac{1}{\bar{\bar{u}}}$; soit alors

$$\frac{d \left(\dfrac{1}{\dfrac{1}{\bar{\bar{u}}}} \right)}{dx} = z^{n-1}$$

et analytique de ce problème :

Une équation différentielle aux différences infiniment petites et qui admet une solution générale étant donnée, trouver l'intégrale.

(*Mélanges de Philosophie et de Mathématiques de la Société royale de Turin pour les années 1766-1769, etc., p. 1-18.*)

(n n'étant pas ici exposant, mais indiquant seulement le rang de z dans la suite des z). Si, dans l'expression de z^{n-1}, on change u^{n-1} en u^{n-2}, et réciproquement, on formera z^{n-2}; si, dans la même expression de z^{n-1}, on change u^{n-1} en u^{n-3}, et réciproquement, on formera z^{n-3}, et ainsi de suite, on aura

$$
\begin{aligned}
y = \ & u \left(C + \int z\ X\,dx \right) \\
+ & u' \left(C' + \int z'\ X\,dx \right) \\
+ & u'' \left(C'' + \int z''\ X\,dx \right) \\
+ & \ldots\ldots\ldots\ldots\ldots\ldots \\
+ & u^{n-1}\left(C^{n-1} + \int z^{n-1} X\,dx \right)
\end{aligned}
$$

pour l'intégrale complète de l'équation (2).

Il résulte encore de cette méthode que l'intégrale de l'équation (2) dépend toujours de l'intégration de deux autres du degré $n-1$, et dont il n'est même nécessaire que de trouver un nombre $n-2$ d'intégrales particulières.

La même méthode s'étend encore aux différences finies.

Soit l'équation *différentio-différentielle* aux différences finies

$$
(3) \qquad X^x = y^x + \Pi^x y^{x+1} + {}'\Pi^x y^{x+2} + \ldots + {}^{n-1}\Pi^x y^{x+n},
$$

X^x, Π^x, ${}'\Pi^x$, … étant des fonctions de x, et X^x, y^x, Π^x, … ne désignant pas des puissances de X, y, Π, …, mais le $x^{\text{ième}}$ terme de la série des X, des y, etc.; qu'on désigne par la caractéristique Δ les différences finies et par la caractéristique $\sum$ les intégrales finies; cela posé, soit

$$
y^x = A^u + {}'A'u + {}''A''u + \ldots + {}^{n-1}A^{n-1}u
$$

l'intégrale de

$$
(4) \qquad 0 = y^x + \Pi^x y^{x+1} + \ldots + {}^{n-1}\Pi^x y^{x+n},
$$

u, $'u$, $''u$, … étant des intégrales particulières de l'équation (4) et A,

'A, ''A, ... étant des constantes arbitraires; qu'on fasse

$$\bar{u} = u\,\Delta.\left(\frac{u^i}{u}\right), \qquad \bar{\bar{u}} = \bar{u}\,\Delta.\left(\frac{\bar{u}^i}{\bar{u}}\right),$$

$$\bar{u}' = u\,\Delta.\left(\frac{u''}{u}\right), \qquad \bar{\bar{u}}' = \bar{u}\,\Delta.\left(\frac{\bar{u}''}{\bar{u}}\right),$$

$$\bar{u}'' = u\,\Delta.\left(\frac{u'''}{u}\right), \qquad \cdots\cdots\cdots\cdots,$$

$$\cdots\cdots\cdots\cdots, \qquad \cdots\cdots\cdots\cdots,$$

jusqu'à ce qu'on parvienne à former $\dfrac{1}{\bar{u}}$; qu'on fasse $\dfrac{1}{\bar{u}} = {}^{n-1}z$; si dans cette expression on change ^{n-1}u en ^{n-2}u, et réciproquement, on formera ^{n-2}z, et ainsi de suite; l'intégrale de l'équation (3) sera

$$y^x = \quad u\left(\quad A \pm \sum \frac{X^x}{z}\right)$$
$$+ \quad 'u\left(\quad 'A \pm \sum \frac{X^x}{'z}\right)$$
$$+ \cdots\cdots\cdots\cdots\cdots$$
$$+ {}^{n-1}u\left({}^{n-1}A \pm \sum \frac{X^x}{^{n-1}z}\right),$$

le signe $+$ ayant lieu si n est impair et le signe $-$, s'il est pair.

Je suis parvenu, par cette méthode, non seulement à sommer très directement les suites récurrentes, mais de plus une espèce de suites fort *générales*, dont celles-ci ne sont qu'un cas particulier.

Toutes ces choses sont développées dans un Mémoire que M. de Fouchy m'a promis de faire imprimer au plus tôt ('). J'aurais bien désiré que vos occupations vous eussent permis d'y jeter un coup

---

(¹) Ce Mémoire a pour titre : *Recherches sur le calcul intégral aux différences infiniment petites et aux différences finies;* il a été inséré dans le Tome IV des *Mélanges de Turin :* l'illustre géomètre revient sur les énoncés de ces théorèmes à la fin de son Mémoire sur les suites récurro-récurrentes et sur leurs usages dans la Théorie des hasards (ª) (*Mémoires de Mathématique et de Physique,* présentés à l'Académie royale des Sciences par divers savants et lus dans les assemblées, T. VI, etc. MDCCLXXIV, p. 367-371).

(ª) *OEuvres de Laplace,* T. VIII, p. 5 et 20 à 24.

d'œil; mais je sais le peu de temps qu'elles vous laissent. Je crains
même d'avoir abusé, par cette Lettre, de votre complaisance, mais
j'espère que vous me pardonnerez aisément cette importunité, que je
vous prie d'imputer au désir que j'ai de mériter votre amitié.

Je suis avec estime et respect,

    Monsieur,

        Votre très humble et obéissant serviteur,

           LAPLACE.

2. LAPLACE A CONDORCET (¹).

J'ai reçu, Monsieur, la Note que vous avez eu la bonté de m'envoyer;
elle me parait très juste, et vous observez avec raison que toute fois
que l'intégrale sera possible en termes finis, vous la trouverez par
votre méthode, qui me parait fort ingénieuse. Quand mon travail sera
fini sur cet objet, je me propose de vous le communiquer. Du reste,
on vous doit et je vous rendrai la justice d'observer que vous êtes le
premier qui ayez donné une méthode générale sur ces intégrations,
car il me semble qu'une des raisons pour lesquelles on n'a point
avancé cette partie de l'Analyse autant qu'elle pouvait l'être, est
qu'on s'est borné à des méthodes de transformations nécessairement
limitées.

Je vous prie de me croire avec toute l'estime et toute l'amitié possible,

    Monsieur,

        Votre très humble et très obéissant serviteur,

           LAPLACE.

(¹) Folios 6 et 7. L'adresse est : A Monsieur, Monsieur le Marquis de Condorcet,
Secrétaire de l'Académie des Sciences, rue Louis-le-Grand, à Paris.

3. LAPLACE A CONDORCET ([1]).

M. de Condorcet m'a remis le Mémoire de M. de Lagrange sur le mouvement des nœuds des planètes.

Ce 15 février 1775.

LAPLACE.

4. LAPLACE A D'ALEMBERT ([2]).

A Paris, ce samedi 15 novembre 1777.

MONSIEUR ET TRÈS ILLUSTRE CONFRÈRE,

Au lieu d'aller demain vous importuner, comme je me l'étais proposé, j'ai cru plus à propos de vous envoyer l'addition dont nous sommes convenus; d'ailleurs, je n'aurai plus demain mon Mémoire parce que je dois le remettre ce soir à l'Académie, à M. le Marquis de Condorcet ([3]). Après cette phrase : « C'est donc, à proprement » parler, à M. d'Alembert qu'il faut rapporter les premières recherches » exactes qui aient paru sur cet important objet. Cet illustre auteur » s'étant proposé, dans son excellent Ouvrage qui a pour titre : » *Réflexions sur la cause des vents*, de calculer les effets de l'action » du Soleil et de la Lune sur notre atmosphère, y détermine d'une » manière synthétique et fort belle les oscillations d'un fluide de peu » de profondeur qui recouvre une planète immobile au-dessus de » laquelle répond un astre immobile; il cherche ensuite à déterminer

([1]) Folio 8.
([2]) Folio 9.
([3]) Il s'agit des *Recherches sur plusieurs points du système du Monde* (*Mémoires de l'Académie des Sciences de Paris*, 1772, p. 75 et suiv.) ([a]).

([a]) *OEuvres de Laplace*, T. IX, p. 71.

» ces oscillations, dans le cas où la planète étant toujours supposée
» immobile, l'astre se meut uniformément sur un parallèle à l'équa-
» teur, et il parvient par une analyse aussi savante qu'ingénieuse aux
» véritables équations de ce problème, mais la difficulté de les inté-
» grer le force de recourir à des suppositions qui en rendent la solu-
» tion incertaine. On trouvera dans ces recherches la solution rigou-
» reuse de ce même problème, quels que soient la densité du fluide et
» le mouvement de l'astre attirant dans l'espace. »

J'ai ajouté ce qui suit (¹) :

« Au reste, je dois à M. d'Alembert la justice d'observer que si j'ai
» été assez heureux pour ajouter quelque chose à cet égard, à ses
» excellentes *Réflexions sur la cause des vents*, j'en suis principalement
» redevable à ces *Réflexions* elles-mêmes et aux belles découvertes
» de ce grand géomètre sur la Théorie des fluides et sur le Calcul
» intégral aux différences partielles dont on voit les premières traces
» dans l'Ouvrage que je viens de citer. Si l'on considère combien
» les premiers pas sont difficiles en tout genre, et surtout dans
» une matière aussi compliquée; si l'on fait attention aux progrès
» immenses de l'Analyse depuis l'impression de son Ouvrage, on ne
» sera pas surpris qu'il nous ait laissé quelque chose à faire encore
» et que, aidés par des théories que nous tenons de lui presque toutes
» entières, nous soyons en état d'avancer plus loin dans une carrière
» qu'il a le premier ouverte (²). »

J'espère, mon cher Confrère, que vous serez content de cette addition; je suis très enchanté d'avoir cette occasion de vous témoigner
publiquement mon estime et ma reconnaissance : je vous devais d'ailleurs cette justice à tous égards, puisqu'il est vrai de dire que, sans
votre travail et sans les belles recherches que vous avez publiées
dans votre excellent *Essai sur la résistance des fluides* et que M. Euler

(¹) Cette addition se trouve page 91 du Volume précité.
(²) *OEuvres de Laplace*, T. IX, p. 89 et 90.

a depuis présentées d'une manière fort simple et fort générale dans les *Mémoires de Berlin et de Pétersbourg*, je n'aurais jamais osé entre-prendre de traiter la matière qui fait l'objet de mes recherches.

J'ai toujours cultivé les Mathématiques par goût plutôt que par le désir d'une vaine réputation, dont je ne fais aucun cas. Mon plus grand amusement est d'étudier la marche des inventeurs, de voir leur génie aux prises avec les obstacles qu'ils ont rencontrés et qu'ils ont su franchir; je me mets alors à leur place et je me demande comment je m'y serais pris pour surmonter ces mêmes obstacles, et quoique cette substitution n'ait, le plus souvent, rien que d'humiliant pour mon amour-propre, cependant le plaisir de jouir de leur succès me dédommage amplement de cette petite humiliation. Si je suis assez heureux pour ajouter quelque chose à leurs travaux, j'en attribue tout le mérite à leurs premiers efforts, bien persuadé que dans ma position ils auraient été beaucoup plus loin que moi. Vous voyez par là, mon cher Confrère, que personne ne lit vos Ouvrages avec plus d'attention et ne cherche mieux à en faire son profit que moi; aussi personne n'est plus disposé à vous rendre une justice plus entière, et je vous prie de me regarder comme un de ceux qui vous aiment et qui vous admirent le plus. C'est dans ces sentiments que j'ai l'honneur d'être, Monsieur et illustre Confrère,

Votre très humble et très obéissant serviteur,

LAPLACE.

5. LAPLACE A D'ALEMBERT ([1]).

1777.

Vous avez eu raison, mon très cher et très illustre Confrère, de soup-çonner que le problème de l'équilibre des sphéroïdes homogènes n'est

---

([1]) Folio 10. Adresse : A Monsieur, Monsieur d'Alembert, de l'Académie des Sciences et Secrétaire perpétuel de l'Académie française, au Louvre.

susceptible que de deux solutions. En relisant vos belles remarques
sur cet objet, je m'en suis assuré par la méthode suivante, qui est
assez simple et qu'on peut employer avec avantage, pour déterminer
le nombre des racines réelles des équations transcendantes : je consi-
dère d'abord l'équation $2\omega = \dfrac{(3k^2 + 9)\operatorname{arc\,tang} k - 9k}{k^2}$, de la page 50
du Volume VI de vos *Opuscules* (¹); cette équation détermine, par le
nombre des valeurs réelles et positives de k qui peuvent y satisfaire,
les différentes figures elliptiques qui conviennent à l'équilibre; mais
il est assez difficile de reconnaitre le nombre de ces racines à cause de
la fonction transcendante qu'elle renferme. Pour la faire disparaitre,
je mets l'équation précédente sous cette forme

$$\frac{2\omega k^2 + 9k}{3k^2 + 9} - \operatorname{arc\,tang} k = 0$$

et je nomme φ la fonction (²)

$$\frac{2\omega k^2 + 9k}{3k^2 + 9} - \operatorname{arc\,tang} k ;$$

je différentie cette fonction et, toutes réductions faites, je trouve

$$\partial\varphi = \frac{6k^2\,\partial k \cdot [\omega k^4 + (10\omega - 6)k^2 + 9\omega]}{(3k^2 + 9)^2(1 + k^2)};$$

on aura donc

$$\varphi = \int 6k^2\,\partial k\,\frac{[\omega k^4 + (10\omega - 6)k^2 + 9\omega]}{(3k^2 + 9)^2(1 + k^2)},$$

(¹) ω est un nombre connu qui dépend de la vitesse de rotation de la sphère homo-
gène autour d'un de ses diamètres.

Si a est le demi-axe de l'ellipse qui devient cette sphère en devenant fluide. *ma* le
rayon de l'équateur, l'attraction au pôle sera

$$P = \frac{2cm^2 a}{(m^2 - 1)^{\frac{3}{2}}}\left(\sqrt{m^2 - 1} - \operatorname{arc\,tang}\sqrt{m^2 - 1}\right)$$

ou, en faisant $k = \sqrt{m^2 - 1}$, on a

$$P = \frac{2ca(k^2 + 1)}{k^2}(k - \operatorname{arc\,tang} k).$$

(²) *OEuvres de Laplace*, T. II, p. 59.

l'intégrale étant supposée commencer avec k; cela posé, je construis la courbe AMNORT de manière que, l'abscisse AP étant k, l'ordonnée PM soit

$$6 k^2 \frac{[\omega k^4 + (10\omega - 6) k^2 + 9\omega]}{(3 k^2 + 9)^2 (1 + k^2)}.$$

Il est clair : 1° que les ordonnées commenceront et finiront par être positives; 2° que, si du côté des valeurs positives de k, les seules que

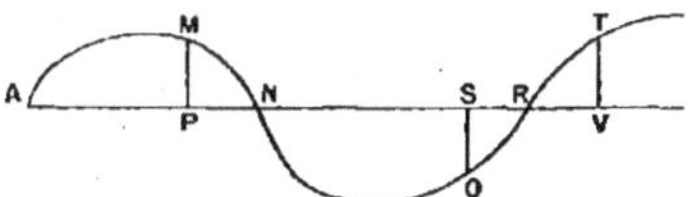

nous devions considérer ici, la courbe coupe l'axe des abscisses, elle le coupera en deux points N, R, tels que les abscisses AN et AR seront déterminées par les deux racines positives de l'équation

$$0 = \omega k^4 + (10\omega - 6) k^2 + 9\omega;$$

cette équation donne

$$k^2 = \frac{3}{\omega} - 5 \pm \sqrt{\left(\frac{3}{\omega} - 5\right)^2 - 9};$$

pour que k^2 ait une valeur réelle et positive, il faut que $\left(\frac{3}{\omega} - 5\right)^2$ soit plus grand que 9, et que $\frac{3}{\omega} - 5$ soit positif; dans ce cas, les deux valeurs de k^2 seront réelles et positives, ce qui donnera pareillement pour k deux valeurs réelles et positives; il suit de là que la courbe ne coupera point du tout son axe ou qu'elle le coupera en deux points N et R; il est bien clair qu'elle ne peut le couper qu'en ces deux points, du côté des abscisses positives.

Maintenant la fonction φ représente l'aire de la courbe, et, pour que cette fonction puisse être nulle, il faut que la courbe coupe son axe et que l'aire négative NOR excède, ou au moins soit égale à l'aire positive AMN; il doit donc exister alors un point S tel que l'aire NOS soit égale à l'aire AMN; mais, puisque la fonction φ finit par être positive,

il est clair qu'il existe un autre point V tel que l'aire RTV est égale à
l'aire RSO, en sorte que l'aire φ de la courbe est nulle aux deux points S
et V, et de plus, il est visible qu'elle ne peut être nulle qu'à ces deux
points.

Si l'aire AMN est égale à l'aire NOR, les deux points S et V se confondent avec le point R, et ce cas est celui où l'équation $\varphi = 0$ cesse
d'être possible.

6. LAPLACE A D'ALEMBERT ([1]).

Ce dimanche, 10 mars 1782.

MONSIEUR ET TRÈS ILLUSTRE CONFRÈRE,

Je suis très flatté que mes *Recherches sur les suites* ([2]) aient pu fixer
quelques moments votre attention; j'aurais bien désiré que vos occupations vous eussent permis de suivre l'analyse que j'y donne du problème des cordes vibrantes, au moyen du Calcul intégral aux différences finies partielles, car il me parait évident, par cette analyse, que
toute figure initiale de la corde, dans laquelle deux côtés contigus ne
forment point entre eux un angle fini, peut être admise. Voici en peu
de mots à quoi se réduit mon raisonnement ([3]).

Si l'on nomme $y_{x,t}$ l'ordonnée d'une corde vibrante dont l'abscisse
est x, t désignant le temps, il est clair que la force accélératrice du
point de la corde placé à l'extrémité de cette ordonnée sera proportionnelle à la différence seconde des trois ordonnées qui répondent

([1]) Folios 12 et 13. L'adresse est : A Monsieur, Monsieur d'Alembert, de l'Académie
des Sciences et Secrétaire perpétuel de l'Académie française, au Louvre.

([2]) Il s'agit du Mémoire sur les suites publié dans les *Mémoires de l'Académie des
Sciences de Paris pour* 1779, p. 207-309; c'est le premier où Laplace ait considéré les
fonctions génératrices ([a]).

([3]) Laplace traite la question avec plus de développements dans sa *Théorie des probabilités* (*OEuvres de Laplace*, T. VII, etc., p. 77 et suiv.).

([a]) *OEuvres de Laplace*, T. X, p. 1 et suiv.

à $x - dx$, x et $x + dx$, c'est-à-dire proportionnelle à

$$y_{x-dx, t} - 2y_{x, t} + y_{x+dx, t};$$

de plus, cette force sera, par les principes de Dynamique, proportionnelle à

$$d^2 y_{x, t},$$

cette différence seconde étant prise en ne faisant varier que le temps t; en le mettant donc, comme cela se peut, sous cette forme

$$y_{x, t-dt} - 2y_{x, t} + y_{x, t+dt},$$

on aura pour déterminer le mouvement de la corde l'équation

$$y_{x, t+dt} - 2y_{x, t} + y_{x, t-dt} = a^2 (y_{x+dx, t} - 2y_{x, t} + y_{x-dx, t}),$$

a^2 étant un coefficient constant. Cette équation convient incontestablement à tous les points de la corde, excepté aux deux extrêmes, dont le premier n'a point d'ordonnée antérieure et le second, d'ordonnée postérieure; mais ces deux points sont fixes par la condition du problème. J'observe cependant que, pour que l'équation précédente subsiste, il est nécessaire que deux côtés contigus ne forment point entre eux un angle fini, car au sommet de cet angle la force accélératrice, qui partout ailleurs est finie, serait infinie. La vitesse changerait donc brusquement à ce point, et l'on ne pourrait plus y supposer la force accélératrice égale à $\frac{d^2 y_{x, t}}{dt^2}$, comme cela est nécessaire pour que l'équation générale du problème des cordes vibrantes puisse avoir lieu.

Maintenant, au lieu d'intégrer l'équation précédente par la considération des infiniment petits, ce qui peut laisser des doutes sur la discontinuité des fonctions arbitraires auxquelles on parvient, je l'intègre comme une équation aux différences finies et dans laquelle, par conséquent, dx et dt sont des quantités finies. Il est visible que, rien n'étant négligé dans cette intégration, les résultats que je trouve conviennent également au cas de dx et de dt, infiniment petits; et comme dans le cas général, la valeur de $y_{x, t}$ se construit en plaçant alternativement, au-dessus et au-dessous de l'axe des abscisses, le polygone

qui représente la valeur de $y_{x,t}$ lorsque $t = o$, on doit en conclure que
cette même construction a lieu lorsque dx et dt sont infiniment petits,
et qu'ainsi la construction que vous avez donnée dans votre Mémoire
sur les cordes vibrantes, relativement aux fonctions analytiques, est
générale, quelle que soit la figure initiale de la corde, pourvu qu'aucun
de ses angles ne soit fini. Il ne me sera pas difficile, présentement, de
répondre à la difficulté que vous me faisiez hier, à l'Académie, sur la
force accélératrice qui a lieu au point de contact de deux positions de
courbes qui se touchent.

Pour cela, je considère deux arcs de cercle BA et B'A qui se touchent
au point A, et dont les centres sont C et C'. La force accélératrice au
point A est en raison inverse du rayon osculateur à ce point, et comme

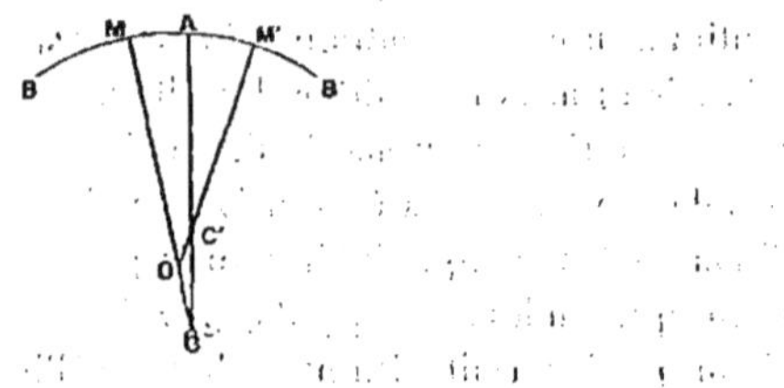

il appartient également aux deux arcs AB et AB', vous me demandiez
lequel des deux rayons CA ou C'A on doit choisir pour représenter la
force accélératrice du point A. Pour répondre à cette difficulté, j'observerai que, lorsqu'on suppose la force accélératrice inversement proportionnelle au rayon osculateur au point A, cela veut dire que si l'on
prend deux points M et M', infiniment voisins et équidistants de A, et
qu'on fasse passer un cercle par ces trois points, la force accélératrice au point A sera en raison inverse du rayon de ce cercle ; cela
posé, je dis que cette force ne sera inversement proportionnelle ni
à CA, ni à C'A, parce qu'aucun de ces deux rayons ne sera celui du
cercle qui passe par les trois points M, A, M' ; mais, si l'on prolonge M'C' jusqu'à ce qu'il rencontre MC en O, O sera le centre de
ce cercle et la force en A sera réciproque au rayon AO ; or il est facile

de prouver que AO est égal au produit des deux rayons CA et C'A, divisé par la moitié de leur somme. Il n'y a donc point d'ambiguïté relativement à la force accélératrice du point A qui sera toujours proportionnelle à la différence seconde des trois ordonnées qui passent par les points M, A et M'.

Telles sont, Monsieur, les réflexions que j'ai l'honneur de vous présenter sur une question très délicate, que vous avez tant de fois agitée, et sur laquelle l'opinion dépend de la manière dont on envisage le problème; il est naturel de transporter au résultat de la solution la continuité qu'exige la méthode dont on fait usage et qui souvent restreint la généralité de cette solution; aussi je ne suis point surpris que notre illustre ami, M. de Lagrange, qui a traité ce problème dans le Tome III des *Mémoires de Turin* par la méthode des suites infinies, ait cru la continuité nécessaire entre les différences quelconques des fonctions arbitraires; mais la méthode des différences finies dans laquelle on ne néglige rien est exemptée de ces inconvénients. Il m'a toujours semblé que M. Euler a été trop loin en n'assujettissant à aucune condition les fonctions arbitraires; mais je pense que vous avez été trop circonspect en les restreignant aux seules fonctions analytiques. Cette circonspection était bien naturelle dans l'inventeur d'un calcul qui offre des résultats aussi vastes et aussi inattendus, mais vous ne devez pas trouver mauvais qu'on vous prouve que votre calcul a beaucoup plus d'étendue que vous ne lui en aviez soupçonné d'abord; je vous prie de croire que personne ne sent mieux que moi l'importance et la beauté de cette précieuse découverte, et ne vous rend à cet égard une justice plus sincère, à laquelle je suis porté d'ailleurs par le sentiment de la reconnaissance pour vos premières bontés que je n'oublierai jamais.

J'ai l'honneur d'être avec toute l'estime et la considération possibles,

Monsieur et très illustre Confrère,

Votre très humble et très obéissant serviteur,

LAPLACE.

II.

(Bibliothèque Sainte-Geneviève. Ms. V., f. in-4° 746. Supplément.)

I. MÉTHODE POUR DÉTERMINER LES ORBITES DES COMÈTES ([1]).

I.

On choisira trois ou quatre, ou cinq, etc. observations d'une comète, également éloignées les unes des autres autant qu'il sera possible, et pour la commodité du calcul, on les réduira toutes à la même heure du jour, temps moyen, quoique cela ne soit pas absolument nécessaire. On pourra embrasser, avec quatre observations, un intervalle de 30°; avec cinq observations, un intervalle de 36° ou 40°, et ainsi du reste; mais il faudra toujours que l'intervalle compris entre les observations soit d'autant plus grand qu'elles sont en plus grand nombre, afin de diminuer l'influence de leurs erreurs. Cela posé, soient c, c', c'', c''', ... les ascensions droites successives de la comète; r, r', r'', r''', ... les déclinaisons boréales correspondantes, les déclinaisons australes devant être supposées négatives; on divisera la différence $c' - c$ par le nombre des jours qui séparent la première de la deuxième observation; on divisera pareillement la différence $c'' - c'$ par le nombre des jours qui séparent la troisième de la deuxième observation; on divisera encore la différence $c''' - c''$ par le nombre des jours qui séparent la quatrième de la troisième observation, et ainsi de suite. Soit δc, $\delta c'$, $\delta c''$, $\delta c'''$, ... la suite de ces quotients.

On divisera la différence $\delta c' - \delta c$ par le nombre des jours qui séparent la troisième de la première observation; on divisera pareil-

([1]) *OEuvres de Laplace*, T. X, p. 127, et T. I, p. 243.

lement la différence $\delta\alpha'' - \delta\alpha'$ par le nombre des jours qui séparent la quatrième de la deuxième observation; on divisera encore la différence $\delta\alpha''' - \delta\alpha''$ par le nombre des jours qui séparent la cinquième de la troisième observation, et ainsi du reste. Soit $\delta^2\alpha'$, $\delta^2\alpha''$, ... la suite de ces quotients.

On divisera la différence $\delta^2\alpha' - \delta^2\alpha$ par le nombre des jours qui séparent la quatrième de la première observation; on divisera pareillement la différence $\delta^2\alpha'' - \delta^2\alpha'$ par le nombre des jours qui séparent la cinquième de la deuxième observation, et ainsi du reste. Soit $\delta^3\alpha$, $\delta^3\alpha'$, $\delta^3\alpha''$, ... la suite de ces quotients.

On continuera ainsi jusqu'à ce qu'on parvienne à former $\delta^{n-1}\alpha$, n étant le nombre des observations employées. Cela fait :

On prendra une époque moyenne, ou à peu près moyenne, entre les instants des deux observations extrêmes, et, en nommant i, i', i'', i''', ... les nombres de jours dont elle précède chaque observation, i, i', i'', ... devant être supposés négatifs pour toutes les observations antérieures à cette époque, l'ascension droite de la comète, pour un nombre, z, de jours comptés depuis l'époque, sera exprimée par la formule

$$\begin{aligned}
&\alpha - i\,\delta\alpha + ii'\,\delta^2\alpha - ii'i''\,\delta^3\alpha + ii'i''i'''\,\delta^4\alpha - \ldots \\
&\quad + z\,[\,\delta\alpha - (i+i')\,\delta^2\alpha + (ii' + ii'' + i'i'')\,\delta^3\alpha \\
&\qquad\qquad - (ii'i'' + ii'i''' + ii''i''' + i'i''i''')\,\delta^4\alpha + \ldots\,] \\
&\quad + z^2\,[\,\delta^2\alpha - (i+i'+i'')\,\delta^3\alpha \\
&\qquad\qquad + (ii' + ii'' + ii''' + i'i'' + i'i''' + i''i''')\,\delta^4\alpha - \ldots\,].
\end{aligned}$$

Les coefficients de $-\delta\alpha$, $+\delta^2\alpha$, $-\delta^3\alpha$, ..., dans la partie indépendante de z, sont : 1° le nombre i; 2° le produit des deux nombres i et i'; 3° le produit des trois nombres i, i', i''; etc.

Les coefficients de $-\delta^2\alpha$, $+\delta^3\alpha$, $-\delta^4\alpha$, ..., dans la partie multipliée par z, sont : 1° la somme des deux nombres i et i'; 2° la somme des produits deux à deux des trois nombres i, i', i''; 3° la somme des produits trois à trois des quatre nombres i, i', i'', i'''; etc.

Les coefficients de $-\delta^3\alpha$, $+\delta^4\alpha$, $-\delta^5\alpha$, ..., dans la partie multipliée par z^2, sont : 1° la somme des trois nombres i, i', i''; 2° la somme des produits deux à deux des quatre nombres i, i', i'', i'''; 3° la somme des produits trois à trois des cinq nombres i, i', i'', i''', i''''; etc.

En opérant de la même manière sur les déclinaisons de la comète, sa déclinaison après le nombre z de jours, depuis l'époque, sera représentée par la formule suivante :

$$
\begin{aligned}
r - i\,\delta r &+ ii'\,\delta^2 r - ii'i''\,\delta^3 r + ii'i''i'''\,\delta^4 r - \ldots \\
&+ z\,[\delta r - (i+i')\,\delta^2 r + (ii'+ii''+i'i'')\,\delta^3 r \\
&\qquad - (ii'i''+ii'i'''+ii''i'''+i'i''i''')\,\delta^4 r - \ldots] \\
&+ z^2[\delta^2 r - (i+i'+i'')\,\delta^3 r \\
&\qquad + (ii'+ii''+ii'''+i'i''+i'i'''+i''i''')\,\delta^4 r - \ldots].
\end{aligned}
$$

On supposera ensuite z égal à un petit nombre de jours, de manière que les termes multipliés par z^2 ne montent qu'à un petit nombre de minutes, par exemple à 4 ou 5 minutes. Soit q ce nombre de jours; on fera successivement $z = -q$, $z = 0$ et $z = q$; on aura ainsi trois ascensions droites et trois déclinaisons correspondantes de la comète, éloignées l'une de l'autre d'un même intervalle de temps. On pourra pour plus de simplicité fixer l'époque à l'instant de l'observation moyenne, si le nombre des observations employées est impair, ce qui donne

$$
i = 0
$$

et ce qui simplifie, par conséquent, les formules précédentes. Cela posé, au moyen des trois ascensions droites et des trois déclinaisons, on calculera les trois longitudes et les trois latitudes correspondantes, en ayant soin de porter la précision jusqu'aux secondes. Soient $\alpha_{,,}$ α, α' les trois longitudes et $\theta_{,,}$ θ, θ' les trois latitudes boréales, les latitudes australes devant être supposées négatives; on réduira en secondes la quantité $\dfrac{\alpha'-\alpha_{,}}{2q}$ et, du logarithme de ce nombre de secondes, on retranchera le logarithme $3,5500081$ (¹); on aura le logarithme d'un nombre que nous désignerons par a.

On réduira pareillement en secondes la quantité $\dfrac{\alpha'-2\alpha+\alpha_{,}}{q^2}$ et,

(¹) *OEuvres de Laplace*, T. X, p. 103.

du logarithme de ce nombre de secondes, on retranchera le logarithme $1,7855911$ (¹); on aura le logarithme d'un nombre que nous
désignerons par b.

En réduisant encore en secondes la quantité $\dfrac{\theta' - \theta_1}{2q}$ et, en retranchant
du logarithme de ce nombre de secondes le logarithme $3,5500081$, on
aura le logarithme d'un nombre que nous désignerons par h.

Enfin, on réduira en secondes la quantité $\dfrac{\theta' - 2\theta + \theta_1}{q^2}$ et, en
retranchant du logarithme de ce nombre de secondes le loga-
rithme $1,7855911$, on aura le logarithme d'un nombre que nous
désignerons par l.

C'est de la précision des valeurs de a, b, h et l que dépend l'exactitude des résultats suivants, et, comme leur formation est très simple,
il faut choisir et multiplier les observations, de manière à les obtenir
avec autant de rigueur que les observations le comportent.

Pour éclaircir ce que nous venons de dire par un exemple, nous
choisirons la comète de 1773, dont les observations, faites par M. Mes-
sier, sont consignées dans le Volume des *Mémoires de l'Académie* pour
l'année 1774. En réduisant à 17^h, temps moyen à Paris, les observations du 13 octobre, du 31 octobre, du 25 novembre et du 14 décembre 1773, on a :

	Ascension droite de la comète.	Déclinaison boréale.
13 octobre...............	$154.21.40$	$7. 2.30$
31 octobre...............	$165.45.52$	$13.33.15$
25 novembre...........	$180.33.51$	$25.47.45$
14 décembre...........	$190.31.33$	$52.43.13$

On conclura de ces observations :

$$\delta\vartheta = 2280'',7, \qquad \delta\theta' = 2131'',2, \qquad \delta\theta'' = 1887'',2;$$

$$\delta^2\vartheta = -3'',4767, \qquad \delta^2\theta' = -5'',5387;$$

$$\delta^3\vartheta = -0'',03326.$$

(¹) *OEuvres de Laplace*, t. X, p. 103.

En prenant ensuite pour époque le 13 novembre, à 17^h, temps moyen, on aura

$$i = -31, \quad \prime = -13, \quad i' = 12, \quad i'' = 31;$$

la formule qui exprime l'ascension droite après le nombre z de jours comptés depuis l'époque sera donc

$$173°39'21'' + 2131'',9\,z - 4'',541\,z^2.$$

On trouvera pareillement que la déclinaison sera exprimée par la formule

$$18°41'11'' + 1477'',9\,z + 4'',4748\,z^2.$$

En faisant successivement dans ces formules $z = -6$, $z = 0$ et $z = 6$, on aura les trois ascensions droites et les trois déclinaisons suivantes :

Ascension droite.	Déclinaison.
170. 3.26	16.16. 5
173.39.21	18.41.11
177. 9.49	21.11.40

En calculant ensuite les trois longitudes et les trois latitudes correspondantes, on trouve

$$\alpha_1 = 164°25'24'', \qquad \theta_1 = 11° 0'34'',$$
$$\alpha = 166°38'26'', \qquad \theta = 14°36'32'',$$
$$\alpha' = 168°41'18'', \qquad \theta' = 18°15'23'';$$

d'où l'on tire

$$a = 0,360\,605, \qquad b = -0,277\,611,$$
$$h = 0,612\,729, \qquad l = 0,078\,732.$$

$$\text{II.}$$

On déterminera la longitude de la Terre vue du Soleil, à l'instant qu'on a choisi pour époque.

Soient :

A cette longitude ;

R la distance correspondante de la Terre au Soleil;

R' la distance qui répond à la longitude $A + 90°$ de la Terre.

On formera les trois équations

$$(1) \qquad r^2 = \frac{x^2}{\cos^2 \theta} + 2\,Rx \cos(A - \alpha) + R^2,$$

$$(2) \qquad y = \frac{R \sin(A - \alpha)}{2a} \left(\frac{1}{R^3} - \frac{1}{r^3} \right) - \frac{bx}{2a},$$

$$(3) \quad \left\{ \begin{aligned} 0 ={}& y^2 + a^2 x^2 + \left(y \tang\theta + \frac{hx}{\cos^2\theta} \right)^2 \\ &+ 2y \left[(R'-1)\cos(A - \alpha) - \frac{\sin(A - \alpha)}{R} \right] \\ &+ 2ax \left[(R'-1)\sin(A - \alpha) + \frac{\cos(A - \alpha)}{R} \right] + \frac{1}{R^3} - \frac{2}{r^3}; \end{aligned} \right.$$

pour tirer de ces équations les valeurs de trois inconnues x, y et z, il sera beaucoup plus commode d'employer, au lieu des coefficients connus, leurs logarithmes. On fera une première supposition pour x : on le supposera, par exemple, égal à l'unité et l'on en tirera, au moyen des équations (1) et (2), les valeurs de r et de y; on substituera ensuite ces valeurs dans l'équation (3) et, si le reste est nul, ce sera une preuve que la valeur de x a été bien choisie; mais, si ce reste est négatif, on augmentera la valeur de x et on la diminuera si le reste est positif. On aura ainsi, au moyen d'un petit nombre d'essais, les véritables valeurs de x, y et r. Mais, comme ces inconnues peuvent être susceptibles de plusieurs valeurs, il faudra choisir celle qui satisfait exactement ou à peu près à l'équation

$$(4) \quad \left\{ \begin{aligned} y ={}& -x \left(h \tang\theta + \frac{l}{2h} + \frac{a^2 \sin\theta \cos\theta}{2h} \right) \\ &+ \frac{R \sin\theta \cos\theta}{2h} \cos(A - \alpha) \left(\frac{1}{r^3} - \frac{1}{R^3} \right); \end{aligned} \right.$$

il faudra même employer cette équation de préférence à l'équation (2), si l'on a $\frac{1}{a} > b$, et alors ce sera l'équation (2) qui servira de vérification. Ayant ainsi les valeurs de x, y et r, on formera la quanlité ([1])

$$p = \frac{x}{\cos^2 \theta}(y + hx \tang \theta) + Ry \cos(A - \alpha)$$
$$+ x\left[(R' - 1)\cos(A - \alpha) - \frac{\sin(A - \alpha)}{R}\right] + Rax \sin(A - \alpha) + R(R' - 1);$$

la distance périhélie D de la comète sera

$$D = r - \frac{1}{2}p^2,$$

le cosinus de l'anomalie v de la comète sera

$$\cos v = \frac{2D}{r} - 1,$$

d'où l'on conclura, par la Table du mouvement des comètes, le temps employé à parcourir l'angle v; et, pour avoir l'instant de son passage par le périhélie, il faudra ajouter ce temps à l'époque, si p est négatif, et le soustraire, si p est positif, parce que, dans le second cas, la comète a déjà passé par son périhélie et que, dans le premier cas, elle s'en approche ([2]).

Relativement à la comète de 1773, l'époque étant fixée, comme ci-dessus, au 13 novembre, à 17^h, temps moyen, on a

$$A = 52°11'7'',$$
$$R = 0,98837,$$
$$R' = 0,98816;$$

les équations (1), (2) et (3) deviennent

$$r^2 = 1,06794 x^2 - 0,818337 v + 0,976877,$$
$$y = -1,29204 + 0,384923 x + \frac{1,24749}{r^3},$$
$$0 = y^2 + 0,130036 x^2 + (0,260646 y + 0,654355 x)^2$$
$$+ 1,85179 y - 0,294309 v + 1,02367 - \frac{2}{r};$$

([1]) Pingré a écrit ici :
$$\text{ou} \quad = \frac{xy'}{\cos^2 \theta} + \frac{x^3 h \tang \theta}{\cos^2 \theta} + R^2 y, \quad \dots$$

([2]) Laplace avait écrit par erreur *second* au lieu de *premier* et *premier* au lieu de *second*.

je trouve avec peu d'essais

$$x = \quad 1,60115,$$
$$y = -0,34113,$$
$$\log r = \quad 0,1905079;$$

les valeurs satisfaisant, à très peu près, à l'équation (4), j'en conclus qu'elles doivent être adoptées; je forme donc à leur moyen la quantité p, et je trouve

$$p = 0,9448.$$

ce qui donne

$$D = 1,10434.$$
$$v = 64°53'19';$$

le signe de p étant positif, la comète a déjà passé par son périhélie, d'où je conclus que ce passage a eu lieu le 5 septembre à 21^h14^m, temps moyen à Paris.

III.

On choisira trois observations éloignées de la comète; en partant ensuite de la distance périhélie et de l'instant du passage de la comète par ce point déterminés par ce qui précède, on calculera facilement les trois anomalies de la comète et les trois rayons vecteurs correspondant aux instants des trois observations. Soient v, v', v'' ces anomalies; celles qui sont de côtés différents du périhélie doivent être supposées de signes contraires. Soient encore r, r', r'' les rayons vecteurs correspondants de la comète; on aura les angles compris entre r et r', et entre r et r'', en soustrayant l'une de l'autre les anomalies correspondantes. Soient U le premier de ces angles et U' le second. Nommons encore :

α, α', α'' les trois longitudes géocentriques observées de la comète ;

θ, θ', θ'' ses trois latitudes géocentriques ;

C, C', C'' les trois longitudes correspondantes du Soleil ;

R, R', R'' ses trois distances à la Terre ;

ε, ε', ε'' les trois longitudes héliocentriques de la comète ;

ϖ, ϖ', ϖ'' ses trois latitudes héliocentriques.

Cela posé :

On imaginera la lettre S au centre du Soleil, la lettre T au centre de la Terre, la lettre C au centre de la comète, et la lettre C′ à sa projection sur le plan de l'écliptique : on aura l'angle STC′ en prenant la différence des longitudes géocentriques de la comète et du Soleil ; en multipliant ensuite le cosinus de cet angle par celui de la latitude géocentrique θ de la comète, on aura le cosinus de l'angle STC. Dans le triangle rectiligne STC, on connaitra donc l'angle STC, le côté ST ou R et le côté SC ou r ; on aura ainsi, par les règles de la Trigonométrie rectiligne, l'angle CST ; on aura ensuite la latitude héliocentrique ϖ, de la comète, au moyen de l'équation

$$\sin\varpi = \frac{\sin\theta\,\sin\mathrm{CST}}{\sin\mathrm{CTS}};$$

l'angle TSC′ est le côté d'un triangle sphérique rectangle, dont l'hypoténuse est l'angle TSC et dont un des côtés est l'angle ϖ, d'où l'on tire aisément TSC′ et, par conséquent, la longitude héliocentrique ε de la comète. On aura de la même manière ϖ', ε', ϖ'' et ε'', et les valeurs de ε, ε' feront aisément juger si le mouvement de la comète est direct ou rétrograde.

En considérant les deux arcs de latitude ϖ et ϖ' réunis au pôle de l'écliptique, ils y formeront un angle égal à $\varepsilon' - \varepsilon$, et, dans le triangle sphérique formé par cet angle et par les côtés $90° - \varpi$ et $90° - \varpi'$, le côté opposé à l'angle $\varepsilon' - \varepsilon$ sera l'angle au Soleil compris entre les deux rayons vecteurs r et r'. On déterminera facilement ce côté par les analogies connues de la Trigonométrie ou par la formule suivante,

$$\cos V = \cos(\varepsilon' - \varepsilon)\cos\varpi\cos\varpi' + \sin\varpi\sin\varpi'.$$

dans laquelle V représente ce côté. En nommant pareillement V′ l'angle formé par les deux rayons vecteurs r et r'', on aura

$$\cos V' = \cos(\varepsilon'' - \varepsilon)\cos\varpi\cos\varpi'' + \sin\varpi\sin\varpi'';$$

maintenant, si la distance périhélie et l'instant du passage de la comète par ce point étaient exactement connus, on aurait

$$V = U \quad \text{et} \quad V' = U';$$

mais, comme cela n'arrivera presque jamais, on supposera

$$m = U - V, \quad n = U' - V'.$$

On fera ensuite une seconde hypothèse dans laquelle, en conservant le même instant du passage par le périhélie, on fera varier la distance périhélie d'une petite quantité, par exemple de la cinquantième partie de sa valeur, et l'on cherchera dans cette hypothèse les valeurs de $U - V$ et de $U' - V'$; soient alors

$$m' = U - V, \quad n' = U' - V'.$$

Enfin, on formera une troisième hypothèse dans laquelle, en conservant la même distance périhélie que dans la première, on fera varier d'un jour ou deux l'instant du passage par le périhélie; on cherchera dans cette nouvelle hypothèse les valeurs de $U - V$ et de $U' - V'$; soit dans ce cas

$$m'' = U - V, \quad n'' = U' - V'.$$

Cela posé, si l'on nomme u le nombre par lequel on doit multiplier la variation supposée dans la distance périhélie pour avoir la véritable, et t le nombre par lequel on doit multiplier la variation supposée dans l'instant du passage par le périhélie pour avoir ce véritable instant, on aura les deux équations (¹)

$$u(m - m') + t(n - n') = m,$$
$$u(m - m'') + t(n - n'') = n;$$

(¹)
$$t = \frac{m - u(m - m')}{m - m''} = \frac{n - u(n - n')}{n - n''},$$

$$m(n - n'') - n(m - m'') = u(m - m')(n - n'') - u(n - n')(m - m''),$$

$$u = \frac{m(n - n'') - n(m - m'')}{(m - m')(n - n'') - (m - m'')(n - n')}.$$

Ces équations sont de la main de Pingré. *Voir* ci-après sous le n° 4 la lettre corrective de Laplace, où les équations sont écrites exactement.

d'où l'on tire u et t, par conséquent la distance périhélie et le véritable instant du passage de la comète par ce point.

Si l'on nomme j la position du nœud qui serait ascendant si le mouvement de la comète était droit (') et φ l'inclinaison de l'orbite, on aura

$$\tan g\, j = \frac{\tan g\, \varpi' \sin \delta - \tan g\, \varpi \sin \delta'}{\tan g\, \varpi' \cos \delta - \tan g\, \varpi \cos \delta'},$$

$$\tan g\, \varphi = \frac{\tan g\, \varpi'}{\sin(\delta' - j)},$$

$$\tan g\, j = \frac{\tan g\, \varpi'' \sin \delta - \tan g\, \varpi \sin \delta''}{\tan g\, \varpi'' \cos \delta - \tan g\, \varpi \cos \delta''},$$

$$\tan g\, \varphi = \frac{\tan g\, \varpi''}{\sin(\delta'' - j)}.$$

Pour déterminer les angles j et φ d'après ces formules, supposons que l'on se serve des deux dernières ; il est visible que la tangente de j peut également appartenir aux deux angles I et $180° + $I, I étant le plus petit des angles positifs auxquels elle puisse appartenir. Pour déterminer lequel de ces deux angles il faut employer, on observera que φ et $\tan g\, \varphi$ doivent être positifs et qu'ainsi $\sin(\delta'' - j)$ doit être de même signe que $\tan g\, \varpi''$. Cette condition déterminera l'angle j et cet angle sera la position du nœud ascendant, si le mouvement de la comète est direct ; mais, si ce mouvement est rétrograde, il faut ajouter $180°$ à la position précédente.

L'hypoténuse du triangle sphérique rectangle dont $\delta'' - j$ et ϖ'' sont les côtés est la distance de la comète au nœud dans la troisième observation, et la différence de cette hypoténuse à U$''$ est l'intervalle entre le nœud et le périhélie ; on aura donc facilement la position du périhélie.

Appliquons cette méthode à la comète de 1773 ; pour cela nous choisirons les trois positions suivantes de la comète : savoir celle du 13 octobre, à 17^h, temps moyen à Paris ; celle du 30 décembre, à 18^h, temps moyen, et celle du 1er avril 1774, à midi, temps moyen.

(¹) Droit pour direct.

Les observations donnent pour ces instants :

$$\alpha = 153°40'23'', \qquad \theta = - 3°21'19'',$$
$$\alpha' = 176° 6'23'', \qquad \theta' = 43°45'46'',$$
$$\alpha'' = 237°25'32'', \qquad \theta'' = 61°45'20'';$$

on a d'ailleurs

$$C = 6^\text{j}21^\text{h} 7'41'', \qquad \log R = 9,9983500,$$
$$C' = 9^\text{j} 9^\text{h}59' 3'', \qquad \log R' = 9,9925630,$$
$$C'' = 0^\text{j}11°48'36'', \qquad \log R'' = 0,0002301;$$

on formera une première hypothèse dans laquelle la distance périhélie est, comme on l'a trouvée ci-dessus, égale à 1,10434, et l'instant du passage par ce point est le 3 septembre, à $21^\text{h}14^\text{m}$, temps moyen à Paris ; on trouvera dans cette hypothèse :

$$u = 41°27'0'', \qquad u' = 86°22'39'', \qquad u'' = 106°57'8'',$$
$$\log r = 0,1012104, \qquad \log r' = 0,3175270, \qquad \log r'' = 0,4938384;$$

partant

$$U + 44°55'39'', \qquad U' = 65°30'8'',$$
$$\varpi = - 4°31' 2'', \qquad \varpi' = 33°43'47'', \qquad \varpi'' = 49°28'15'',$$
$$\delta = 117°59'51'', \qquad \delta' = 143°34'39'', \qquad \delta'' = 161° 5'44''.$$

ce qui donne

$$V = 44°44'2'', \qquad V' = 65°35'47'';$$

partant

$$m = 11'37'', \qquad n = - 5'39'',$$

et, comme δ' est plus grand que δ, le mouvement de la comète est direct.

On formera ensuite une seconde hypothèse dans laquelle on supposera la distance périhélie égale à 1,11634, et l'instant du passage par le périhélie, le même que ci-dessus, et l'on trouvera dans cette hypothèse

$$m' = 14'6'', \qquad n' = 6'11''.$$

Enfin, on formera une troisième hypothèse, dans laquelle, en conser-

vant la même distance périhélie que dans la première, on fera varier
d'un jour l'instant du passage par le périhélie, en le fixant au 4 septembre, à 21^h14^m; on trouvera dans cette hypothèse

$$m'' = -25'39'. \qquad n'' = -44'18''.$$

Au moyen de ces valeurs de m, m', ..., réduites en secondes, on
formera les équations

$$2227\,t - 149\,u = \quad 697,$$
$$2319\,t - 710\,u = -339,$$

d'où l'on tire

$$t = 0,4414. \qquad u + 1,9190.$$

et, comme la variation supposée ci-dessus dans l'instant du passage
par le périhélie est d'un jour, on aura le véritable instant en
retranchant du 5 septembre, 21^h14^m, un jour multiplié par $0,4414$,
c'est-à-dire $10^h35^m37^s$; en sorte que le passage par le périhélie a eu
lieu le 5 septembre, à $10^h38^m23^s$, temps moyen à Paris. Pareillement,
la variation supposée dans la distance périhélie étant $0,012$, en la
multipliant par $1,919$, on aura la véritable variation qui, ajoutée à la
distance périhélie $1,10434$, donnera $1,12737$ pour la véritable distance
périhélie.

Au moyen de ces données, on trouvera

$$\varpi = -\quad 4°30'39', \qquad \varpi' = 49°37'47'',$$
$$\epsilon = \quad 118°39'44'', \qquad \epsilon'' = 161°\ 6'19'.$$
$$u'' = 106°2'46'';$$

d'où il est facile de conclure le lieu du nœud ascendant dans $4^s1°8'44''$
et dans l'inclinaison de l'orbite de $61°13'20''$. On aura la distance de
la comète au nœud dans la dernière observation, en prenant l'hypo-
ténuse du triangle rectangle dont ϖ'' et $\epsilon'' - j$ sont les côtés, et dans le
cas présent $\epsilon'' - j = 39°57'35''$; d'où l'on tire la distance de la comète
au nœud, égale à $60°7'15''$. Sa distance au périhélie étant de $106°2'46''$,
le périhélie est moins avancé sur l'orbite que le nœud de $45°55'31''$;
en retranchant donc cette quantité du lieu du nœud, on aura, pour le

lieu du périhélie, 2ˢ15°13′13″; on aura donc pour les véritables éléments de l'orbite de la comète :

> Lieu du nœud...................... 4ˢ. 1°. 8′.11′
> Inclinaison de l'orbite................ 61.13.40
> Lieu du périhélie................... 2.15.13.13

instant du passage par le périhélie le 5 septembre, à 10ʰ38ᵐ23ˢ, temps moyen à Paris :

> Distance périhélie.................... 1,12737
> Logarithme de cette distance.......... 0,0520665

Le sens du mouvement est direct.

2. LAPLACE A PINGRÉ.

Ce jeudi.

Monsieur et cher Confrère,

Puisque vous voulez bien appliquer à un exemple ma méthode pour déterminer les orbites des comètes, il est très naturel que je cherche à vous en faciliter l'usage. Dans l'exemple que vous avez choisi, vous employez cinq observations équidistantes et vous fixez l'époque à la troisième observation; ce cas étant beaucoup plus simple que le cas général, on peut parvenir plus aisément aux deux formules qui expriment l'ascension droite et la déclinaison de la comète après le petit nombre z de jours; je vous envoie pour cela les deux formules suivantes, dont je vous prie de faire usage, de préférence aux formules générales qui se trouvent dans la méthode que je vous ai donnée.

Soient ε, ε', ε'', ε''', ε'''' les cinq ascensions droites successives observées de la comète; i le nombre des jours qui séparent chaque observation de sa voisine et qui, si je me le rappelle bien, dans votre exemple est 13; la formule qui exprimera l'ascension droite de la comète, après le petit nombre z de jours comptés depuis l'époque, sera

$$\delta' + z\left[\frac{\delta'' - \delta'}{2i} + \frac{(\delta - 2\delta' + 2\delta'' - \delta''')}{12i}\right]$$
$$+ z^2\left[\frac{\delta'' - 2\delta' + \delta'}{2i^2} - \frac{(\delta'^V - 4\delta'' + 6\delta' - 4\delta' + \delta)}{24i^2}\right];$$

pareillement, si l'on nomme r, r', r'', r''', r'''' les cinq déclinaisons successives observées de la comète, son ascension droite, après le petit nombre z de jours comptés depuis l'époque, sera

$$r' + z\left[\frac{r'' - r'}{2i} + \frac{(r - 2r' + 2r'' - r''')}{12i}\right]$$
$$+ z^2\left[\frac{r'' - 2r' + r'}{2i^2} - \frac{(r'^V - 4r'' + 6r' - 4r' + r)}{24i^2}\right];$$

je n'ai point donné ces formules dans l'extrait que j'ai eu l'honneur de vous communiquer, pour ne pas le rendre trop long, mais elles se trouvent dans le Mémoire même. Quand vous chercherez à corriger l'orbite, il faudra employer la première, la moyenne et la dernière de toutes les observations, mais je ne doute point que du premier abord vous ne trouviez à très peu près la véritable distance périhélie et le vrai moment du passage de la comète par ce point. J'ai retourné de toutes les manières possibles l'analyse de ce problème pour parvenir à la solution la plus simple et la plus exacte, et ce n'est qu'après un grand nombre de combinaisons que je me suis enfin arrêté à celle que je vous ai donnée. Je ne puis trop vous remercier de l'honneur que vous lui faites en voulant bien l'insérer dans votre bel Ouvrage.

J'ai l'honneur d'être, avec toute l'estime et la considération possibles,

Monsieur et cher Confrère,

Votre très humble et très obéissant serviteur,

LAPLACE (¹).

(¹) Adresse : A Monsieur, Monsieur Pingré, chanoine régulier de la Congrégation de France, à Sainte-Geneviève.

3. LAPLACE A PINGRÉ.

Ce lundi, 18 novembre 1782.

M. de Laplace a l'honneur de faire mille compliments à son Confrère, Monsieur Pingré; l'équation (4) avait été mal écrite. La voici telle qu'elle doit être (¹) :

$$y = -z\left\{ h \tan g\,\theta + \frac{l}{2h} + \frac{a^2 \sin\theta\cos\theta}{2h} \right\}$$
$$+ \frac{R\sin\theta\cos\theta}{2h}\cos(A - \alpha)\left(\frac{1}{r^2} - \frac{1}{R^2}\right).$$

M. de Laplace ne doute point qu'en en faisant usage, Monsieur Pingré ne trouve à peu près la même valeur de y que par l'équation (2).

Comme elle ne diffère que fort peu de l'équation que M. Pingré a déjà calculée, il lui sera facile de la vérifier et M. de Laplace lui sera obligé de sa complaisance, s'il veut bien lui en apporter le calcul mercredi prochain à l'Académie (²).

4. LAPLACE A PINGRÉ.

M. de Laplace a l'honneur de faire mille compliments à son Confrère, Monsieur Pingré. En examinant avec soin sa solution du problème des Comètes, pour la faire imprimer, il s'est aperçu que les deux équations qui déterminent t et u ont été mal écrites. Les véritables sont :

$$u(m - m') + t(m - m'') = m,$$
$$u(n - n') + t(n - n'') = n.$$

(¹) Cette équation (4) a été écrite exactement dans le Mémoire de Ch. Henry.
(²) Adresse : A Monsieur, Monsieur Pingré, chanoine régulier de Sainte-Geneviève et de l'Académie des Sciences, à Sainte-Geneviève.

M. de Laplace ne peut trop remercier Monsieur Pingré de la peine qu'il veut bien prendre d'appliquer sa solution et de l'honneur qu'il lui fait en l'insérant dans son bel Ouvrage (').

(') Adresse : A Monsieur, Monsieur Pingré, chanoine régulier de la Congrégation de France et de l'Académie des Sciences, à Sainte-Geneviève.

L'EXÉCUTION DU CADASTRE.

Archives parlementaires de 1787 à 1860, IIe série, t. XIX (¹).

Messieurs, les réflexions suivantes, étant relatives à l'exécution du cadastre, regardent spécialement le gouvernement; mais il m'a paru qu'une opération, dont la dépense doit s'élever à 100 millions, méritait de fixer, pendant quelques moments, l'attention de la Chambre; et j'ai pensé que les paroles proférées de cette tribune seraient mieux entendues.

Je n'examinerai point s'il était possible d'obtenir avec une précision suffisante, et plus promptement que par le cadastre, une égale répartition de l'impôt territorial. Le cadastre est bon en lui-même; il est trop avancé maintenant pour l'abandonner. Je ne veux ici qu'indiquer les mesures propres à l'améliorer.

Sa partie topographique est celle qui exige le plus de temps et de dépense. Lorsqu'on veut lever avec exactitude le plan d'un royaume, il n'y a qu'une méthode qui malheureusement n'a pas été suivie dans l'opération du cadastre. Elle consiste à tracer deux grandes lignes perpendiculaires entre elles et dirigées, l'une, du nord au sud, l'autre, de l'est à l'ouest. On couvre tout l'espace à mesurer d'un réseau de grands triangles qu'on rattache à ces lignes. En partageant ensuite chacun de ces triangles en triangles secondaires, on descend jusqu'à

(¹) Chambre des Pairs, séance du 21 mars 1817. Discussion sur la loi de finances; budget de 1817.

l'arpentage des communes. Ainsi les mesures partielles sont restreintes dans leurs écarts par les triangles qui les circonscrivent; les négligences des arpenteurs sont reconnues et rectifiées. De là résulte un système d'opérations bon dans ses détails et parfait dans son ensemble.

La France a pour l'exécution de ce système tous les moyens qu'on peut désirer : les savants les plus capables de le diriger; un corps d'ingénieurs-géographes très instruits, qui ont fait ce qu'on a de mieux en ce genre, et auxquels on peut adjoindre des officiers d'artillerie et du génie. Le cadastre leur offre l'occasion la plus favorable de s'exercer aux opérations qu'ils doivent exécuter pendant la guerre. C'est ainsi que la Prusse continue au delà du Rhin les travaux topographiques de nos ingénieurs; elle ne peut pas suivre de meilleurs modèles.

Déjà l'une des lignes fondamentales dont je viens de parler traverse la France depuis Dunkerque jusqu'à Perpignan. Une perpendiculaire dirigée de Strasbourg à Brest est commencée. La première de ces lignes, tracée avec une précision extrême, a été prolongée au delà des Pyrénées, jusqu'à l'île de Formentera, dans la Méditerranée. Grâce aux soins éclairés du Ministre de l'Intérieur pour le progrès des sciences, cette ligne va s'étendre au nord jusqu'à Yarmouth. Le colonel Mudge qui, suivant la méthode que j'ai citée, lève avec autant d'habileté que de zèle les plans de l'Angleterre et de l'Écosse, doit se réunir aux savants français et concourir avec eux au prolongement de notre méridienne, L'étendue actuelle de ce grand arc comprend un septième environ de la distance du pôle à l'équateur. On a observé les latitudes de ses points extrêmes et de plusieurs points intermédiaires, et l'on a mesuré les longueurs correspondantes du pendule à secondes : ce qui répand une vive lumière sur la figure de la Terre et sur les inégalités de ses degrés et de la pesanteur. Cette opération, la plus belle de ce genre qu'on ait encore entreprise, est la base du système métrique et décimal des poids et mesures, dont l'adoption générale serait un grand bienfait des gouvernements. Complément heureux de notre système admirable de numération et, comme lui, convenant également à tous les peuples, il vient d'être admis dans le royaume des Pays-Bas. En France, peu secondé, quelquefois contrarié par les autorités, il lutte cependant avec succès contre les obstacles que la puissance des habitudes oppose à l'introduction des choses même les plus utiles. Espérons que bientôt il surmontera ces obstacles. Alors il sera maintenu par cette puissance qui, jointe à celle de la raison, assure aux institutions humaines une éternelle durée.

Je désire que les ministres veuillent bien prendre en considération le plan que je propose. Il est possible d'y adapter la partie du cadastre déjà faite et de l'exécuter sans retarder l'opération, sans en augmenter la dépense. Peut-être même, le grand nombre d'ingénieurs géographes que l'état de paix où nous sommes permet d'employer à ce travail, auquel on les voit avec peine étrangers, rendrait-il son exécution plus prompte et moins coûteuse. Mais une commission, choisie par le gouvernement pour l'éclairer sur cet objet, prendrait les renseignements nécessaires à sa détermination. Elle examinerait jusqu'à quel point sont fondés les reproches de négligence et d'incapacité faits à plusieurs agents du cadastre; elle indiquerait les moyens de l'accélérer et de le perfectionner.

Après avoir donné, dans la formation de la grande Carte de France, un exemple que les autres nations s'empressent de suivre, ne leur soyons pas inférieurs, ne rétrogradons point quand elles avancent. Conservons parmi nous la gloire des sciences et beaux-arts. Cette gloire douce et paisible a le précieux avantage de s'accroître sans diminuer la gloire étrangère et d'intéresser tous les peuples, en leur procurant de nouvelles jouissances.

SUPPRESSION DE LA LOTERIE.

Archives parlementaires de 1787 à 1860, IIe série, t. XXV ([1]).

Messieurs, l'état des finances permet de diminuer les impôts. Le projet de loi qui nous est présenté applique cette diminution aux contributions directes et à la retenue sur les traitements. Cette disposition est-elle la plus avantageuse? J'ai l'honneur de soumettre à la Chambre les réflexions suivantes sur cet objet. Je n'examinerai point si la contribution directe, élément de notre système représentatif, étant mieux répartie, serait dans une trop forte proportion avec les autres impôts. J'observerai seulement qu'il est juste et conforme à ce système de diminuer les grandes différences qui existent dans les rapports des contributions directes aux revenus fonciers, et que le mode adopté pour cela dans le projet de loi serait, avec quelques changements nécessaires, le moins sujet aux réclamations. Mais je pense qu'on ferait une chose bien plus utile en supprimant l'impôt de la loterie.

Qu'on se rappelle ce qui a été dit mille fois contre l'immoralité de ce jeu et sur les maux qu'il occasionne. Il est de tous les jeux celui où, le banquier faisant les plus grands bénéfices, les joueurs ont, pour la plupart, le moins de fortune; en sorte que son désavantage, soit physique, soit moral, est très supérieur au désavantage que présentent

([1]) Chambre des Pairs, séance du 16 juillet 1819. Discussion du budget des recettes de 1819.

les autres jeux publics qu'on ne tolère qu'avec peine et pour éviter un
plus grand mal. Dans ceux-ci, le banquier ne prélève qu'un quaran-
tième de la mise; au jeu de loterie, le gouvernement en prélève le tiers.
18^{fr} placés sur un extrait sont par là réduits à 15^{fr} : ils sont réduits aux
deux tiers sur un ambe, à la moitié sur un terne, et fort au-dessous sur
un quaterne : voilà le désavantage physique de ce jeu. Mais leur perte,
insensible pour le riche, est très sensible pour le plus grand nombre
de ceux qui mettent à la loterie : c'est là son désavantage moral. Le
pauvre, excité par le désir d'un meilleur sort et séduit par des espérances dont il est hors d'état d'apprécier l'invraisemblance, expose à
ce jeu son nécessaire. Il s'attache aux combinaisons qui lui promettent
un grand bénéfice, et l'on vient de voir combien elles sont défavorables. Ainsi tout concourt à rendre ce jeu désavantageux, tout nous
fait une loi de le proscrire. Nous applaudirions l'orateur qui, pour
détourner de la loterie ses auditeurs, retracerait avec force les vols,
la misère, les banqueroutes et les suicides qu'elle enfante. Hâtons-
nous donc d'abolir un jeu aussi contraire à la morale, et tellement
désavantageux aux joueurs que la police ne le souffrirait pas au nombre
des jeux publics qu'elle se croit forcée de tolérer.

On dit que les billets des loteries étrangères s'introduiraient parmi
nous. Mais la surveillance du gouvernement peut les arrêter, ou du
moins les rendre si rares qu'ils ne parviendraient point au peuple dans
l'intérieur du royaume; et l'on peut affirmer qu'avec un peu de vigi-
lance les mises à ces loteries ne seraient pas un cinquantième des
mises actuelles à la loterie de France. On dit encore que cet impôt est
volontaire. Sans doute il est volontaire pour chaque individu; mais,
pour l'ensemble des individus, il est nécessaire; comme les mariages,
les naissances et tous les effets variables sont nécessaires, et les
mêmes à peu près, chaque année, lorsqu'ils sont en grand nombre;
en sorte que le revenu de la loterie est au moins aussi constant que les
produits de l'agriculture.

Cet impôt est celui qui exige le plus de frais de perception. Il pèse
beaucoup plus sur le peuple qu'il ne rapporte au gouvernement; car

ce qu'on rend sur les mises ne retourne pas au centième des joueurs et, par la publicité qu'on s'empresse de donner aux gains qui en résultent, il devient une nouvelle cause d'excitation à ce jeu funeste. Ainsi, quoique la loterie ne fasse entrer annuellement que 10 ou 12 millions dans le Trésor public, l'impôt qu'elle fait supporter à une partie considérable du peuple, et à la plus pauvre, s'élève à 40 ou 50 millions.

Que de faux raisonnements, que d'illusions et de préjugés la loterie fait éclore! Elle corrompt à la fois l'esprit et les mœurs du peuple. C'est cependant vers son éducation morale que le législateur doit porter principalement sa vue. Il doit sacrifier à ce grand objet les petites considérations fiscales. Mais je soutiens qu'il ne résulterait de ce sacrifice aucune diminution dans nos finances, car ici, comme en toutes choses, ce qui est bon en soi est en même temps profitable. Le peuple, devenu plus industrieux et plus à son aise, payerait plus facilement ses impôts, consommerait davantage; et le fisc recouvrerait, par les contributions indirectes, au delà de ce que la suppression de la loterie lui ferait perdre.

Grâces soient rendues au noble pair (¹) fondateur de la Caisse d'épargne! Cet établissement, si favorable aux mœurs et à l'industrie, diminuera les bénéfices de la loterie et ce sera l'un de ses avantages. Que le gouvernement encourage les établissements semblables dans lesquels, par un léger sacrifice de son revenu, on assure son existence et celle de sa famille pour un temps où l'on ne pourra plus suffire à ses besoins. Autant le jeu de la loterie est immoral, autant ces établissements sont avantageux aux mœurs, en favorisant les plus doux penchants de la nature. Mais ils doivent être respectés dans les vicissitudes de la fortune publique; car, les espérances qu'ils présentent portant sur un avenir éloigné, ils ne peuvent prospérer qu'à l'abri de toute inquiétude sur leur durée. C'est un avantage que la forme heureuse de notre gouvernement leur assure. Qu'on encourage encore les

(¹) M. le duc de La Rochefoucauld.

associations dont les membres se garantissent mutuellement leurs propriétés contre les accidents, en supportant proportionnellement les charges de cette garantie; à l'imitation de la société, qui peut être en effet envisagée comme une grande association d'assurances mutuelles. Mais que les établissements fondés sur les illusions de l'ignorance et de la cupidité soient sévèrement proscrits; nul bénéfice ne peut compenser les maux qu'ils produisent. On doit donc extrêmement regretter que la suppression de la loterie n'ait pas été placée à la tête du tableau de la diminution des impôts, comme un hommage rendu à la morale.

MANIÈRE DONT SE FORME LA DÉCISION DU JURY.

Archives parlementaires de 1787 à 1860, IIe série, t. XXX (¹).

Messieurs, la manière dont se forme la décision du jury est, sans aucun doute, l'élément le plus important de sa constitution. Le mode actuel offre un grand inconvénient qui, depuis son origine, a frappé tous les bons esprits. Quand sur douze jurés cinq déclarent le fait non constant, la loi élève avec raison un doute qu'elle cherche à dissiper par l'intervention des juges de la Cour d'assises; elle ne voit point de motifs suffisants pour condamner, dans la simple majorité de sept voix sur douze; elle cherche dans la décision des juges une confirmation de ces motifs. Cela est juste et conforme à la doctrine des probabilités, qui n'est au fond que le bon sens réduit au calcul dont il emprunte la puissance, pour arriver à des conséquences que de lui-même il n'eût pu tirer. Mais quand la décision des juges à la majorité de trois voix sur cinq, loin de confirmer les motifs de la condamnation, les infirme, n'est-il pas évident que, puisqu'ils étaient déjà jugés insuffisants, ils le deviennent encore plus par cette décision? et n'est-il pas contraire au bon sens et à l'humanité de condamner alors l'accusé?

Il y a plus : on voit quelquefois les jurés, incertains sur la culpabilité de l'accusé et voulant en remettre le jugement à la Cour d'assises, former arbitrairement entre eux une majorité de sept voix contre cinq :

(¹) Chambre des Pairs, séance du 30 mars 1821. Discussion sur le projet de loi tendant à modifier l'article 351 du Code d'Instruction criminelle.

dans ce cas, la décision du jury est fictive et doit être regardée comme nulle. Les cinq juges de la Cour d'assises délibérant alors, et si trois étant favorables à l'accusé, deux lui sont contraires, il est condamné. Je ne sais si les annales judiciaires de tous les peuples offrent un autre exemple d'une condamnation prononcée à la minorité des voix. Il importe donc de faire promptement disparaître, d'une loi qui intéresse essentiellement la vie des hommes, des inconvénients aussi graves.

Mais, dit-on, le projet de loi qui vous est présenté pour cet objet dénature l'institution du jury en faisant prévaloir sur sa majorité celle de la Cour d'assises. Je réponds que cela n'arrive que dans l'intérêt de l'accusé, lorsqu'on cherche dans la décision des juges de nouveaux motifs à l'appui de la décision des jurés, que la loi juge insuffisante pour la condamnation ; c'est cette insuffisance qui, dans le projet de loi, annule la décision du jury, non confirmée, et même infirmée par la Cour d'assises.

On dit encore que la division arbitraire de sept jurés contre cinq deviendra plus fréquente, lorsque les jurés ne seront point retenus par la crainte de voir l'accusé condamné à la minorité des juges de la Cour d'assises. Nous ignorons le rapport du nombre des cas où la simple majorité des jurés est de pure convention au nombre total des cas où la majorité simple existe. Nous manquons, à cet égard, d'observations sans lesquelles on exagère ou l'on diminue les nombres dans l'intérêt de la cause qu'on veut défendre. Nous savons encore moins quelle sera sur ce rapport l'influence du projet de loi. Mais ce que nous savons certainement, c'est qu'il est urgent de faire cesser l'un des plus grands abus possibles, celui d'un accusé condamné à la minorité des voix. Le législateur doit compter sur le sentiment du devoir dans les jurés, quand ils ont à prononcer sur la vie de leurs semblables. Plusieurs jurés m'ont dit que, dans des cas pareils, ils étaient facilement parvenus à ramener le jury à l'examen approfondi de la culpabilité de l'accusé. Dans le cas même où la loi ne ferait point intervenir la Cour d'assises, ne peut-on pas craindre que les jurés ne discutent point avec tout le soin nécessaire les questions soumises à leur décision ? Pour les y contraindre, on exige chez plusieurs peuples que les jurés délibèrent jusqu'à ce qu'ils soient d'un avis unanime; mais alors de nouveaux inconvénients se présentent, on donne ainsi à l'obstination des jurés, à leur tempérament, à leurs habitudes et à mille autres causes étrangères au jugement, une influence quelquefois préjudiciable, au point de faire prévaloir l'opinion de la minorité des jurés.

Disons donc que tout, dans ce monde, a ses inconvénients et ses avantages. C'est dans leur juste appréciation que consiste la difficulté de bien choisir et de faire d'utiles innovations. Ne changeons nos lois qu'avec une circonspection extrême; mais adoptons avec empressement les améliorations évidemment indiquées par le bon sens et par l'humanité.

On objecte enfin que l'adoption du projet de loi consacrerait l'intervention des juges, qui parait contraire à l'institution du jury. Mais, en améliorant une loi existante, le législateur ne s'est jamais interdit la faculté d'en revoir l'ensemble et d'y faire les changements que l'expérience et un examen approfondi auront fait juger avantageux. C'est surtout dans l'importante loi du jury que cet examen demande de longues et mûres réflexions. Il ne faut donc voir dans le projet de loi qui vous est présenté qu'une correction urgente d'un abus grave qui, chaque jour, peut compromettre l'innocence. C'est sous ce point de vue que j'ai proposé ce même projet il y a plus de 4 ans et que je m'empresse de l'adopter aujourd'hui.

CONVERSION DE LA RENTE.

Archives parlementaires de 1787 à 1860, IIe série, t. XLI (¹).

Messieurs, en soumettant au calcul les effets de l'amortissement sur le rachat des rentes, par un procédé fort simple dans lequel on fait entrer, jour par jour, l'intérêt composé, je parviens aux résultats suivants, que je crois devoir communiquer à la Chambre :

PREMIÈRE HYPOTHÈSE.

Dette, 140 millions de rentes, l'intérêt annuel étant à 5 pour 100.

Durée du rachat de la dette.	Dotation annuelle de la Caisse d'amortissement.
21 ans	75 358 000^{fr}
30 »	40 220 000
40 »	21 913 000

(¹) Chambre des Pairs, séance du 1er juin 1824. Discussion sur le projet de conversion de la rente. Le projet était ainsi conçu :

Le Ministre des Finances est autorisé à substituer des rentes 3 pour 100 à celles déjà créées par l'État à 5 pour 100, soit qu'il opère par échange des 5 contre des 3 pour 100, soit qu'il rembourse les 5 au moyen de la négociation des 3 pour 100.

L'opération ne pourra être faite qu'autant :

1° Qu'elle aura conservé aux porteurs de 5 pour 100 la faculté d'opter entre le remboursement du capital nominal et la conversion en 3 pour 100 au taux de 75^{fr};

2° Qu'elle présentera pour résultats définitifs une diminution de ¼ sur les intérêts de la rente convertie et remboursée....

....

SECONDE HYPOTHÈSE.

Dette, 112 millions de rentes, l'intérêt étant à 3 ¼ pour 100.

Durée du rachat de la dette.	Dotation annuelle de la Caisse d'amortissement.
	fr
21 ans	103 178 000
30 »	60 257 000
40 »	36 659 000

Pour avoir l'avantage de la seconde hypothèse sur la première, on doit retrancher 28 millions de la dotation de la Caisse dans cette seconde hypothèse :

Bénéfice en rentes de la seconde hypothèse relativement à la première.

	fr
21 ans	180 000
30 »	7 963 000
40 »	13 254 000

On voit par ces Tableaux que le rachat en 21 ans présente, dans la seconde hypothèse, peu de bénéfice; mais le bénéfice augmente à mesure que la durée du rachat devient plus grande. Il n'est donc pas exact de dire que ce bénéfice ne change point en ralentissant l'action de l'amortissement.

Généralement, l'effet de l'augmentation du capital est d'autant moins sensible que le remboursement de la rente est plus éloigné. La diminution de la dotation de la Caisse d'amortissement serait donc utile au projet de loi qui, d'après sa discussion, me paraît offrir beaucoup d'avantages.

SUR L'EMPLOI

DE

L'EXPRESSION « CORDE MÉTRIQUE ».

Archives parlementaires de 1787 à 1860, IIe série, t. XLII (¹).

M. le marquis de Laplace déclare que, dans son opinion, le maintien du mot *corde* présente d'autant moins d'inconvénient que, par un
usage autorisé à ce qu'il croit par un arrêté administratif, les mots de
corde métrique sont assez généralement employés pour désigner le
demi-décastère. Il pense donc qu'au moyen d'une explication donnée
dans les instructions administratives, ainsi qu'on l'a demandé tout à
l'heure, la rédaction actuelle du projet peut être maintenue sans
aucune modification.

(¹) Chambre des Pairs, séance du 20 juillet 1824.

Discussion du projet de loi relatif aux droits à payer par le commerce pour chomage
de moulins et dépôts de bois le long des rivières navigables et flottables.

Un pair avait proposé un amendement demandant la substitution du ½ décastère à la
corde dans les diverses dispositions du projet où cette dernière mesure était énoncée.

CONVERSION DE LA RENTE.

Archives parlementaires de 1787 à 1860, IIe série, t. XLV (¹).

La réduction d'une rente de 5^{fr} à 4^{fr} de rente en 3 pour 100 accroit d'un tiers le capital de cette rente et le porte à 133^{fr}⅓. Quelques personnes paraissent craindre que cet accroissement du capital de la dette publique ne l'emporte sur l'avantage de la diminution de la rente. L'objet de cette Note est de dissiper ces craintes et de répondre ainsi à l'objection la plus forte qu'on ait faite au projet de loi.

J'observerai d'abord que l'accroissement du capital ne doit être payé qu'au moment probablement éloigné où l'intérêt ne sera que de 3 pour 100, et que, réduit en capital actuel suivant les règles de l'intérêt composé, il est considérablement diminué. L'expérience vient à l'appui de cette observation. Il résulte du Tableau qui nous a été dis-

---

(¹) Chambre des Pairs, séance du 26 avril 1825. Discussion sur le projet de conversion de la rente; le projet présenté l'année précédente avait été repoussé. Le rapporteur expliquait en ces termes la différence entre les deux projets :

« L'objet du nouveau projet est, comme celui du projet de 1824, d'amener la conversion des rentes 5 pour 100 en rentes 3 pour 100 au taux de 75^{fr}. Mais les moyens employés pour atteindre ce but sont différents.

» En 1824, c'est par l'offre du remboursement qu'on voulut l'obtenir; en 1825, c'est par les combinaisons de l'emploi du fonds de l'amortissement.

» En 1824, le propriétaire de rentes 5 pour 100 était forcé d'opter entre la conversion en 3 pour 100 ou son remboursement. En 1825, il peut demeurer provisoirement dans ses rentes 5 pour 100 ou même encore opter pour une reconstitution à 4½ pour 100 avec garantie contre le remboursement pendant 10 ans en se soumettant aux effets des nouvelles combinaisons de l'amortissement. »

tribué du cours des effets publics en Angleterre, depuis le commencement de 1802, que dans les 20 années de ce Tableau, pendant lesquelles les rentes à 3 et à 5 pour 100 ont existé simultanément, le cours moyen des rentes à 3 pour 100 a été $65\frac{1}{3}$, ce qui porte à $109^{fr}\frac{1}{6}$ la vente de 5^{fr} de rente en 3 pour 100. La vente moyenne de 5^{fr} de rente a été dans le même intervalle de $97^{fr}\frac{1}{3}$. Elle a donc été plus petite que la précédente de $11^{fr}\frac{5}{6}$ ou d'environ $\frac{1}{8}$ de $97^{fr}\frac{1}{3}$. Le capital dû par l'État à la rente de 5^{fr} en 3 pour 100 est $166^{fr}\frac{2}{3}$, et celui de la rente de 5^{fr} est 100^{fr}, plus petit que le précédent de $\frac{2}{3}$ de 100^{fr}. Les ventes de ces deux rentes ont donc été loin d'être proportionnelles à leurs capitaux.

On peut se convaincre, par le raisonnement suivant, qu'il y a toujours avantage, pour l'État, dans la réduction des rentes, malgré l'accroissement du capital, s'il fait intervenir la puissance de l'intérêt composé.

Imaginons qu'à chaque réduction d'une rente de 5^{fr} à 4^{fr}, l'État affecte une fraction de 1^{fr} de rente à une Caisse qu'il charge d'acquérir sans cesse de nouvelles rentes et d'en accroître son fonds. Concevons encore que la fraction de 1^{fr} de rente soit telle qu'au moment où l'intérêt sera réduit à 3 pour 100 elle devienne 1^{fr} par cet accroissement. La Caisse, vendant alors ce franc de rente, retirera de cette vente $\frac{1}{3}$ de 100^{fr} ou $33^{fr}\frac{1}{3}$, au moyen desquels l'État payera au porteur des 4^{fr} de rente l'accroissement de son capital. Par ce moyen, l'État aura réduit la rente de 5^{fr} en 4^{fr} de rente pour 100, mais il payera annuellement à sa Caisse une fraction de franc, qu'il doit continuer de payer au possesseur du franc de rente vendu par cette Caisse. La diminution de la rente due par l'État ne sera donc que 1^{fr}; mais cette fraction de 1^{fr} de rente, fraction nécessairement plus petite que 1^{fr}, est d'autant moindre que le moment où l'intérêt devient 3 pour 100 est plus éloigné.

Si l'intérêt supposé d'abord à 4 pour 100 diminue proportionnellement au temps et parvient à 3 en 20 années, la fraction de franc dont je viens de parler est la moitié de 1^{fr}; car cette fraction, accrue par l'acquisition des rentes, deviendra 1^{fr} à ce terme. L'avantage de l'État est donc alors la diminution de $0^{fr},50$ de rente pour chaque rente de 5^{fr} réduite. Si l'intérêt ne parvient de 4 à 3 pour 100 qu'en 32 ans, il suffira de donner à la Caisse $\frac{1}{3}$ de franc de rente pour chaque rente de 5^{fr} réduite, et alors l'avantage de l'État sera la diminution de $\frac{2}{3}$ de franc de rente; la limite de cette diminution est 1^{fr} de rente.

La Caisse d'amortissement remplacera celle que je viens d'imaginer, si l'on augmente sa dotation annuelle de $\frac{1}{3}$ de franc, destiné à payer l'accroissement du capital de la rente de 5^{fr}, réduite à 4^{fr}.

L'article 5 du projet de loi dispose autrement du franc de rente acquis par la réduction d'une rente de 5^{fr} à 4^{fr}. Il l'emploie à diminuer les contributions foncière, personnelle, mobilière et des portes et fenêtres. Si l'on ne veut pas augmenter la dotation annuelle de la Caisse d'amortissement, on peut supposer qu'à chaque réduction de 5^{fr} de rente à 4^{fr}, $\frac{1}{3}$ de franc de cette dotation est destiné à payer l'accroissement du capital au moment où la rente sera remboursée. Si le Gouvernement ne trouve pas alors un meilleur moyen de payer cet accroissement, la rente de 5^{fr} sera réduite ainsi à 4^{fr} de rente pour 100, et la contribution directe sera diminuée de 1^{fr}. L'ensemble de ces dispositions me paraît être avantageux à la chose publique.

ÉLOGE DE LAPLACE

PAR

M. DE PASTORET.

Archives parlementaires de 1787 à 1860, IIe série, t. L (¹).

M. le marquis de Pastoret obtient ensuite la parole pour honorer
d'un juste hommage la mémoire de M. le marquis de Laplace, enlevé
à la Chambre le 5 du mois dernier.

Le noble pair s'exprime en ces termes :

Messieurs, je viens, pour la seconde fois pendant le cours de cette
session, remplir devant Vos Seigneuries un devoir triste et solennel,
et rendre un dernier hommage à des pairs que la mort nous a enlevés.

Il y a 3 mois, je déplorais à cette tribune la perte d'un homme
illustre dans nos dissensions politiques par un admirable courage et
des vertus que n'altérèrent ni la prospérité, ni le malheur; je viens y
parler aujourd'hui d'un homme célèbre dans toute l'Europe par un
génie qui l'a placé à côté de ce que les sciences ont eu de plus grand.

On a déjà remarqué que l'année et le mois qui ont vu disparaitre
M. de Laplace étaient le même mois et la même année qui, dans le
siècle précédent, avaient été témoins de la mort de Newton. Je n'hésite pas à rassembler ces deux noms, Messieurs; il y a longtemps que
le monde savant les avait réunis, et ce n'est pas sans un secret sentiment d'orgueil national que je rappelle devant vous cette gloire.

(¹) Chambre des Pairs, séance du 2 avril 1827.

M. de Laplace était né à Beaumont-en-Auge, dans le département
du Calvados, le 23 mars 1749. Un goût très vif, quelque chose de plus
puissant que les goûts ordinaires, le porta de bonne heure vers l'étude
des Mathématiques. Comme Pascal, il les parcourut plutôt qu'il ne les
apprit, parce qu'il les devina comme lui, et qu'il ne chercha dans leurs
combinaisons les plus abstraites que les formules ou les moyens de
méditations d'un ordre plus élevé encore. A 22 ans, il vint à Paris :
à 24, il était de l'Académie des Sciences; et pourtant il était arrivé
seul, sans appui, presque sans recommandations. Mais il avait trouvé
de bonne heure, au sein du Parlement, un ami que le goût des mêmes
sciences rapprocha de lui, qui fut son premier guide, qui en fut récom-
pensé par la dédicace de son premier Ouvrage : le président de Saron,
un des membres les plus distingués de cette magistrature généreuse,
où tout était conscience et devoir, et dont la France conservera longtemps le souvenir.

C'était alors un temps de paix et de repos; la France était heureuse
à l'ombre du trône de ses rois. Mais ce bonheur devait avoir un terme.
Bientôt la misère entoura les savants modestes, pour lesquels rien ne
remplaçait la munificence des fils de Louis XIV, et le danger suivit de
près la misère. Le vieil Anquetil fut réduit à venir arracher, pour se
nourrir, l'herbe qui croissait dans les allées du bois de Boulogne;
Lavoisier, plus malheureux encore, paya de sa tête l'irréparable tort
de sa fortune; et le président de Saron expia, par le même supplice,
40 ans de bienfaits et de vertus. Lagrange, Laplace et un autre
savant que je vois assis parmi vous, n'échappèrent à la mort que parce
qu'on les mit en réquisition pour calculer la théorie des projectiles,
pour diriger les procédés du tannage ou pour préparer la fabrication
du salpêtre. Cette fois, du moins, la Science protégea ses disciples;
mais les disciples ne furent pas ingrats à la Science qui les avait
défendus.

Des jours plus calmes renaissaient à peine que M. de Laplace donna
son *Exposition du système du Monde* et sa *Mécanique céleste* : grands,
immenses Ouvrages, où l'homme, placé en face de tout ce qui l'envi-

ronne, au-dessous de tout ce qui le menace et le protège, cherche quelles lois l'éternel auteur de toutes choses voulût imprimer à ce Monde, né de sa volonté. Suivez M. de Laplace lui-même dans l'*Exposition du système du Monde*. Il commence par y mettre l'homme comme en présence de la nature; il jette un regard d'admiration, je dirais presque de crainte, sur l'immensité de ce divin spectacle; et puis, son œil, fixé tour à tour sur chacun des astres qui l'éclairent, examine leur marche et suit leur mouvement. Sa raison calcule, entre tous ces mouvements, les rapports et les différences. Une loi générale en découle; cette loi est comme exposée, décrite dans ses applications diverses. Cette grande harmonie des corps célestes est expliquée quant à son existence matérielle. Là, peut-être, est l'œuvre du génie; là, l'auteur s'arrête. Savant, il rapporte à Newton la découverte première de ces grands phénomènes; homme, il reconnaît sa faiblesse et son peu de puissance; et tout ce qu'il vient de révéler aux autres n'est pour lui qu'un témoignage de tout ce qui reste hors de l'intelligence humaine.

Dix années s'étaient passées au milieu de ces travaux, et ces dix années avaient amené la Révolution au point où elle devait se briser devant la puissance et la gloire que donnent les conquêtes. Le gouvernement directorial venait de céder la place au gouvernement consulaire. Les sciences reprirent alors tout leur éclat. Elles avaient sauvé M. de Laplace en des jours de danger; elles furent appelées à lui procurer un autre hommage. Chargé du soin si difficile alors de régénérer l'intérieur de nos provinces, il porta dans le Ministère la simplicité de ses mœurs, la douceur de sa vertu, un zèle que l'on connut trop mal. Mais bientôt il échangea ce pesant honneur contre un titre qui le rendait à la société des amis qu'il n'avait cessé d'aimer, à la culture des sciences qu'il regrettait sans cesse. Depuis lors, sa vie fut consacrée à de nobles soins. Il devint, pour les étrangers qui cherchaient à profiter de ce qu'il avait fait, pour les jeunes gens qui entraient dans la carrière, pour les savants et les hommes de lettres qui commençaient à se distinguer, un guide aussi constant qu'aimable. Tous ceux qui

s'adressaient à lui, lui durent et des encouragements et des lumières.
Ce n'était pas seulement envers les sciences qu'il acquittait ainsi sa
dette ; c'était envers tout ce qui était utile aux lettres. Le portrait de
Racine était dans son cabinet à côté de l'image de Newton. Rien de ce
qui pouvait servir à éclairer, à unir, à civiliser les hommes ne lui res-
tait indifférent. C'est ainsi que nous l'avons vu longtemps entouré de
tout ce qu'il y avait d'illustre par le talent et le savoir, et présidant, en
quelque sorte, à la marche de l'esprit humain pendant cette période
d'années. Fontenelle remarquait, dans le siècle dernier, que Newton
avait eu le rare bonheur de jouir de sa réputation pendant sa vie ;
M. de Laplace eut encore ce trait de ressemblance avec son illustre
prédécesseur.

Ces occupations, si dignes d'un tel homme, ce respect dont il était
entouré, ces grandes études qu'il suivait encore ne le détournèrent
pourtant d'aucun des devoirs que lui imposaient ses fonctions dans
l'ordre politique. Rapporteur, au Sénat, de quelques Commissions, il
fut particulièrement l'organe de celle qui proposa d'abandonner le
calendrier inventé par la Révolution, et auquel les auteurs avaient
voulu, pour emprunter leurs expressions, imprimer le cachet moral
et révolutionnaire qui le fît passer aux siècles à venir ('). Beaucoup
de distinctions successives furent le prix de cette coopération à beaucoup de travaux ; mais la plus grande des récompenses attendait M. de
Laplace, en un autre temps, et l'époque arrivait où elle devait lui être
accordée.

Cette époque, Messieurs, est celle de la Restauration. Le roi qui
nous était rendu ne pouvait manquer d'honorer M. de Laplace, que
toute l'Europe honorait. En 1814, il l'avait appelé à la Chambre des
Pairs ; plus tard, il lui donna le grand cordon de la Légion d'honneur.
Louis XVIII, sous ce rapport, était plus heureux que son auguste
aïeul ; car Louis XIV, à l'époque de Turenne et de Luxembourg, allait
chercher au dehors les disciples de Galilée, et le petit-fils de Louis XIV

('} *Moniteur*, T. IX, p. 1186.

trouvait un homme digne de Newton, là même où tant d'autres hommes s'étaient montrés les dignes élèves de Luxembourg et de Turenne.

Plus d'une fois, Messieurs, vous avez entendu M. de Laplace à cette tribune; et, soit qu'il appliquât aux chiffres du budget la clarté de ses formules, soit qu'il attachât son raisonnement aux formes de l'instruction criminelle, soit enfin que l'exportation des grains ou la constitution de l'amortissement appelassent votre attention et ses avis, vous avez toujours été frappés de ce qu'une si grande richesse de lumières, une si grande profondeur de méditations répandaient tout d'un coup de clair et d'imprévu sur les questions qui vous étaient soumises. Votre bienveillance, votre estime étaient ce que M. de Laplace avait de plus cher : il en sentait vivement le prix, il les recevait avec une modeste reconnaissance. Les bontés du roi, plus particulièrement épanchées sur sa famille, récompensaient une fois de plus, dans son fils, l'illustration du père. Tout était honneur et repos pour M. de Laplace : c'était apparemment le repos qui précède le départ. M. de Laplace tomba malade et nous fut rapidement enlevé. Les dernières prières l'accompagnèrent; et cet homme, qui avait expliqué au monde le monde lui-même, disparut d'au milieu de nous.

Permettez à ceux qui l'avaient aimé depuis 5o ans, Messieurs, d'espérer que vous conserverez son souvenir. L'Europe lui décernera assez de renommée, la Science assez de reconnaissance; mais c'est ici qu'il faut désirer de laisser quelque mémoire. C'est à vous qu'il faut demander la bienveillance qu'on est si heureux d'obtenir pendant sa vie, le souvenir qu'on doit désirer après sa mort. Tout ce qui est et sera grand est réuni dans cette enceinte : vous y avez accueilli M. de Laplace; conservons à son nom ce qu'il méritait d'hommages, et que son illustration y soit accueillie aussi par tant d'anciennes, par tant d'éclatantes gloires.

FIN DU TOME QUATORZIÈME ET DERNIER.

TABLES GÉNÉRALES

DES

ŒUVRES DE LAPLACE.

1° TABLE SYNOPTIQUE.

2° TABLE ANALYTIQUE.

3° TABLE ALPHABÉTIQUE DES AUTEURS CITÉS.

TABLE SYNOPTIQUE.

TABLE ANALYTIQUE.

Cette Table est dressée conformément aux règles générales du *Catalogue international de la Littérature scientifique* et contient les subdivisions suivantes :

A.   Mathématiques.
B.   Mécanique.
C.   Physique.
D.   Chimie.
E.   Astronomie.
F.   Météorologie.
J.   Géographie.

Les sujets qui appartiennent à plusieurs Sections sont inscrits dans celle à laquelle ils semblent se rattacher le plus directement. On a indiqué les Sections secondaires en caractères gras, avec les numéros de classification correspondants. On a seulement rappelé les citations multiples en **D**, Chimie; **F**, Météorologie; **J**, Géographie, à cause de leur très petit nombre. Pour les autres subdivisions : A, Mathématiques; B, Mécanique; C, Physique; E, Astronomie, où les sujets sont très fréquemment associés les uns avec les autres, particulièrement en Astronomie, les multiples désignations ne sont pas réitérées explicitement. Il convient alors de consulter l'ensemble de la Table pour obtenir la liste complète des Mémoires ou Notes de Laplace, sur un sujet déterminé.

Dans la Section A, Mathématiques, quelques numéros de renvoi ont pour but d'accorder la classification avec les titres des Mémoires; dans les Sections suivantes, on a fait usage de ces numéros de renvoi pour éviter des répétitions.

A. — MATHÉMATIQUES.

GÉNÉRALITÉS. — PHILOSOPHIE. — HISTOIRE.

0000-0040-1630.

N°°.		Tomes.	Pages.
1.	De la probabilité. Principe de la raison suffisante.		
	Expression de la probabilité...................	VII	vi-xi

0040-0400-0410-0800-0810-1630-2000-2400-2410-6430-
6800-6830.

ARITHMÉTIQUE ET ALGÈBRE.

0400-0410.

LEÇONS DE MATHÉMATIQUES.

Première séance.

0410.

Deuxième séance.

0800-0810.

Troisième séance.

0810.

ALGÈBRE ET THÉORIE DES NOMBRES.

1630.

1° Une loterie étant composée de n numéros dont r sortent à chaque tirage, on demande la proba-

90. Problèmes divers sur les jeux et joueurs.

Soient n quantités variables et positives $t, t_1, t_2, \ldots,$ t_{n-1}, dont la somme soit s et dont la loi de possibilité soit connue; on propose de trouver la somme des produits de chaque valeur que peut recevoir une fonction donnée $\psi(t, t_1, t_2, \ldots)$ de ces

6010-6020.

$$x = \varphi(x) \quad \text{et} \quad x = \psi(x),$$

C. — PHYSIQUE.

GÉNÉRALITÉS.

CONSTITUTION DE L'ÉTHER ET DE LA MATIÈRE.

0100-0300-3000.

0300. **B** 2540 **D.** 7150.

D. — CHIMIE.

CHIMIE THÉORIQUE ET PHYSIQUE.

E. — ASTRONOMIE.

BIBLIOGRAPHIE ET HISTOIRE DE L'ASTRONOMIE.

ASTRONOMIE SPHÉRIQUE.

ASTRONOMIE THÉORIQUE ET MÉCANIQUE CÉLESTE.

1050.

1280.

1300.

1320.

1320-1330.

ASTROMOMIE DESCRIPTIVE ET ASTRONOMIE ANCIENNE.

F. — MÉTÉOROLOGIE.

INSTRUMENTS.

0230.

» Baromètre. (*Voir* C. — Physique, nᵒˢ 265-266.)

PRESSION ATMOSPHÉRIQUE.

0730.

J. — GÉOGRAPHIE.

GÉOGRAPHIE MATHÉMATIQUE.

70.

» Sur l'exécution du cadastre. (E. — Astronomie,
nᵒ 325.) Mesures d'un arc de méridien. (E. — Astronomie, nʳˢ 533 et 538.)

95.

» Marées. (E. — Astronomie, nᵒˢ 312, 549 et de 533
à 579.)

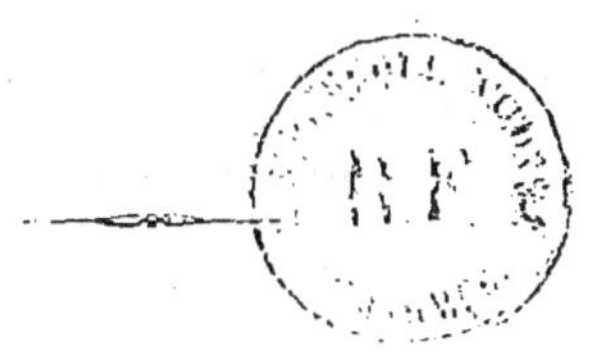

PARIS. — IMPRIMERIE GAUTHIER-VILLARS,
31551   Quai des Grands-Augustins, 55.

Le Catalogue général et les prospectus détaillés des principaux Ouvrages sont envoyés franco sur demande.

EXTRAIT DU CATALOGUE

DE LA LIBRAIRIE

GAUTHIER-VILLARS.

DIVISIONS DU CATALOGUE

I.   Ouvrages sur les Sciences mathématiques et physiques. (*Voir* page 1.)

II.   Collection des Œuvres des grands Géomètres. (*Voir* page 13.)

III.   Bibliothèque des Actualités scientifiques. (*Voir* page 15.)

IV.   Bibliothèque photographique. (*Voir* page 15.)

V.   Journaux. (*Voir* page 16.)

VI.   Recueils scientifiques paraissant annuellement ou à époques irrégulières et formant Collections. (*Voir* p. 19.)

VII.   Encyclopédie des Travaux publics et Encyclopédie industrielle, fondées par M.-C. Lechalas, Inspecteur général des Ponts et Chaussées. (*Voir* page 20.)

VIII.   Encyclopédie scientifique des Aide-Mémoire, publiée sous la direction de H. Léauté, Membre de l'Institut. (*Voir* page 22.)

I. — OUVRAGES SUR LES SCIENCES MATHÉMATIQUES ET PHYSIQUES.

ABRAHAM (Henri), Maître de conférences à l'École Normale supérieure, Secrétaire général de la Société française de Physique. — **Recueil d'expériences élémentaires de Physique**, publié avec la collaboration de nombreux physiciens. Deux volumes in-8 (23-14).

Iʳᵉ PARTIE : *Travaux d'atelier. Géométrie et Mécanique. Hydrostatique. Chaleur.* Vol. de xII-247 pages avec 260 figures; 1904.

Broché.... 3 fr. 75 c. | Cartonné toile.... 5 fr.

IIᵉ PARTIE : *Acoustique, Optique. Électricité et Magnétisme.* Vol. de xII-454 pages avec 424 figures; 1904.

Broché.... 6 fr. 25 c. | Cartonné.... 7 fr. 50 c.

ABRAHAM (Henri) et **LANGEVIN (Paul)**. — **Les quantités élémentaires d'électricité : Ions, Électrons, Corpuscules.** Volume in-8 (25-16) de xvi-1144 pages avec nombreuses figures; 1905. (*Collection de Mémoires publiée par la Société française de Physique.*) 35 fr.

ADHÉMAR (R. d'). — **Les équations aux dérivées partielles à caractéristiques réelles.** In-8 (20-13) de 86 pages; 1907. Cartonné. (*Collection Scientia*). 2 fr.

ADHÉMAR (R. d'). — **Exercices et Leçons d'Analyse.** *Théorie des fonctions. Quadratures. Équations différentielles. Equations intégrales de M. Fredholm et de M. Volterra. Equations aux dérivées partielles du second ordre.* Volume in-8 (23-14) de vIII-208 pages; 1908. 6 fr.

ANDOYER (H.), Maître de conférences à la Faculté des Sciences de Paris.— **Leçons sur la Théorie des Formes et la Géométrie analytique supérieure**, à *l'usage des* étudiants *des Facultés des Sciences.* Volume in-8 (25-16) de vi-308 pages; 1900. 15 fr.

ANDRÉ (Ch.). — **Les planètes et leur origine** (ÉTUDES NOUVELLES SUR L'ASTRONOMIE). In-8 (25-16) de vi-285 pag., avec 94 figures et 3 planches; 1909. 10 fr.

ANDRÉ (Désiré). — **Des notations mathématiques** *Énumération, choix et usage.* In-8 (25-16) de xvIII-501 pages, 1909 16 fr.

ANGOT (A.), Directeur du Bureau Central météorologique. — **Traité élémentaire de Météorologie.** 2ᵉ édition. In-8 (25-16) de 412 pages avec 105 figures et 4 planches; 1907. 12 fr.

ANGOT (A.). — **Instructions météorologiques.** 5ᵉ édition entièrement refondue. In-8 (25-16) de vi-163 pages avec 31 figures et 4 planches ; suivi de tables pour la réduction des observations ; 1910. 4 fr. 50 c.

APPELL (P.), Membre de l'Institut, et **CHAPPUIS (J.)**, Professeur à l'École Centrale. — **Leçons de Mécanique élémentaire**, à l'usage des classes de Mathématiques A et B, conformément aux programmes de 1905. 2 volumes in-16 se vendant séparément :

  I. *Notions géométriques. Cinématique.* 3ᵉ édition entièrement refondue. Volume de xII-180 pages avec 76 figures; 1909. 2 fr. 75 c.

  II. *Dynamique et Statique du point. Statique des corps solides. Machines simples.* 2ᵉ édition entièrement refondue. Volume de 240 pages avec 101 figures; 1907. 3 fr. 25 c.

APPELL (P.), Membre de l'Institut. — **Cours de Mécanique à l'usage des Élèves de la classe de Mathématiques spéciales**, conforme au programme du 27 juillet 1904. In-8 (23-15) avec 185 figures. 2ᵉ édition; 1905. 12 fr.

APPELL (Paul), Membre de l'Institut. — Traité de Mécanique rationnelle (Cours de Mécanique de la Faculté des Sciences). 3 volumes in-8 (25-16), se vendant séparément.

Tome I. — *Statique. Dynamique du point.* 3ᵉ édition entièrement refondue. Avec 178 figures; 1909. 20 fr.

Tome II. — *Dynamique des systèmes. Mécanique analytique.* 3ᵉ édition entièrement refondue, avec 99 figures. (*Sous presse.*)

Tome III. — *Équilibre et mouvement des milieux continus.* 2ᵉ édition entièrement refondue, avec 70 figures; 1908. 20 fr.

APPELL (P.). — Éléments d'Analyse mathématique *à l'usage des ingénieurs et des physiciens.* (Cours professé à l'École centrale des Arts et Manufactures). 2ᵉ édition. In-8 (25-16) de vii-714 p., avec 239 fig., cartonné à l'anglaise: 1905. 24 fr.

APPELL (P.), Professeur de Mécanique rationnelle à la Faculté des Sciences de l'Université de Paris, et **DAUTHEVILLE (S.)**, Professeur de Mécanique rationnelle à la Faculté des Sciences de Montpellier. — Précis de Mécanique rationnelle. *Introduction à l'étude de la Physique et de la Mécanique appliquées à l'usage des candidats aux certificats de licence et des élèves des écoles techniques supérieures.* In-8 (25-16) de vi-716 pages avec 230 figures; 1910. 25 fr.

ARMAGNAT (H.). — La Bobine d'induction. In-8 (23-14) de vi-223 p., avec 109 fig., cart.; 1905. 5 fr.

ARNOUX (Gabriel), ancien Officier de Marine. — Essais de Psychologie et de Métaphysique positives. — Arithmétique graphique. 4 volumes in-8 (25-16), se vendant séparément.

— *Les espaces arithmétiques hypermagiques.* Avec nombreuses figures et 1 planche en couleurs; 1894. Vélin . . . . 6 fr. | Papier brillante. 12 fr.

— *Introduction à l'étude des fonctions arithmétiques,* avec 65 figures; 1906. 7 fr. 50 c.

— *Les espaces arithmétiques, leurs transformations.* Volum de xii-84 pages avec 9 figures; 1908. 3 fr.

— *Essai de géométrie modulaire à deux dimensions.* Volume de pages avec figures; 1911.

ATLAS INTERNATIONAL DES NUAGES, publié conformément aux décisions du Comité international météorologique, par A. Hildebrandsson et Teisserenc de Bort, membres de la Commission des Nuages. 2ᵉ édition. In-4 (33-25) de viii-24 pages, avec 14 planches; 1911. 14 fr.

BAIRE (René), Professeur à la Faculté des Sciences de Dijon. — Leçons sur les Théories générales de l'Analyse. 2 vol. in-8 (25-16) se vendant séparément.

Tome I: *Principes fondamentaux, variables réelles.* Volume de x-232 p. avec 17 figures; 1907. 8 fr.

Tome II: *Variables complexes. Applications géométriques.* Vol. de x-347 p., avec 52 fig.; 1908. 12 fr.

BARBARIN (P.), Professeur de Mathématiques supérieures au lycée de Bordeaux. — Géométrie non euclidienne. 2ᵉ édition. In-8 (20-13) de 91 pages, avec 18 figures, cartonné (*C. S.*); 1907. 2 fr.

BARBETTE (Édouard), Docteur ès Sciences physiques et mathématiques, Professeur de Mathématiques supérieures, Directeur des Études à l'Institut Francken. — Les Sommes de p^{ièmes} puissances distinctes égales à une p^{ième} puissance, suivi d'une table des 5000 premiers nombres triangulaires. In-4 (30-23) de iv-153 pages avec 2 figures; 1910. 12 fr. 50 c.

BARBETTE (Édouard), — Cours de trigonométrie à *l'usage des candidats aux écoles spéciales.* In-8 (25-16) de viii-260 pages avec figures; 1910. 5 fr.

BARBETTE (Édouard), — Le dernier théorème de Fermat. In-8 (23-14) de 20 pages; 1910. 1 fr. 50 c.

BARBILLON (Louis), Professeur à la Faculté des Sciences de Grenoble, Directeur de l'Institut électrotechnique. — Les Compteurs électriques à courants continus et à courants alternatifs. Leçons professées à l'Institut électrotechnique, avec le concours de G. Ferroux, Chargé de conférences à l'Institut électrotechnique. In-16 (19-12) vii-226 pages avec 126 figures; 1910. 3 fr. 25 c.

BARTHÉLEMY (M.-E.) Ancien Élève de l'École Polytechnique. — Le transport à Paris des forces motrices du Rhône. Aperçu critique du Rapport de la Commission de la houille blanche et des conditions financières de l'entreprise. In-8 (19-12) de iv-32 pages; 1909. 1 fr. 50.

BATTELLI (A.), **OCCHIALINI (A.)**, **CHELLA (S.)**, de l'Institut de Physique de l'Université de Pise. — La Radioactivité et la constitution de la matière. Traduit de l'Italien par Mᵐᵉ Th. Battelli. In-8 (25-16) de viii-300 pages avec 144 figures; 1910. 8 fr.

BELOT (E.), Ancien Élève de l'École Polytechnique, Directeur des Manufactures de l'État. — L'origine dualiste des mondes. Essai de cosmogonie tourbillonnaire. In-8 (25-16) de xii-280 pages avec 52 figures; 1910. 12 fr.

BENOIT (René), Directeur du Bureau international des Poids et Mesures, et **GUILLAUME (Ch.-Éd.)**, Directeur adjoint du Bureau International des Poids et Mesures. — La mesure rapide des bases géodésiques. 4ᵉ édition. In-8 (23-14) de 223 p., avec 25 fig.; 1908. 5 fr.

BERTHELOT (M.). — Traité pratique de l'analyse des gaz. In-8 (25-16) de ix-483 pages avec 109 figures; 1906. 17 fr.

BERTHELOT (M.). — Archéologie et histoire des Sciences, avec publication nouvelle du papyrus de Leyde et impression originale du Liber de Septuaginta de Geber. In-4 (28-23) de 377 pages avec 8 figures; 1906. 12 fr.

BERTRAND (J.), de l'Académie française, Secrétaire perpétuel de l'Académie des Sciences. — Calcul des Probabilités. 2ᵉ édition conforme à la première. In-8 (25-16) de lvii-332 pages; 1907. 12 fr.

BICHAT (E.), Doyen de la Faculté des Sciences de Nancy, et **BLONDLOT**, Professeur à la Faculté des Sciences de Nancy. — Introduction à l'étude de l'Électricité statique et du Magnétisme. 2ᵉ édition entièrement refondue. In-8 (23-14) de viii-188 pages, avec 80 figures; 1907. 5 fr.

BIGOURDAN (G.). — Les éclipses de Soleil. *Instructions sommaires sur les observations que l'on peut faire pendant ces éclipses.* Un volume in-8 (21-14) de 167 pages, avec 40 figures; 1905. 3 fr. 50 c.

BIRVEN (Henri), Ingénieur, Professeur à la Gewerbe Académie de Berlin. — Calcul et construction des alternateurs mono- et polyphasés. Traduit de l'allemand par P. Dufour, Ingénieur électricien. In-8 de pages avec 126 figures; 1910.

BLIM (E.), Ancien élève de l'École Polytechnique, Ingénieur en chef des Ponts et Chaussées en Cochinchine, et **ROLLET DE L'ISLE**, Ingénieur hydrographe de la Marine. — Manuel de l'explorateur. *Procédés de levers rapides et de détail. Détermination astronomique des positions géographiques.* 2ᵉ édition revue et corrigée. In-18 (19-12) de viii-256 pages avec 87 figures, modèles d'observations ou carnets de levers; cartonnage simple; 1911. 5 fr.

BLONDEL (André), Professeur d'électricité appliquée à l'École Nationale des Ponts et Chaussées. — Formation et carrière de l'Ingénieur électricien (*ÉDUCATION TECHNIQUE MODERNE*). *Rapport et enquête* avec les avis de nombreux ingénieurs et professeurs électriciens. In-8 (25-16) de iv- pages; 1911.

BLONDLOT (R.). — Introduction à l'étude de la Thermodynamique. 2ᵉ édition entièrement refondue. In-8 (23-14) de VI-126 pages, avec 41 figures; 1909. 4 fr.

BLUMENTHAL (Otto), Professeur à la « technische Hochschule » d'Aix-la-Chapelle. — Principes de la théorie des fonctions entières d'ordre infini. In-8 (25-16) de VIII-150 p., avec figures; 1910. 5 fr. 50 c.

BOLTZMANN (L.), Professeur à l'Université de Leipzig. — Leçons sur la théorie des gaz, avec une *Introduction* et des *Notes* de M. Brillouin, Professeur au Collège de France. 2 volumes in-8 (25-16).

  Iʳᵉ Partie, traduite par *A. Gallotti*, ancien Élève de l'École Normale supérieure, Professeur au Lycée d'Orléans, avec figures; 1902. 8 fr.

  IIᵉ Partie, traduite par *A. Gallotti* et *H. Bénard*, anciens Élèves de l'École Normale, avec figures; 1904. 10 fr.

BOQUET (F.), Docteur ès sciences mathématiques, Astronome de l'Observatoire de Paris. — Le Chronographe imprimant de M. P.-Gautier. Sa description. Son emploi. Volume in-4 (28-23) de 20 pages, avec 13 figures; 1907. 1 fr. 50 c.

BOREL (Émile), Maître de Conférences à l'École Normale supérieure. — Collection de monographies sur la Théorie des fonctions, publiée sous la direction de E. Borel. Volumes grand in-8 (25-16) se vendant séparément.

  DERNIERS VOLUMES PARUS :

  Leçons sur les fonctions définies par les équations différentielles du premier ordre; par Pierre Boutroux, avec une *Note* de P. Painlevé, membre de l'Institut; 1908. 6 fr. 50 c.

  Principes de la théorie des fonctions entières d'ordre infini, par Otto Blumenthal; 1910. 5 fr. 50 c.

  Leçons sur la théorie de la croissance, professées à la Faculté des Sciences de Paris, recueillies et rédigées par A. Denjoy, ancien Élève de l'École Normale supérieure; 1910. 5 fr. 50 c.

  Leçons sur les séries de polynomes à une variable complexe, par Paul Montel; 1910. 3 fr. 50 c.

  Théorie des équations aux dérivées partielles; par S. Bernstein. (*En préparation*).

  Les systèmes d'équations linéaires à une infinité d'inconnues; par Frédéric Riesz. (*En préparation.*)

  Leçons sur les singularités des fonctions analytiques; par Paul Dienes. (*En préparation.*)

BOSSERT (J.), Astronome à l'Observatoire de Paris. — Catalogue d'étoiles brillantes *destiné aux Astronomes, Voyageurs, Ingénieurs et Marins.* In-4 (28-22,5) de XV-75 pages; 1906. 7 fr. 50 c.

BOUASSE (H.), Professeur de physique à l'Université de Toulouse. — Bases physiques de la musique. In-8 (20-13) de 112 pages avec 8 figures; 1906. Cartonné. (*C. S.*) 2 fr.

BOURDON. — Éléments d'Algèbre, avec Notes de E. Prouhet. 20ᵉ édition, revue et annotée. In-8 (23-14); 1907. 8 fr.

BOUSSINESQ (J.), Membre de l'Institut, Professeur à la Faculté des Sciences de l'Université de Paris. — Théorie analytique de la chaleur, mise en harmonie avec la Thermodynamique et avec la Théorie mécanique de la Lumière. (Cours de Physique mathématique de la Faculté des Sciences.) Deux volumes in-8 (25-16) se vendant séparément.

  Tome I : *Problèmes généraux.* Volume de XXVII-333 pages avec 14 figures; 1901. 10 fr.

  Tome II : *Refroidissement et échauffement par rayon-*

nement. *Conductibilité des tiges, lames et masses cristallines. Courants de convection. Théorie mécanique de la lumière.* Volume de XXXII-625 pages; 1903. 18 fr.

BOUTROUX (Pierre), Maître de Conférences à la Faculté des Sciences de Montpellier. — Leçons sur les fonctions définies par les équations différentielles du premier ordre, avec une Note de P. Painlevé, Membre de l'Institut. Vol. in-8 (25-16) de VI-190 pages; 1908. 6 fr. 50 c.

BOUTY (E.), Professeur à la Faculté des Sciences. — Radiations. Électricité. Ionisation. Troisième Supplément au *Cours de Physique* de Jamin et Bouty. In-8 (23-14) de VI-419 pages, avec 104 figures; 1906. 8 fr.

BOYER (Jacques). — La Synthèse des pierres précieuses. Un Volume in-8 (23-14) de 32 pages, avec 6 figures et 6 planches hors texte; 1909. 2 fr. 50 c.

BRILLOUIN (Marcel). Professeur au Collège de France. — Leçons sur la Viscosité des liquides et des gaz. 2 volumes in-8 (25-16), se vendant séparément.

  Iʳᵉ Partie. *Généralités. Viscosité des Liquides.* Volume de VII-228 pages, avec 65 figures; 1907. 9 fr.

  IIᵉ Partie. *Viscosité des gaz. Caractères généraux des théories moléculaires.* Volume de IV-142 pages, avec 25 figures; 1907. 5 fr.

BRUNSWICK (E.-J.), Ingénieur des Arts et Manufactures, Ingénieur en Chef de la Maison Breguet. — L'Électricité dans les mines. Applications diverses. Extraction. Volume in-8 (25-16) de VIII-254 pages, avec 68 figures; 1910. 7 fr. 50 c.

CAHEN (E.), ancien Élève de l'École Normale supérieure, Professeur de Mathématiques spéciales au Collège Rollin. — Éléments de la théorie des nombres. Congruences. Formes quadratiques. Nombres incommensurables. Questions diverses. In-8 (25-16); 1900. 12 fr.

CARTE de l'éclipse totale de Soleil des 29-30 août 1905. *Lieu des points d'où l'on peut en observer les phases.* Carte dressée sous la direction du Bureau des Longitudes, de format (110-103), pliée sous couverture (25-16); 1905. 2 fr. 50 c.

CARVALLO (E.). — L'Électricité déduite de l'expérience et ramenée aux principes des travaux virtuels. 2ᵉ édition. In-8 (20-13) de 98 pages, avec 12 figures; 1907. Cartonné (*C. S.*). 2 fr.

CATALOGUE INTERNATIONAL DE LA LITTÉRATURE SCIENTIFIQUE, publié sous la direction de M. le Dʳ H. Forster Morley. Chaque année forme 17 volumes. Prix des 17 volumes ensemble. 450 fr.

  Chaque Volume se vend séparément.

	fr
A. Mathématiques.	18,75
B. Mécanique.	13,10
C. Physique.	30 »
D. Chimie.	46,90
E. Astronomie.	26,25
F. Météorologie.	18,75
G. Minéralogie.	20,65
H. Géologie.	20,65
J. Géographie.	20,65
K. Paléontologie.	13,10
L. Biologie générale.	13,10
M. Botanique.	56,90
N. Zoologie.	48,75
O. Anatomie humaine.	18,75
P. Anthropologie physique.	18,75
Q. Physiologie.	18,75
R. Bactériologie.	26,25

  Sept années sont en vente (1902 à 1908).

CHAPPUIS (J.), Agrégé, Docteur ès sciences, Professeur de Physique générale à l'École Centrale, et **BERGET (A.),** Docteur ès sciences, attaché au Laboratoire des Recherches physiques de la Sorbonne. — Leçons de Physique générale. *Cours professé à l'Ecole Centrale des Arts et Manufactures et complété suivant le programme du Certificat de Physique générale.* 2e édition, entièrement refondue. 4 volumes in-8 (25-16), se vendant séparément :

TOME I : *Instruments de mesure. Pesanteur. Élasticité; Statique des liquides et des gaz* ; avec 305 figures; 1907. 18 fr.

TOME II : *Électricité et Magnétisme;* avec 400 figures; 1900. 15 fr.

TOME III : *Acoustique. Optique;* avec 208 figures; 1909. 14 fr.

TOME IV : *Ondes électriques. Radioactivité. Electro-optique,* publié par JAMES CHAPPUIS et MARCEL LAMOTTE, agrégé, Docteur ès Sciences, professeur à l'Université de Toulouse. Volume de IV-214 pages avec 72 figures; 1911.

CHATELAIN (E.), Licencié ès sciences, Professeur aux Laboratoires Bourbouze. — **Soudure autogène et aluminothermie.** avec *Préface* de H. LE CHATELIER, Membre de l'Institut. In-16 (19-12) de X-172 pages, avec 48 figures; 1909. 3 fr. 25.

CLAUDE (A.), Membre adjoint du Bureau des Longitudes, et DRIENCOURT (L.), Ingénieur hydrographe en chef de la Marine. — **Description et usage de l'astrolabe à prisme.** In-8 (22-16) de XXX-392 pages avec 35 figures et 7 planches; 1910. Cartonné. 15 fr.

COMBEBIAC (G.), Chef de bataillon du Génie, Docteur ès sciences mathématiques. — **Les actions à distance.** In-8 (20-13) de 90 pages, cartonné (*Collection Scientia*); 1910. 2 fr.

COMBEROUSSE (Charles de), Ingénieur, Professeur à l'Ecole Centrale des Arts et Manufactures et au Conservatoire des Arts et Métiers, ancien Professeur de Mathématiques spéciales au collège Chaptal. — **Cours de Mathématiques** à l'usage des Candidats à l'Ecole Polytechnique, à l'Ecole Normale supérieure et à l'Ecole centrale des Arts et Manufactures. 4 vol. in-8 (23-14), avec figures.

Chaque Volume se vend séparément :

TOME Ier : *Arithmétique* et *Algèbre élémentaire* avec 38 figures). 10 fr.

On vend à part :

Arithmétique. 8e édition, 1911. 4 fr.
Algèbre élémentaire. 6e édition, 1911. 6 fr.

TOME II : *Géométrie élémentaire, plane et dans l'espace; Trigonométrie rectiligne et sphérique,* avec 543 fig. 13 fr.

On vend à part :

Géométrie élémentaire plane et dans l'espace, 5e édition 1911. 9 fr.

Trigonométrie rectiligne et sphérique, suivie de Tables des valeurs des lignes trigonométriques naturelles. 5e édition 1907. 5 fr.

TOME III : *Algèbre supérieure.* 1re Partie : *Compléments d'Algèbre élémentaire (Déterminants, fractions continues, etc.). — Combinaisons. — Séries. — Etude des Fonctions. — Dérivées et Différentielles. — Premiers principes du Calcul intégral.* 4e édition (XXI-768 pages), avec 20 figures; 1911. 15 fr.

TOME IV : *Algèbre supérieure.* IIe Partie : *Étude des imaginaires. Théorie générale des équations.* 3e édition (XXXIV-831 pages), avec 63 figures; 1909. 15 fr.

CONGRÈS INTERNATIONAL des applications de l'Electricité (Marseille, 1908). 3 volumes in-8 (25-16) publiés par les soins de H. ARMAGNAT, Rapporteur général, se vendant ensemble. 60 fr.

On vend séparément :

Ire Partie : *Rapports préliminaires.* Volume de VII-709 pages, avec nombreuses figures; 1909. 24 fr.

IIe Partie : *Rapports préliminaires.* Volume de IV-734 pages, avec nombreuses figures; 1909. 24 fr.

IIIe Partie : *Organisation du Congrès. Procès-verbaux. Annexes.* Volume de IV-550 pages, avec figures et planches; 1909. 20 fr.

Un certain nombre de Rapports se vendent séparément.

CONSTAN (P.), ancien Elève de l'Ecole Navale, Ex-Enseigne de vaisseau, Professeur d'Hydrographie de la marine. — **Cours élémentaire d'Astronomie et de Navigation,** *à l'usage des Capitaines au long cours et des Elèves des Ecoles d'Hydrographie.* 2 volumes in-8 (25-16) avec nombreuses figures se vendant séparément. (*Ouvrage en harmonie avec les derniers programmes des examens pour les brevets de Capitaine au long cours.*)

TOME I : *Astronomie.* Vol. de IV-215 p. avec 138 fig.; 1903. 7 fr. 50 c.

TOME II. *Navigation.* Vol. de IV-300 p. avec 159 fig. et 3 planches; 1904. 8 fr. 50 c.

COUTURAT (Louis). — **L'Algèbre de la Logique** (C. S.). In-8 (20-13) de 100 p., cartonné; 1905. 2 fr.

CRELIER (L.), Docteur ès sciences, Professeur au Technicum de Bienne, Privat-Docent à l'Université de Berne. — **Systèmes cinématiques.** In-8 (20-13) de 100 pages avec 13 figures et un portrait du Colonel Mannheim (*Collection Scientia*); cartonné, 1911. 2 fr.

CURIE (Mme P.), Professeur à la Faculté des Sciences de Paris, — **Traité de radioactivité.** 2 volumes in-8 (25-16) de XII-428 et IV-548 pages avec 193 figures, 7 planches et un portrait de P. Curie; 1910. 30 fr.

CURIE (Mme S.). — **Recherches sur les substances radioactives.** 2e édition. In-8 (25-16) de 105 pages, avec 14 figures; 1904. 5 fr.

CURIE (P.). — **Œuvres de Pierre Curie,** publiées par les soins de la Société française de Physique. avec une Préface de Mme Curie. In-8 (25-16) de XXII-621 pages, avec 118 figures et 3 planches; 1908. 22 fr.

DARBOUX (G.), Membre de l'Institut, Doyen de la Faculté des Sciences. — **Leçons sur la Théorie générale des surfaces et les applications géométriques du Calcul infinitésimal.** 4 vol. in-8 (25-16), avec figures.

Ire Partie : (*Épuisée.*)

IIe Partie : *Les congruences et les équations linéaires aux dérivées partielles. — Des lignes tracées sur les surfaces;* 1889. 15 fr.

IIIe Partie : *Lignes géodésiques et courbure géodésique. — Paramètres différentiels. — Déformation des surfaces;* 1894. 15 fr.

IVe et dernière Partie : *Déformation infiniment petite et représentation sphérique;* 1896. 15 fr.

DARBOUX (G.), Secrétaire perpétuel de l'Académie des Sciences, Professeur de Géométrie supérieure à l'Université de Paris. — **Leçons sur les systèmes orthogonaux et les coordonnées curvilignes.** 2e édition augmentée. Volume in-8 (25-16) de VIII-567 pages, avec figures; 1910. 18 fr.

DELAUNEY (le lieutenant-colonel). — **Lois des distances des satellites du Soleil.** In-8 (25-16) de 12 pages; 1909. 1 fr.

DÉCOMBE (L.), Docteur ès sciences. — **La Célérité des ébranlements de l'éther. L'énergie radiante.** 2e édition entièrement refondue. In-8 (20-13), de 102 pages, avec 22 figures; cartonné (*Collection Scientia*); 1909. 2 fr.

DECOURDEMANCHE (J.-A.). — **Traité pratique des Poids et Mesures des peuples anciens et des Arabes.** In-8 (25-16) de VIII-144 pages; 1910. 5 fr.

DE DONDER (Th.), Docteur ès-sciences physiques et mathématiques. — Sur les équations canoniques de Hamilton-Volterra. Volume in-4 (28-23) de 44 pages; 1911. 3 fr. 75 c.

DEFOSSEZ (L.), Professeur. — Les cartes géographiques et leurs projections usuelles. In-16 (19-12) de VII-118 pages avec 23 figures et 2 planches; 1910. 2 fr. 75 c.

DRUDE (Paul). — Précis d'Optique, refondu et complété par Marcel Boll, Professeur agrégé de l'Université, avec une *Préface* de Paul Langevin, Professeur au Collège de France. 2 volumes in-8 (25-16) se vendant séparément.

 Tome I: *Optique géométrique. Optique ondulatoire.* Volume de x-375 pages avec 168 figures; 1911. 12 fr.

 Tome II: *Optique électromagnétique. Optique énergétique.* *(Sous presse.)*

DRUMAUX (Paul), Ingénieur civil des Mines, Ingénieur électricien, Ingénieur des Télégraphes. — La théorie corpusculaire de l'électricité. *Les électrons et les ions*, avec préface de M. Eric Gérard, Directeur de l'Institut électrotechnique Montefiore. In-8 (25-16) de 168 pages avec 5 figures; 1911. 3 fr. 75 c.

DUCROT (André), Ancien Élève de l'École Polytechnique. — Presses modernes typographiques. In-4 (28-23) de 162 p.; avec 141 fig.; 1904. 7 fr. 50 c.

DUHEM (Pierre), Correspondant de l'Institut de France, Professeur de Physique théorique à l'Université de Bordeaux. — Traité d'Energétique ou de Thermodynamique générale. 2 volumes in-8 (25-16) se vendant séparément.

 Tome I: *Conservation de l'Energie mécanique rationnelle. Statique générale.* Volume de IV-528 pages avec 5 figures; 1911. 18 fr.

 Tome II. *(Sous presse.)*

DUHEM (Pierre). — Recherches sur l'Elasticité. *De l'équilibre du mouvement des milieux vitreux. Les milieux vitreux peu déformés. La stabilité des milieux élastiques. Propriétés générales des ondes dans les milieux visqueux et non visqueux.* In-4 (28-23) de 28 pages; 1906. 12 fr.

ENCYCLOPÉDIE DES SCIENCES MATHÉMATIQUES PURES ET APPLIQUÉES, publiée sous les auspices des Académies des Sciences de Göttingue, de Leipzig, de Munich et de Vienne. Edition française, publiée d'après l'édition allemande, sous la direction de Jules Molk, Professeur à l'Université de Nancy, avec le concours de nombreux savants et professeurs français.

L'édition française de l'*Encyclopédie* comprendra 7 tomes in-8 (25-16). Chaque Tome comprend 3 ou 4 volumes de 300 à 400 pages. Chacun des volumes a sa pagination propre, mais est publié en fascicules suivant l'état d'avancement de l'impression.

Les fascicules (de 130 à 150 pages environ) paraissent autant que possible de trois en trois mois.

Le prix de chaque fascicule sera d'environ 5 fr.

TOME I : ALGÈBRE.

Volume I : Arithmétique.

Fascicule 1 : *Principes fondamentaux de l'Arithmétique*; exposé, d'après H. Schubert, par J. Tannery et J. Molk. — *Analyse combinatoire et théorie des déterminants*; exposé, d'après H. Vogt. — *Nombres irrationnels et limites*; exposé, d'après A. Pringsheim, par J. Molk, 1904. 5 fr.

Fascicule 2 : *Algorithmes illimités*, exposé d'après A. Pringsheim, par J. Molk. 5 fr. 25 c.

Fascicule 3 : *Nombres complexes*, exposé, d'après E. Study, par E. Cartan. — *Algorithmes illimités des nombres complexes*, exposé, d'après A. Pringsheim, par M. Fréchet; 1908. 6 fr.

In-4°; B.

Fascicule 4 : *Théorie des ensembles*, exposé d'après A. Schoenflies; par R. Baire. — *Sur les groupes finis discontinus*; exposé, d'après H. Burkhardt, par H. Vogt; 1909. 5 fr.

Volume II : Algèbre.

Fascicule 1 : *Les fonctions rationnelles*, exposé, d'après E. Netto, par R. Le Vavasseur. 8 fr.

Fascicule 2 : *Propriétés générales des corps et des variétés algébriques*; exposé, d'après G. Landsberg, par J. Hadamard et J. Kürschak, 1910. 3 fr. 75 c.

Fascicule 3 : *Propriétés générales des corps et des variétés algébriques*; exposé, d'après G. Landsberg, par J. Hadamard et J. Kürschak. — *Théorie des formes et des invariants*; d'après G. W. Meyer, par J. Drach; 1911. 3 fr. 75 c.

Volume III : Théorie des nombres.

Fascicule 1 : *Propositions élémentaires de la théorie des nombres*; exposé, d'après P. Bachmann, par Ed. Maillet. — *Théorie arithmétique des formes*; exposé, d'après K. Th. Vahlen, par E. Cahen, 1906. 3 fr.

Fascicule 2 : *Théorie arithmétique des formes*; exposé, d'après K. Th. Vahlen, par E. Cahen, 1908 (*suite et fin*). 3 fr.

Fascicule 3 : *Théorie arithmétique des formes*; exposé, d'après K. Th. Vahlen, par E. Cahen. — *Propositions transcendantes de la théorie des nombres*, exposé, d'après P. Bachmann, par J. Hadamard et Ed. Maillet; 1910. 3 fr. 75 c.

Fascicule 4 : *Propositions transcendantes de la théorie des nombres*, exposé d'après P. Bachmann, par Ed. Maillet; 1910. 3 fr. 75.

Volume IV : Calcul des probabilités. Théorie des erreurs. Applications diverses.

Fascicule 1 : *Calcul des probabilités*; exposé, d'après E. Czuber, par J. Le Roux. — *Calcul des différences et interpolation*; exposé, d'après D. Selivanov et J. Bauschinger, par H. Andoyer, 1906. 5 fr.

Fascicule 2 : *Théorie des erreurs*, exposé d'après Bauschinger, par H. Andoyer. — *Calcul numérique*, exposé d'après R. Mehmke, d'après M. d'Ocagne; 1908. 6 fr. 25.

Fascicule 3 : *Calcul numérique*, exposé d'après R. Mehmke, par M. d'Ocagne. — *Statistique*, exposé d'après L. Bortkiewicz, par F. Oltramare. 6 fr. 25 c.

TOME II : ANALYSE.

Volume I : Fonctions de variables réelles.

Fascicule 1 : *Principes fondamentaux de la théorie des fonctions*; exposé d'après A. Pringsheim par J. Molk; 1909. 4 fr. 50 c.

Volume III : Équations différentielles ordinaires.

Fascicule 1 : *Existence de l'intégrale générale. Détermination d'une intégrale particulière par ses valeurs initiales*; exposé par P. Painlevé. — *Méthodes d'intégration élémentaires. Etude des équations différentielles ordinaires au point de vue formel*; exposé par E. Vessiot; 1910. 7 fr.

(Demander le prospectus spécial.)

ESCARD (Jean), Ingénieur civil. — Les substances isolantes et les méthodes d'isolement utilisées dans l'industrie électrique. In-8 (25-16) de XX-314 pages avec 182 figures; 1911. 10 fr.

FAYE (H.), de l'Institut. — Sur l'origine du Monde. *Théories cosmogoniques des anciens et des modernes.* 3e édition avec une Préface de H. Deslandres, Membre de l'Institut. In-8 (23-14) avec figures; 1907. 6 fr.

FINK (E.). — Précis d'Analyse chimique. 2 Vol. In-16 (19-12). 2e édition revue et corrigée.

 Ire Partie : *Analyse qualitative.* Vol. de V-174 pages, avec 12 figures, cartonné à l'anglaise; 1906. 3 fr. 50 c.

 IIe Partie : *Analyse quantitative.* Vol. de IV-280 p., avec 62 figures; 1907. Cartonné à l'anglaise. 5 fr.

FISCHER (Emil), Professeur de Chimie à l'Université de Berlin. — Guide de préparations organiques à l'usage des étudiants. Traduction autorisée d'après la 7e édition allemande par H. Decker et J. Dufaut. In-16 (19-12) de x-110 pages avec 19 figures; 1907. 2 fr. 50 c.

FLAMMARION (Camille). — La planète Mars et ses conditions d'habitabilité. *Encyclopédie générale des observations martiennes faites depuis l'origine (1636) jusqu'à nos jours.* 2 volumes in-8 (29-19), se vendant séparément :

Tome I : Volume de x-608 pages avec 580 dessins télescopiques et 23 cartes; 1892.
Broché........ 12 fr. | Cartonné...... 15 fr.
Tome II : Volume de iv-604 pages avec 426 dessins télescopiques et 16 cartes; 1909.
Broché ...... 12 fr. | Cartonné...... 15 fr.

FONVIELLE (W. de) et BESANÇON (G.), Directeur de l'*Aérophile*. — Notre flotte aérienne. In-8 (23-14) de iv-234 pages avec 54 figures; 1908. Cartonné. 6 fr. 50 c.

FORCRAND (R. de), Correspondant de l'Institut, Professeur à la Faculté des Sciences, Directeur de l'Institut de Chimie de l'Université de Montpellier. — Cours de Chimie *à l'usage des étudiants du P. C. N.* Deux volumes in-8 (23-14) se vendant séparément.

Tome I : *Généralités. Chimie minérale.* Volume de vi-325 pages avec 16 figures; 1905. 5 fr.

Tome II : *Chimie organique. Chimie analytique.* Volume de iv-317 p. avec 3 fig.; 1905. 5 fr.

FOUËT (Edouard-A.), Professeur à l'Institut catholique de Paris. — Leçons élémentaires sur la théorie des fonctions analytiques. 3 volumes in-8 (25-16) se vendant séparément.

Tome I : *Les fonctions en général.* 2e édition, refondue et augmentée. Volume de xvi-112 pages avec 6 figures; 1907. 3 fr. 50 c.

Tome II : *Les fonctions algébriques. Les séries simples et multiples. Les intégrales.* 2e édition, refondue et augmentée. Volume de xi-265 pages avec 15 figures; 1909. 9 fr.

Tome III : *Théorèmes d'existence. Les fonctions analytiques au point de vue de Cauchy, de Weierstrass, de Riemann.* (En préparation.)

FREYCINET (Ch. de). — De l'expérience en Géométrie. In-8 (23-14); 1903. 4 fr.

FRILLEY. — Les procédés de commande à distance au moyen de l'Electricité. In-16 (19-vii) de vi-190 pages avec 94 figures; 1906. 3 fr. 50 c.

GALOIS (Evariste). — Manuscrits d'Evariste Galois, publiés par J. Tannery, Sous-Directeur de l'Ecole Normale. In-8 (25-16) de 69 pages; 1908. 2 fr. 75 c.

GANDILLOT (Maurice). — Essai sur la gamme. In-8 (31-22), de xvi-575 pages avec 453 figures; 1906. 32 fr.

GARÇON (Jules), Ingénieur Chimiste. — Répertoire général ou Dictionnaire méthodique de Bibliographie des Industries tinctoriales et des Industries annexes, *depuis les origines jusqu'à la fin de l'année 1896.* (*Technologie et Chimie.*) Ouvrage honoré du grand prix décennal Daniel Dollfus de la Société industrielle de Mulhouse. 2 vol. in-8 (25-16), 1638 p., plus un volume de Tables. Prix de l'Ouvrage complet. 100 fr.

Tome I : *Introduction et Avertissement général. Notice sur les sources bibliographiques du Dictionnaire. Tables.*

Tome II : Dictionnaire : Depuis *Accidents de fabrication* jusqu'à *Kermès.*

Tome III : Dictionnaire : Depuis *Laboratoires* jusqu'à la fin.

GAUTIER (Henri), et CHARPY (Georges), anciens Elèves de l'Ecole Polytechnique, Docteurs ès Sciences. — Leçons de Chimie, *à l'usage des élèves de Mathématiques spéciales.* 4e édition, entièrement refondue, conforme au programme du 27 juillet 1905. In-8 (25-16), avec 96 fig.; 1905.
Broché............ 10 fr. | Relié (cuir souple). 13 fr.

GÉRARD (Eric), Directeur de l'Institut électrotechnique Montefiore. — Leçons sur l'Electricité, professées à l'Institut électrotechnique Montefiore, annexé à l'Université de Liége. 8e édition refondue et complétée. 2 vol. in-8 (25-16), se vendant séparément :

Tome I : *Théorie de l'électricité et du magnétisme. Electrométrie. Théorie et construction des générateurs électriques.* Volume de xii-975 pages, avec 458 figures; 1910. 12 fr.

Tome II : *Canalisation et distribution de l'énergie électrique. Applications de l'électricité à la Télégraphie, à la Téléphonie. à la production et à la transmission de la puissance motrice, à la Traction, à l'Eclairage, à la Métallurgie et à la Chimie industrielle.* Volume de vii-990 pages avec 459 figures; 1910. 12 fr.

GÉRARD (Eric). — Mesures électriques. *Etalons et instruments. Essais mécaniques et photométriques, magnétiques et électriques. Applications aux lignes, générateurs, moteurs et transformateurs.* Leçons données à l'Institut électrotechnique Montefiore, de l'Université de Liége. 3e édition refondue et complétée. In-8 (25-16) avec 304 figures; 1908. 12 fr.

GÉRARD (Eric). — Traction électrique. (Extrait des *Leçons sur l'Electricité* du même auteur.) 2e édition. In-8 (25-16) de vi-148 pages avec 98 figures; 1910. 3 fr. 50

GIRARDET (Ph.). — Ingénieur I. E. G. — Lignes électriques aériennes. *Etude et Construction* (Bibliothèque de l'Elève Ingénieur). In-8 (25-16) de 181 pages avec 13 figures; 1910. 5 fr.

GIRARDET (Ph.), Ingénieur I. E. G., et DUBI (W.), Ingénieur Polytechnicien de Zurich. — Lignes électriques souterraines. *Etude, pose, essai et recherches de défauts* (Bibliothèque de l'Elève Ingénieur). In-8 (25-16) de 207 pages, avec 48 figures; 1910. 5 fr.

GŒDSEELS (P.-J.-B.), Professeur à l'Université catholique de Louvain. — Théorie des erreurs d'observation. 3e édition complètement remaniée. In-8 (24-16) de x-103 pages; 1909. 3 fr.

GOMES TEXEIRA (F.). — Traité des courbes spéciales remarquables planes et gauches. Ouvrage couronné et publié par l'Académie royale des Sciences de Madrid; traduit de l'espagnol, revu et très augmenté. 2 volumes in-4 (30-22) se vendant séparément.

Tome I. Volume de xii-401 pages; 1908. 20 fr.
Tome II. Volume de iv-497 pages; 1909. 20 fr.

GORGEU (P.), Capitaine d'artillerie. — Machines-outils. Outillage. Vérificateurs. Notions pratiques. Volume in-8 (23-16) de iv-232 pages, avec 200 schemas. 1909. 7 fr. 50 c.

GOURSAT (E.), Professeur à la Faculté des Sciences. — Cours d'Analyse *de la Faculté des Sciences de Paris.* 2e édition entièrement refondue. 2 volumes in-8 (25-16) se vendant séparément.

Tome I : *Dérivées et différentielles. Intégrales définies. Développements en série. Applications géométriques.* Volume de viii-615 pages, avec 45 figures; 1910. 20 fr.

Tome II : *Théorie des fonctions analytiques. Equations différentielles.* Un premier fascicule (304 pages) est paru. Prix du volume complet pour les souscripteurs. 20 fr.

Tome III : *Équations aux dérivées partielles. Equations intégrales. Calcul des variations.* (En préparation.)

GRIMSHAW (Robert). — La Construction d'une locomotive moderne. Traduit sur la 2e édition allemande, par Poissenot, Ingénieur E. C. L. In-8 (23-14), de xiv-64 pages, avec 42 figures; 1907. 3 fr. 75 c.

GROSSMANN (Jules), Ancien Directeur de l'École d'Horlogerie du Locle, et **GROSSMANN (Hermann)**, Directeur de l'École d'Horlogerie, d'Électrotechnique et de petite Mécanique de Neuchâtel. — Horlogerie théorique. Cours de mécanique appliquée à la Chronométrie, suivi d'une *Étude sur les applications de l'acier-nickel à la compensation*, par Ch.-Ed. Guillaume, Directeur-adjoint du Bureau international des Poids et Mesures, avec une *Préface* de E. Caspari, Ingénieur hydrographe de la Marine française, et des portraits de Jules Grossmann, H. Grossmann, Ch.-Ed. Guillaume, E. Caspari. Ouvrage publié sous les auspices du Technicum du Locle, approuvé par le Département de l'Instruction publique de Neuchâtel et par les Commissions des Écoles suisses d'horlogerie. 2 volumes in-8 (25-16) cartonnés, se vendant séparément.

Tome I. — Volume de 408 pages, avec 134 figures, 13 planches et 2 portraits; 1911. 15 fr.

Tome II. (*Sous presse.*)

GUILBERT (Gabriel), Lauréat du Concours international de Liège, Secrétaire de la Commission météorologique du Calvados. — Nouvelle méthode de prévision du temps, avec une *Préface* par Bernard Brunhes, Directeur de l'Observatoire du Puy de Dôme. In-8 (25-16) de xxxviii-344 pages avec 80 figures et cartes et 3 planches; 1909. 13 fr.

GUILLAUME (Ch.-Ed.). — Les applications des aciers au nickel, avec un Appendice sur la *Théorie des aciers au nickel*. In-8 (23-14), avec 25 fig.; 1904. 3 fr. 50 c.
— Recherches sur le nickel et ses alliages. In-8 (23-14), 1898. 1 fr. 75 c.
Les deux volumes se vendent ensemble 5 fr.

GUILLAUME (Ch.-Ed.), Directeur adjoint du Bureau international des Poids et Mesures. — Les récents progrès du Système métrique. Rapport présenté à la quatrième Conférence générale des Poids et Mesures réunie à Paris, en octobre 1907. In-4 (33-25) de 94 pages avec 2 figures; 1907. 5 fr.

GUIMARAES (Rodolphe), Capitaine du Génie, Membre correspondant des Académies des Sciences de Lisbonne, Montpellier, Barcelone, etc. — Les Mathématiques en Portugal. 2e édition revue et augmentée. In-8 (25-16) de 660 p., avec fig.; 1910. 2 1/2 fr.

GUYE (Ph.-A.), Professeur à l'Université de Genève. — Recherches expérimentales sur les propriétés physico-chimiques de quelques gaz, en relation avec les travaux de revision du poids atomique de l'azote. In-4 (28-23) de 147 p. avec 12 fig. et pl.; 1909. 5 fr.

GUYOU (E.), Capitaine de Frégate, Examinateur d'admission à l'École navale. — Note sur les approximations numériques. 3e éd. In-8 (23-14) de 28 p.; 1909. 0 fr. 75 c.

HARET (S. P. C.), Docteur ès Sciences, Professeur à l'Université et à l'École des Ponts et Chaussées de Bucharest, Membre de l'Académie Roumaine, Ministre d'État. — Mécanique sociale. In-8 (25-16) de 256 pages avec figures; 1910. 5 fr.

HELBRONNER (Paul), Ancien élève de l'École Polytechnique, Lauréat de l'Institut. — Description géométrique détaillée des Alpes françaises. Volume in-4 (33-25) avec figures et planches se vendant séparément.

Tome I : *Chaîne méridienne de la Savoie.* Volume de 508 pages avec planches et 18 panoramas (dont 14 de 0m,33 — 2m,60 et 4 de 0m,33 — 1m,30); 1910. 75 fr.
— Collection des 18 panoramas pliée au format (33-50) dans un emboîtage spécial. 45 fr.

HENRIONNET (Commandant Ch.). — Petit traité d'Astronomie pratique à l'usage de l'Astronome amateur, avec une *Préface* de Camille Flammarion. Brochure in-8 (23-14) de 52 pages avec 3 figures; 1911.

HERMITE. — Correspondance d'Hermite et Stieltjes, publiée par les soins de B. Baillaud, Directeur de l'Observatoire de Toulouse, et H. Bourget, Maître de Conférences à l'Université, avec une *Préface* de E. Picard, Membre de l'Institut. 2 vol. in-8 (25-16) se vendant séparément.

Tome I (8 novembre 1882-22 juillet 1889). Volume de xx-477 pages avec 2 portraits; 1904. 16 fr.
Tome II (18 octobre 1889-15 décembre 1894). Volume de vi-457 pages avec 1 portrait et un fac-similé; 1905. 16 fr.

HERMITE. — Œuvres de Charles Hermite, publiées sous les auspices de l'Académie des Sciences, par Emile Picard, Membre de l'Institut. Volumes in-8 (25-16) se vendant séparément.

Tome I. Volume de xl-500 pages avec un portrait d'Hermite; 1905. 18 fr.
Tome II. Volume de vi-520 pages, avec un portrait; 1908. 18 fr.
Tome III. (*Sous presse.*)

HERZ (Dr W.), Professeur à l'Université de Breslau. — Les bases physico-chimiques de la Chimie analytique. Traduit de l'allemand par E. Philippi, Licencié ès sciences. In-8 (23-4) de vi-16 pages, avec 13 figures, cartonné; 1909. 5 fr.

HOGNON (J.), Ingénieur-Chimiste diplômé, Chef de service du Laboratoire des Essais chimiques, mécaniques et électriques aux Forges d'Audincourt (Doubs). — Traité d'analyses chimiques métallurgiques à l'usage des chimistes et manipulateurs du Laboratoire d'Aciéries Thomas. In-8 (23-14 de ix-155 pages avec 13 figures; (B. T.) 1911. 5 fr.

HOUEL (J.). — Tables de Logarithmes à cinq décimales pour les nombres et les lignes trigonométriques, suivies des Logarithmes d'addition et de soustraction ou Logarithmes de Gauss et de diverses Tables usuelles. Nouvelle édition, revue et augm., in-8 (25-16), 1911. (*Autorisé par décision ministérielle.*)

Broché. 2 fr. Cartonné. 2 fr. 75 c.

HUMBERT (G.), Membre de l'Institut, Professeur à l'École Polytechnique. — Cours d'Analyse *professé à l'École Polytechnique*; 2 volumes in-8 (25-16), se vendant séparément.

Tome I : *Calcul différentiel. Principes du calcul intégral. Applications géométriques*; avec 111 figures; 1902. 16 fr.

Tome II : *Complément de la théorie des intégrales définies. Fonctions eulériennes. Fonctions d'une variable imaginaire. Fonctions elliptiques et applications d'équations différentielles*; avec 91 figures; 1904. 16 fr.

INSTITUT DE FRANCE. — *Voir au Catalogue général :* Mémoires de l'Académie des Sciences. — Tables générales des Travaux contenus dans les Mémoires de l'Académie des Sciences. — Recueil de Mémoires, Rapports et Documents relatifs à l'observation du passage de Vénus sur le Soleil, en 1874. — Mémoires relatifs à la nouvelle maladie de la vigne. — Mission du Cap Horn.

ISTEL (Paul) et **LEMONON (E.)**, Docteurs en droit, Avocats à la Cour d'appel de Paris. — Traité juridique de l'Industrie électrique. *Manuel pratique de législation, réglementation et jurisprudence en matière de production et distribution d'énergie électrique.* In-8 (23-14) de viii-415 pages; 1911. 8 fr.

JAMIN (J.), Secrétaire perpétuel de l'Académie des Sciences, Professeur de Physique à l'Ecole Polytechnique, et **BOUTY** (E.), Professeur à la Faculté des Sciences. — **Cours de Physique de l'Ecole Polytechnique.** 4e édition, augmentée et entièrement refondue par E. Bouty. 4 forts vol. in-8 (23-14) de plus de 4000 p.. avec 1587 figures et 14 planches sur acier, dont 2 en couleur; 1885-1891. 72 fr.
Prix des 3 Suppléments : 1896, 1899, 1906. 15 fr.
(Demander le prospectus détaillé et la Table générale des matières.)

JANET (Paul), Professeur à la Faculté des Sciences de Paris, Directeur de l'Ecole supérieure d'Électricité. — **Leçons d'Électrotechnique générale** professées à l'Ecole supérieure d'Électricité. Trois volumes in-8 (25-16), avec nombreuses figures.
Tome I : *Généralités. Courants continus.* 3e édition, revue et augmentée. Volume de VII-415 pages avec 178 figures; 1909. 13 fr.
Tome II : *Courants alternatifs sinusoïdaux et non sinusoïdaux. Alternateurs. Transformateurs.* 3e édition, revue et augmentée. Vol. de IV-325 pages, avec 159 fig.; 1910. 11 fr.
Tome III : *Moteurs à courants alternatifs. Couplage et compoundage des alternateurs. Transformateurs polymorphiques.* 2e édition, revue et augmentée. Volume de IV-356 pages, avec 129 figures; 1908. 11 fr.

JANET (Paul). — **Premiers principes d'Electricité industrielle.** *Piles. Accumulateurs. Dynamos. Transformateurs.* 6e édition revue et corrigée. In-8 (23-14), avec 163 fig.; 1910. 6 fr.

JOUFFRET (G.), ancien Élève de l'Ecole Polytechnique, Membre de la Société mathématique de France. — **Mélanges de Géométrie à quatre dimensions.** In-8 (25-16) de X-227 pages avec 49 fig.; 1906. 7 fr. 50 c.

JOUGUET (E.), Ancien Professeur à l'Ecole des Mines de Saint-Etienne. — **Lectures de Mécanique.** La Mécanique enseignée par les auteurs originaux. 2 volumes in-8 (25-16) se vendant séparément.
Ire Partie : *La naissance de la Mécanique.* Volume de VIII-206 pages avec 85 figures; 1908. 7 fr. 50 c.
IIe Partie : *L'organisation de la Mécanique.* Volume de VIII-244 pages avec 31 figures; 1909. 10 fr.

KERSTEN (C.), Ingénieur-Architecte, Professeur à l'Ecole royale de travaux publics de Berlin. — **La Construction en béton armé.** Traduit d'après la 3e édition allemande par P. Poinsignon, Ingénieur E. C. L. 2 volumes in-8 (23-14) se vendant séparément.
Ire Partie : *Calcul et exécution des formes élémentaires,* Volume de 194 pages avec 119 figures; 1907. 6 fr.
IIe Partie : *Application à la construction en élévation et en sous-sol.* Volume de VII-280 pages avec 407 figures; 1908. 9 fr.

LAISANT (C.-A.), Répétiteur à l'Ecole Polytechnique, Docteur ès sciences. — **La Mathématique.** *Philosophie. Enseignement.* 2e édition revue et corrigée. In-8 (23-14) de VII-243 pages avec 5 figures; cartonné; 1907 (B. S.) 5 fr.

LALANDE. — **Tables de Logarithmes pour les Nombres et les Sinus à CINQ DÉCIMALES;** revues par le baron Reynaud. Nouvelle édition, augmentée de *Formules pour la Résolution des Triangles,* par Bailleul, typographe. In-18 (15-10); 1903. (*Autorisé par décision du Ministre de l'Instruction publique.*)
Broché. 2 fr. | Cartonné. 2 fr. 40 c.

LALLEMAND (Ch.), Ingénieur en chef des Mines, Directeur du Nivellement général de la France, Membre du Bureau des Longitudes. — **Mouvements et déformations de la croûte terrestre. Marées de l'écorce, exhaussements et affaissements séculaires du sol. Altérations lentes du géoïde.** In-8 (23-14) de 58 pages. avec 15 figures. 1909. 0 fr. 75 c.

LALLEMAND (Ch.), Ingénieur en chef des Mines, Directeur du Nivellement général de la France, Membre du Bureau des Longitudes. — **Les marées de l'écorce et l'élasticité du Globe terrestre.** In-8 (23-14) de 90 pages, avec 14 figures; 1,10. 1 fr. 50 c.

LAROSE (H.), Ingénieur des Télégraphes. — **État actuel de la Télégraphie sous-marine.** Brochure in-8 (25-16) de 50 pages avec 3 figures; 1909. 2 fr. 50 c.

LEBON (Ernest), Agrégé de l'Université, Lauréat de l'Académie française, Correspondant de l'Académie royale des Sciences de Lisbonne et de la Société royale des Sciences de Liège, Membre honoraire de l'Académie de Metz. — **Savants du jour.** *Biographie. Bibliographie analytique des écrits.* Volumes in-8 (28-18) sur papier de Hollande avec un portrait en héliogravure. Se vendant séparément.
— Gaston Darboux. Vol. de VIII-80 p.; 1910. 7 fr.
— Henri Poincaré. Vol. de VIII-80 pages; 1909. (*Rare.*)
— Emile Picard. Vol. de VIII-80 pages; 1910. 7 fr.
— Paul Appell Vol. de VIII-71 pages; 1910. 7 fr.

LEFEBVRE (B.), S. J. — **Cours d'Algèbre élémentaire** à l'usage des cours moyens et des classes d'humanités. 3e édition. In-8 (21-14) de VIII-608 pages; 1909. 5 fr.

LEFEBVRE (B.) S. J. — **Recueil d'exercices et de problèmes d'Algèbre élémentaire.** 3e édition. In-8 (21-14) de 280 pages; 1909. 2 fr. 50 c.

LÉVY (Maurice), Membre de l'Institut, Ingénieur en chef des Ponts et Chaussées, Professeur au Collège de France et à l'Ecole Centrale des Arts et Manufactures. — **La Statique graphique et ses applications aux constructions.** 4 vol. in-8 (25-16), avec 4 Atlas de même format. (*Ouvrage honoré d'une souscription du Ministère des Travaux publics.*)
Ire Partie. — *Principes et applications de Statique graphique pure.* 3e édition. Volume de XXX-598 p.. avec figures et un Atlas de 25 planches; 1907. 22 fr.
IIe Partie. — *Flexion plane. Lignes à influence. Poutres droites.* 2e édition. Volume de XIV-375 pages, avec figures et un Atlas de 6 pl.; 1883. 15 fr.
IIIe Partie. — *Arcs métalliques. Ponts suspendus rigides. Coupoles et corps de révolution.* 2e édition. Volume de IX-418 p., avec fig. et un Atlas de 8 pl.; 1887. 17 fr.
IVe Partie. — *Ouvrages en maçonnerie. Systèmes réticulaires à lignes surabondantes. Index alphabétique des quatre Parties.* 2e édition. Volume de IX-350 p. avec fig. et un Atlas de 4 pl.; 1888. 15 fr.

LINDET (L.). — **Le lait, la crème, le beurre, les fromages.** (Principes de l'Industrie laitière). In-8 (25-16) de X-340 pages, avec 10 figures; 1907. 12 fr.

LUCAS DE PESLOUAN. — **N.-H. Abel, sa vie et son œuvre.** In-8 (21-15) de XIII-169 pages, avec un portrait; 1906. Cartonné. 5 fr.

MAILLARD (Louis), Professeur à l'Université de Lausanne. — **Les comètes et la comète de Halley.** Brochure in-8 (25-16) de 48 pages, avec 19 figures; 1910. 2 fr.

MAILLET (Edmond), Ingénieur des Ponts et Chaussées, Répétiteur à l'Ecole Polytechnique. — **Introduction à la théorie des nombres transcendants et des propriétés arithmétiques des fonctions.** In-8 (25-16) de V-275 pages; 1906. 12 fr.

MANNHEIM (le Colonel A.), Professeur à l'Ecole Polytechnique. — **Principes et Développements de la Géométrie cinématique,** *Ouvrage contenant de nombreuses applications à la Théorie des surfaces.* In-4 (28-23), avec 186 figures; 1894. 25 fr.

MAREC (Eugène), Ingénieur diplômé de l'École supérieure d'Électricité. — **Les enroulements industriels des machines à courant continu et à courant alternatif.** In-8 (25-16) de 240 p., avec 212 fig.; 1910.   9 fr.

MASCART (E.), Membre de l'Institut, Professeur au Collège de France, Directeur du Bureau Central météorologique. — **Traité d'Optique.** 3 volumes in-8 (25-16) avec Atlas, se vendant séparément.

Tome I : *Systèmes optiques. Interférences. Vibrations. Diffraction. Polarisation. Double refraction.* Avec 199 figures et 2 pl.; 1889.   20 fr.

Tome II et Atlas : *Propriétés des cristaux. Polarisation rotatoire. Réflexion vitrée. Réflexion metallique. Réflexion cristalline. Polarisation chromatique.* Avec 113 fig. et Atlas contenant 2 planches sur cuivre dont une en couleur (Propriétés des cristaux. Coloration des cristaux par les interférences); 1891.   25 fr.

Tome III : *Polarisation par diffraction. Propagation de la lumière. Photométrie. Réfractions astronomiques.* Avec 83 figures; 1893.   20 fr.

MASCART (Jean). — **La Comète de Halley.** In-8 (20-13) de 107 pages, avec 16 figures; 1910.   1 fr. 50.

MATHIAS (E.), Professeur de Physique a la Faculté des Sciences de Toulouse. — **Le point critique des corps purs.** In-8 (23-14) de viii-255 pages, avec 44 figures; 1904.   7 fr.

MAYOR (B.), Professeur à l'École des Ingénieurs et à la Faculté des Sciences de l'Université de Lausanne.— **Statique graphique des systèmes de l'espace.** In-8 (24-16) de iv-208 pages, avec 16 figures et un atlas de 7 planches; 1910.   8 fr.

METZ (G. de). — **La double réfraction accidentelle dans les liquides.** In-8 (20-13) de 100 pages, avec 31 figures; 1906. Cartonné. (*C. S.*)   2 fr.

MINISTÈRE DE L'INSTRUCTION PUBLIQUE. — Mission du Service géographique de l'Armée pour la mesure d'un arc de méridien équatorial en Amérique du Sud sous le contrôle scientifique de l'Académie des Sciences (1899-1906). Volumes in-4 (28-23) se vendant séparément.

La publication des travaux de la Mission du Service géographique de l'Armée qui, de 1899 à 1906, a mesuré un arc de méridien équatorial en Amérique du Sud et rassemblé à cette occasion de nombreuses observations de toute nature, se poursuivra à partir de 1910, par les soins du Service géographique de l'Armée et du Muséum d'Histoire naturelle, sous le haut contrôle scientifique de l'Académie des Sciences, conformément au plan d'ensemble suivant :

A. — HISTORIQUE.

Tome I : *Historique de la Mission.*

B. — GÉODÉSIE ET ASTRONOMIE.

Tome II, Fascicule 1 : *Notices sur les stations.*
»   »   2 : *Bases.*

Tome III, Fascicule 1 : *Angles azimutaux.* Volume de 226 pages, avec 9 figures et 17 planches; 1910.   23 fr.

Tome III, Fascicule 2 : *Compensation des angles, calcul des triangles.* (Sous presse.)
»   »   3 : *Latitudes, longitudes et azimuts géodésiques.*
»   »   4 : *Nivellement et altitudes.*
»   »   5 : *Calcul de la longueur de l'arc.*
»   »   6 : *Latitudes astronomiques observées aux cercles méridiens* (1re partie).
»   »   7 : *Latitudes astronomiques observées aux théodolites à microscopes* (2e et 3e parties) Vol. de 462 p.; 1911. 30 fr.

In-4 ; R.

Tome III, Fascicule 8 : *Latitudes astronomiques observées aux astrolabes à prisme.*

Tome IV, Fascicule 1 : *Différences de longitudes et azimuts astronomiques.*
»   »   2 : *Pesanteur.*
»   »   3 : *Discussion générale des résultats, conclusions.*

Tome V, Fascicule 1 : *Triangulation, topographie et pétrographie de la région nord.*
»   »   2 : *Triangulation de la région centrale.*
»   »   3 : *Triangulation de la région sud.*
»   »   4 : *Météorologie.*
»   »   5 : *Magnétisme.*

C. — HISTOIRE NATURELLE.

Tome VI : *Ethnographie ancienne.*

Tome VII : *Anthropologie ancienne.*

Tome VIII : *Ethnographie actuelle, Anthropologie actuelle. Linguistique.*

Tome IX : *Zoologie.*

Fascicule 1 : *Mammifères, Oiseaux, Trochilidæ.* Vol. de iv-178 p. avec 12 pl.; 1911. 20 fr.
»   2 : *Reptiles, Poissons.*

Fascicule 3 : *Mollusques terrestres et fluviatiles,* par Louis Germain. — *Mollusques marins,* par Édouard Lamy. — *Annélides polychètes,* par Ch. Gravier. — *Oligochètes,* par W. Michaelsen. Vol. de iv-139 pages, avec 2 figures et 10 planches; 1910.   14 fr.

Tome X : *Insectes, Botanique, Fossiles.*

Les fascicules qui sont marqués d'un astérisque ont paru.

MOCH (Gaston). — **X-Lexique.** *Vocabulaire de l'argot de l'École Polytechnique.* In-8 (25-16) de 70 pages, 1910.   1 fr. 50 c.

MONTEL (Paul), Docteur ès sciences, Professeur au Lycée Buffon. — **Leçons sur les séries de polynomes à une variable complexe.** In-8 (25-16) de viii-128 p.; avec 2 figures; 1910.   3 fr. 50.

MONTESSUS (R. de), Docteur ès sciences mathématiques, Lauréat de l'Institut. — **Leçons élémentaires sur le Calcul des Probabilités.** In-8 (25-16) de vi-191 pages avec 17 figures; 1908.   7 fr.

MOUREU (Ch.), Professeur agrégé à l'École supérieure de Pharmacie de l'Université de Paris. — **Notions fondamentales de Chimie organique.** 3e édition revue et mise au courant des derniers travaux. In-8 (23-14) de vi-354 pages; 1910.   8 fr. 50 c.

NIELSEN (Niels), Professeur d'analyse supérieure. — **Théorie des fonctions métasphériques.** Cours professé à l'Université de Copenhague. In-4 (28-23) de vii-212 pages; 1911   12 fr.

NIEWENGLOWSKI (B.), Inspecteur de l'Académie de Paris, Docteur ès Sciences, et GÉRARD (L.), Professeur au lycée Ampère, Docteur ès Sciences. — **Leçons de Géométrie élémentaire** conformes aux programmes du 27 juillet 1905 pour la classe de Première C et D et des Mathématiques A et B.

I. *Géométrie plane.* In-8 (23-14) de xx-251 pages, avec 226 fig., cartonné à l'anglaise; 1907.   3 fr. 50 c.
Broché 2 fr. 50 c.

II. *Géométrie dans l'espace.* In-8 (23-14) de iv-330 p., avec 253 figures, cartonné à l'anglaise : 1907.   3 fr. 50 c.
Broché 2 fr. 50 c.

NODON (A.), Docteur ès sciences, Ingénieur-Chimiste E. S. R., ex-adjoint à l'Observatoire d'Astronomie physique de Paris, Officier de l'Instruction publique.—

L'action électrique du Soleil, *Son rôle dans les phénomènes cosmiques et terrestres.* In-16 (19-12) de xv-200 p., avec 18 fig. et 4 pl.; 1910. 3 fr. 25.

OCAGNE (Maurice d'), Ingénieur en chef des Ponts et Chaussées, Professeur à l'École des Ponts et Chaussées. — Leçons sur la Topométrie et la Cubature des Terrasses comprenant des notions sommaires de Nomographie des notions élémentaires sur la probabilité des erreurs et une Instruction sur l'usage de la règle. In-8 (25-16) de viii-ccc pages, avec 888 figures; 1910. 8 fr. 50.

OCAGNE (Maurice d'), Ingénieur en chef des Ponts et Chaussées. — Notions élémentaires sur la probabilité des erreurs. In-8 (25-16) de 32 pages, avec 2 figures. 1910. 2 fr.

OCAGNE (Maurice d'). — Instruction sur l'usage de la règle à Calcul. Brochure in-8 (25-16) de 8 pages; 1910. 0 fr. 50

OSTWALD (D' W.). — Éléments de Chimie inorganique, traduits de l'allemand par L. Lazard. 2 volumes in-8 (25-16) se vendant séparément.

Ire Partie : *Métalloïdes.* 2e édition (*Sous presse.*)
IIe Partie : *Métaux.* Volume de 450 pages avec 17 figures; 1905. 15 fr.

PARIS (Vice-Amiral), Membre de l'Institut et du Bureau des Longitudes, Conservateur du Musée de Marine. — Souvenirs de Marine. — Collections de plans ou dessins de navires et bateaux anciens ou modernes, existants ou disparus, *avec les éléments numériques nécessaires à leur construction.* Publication continuée par les soins de l'Académie des Sciences. Six beaux albums reliés, de 60 planches in-plano, 1910 (2e tirage), 1886, 1889, 1892, 1908.
Chaque partie se vend séparément. 25 fr.

PELLAT (H.), Professeur à la Faculté des Sciences de l'Université de Paris. — Cours d'Électricité. (Cours de la Faculté des Sciences.) 3 volumes in-8 (25-16) se vendant séparément.

Tome I : *Électrostatique. Lois d'Ohm. Thermo-électricité.* Volume de vi-329 pages avec 145 figures; 1901. 10 fr.
Tome II : *Électrodynamique. Magnétisme. Induction. Mesures électro-magnétiques.* Volume de iv-554 pages avec 221 figures; 1903. 18 fr.
Tome III : *Électrolyse. Électrocapillarité. Ions gazeux.* Volume de vi-290 pages, avec 77 figures; 1908. 10 fr.

PERRIN (Jean), Chargé du Cours de Chimie physique à la Faculté des Sciences de Paris. — Traité de Chimie physique. Les Principes. In-8 (25-16) avec 38 figures; 1903.
Broché.... 10 fr. | Relié cuir souple. 13 fr.

PETERS (D' J.), Observateur à l'Institut royal de Calculs astronomiques. — Nouvelles Tables de Calcul pour la multiplication et la division de tous les nombres de 1 à 4 chiffres. In-folio (37-23) de vi-500 pages; 1909. 19 fr.

PETIT (P.), Professeur à l'Université de Nancy, Directeur de l'École de Brasserie. — Brasserie et Malterie. In-8 (25-16), avec 89 figures; 1904. Cartonné. 12 fr.

PETOT (Albert), Professeur de Mécanique à la Faculté des Sciences de l'Université de Lille. — Étude dynamique des voitures automobiles. Volumes in-4 (27-22) autographiés.

Tome I : *Production du mouvement de la locomotion. Rôle du différentiel. Mode d'action des ressorts et des bandages pneumatiques.* Volume de iv-207 pages avec figures; 1906. 12 fr.
Tome II : *Équilibre et régularisation du moteur à explosion. Embrayage. Changements de vitesses. Freins.*

1er Fascicule. *Le moteur à un cylindre.* Volume de 116 pages, avec figures; 1910. 7 fr.
Tome III : *Divers systèmes de transmission par cardans. Comparaison entre les voitures à chaînes et les voitures à cardans.* (En préparation.)
Tome IV : *Théorie des virages. Conditions de stabilité dans les courbes et sur les pentes.* (En préparation.)

PETROVITCH (M.), Professeur à l'Université de Belgrade. — La Mécanique des phénomènes fondée sur les analogies. In-8 (20-13) de 96 pages avec 114 fig.; 1906. (C. S.) 2 fr.

PICARD (Émile), Membre de l'Institut, Professeur à la Faculté des Sciences. — Traité d'Analyse (Cours de la Faculté des Sciences.) 2e édition, revue et augmentée. 4 vol. in-8 (25-16).

Tome I : *Intégrales simples et multiples. — L'équation de Laplace et ses applications — Développements en séries. — Applications géométriques du Calcul infinitésimal.* Avec 25 figures; 1901. 16 fr.
Tome II : *Fonctions harmoniques et fonctions analytiques. — Introduction à la théorie des équations différentielles. Intégrales abéliennes et surfaces de Riemann;* avec 58 fig.; 1905. 18 fr.
Tome III : *Des singularités des intégrales des équations différentielles. Étude du cas où la variable reste réelle et des courbes définies par des équations différentielles. Équations linéaires; analogies entre les équations algébriques et les équations linéaires.* Avec 25 figures; 1909. 18 fr.
Tome IV : *Équations aux dérivées partielles.* (*En prép.*)

PICARD (E.), Membre de l'Institut, Professeur à l'Université de Paris, et SIMART, Capitaine de frégate, Répétiteur à l'École Polytechnique. — Théorie des Fonctions algébriques de deux variables indépendantes. 2 volumes in-8 (25-16) se vendant séparément.
Tome I : Volume de vi-356 p., avec fig.; 1897. 9 fr.
Tome II : Vol. de vi-528 p., avec fig.; 1906... 18 fr.

POINCARÉ (H.), Membre de l'Institut, Professeur à la Faculté des Sciences. — Les Méthodes nouvelles de la Mécanique céleste. 3 vol. in-8 (25-16), se vendant séparément.

Tome I : *Solutions périodiques. — Non-existence des intégrales uniformes. — Solutions asymptotiques.* Avec figures; 1892. 12 fr.
Tome II : *Méthodes de MM. Newcomb, Gyldén, Lindstedt et Bohlin;* 1894. 14 fr.
Tome III et dernier : *Invariants intégraux. — Solutions périodiques du deuxième genre. — Solutions doublement asymptotiques;* 1899. 13 fr.

POINCARÉ (H.), Membre de l'Institut. — Leçons de Mécanique céleste. 3 volumes in-8 (25-16).

Tome I : *Théorie générale des perturbations planétaires.* Volume de vi-367 p. avec 3 fig.; 1905. 12 fr.
Tome II. — (Ire Partie) : *Développement de la fonction perturbatrice.* Volume de iv-167 p.; 1907. 6 fr.
— (IIe Partie) : *Théorie de la Lune.* Volume de iv-137 pages; 1909. 5 fr.
Tome III : *Théorie des Marées.* Rédigé par R. Fichot, Ingénieur hydrographe de la Marine. Volume de iv-172 p. avec 66 fig. et 2 pl.; 1910. 16 fr.

— La Théorie de Maxwell et les oscillations hertziennes. La Télégraphie sans fil. 3e édit. In-8 (20-13) de 80 p., avec 5 fig., cartonné (C. S.); 1908. 2 fr.

— Thermodynamique. Leçons professées pendant le premier semestre 1888-1889, rédigées par J. Blondin, agrégé de l'Université. 2e édition revue et corrigée. In-8 (25-16) de xix-pages avec 41 figures; 1908. 16 fr.

PONTHIÈRE (H.), Professeur de métallurgie et d'électricité industrielle, Directeur de l'Institut électromécanique à l'Université de Louvain. — Traité d'Électrométallurgie. *Théorie de l'électrolyse. Galvanoplastie. Tubes, tôles, fils galvanoplastiques. Affinage, traitement des minerais. Fusion, soudure, triage.* 4° édition. In-8 (25-16) de vi-386 pages, avec 107 figures; 1910.   15 fr.

PROUST (Georges), Ingénieur Civil. — **Rercherche pratique et exploitation des mines d'or.** In-16 (19-12) de iv-112 pages avec 14 figures; 1911.   2 fr. 75 c.

PUISEUX (P.), Astronome à l'Observatoire de Paris. — **La Terre et la Lune.** *Forme extérieure et structure interne.* (ÉTUDES NOUVELLES SUR L'ASTRONOMIE, par *Ch. André* et *P. Puiseux.*) In-8 (25-16) de iv-176 pages, avec 28 figures et 26 planches; 1908.   9 fr.

RABOZÉE (H.), Capitaine commandant du Génie. — **Cours de résistance des Matériaux** donné à l'Ecole d'application de l'Artillerie et du Génie de Belgique. 2° édition du même Cours publié en 1895 par E. LEMAN, Major du Génie, Examinateur permanent à l'Ecole militaire. In-8 (25-16) de xxxii-993 pages avec 240 figures; 1910.   30 fr.

RAMSAY (William) D. Sc. — **La Chimie moderne.** Ouvrage traduit de l'anglais par H. DE MIFFONIS. 2 volumes in-16 (19-12) se vendant séparément.

Ir° PARTIE : *Chimie théorique.* Volume de iv-162 pages avec 9 figures; 1909.   2 fr. 75 c.

II° PARTIE : *Chimie descriptive.* Volume de v-275 pages: 1911.   4 fr. 50 c.

RÉPERTOIRE BIBLIOGRAPHIQUE DES SCIENCES MATHÉMATIQUES, publié par la *Commission permanente du Répertoire.* Paraît successivement par séries de 100 fiches format In-32 (14-9), renfermées dans un étui en papier fort. Prix de chaque série.   2 fr.

Les dix-neuf premières séries (fiches 1 à 1900, 1894-1910) sont mises en vente.

RIOLLOT (J.), Ingénieur civil des Mines. — **Les Carrés magiques.** *Contribution à leur étude.* In-8 (25-16) de iv-119 pages, avec 311 figures; 1907.   5 fr.

RIQUIER (Charles), Professeur à la Faculté des Sciences de Caen, Lauréat de l'Institut. — **Les systèmes d'équations aux dérivées partielles.** In-8 (25-16) de xxiii-590 pages avec figures; 1910.   20 fr.

ROCQUES (X.), Expert-chimiste, ancien Chimiste principal au Laboratoire municipal de Paris. — **Les industries de la Conservation des aliments.** In-8 (23-14) de xi-506 p. avec 124 figures; 1906. Cartonné.   15 fr.

RODET (J.). — **Les Lampes à incandescence électriques.** In-8 (23-14) de xi-200 pages avec figures; 1907.   6 fr.

ROUCHÉ (Eugène), et **COMBEROUSSE** (Charles de), — **Traité de Géométrie,** 7° éd., revue et augmentée. par E. ROUCHÉ. Fort in-8 (23-14) de LX-1212 pages, avec 703 figures et 1175 questions proposées et problèmes; 1900.   17 fr.

I™ PARTIE. — *Géométrie plane.* ....   7 fr. 50 c.

II° PARTIE. — *Géométrie de l'espace; Courbes et Surfaces usuelles.*   9 fr. 50 c.

ROUCHÉ (Eugène) et **COMBEROUSSE** (Charles de). — **Eléments de Géométrie,** 7° édit. conforme au programme du 31 mai 1902, revue et complétée par Eugène ROUCHÉ, Membre de l'Institut, Professeur au Conservatoire des Arts et Métiers. In-8 (23-14) de xL-651 pages, avec 485 figures et 543 questions proposées et exercices; 1904.   6 fr.

ROZÉ (P.), Licencié ès sciences. — **Théorie et usage de la règle à calculs.** *Règle des Ecoles. Règle Mannheim.* In-8 (23-14) de iv-118 pages avec 86 figures et 1 planche; 1907.   3 fr. 50 c.

RUSSELL (Alexandre), M. A., M. I. E. E., Maître de Conférences adjoint au Collège de Gonville et Caius à Cambridge. — **La Théorie des courants alternatifs.** Traduit de l'anglais par G. SÉLICMANN-LUI, Ancien Elève de l'Ecole Polytechnique, Inspecteur général des Télégraphes. 2 volumes In-8 (25-16).

TOME I. Volume de iv-460 pages avec 137 figures; 1909.   15 fr.

TOME II. Volume de iv-551 pages avec 210 figures; 1910.   18 fr.

SAINT-PAUL (Hervé de). — **Tables des lignes trigonométriques naturelles des angles et des arcs** variant de minute en minute depuis 0° jusqu'à 90°. In-8 (23-14) de 32 pages; 1910.   1 fr. 50 c.

SALMON (G.). — **Traité de Géométrie analytique** (Courbes planes), destiné à faire suite au *Traité des Sections coniques.* Traduit de l'anglais, sur la 3° édition, par O. *Chemin,* Ingénieur des Ponts et Chaussées, Professeur à l'Ecole nationale des P. et Ch., et augmenté d'une *Etude sur les points singuliers des courbes algébriques planes,* par G. *Halphen.* Nouveau tirage. In-8 (23-14), avec figures; 1903.   12 fr.

SALVERT (Vicomte de), Docteur ès sciences, Professeur à la Faculté libre des Sciences de Lille. — **Mémoire sur l'attraction du parallélépipède ellipsoïdal.** 2 volumes In-8 (25-16) se vendant séparément.

I™ FASCICULE. Volume de xii-340 pages avec figures; 1909.   7 fr.

II° FASCICULE.   (Sous presse.)

SANFELICI (G.), Ingénieur. — **Le calcul tachéométrique simplifié.** *Tables à graduation centésimale et sexagésimale suivies des logarithmes des nombres et des fonctions trigonométriques.* 2° édition. In-4 (31-24) de vii-263 pages; 1907.   12 fr. 50 c.

SARRETTE (Henri), ancien Elève de l'Ecole Polytechnique, Inspecteur de la comptabilité générale des Chemins de fer de l'Ouest. — **Précis arithmétique des calculs d'emprunts à long terme et de valeurs mobilières.** In-8 (25-16) de 287 pages; 1908.   10 fr.

SATTLER (G.), Ingénieur. — **Traction électrique.** *Construction et projets.* Ouvrage traduit de l'allemand par PIERRE GIROT, Ingénieur des Arts et Manufactures. In-8 (23-14) de vi-195 pages, avec 123 figures et 2 planches; 1908 (*B. G. d. S.*)   5 fr.

SAVOIA, Assistant de Métallurgie à l'Institut royal technique de Milan. — **La Métallographie appliquée aux produits sidérurgiques.** Traduit de l'italien. In-16 (19-12) de vi-218 p., avec 94 fig.; 1910.   3 fr. 25 c.

SCHAFFERS (V.), Docteur ès sciences. — **La machine à influence. Son évolution. Sa théorie.** In-8 (25-16) de viii-506 pages avec 197 figures; 1908.   10 fr.

SCHILLING (Friedrich), Professeur à la Technische Hochschule de Dantzig. — **La Photogrammétrie comme application de la Géométrie descriptive.** Edition française rédigée avec la collaboration de l'auteur; par L. GÉRARD, Docteur ès sciences, Professeur au Collège Chaptal. In-8 (25-16) de iv-104 pages avec 76 figures et 5 planches; 1908.   6 fr.

SCHOTT (E.), Professeur à l'Ecole Estienne, et **MORIN** (E.), Typographe, Auteur du « Dictionnaire typographique ». — **Les Presses à platine et leur emploi.** In-8 (23-14) de vi-54 pages, avec 4 figures; 1910.   2 fr. 25 c.

SCHRÖN (L.). — **Tables de Logarithmes à sept décimales** pour les nombres depuis 1 jusqu'à 108 000, et pour les fonctions trigonométriques de 10 en 10 secondes; et **Table d'Interpolation** pour le calcul des parties proportionnelles; précédées d'une Introduction par *J. Hoüel*. In-8 (29-19); 1906.

Broché......... 10 fr. | Cartonné... 11 fr. 75.

On vend séparément :

	Broché	Cartonné
Tables de Logarithmes	8 fr.	9 fr. 75 c.
Table d'Interpolation	2	3 25

SCHWOERER (Émile). — Les Phénomènes thermiques de l'atmosphère. In-8 (29-20) de 48 p.; 1911. 2 fr.

SÉFÉRIAN (A.), Ingénieur. — Notice sur le système des six coordonnées homogènes d'une droite et sur les éléments de la théorie des complexes linéaires. Brochure in-8 (23-14) de 80 pages; 1910. 1 fr. 50 c.

SERRET (J.-A.), Membre de l'Institut. — Traité de Trigonométrie. 9ᵉ édition, revue et augmentée. In-8 (23-14) de x-336 pages avec figures. (*Autorisé par décision ministérielle.*) 1908. 4 fr.

SERRET (J.-A.). — Cours d'Algèbre supérieure. 6ᵉ édition. 2 volumes in-8 (23-14); 1910. 25 fr.

SERRET (J.-A.). — Cours de calcul différentiel et intégral. 6ᵉ édition augmentée d'une *Note sur la théorie des fonctions elliptiques*, par Ch. Hermite. 2 volumes in-8 (25-16) de xiii-517 et xiii-904 pages, avec figures; 1911. 25 fr.

SERVICE GÉOGRAPHIQUE DE L'ARMÉE. — Nouvelles Tables de logarithmes à cinq décimales *pour les lignes trigonométriques dans les deux système de la division centésimale et de la division sexagésimale du quadrant et pour les nombres de 1 à 12000.* (Edition spéciale a l'usage des Candidats aux Ecoles Polytechnique et de Saint-Cyr.) In-8 (26-18) cartonné 3 fr.

SOCIÉTÉ INTERNATIONALE DES ÉLECTRICIENS. — Travaux du Laboratoire central d'Électricité. Volume In-8 (28-18) se vendant séparément.

Tome I : (1884-1905). Volume de iv-514 pages avec 213 figures; 1910. 15 fr.

Tome II. (*Sous presse.*)

SOCIÉTÉ FRANÇAISE DE PHYSIQUE. — Collection de Mémoires relatifs à la Physique. Deuxième Série. Voir *Abraham et Langevin*, page 2.

STIELTJES. — Correspondance d'Hermite et de Stieltjes (voir *Hermite*, p. 7).

STOFFAES (l'abbé), Professeur adjoint à la Faculté catholique des Sciences de Lille, Directeur de l'Institut catholique d'Arts et Métiers de Lille. — Cours de Mathématiques supérieures à *l'usage des candidats de la Licence ès sciences physiques.* 3ᵉ édition.

STURM, Membre de l'Institut. — Cours de Mécanique à l'Ecole Polytechnique, publié, d'après le vœu de l'auteur, par *E. Prouhet*. 5ᵉ édition, revue et annotée par *A. de Saint-Germain*, Professeur à la Faculté des Sciences de Caen. (Nouveau tirage.) 2 vol. in-8 (23-14), avec 189 figures; 1905. 14 fr.

STURM, Membre de l'Institut. — Cours d'Analyse de l'Ecole Polytechnique, revu et corrigé par *E. Prouhet*, Répétiteur d'Analyse à l'Ecole Polytechnique, et augmenté de la Théorie élémentaire des fonctions elliptiques, par *H. Laurent*, Répétiteur à l'Ecole Polytechnique. 14ᵉ édition, mise au courant des nouveaux programmes de la Licence, par *A. de Saint-Germain*, Professeur à la Faculté des Sciences de Caen. 2 volumes in-8, avec figures dans le texte; 1909.

Broché... 15 fr. | Cartonné... 16 fr. 50 c.

TANNERY (J.), Sous-Directeur de l'Ecole Normale. — Correspondance entre Lejeune-Dirichlet et Liouville. In-8 (25-16) de iv-42 pages; 1910. 2 fr.

TANNERY (Jules), Sous-Directeur des Études scientifiques à l'Ecole Normale supérieure, et MOLK (Jules), Professeur à la Faculté des Sciences de Nancy. — Eléments de la théorie des Fonctions elliptiques. 4 volumes in-8 (25-16) se vendant séparément. (Ouvrage complet.)

Tome I. — *Introduction. — Calcul différentiel* (Iʳᵉ Partie); 1893. 7 fr. 50 c.

Tome II. — *Calcul différentiel* (IIᵉ Partie); 1896. 9 fr.

Tome III. — *Calcul intégral* (Iʳᵉ Partie); 1898. 8 fr. 50 c.

Tome IV. — *Calcul intégral* (IIᵉ Partie) *et Applications;* 1902. 9 fr.

TANNERY (Jules), Sous-Directeur de l'Ecole normale supérieure. — Leçons d'Algèbre et d'Analyse (*Mathématiques spéciales*). 2 volumes in-8 (25-16) se vendant séparément.

Tome I : Volume de vii-423 pages, avec 45 figures et 166 exercices; 1906. 12 fr.

Tome II : Volume de 636 pages, avec 104 figures et 238 exercices, 1906. 12 fr.

TISSERAND (F.), Membre de l'Institut et du Bureau des Longitudes, Professeur à la Faculté des Sciences, Directeur de l'Observatoire de Paris. — Traité de Mécanique céleste. 4 beaux volumes in-4 (28-23), se vendant séparément.

Tome I : *Perturbations des planètes d'après la méthode de la variation des constantes arbitraires*, avec figures; 1889. 25 fr.

Tome II : *Théorie de la figure des corps célestes et de leur mouvement de rotation*, avec figures; 1891. 28 fr.

Tome III : *Exposé de l'ensemble des théories relatives au mouvement de la Lune*, avec fig.; 1894. 22 fr.

Tome IV et dernier : *Théories des satellites de Jupiter et de Saturne. Perturbations des petites planètes*, avec figures; 1896. 28 fr.

TURPAIN (Albert), Docteur ès sciences, Professeur de Physique à la Faculté des Sciences de Poitiers. — La télégraphie sans fil et les applications pratiques des ondes électriques. Télégraphie avec conducteur. Téléphonie sans fil. Commande à distance. Prévision des orages. Courants de haute fréquence. Eclairage. 2ᵉ édition. In-8 (23-14) de xi-396 pag. avec 220 figures, cartonné à l'anglaise (*B. T.*); 1908. 12 fr.

TURPAIN (Albert). — Du téléphone Bell aux multiples automatiques. Essai sur les origines et le développement du téléphone. In-8 (25-16) de 186 pages, avec 123 figures; 1910. (Bibliothèque de l'Elève Ingénieur.) 5 fr.

TURPAIN (Albert). Professeur de Physique à la Faculté les Sciences de l'Université de Poitiers. — Notions fondamentales sur la Télégraphie envisagée dans son développement, son état actuel et ses derniers progrès (*Du Bréguet au Pollak et Virag et aux téléphotographes*). In-8 (25-16) de 180 pages avec 122 figures; 1910. 5 fr.

VALAT (A.), Ingénieur principal de la Compagnie des Chemins de fer de l'Est. Tableaux des moments d'inertie et des poids des poutres métalliques calculés par le Bureau des Constructions métalliques de la Compagnie des Chemins de fer. 2ᵉ édition. In-8 (25-16) de viii-80 pages et 6 croquis; 1910. 5 fr.

VALLOIS (Edmond), Architecte. — Cours de Géométrie descriptive à l'usage des Candidats à l'Ecole des Beaux-Arts. In-8 (23-14) de iv-304 pages avec 411 figures; 1909. 7 fr. 50 c.

VIALLEFOND (Henri), Avocat attaché à l'Énergie électrique du littoral méditerranéen. — La contribution des patentes des usines d'électricité. In-8 (23-14) de vii-70 pages; 1911. 2 fr. 50 c.

VIDAL (Léon), Capitaine de vaisseau en retraite. — Manuel pratique de Cinématique navale et maritime, *à l'usage de la Marine de guerre et de la Marine du Commerce* (Ouvrage entrepris par ordre de M. le Ministre de la Marine). In-8 (25-16) de viii-171 pages, avec 153 figures; 1905. 7 fr. 50 c.

VILLARD (P.), Docteur ès sciences, lauréat de l'Institut. — Les rayons cathodiques. In-8 (20-15) de 107 pages avec 48 figures, cartonné, 1908 (*C. S.*). 2 fr.

VIOLEINE (A.-P.). — Nouvelles Tables pour les calculs d'Intérêts composés, d'Annuités et d'Amortissement. 8ᵉ édition, entièrement refondue par *A. Arnaudeau*. In-4 (28-23); 1903. 15 fr.

VIVANTI (G.), Professeur à la Faculté des Sciences de Pavie. — Les fonctions polyédriques et modulaires. Ouvrage traduit par Armand Cahen, agrégé de l'Université, Professeur au Lycée d'Evreux. In-8 (25-16) de viii-316 pages avec 52 figures; 1910. 12 fr.

WEST (Thomas-D.), ancien mouleur et Directeur de Fonderie, Membre de la Société américaine des Ingénieurs mécaniciens, de l'Association des fondeurs américains. — Les cubilots américains (Extraits du *Manuel du Mouleur*). Traduit d'après la 9ᵉ édition américaine, par P. Abrié, ancien élève de l'École nationale des Arts et Métiers, Ingénieur en chef du Service des Fonderies de la Société métallurgique de Gorcy. In-8 (33-14) de vi-208 pages avec 49 fig.; 1190. 7 fr.

WEYHER (C.-L.). — Toujours les tourbillons. In-8 (25-16) de 22 pages avec 7 figures; 1910. 1 fr. 50 c.

WITZ (Aimé). — Cours supérieur de manipulations de Physique, *préparatoire aux certificats d'études supérieures et à la Licence* (École pratique de Physique). 2ᵉ édition, revue et augmentée. In-8 (23-14), avec 138 fig.; 1897. 10 fr.

WOLF (C.), Membre de l'Institut, Astronome honoraire de l'Observatoire. — Histoire de l'Observatoire de Paris, de sa fondation à 1793. In-8 (25-16) de xii-392 pages avec 16 planches; 1902. 15 fr.

XAVIER (Agliberto), Ingénieur civil. — Théorie des approximations numériques et du Calcul abrégé. In-8 (24-16) de x-281 pages, avec figures; 1909. 10 fr.

ZENNECK (le Prof' Dʳ J.). — Les oscillations électromagnétiques et la télégraphie sans fil. Traduit de l'allemand Par P. Blanchin, G. Guérard, E. Picot, Officiers de marine. 2 volumes in-8 (25-16) se vendant séparément.

> TOME I : *Les oscillations industrielles. Les oscillateurs fermés à haute tension.* Volume de xii-505 pages, avec 422 figures; 1909. 17 fr.
>
> TOME II : *Les oscillateurs ouverts; les systèmes couplés; les ondes électromagnétiques; la Télégraphie sans fil.* Volume de vi-489 pages avec 380 figures; 1909. 17 fr.

ZENNECK (Prof' Dʳ J.), Professeur de Physique à l'École technique supérieure de Brunswick. — Précis de télégraphie sans fil complément de l'Ouvrage : *Les oscillations électromagnétiques et la télégraphie sans fil.* Ouvrage traduit de l'allemand par P. Blanchin, G. Guérard, E. Picot, Officiers de marine. In-8 (25-16) de x-386 pages, avec 333 figures; 1911. 12 fr.

ZORETTI (Ludovic), Maître de Conférences à la Faculté des Sciences de Grenoble. — Leçons sur le prolongement analytique professées au Collège de France. In-8 (25-16) de vi-116 p., avec 3 fig.; 1911. 3 fr. 75 c.

II. — COLLECTION
des
ŒUVRES DES GRANDS GÉOMÈTRES.

BELTRAMI. — Opere matematiche di Eugenio Beltrami, pubblicate per cura della Facoltà di Scienze della R. Università. Volumes in-4 (28-23) se vendant séparément.

> TOME I : Volume de 337 pages avec un portrait de Beltrami; 1902. 25 fr.
>
> TOME II : Volume de 468 pages; 1904. 25 fr.
>
> TOME III : Volume de 488 pages; 1911. 25 fr.

BRIOSCHI (Francesco). — Opere matematiche di Francesco Brioschi, pubblicate per cura del comitato per le onoranze a Francesco Brioschi. 5 volumes in-4 (28-23).

OUVRAGE COMPLET :

> TOME I. Volume de xi-416 pages, avec un portrait de Brioschi: 1901. 25 fr.
>
> TOME II : Volume de viii-456 pages; 1902. 25 fr.
>
> TOME III : Volume de 435 pages; 1904. 25 fr.
>
> TOME IV : Volume de ix-418 pages; 1906. 25 fr.
>
> TOME V et dernier : Vol. de xii-556 p.; 1909. 30 fr.

CAUCHY (A.). — Œuvres complètes d'Augustin Cauchy, publiées sous la direction scientifique de l'Académie des Sciences et sous les auspices du Ministre de l'Instruction publique, avec le concours de *C.-A. Valson*, *J. Collet* et *E. Borel*, docteurs ès Sciences. 27 volumes in-4 (28-23).

1ʳᵉ Série. — MÉMOIRES, NOTES ET ARTICLES EXTRAITS DES RECUEILS DE L'ACADÉMIE DES SCIENCES. 12 volumes in-4 (28-23).

*TOME I, 1882 : *Théorie de la propagation des ondes à la surface d'un fluide pesant, d'une profondeur indéfinie. — Mémoire sur les intégrales définies.* — TOMES *II et *III : Mémoires extraits des *Mémoires de l'Académie des Sciences.* — *TOMES IV à XII (1884-1900); *Extraits des *Comptes rendus de l'Académie des Sciences.* Chaque volume. 25 fr.

*La *Table générale de la 1ʳᵉ Série* se vend séparément. 2 fr. 50 c.

II'Série. — MÉMOIRES EXTRAITS DE DIVERS RECUEILS, OUVRAGES CLASSIQUES, MÉMOIRES PUBLIÉS EN CORPS D'OUVRAGE, MÉMOIRES PUBLIÉS SÉPARÉMENT. 15 volumes in-4 (28-23).

*TOME I. — Mémoires extraits du *Journal de l'Ecole Polytechnique.* — TOME II. Mémoires extraits de divers recueils : *Journal de Liouville, Bulletin de Férussac, Bulletin de la Société philomathique, Annales de Gergonne, Correspondance de l'Ecole Polytechnique.* — *TOME III, 1897 : *Cours d'Analyse de l'Ecole royale Polytechnique;* *TOME IV, 1898 : *Résumé des Leçons données à l'Ecole Polytechnique sur le Calcul infinitésimal. Leçons sur le Calcul différentiel;* *TOME V : *Leçons sur les applications du Calcul infinitésimal à la Géométrie;* *TOMES VI à IX (1887 à 1891) : *Anciens Exercices de Mathématiques;* *TOME X, 1895 : *Résumés analytiques de Turin. Nouveaux Exercices de Prague.* Chaque volume. 25 fr.

TOMES XI à XIV. *Nouveaux exercices d'Analyse et de Physique.*

TOME XV. *Mémoires séparés.*

SOUSCRIPTION.

II' Série. TOME XI. — *Nouveaux exercices d'Analyse et de Physique.*

Les volumes parus sont indiqués par un astérisque.

FERMAT. — Œuvres de Fermat, publiées par les soins de MM. *Paul Tannery* et *Charles Henry*, sous les auspices du MINISTÈRE DE L'INSTRUCTION PUBLIQUE. In-4 (28-23).

> TOME I : *Œuvres mathématiques diverses. — Obser-

vations sur *Diophante*. Avec 3 planches en photogravure (portrait de Fermat, fac-similé du titre de l'édition de 1679, et fac-similé d'une page de son écriture); 1891. 22 fr.

TOME II : *Correspondance de Fermat*; 1894. 22 fr.

Ce volume contient la Correspondance de Fermat avec Mersenne, Roberval, Pascal, Descartes, Huygens, etc.

TOME III : *Traduction des écrits latins de Fermat, du « Commercium Epistolicum » de Wallis, de l' « Inventum novum » de Jacques de Billy. — Supplément à la Correspondance*, 1896. 28 fr.

TOME IV : *Appendice. Tables.* (Sous presse.)

FOURIER. — **Œuvres de Fourier,** publiées par les soins de *Gaston Darboux*, Membre de l'Institut, sous les auspices du MINISTÈRE DE L'INSTRUCTION PUBLIQUE. Volume in-4 (28-23).

TOME I : *Théorie analytique de la chaleur.* Volume de XXVIII-564 pages; 1888. 25 fr.

TOME II : *Mémoires divers.* Volume de XVI-636 pages, avec un portrait de Fourier en héliogravure; 1890. 25 fr.

GALOIS. — **Œuvres mathématiques d'Evariste Galois,** publiées sous les auspices de la Société mathématique de France, avec une *Introduction* par EMILE PICARD, Membre de l'Institut. In-8 (25-16), avec un portrait de Galois en héliogravure; 1897. 3 fr.

HERMITE. — **Œuvres de Charles Hermite,** publiées sous les auspices de l'Académie des Sciences par EMILE PICARD, Membre de l'Institut. Volumes in-8 (25-16) se vendant séparément.

TOME I : Volume de XL-500 pages, avec un portrait d'Hermite; 1905. 18 fr

TOME II : Volume de VI-520 pages, avec un portrait; 1908. 18 fr.

TOME III : (Sous presse.)

HUYGENS (C.). — **Œuvres complètes de Christiaan Huygens,** publiées par la Société hollandaise des Sciences. 11 vol. in-4 (30-23).

Correspondance. — TOME I (1638-1656). — II (1657-1659). — III (1660-1661). — IV (1662-1663). — V (1664-1665). — VI (1666-1669). — VII (1670-1775). — VIII (1676-1684). — IX (1685-1690). — X (1691-1695). Chaque volume. 35 fr.

Travaux mathématiques. — T. XI (1645-1651), T. XII (1652-1656). Chaque volume 20 fr.

LAGRANGE. — **Œuvres complètes de Lagrange,** publiées par les soins de *J.-A. Serret* et *G. Darboux*, Membres de l'Institut, sous les auspices du MINISTÈRE DE L'INSTRUCTION PUBLIQUE. In-4 (28-23), avec portrait de Lagrange, gravé sur cuivre par Ach. Martinet. (OUVRAGE COMPLET.)

La 1re Série comprend tous les *Mémoires* imprimés dans les *Recueils des Académies de Turin, de Berlin et de Paris*, ainsi que les *Pièces diverses* publiées séparément. Cette Série forme 7 volumes (TOMES I à VII, 1867-1877), qui se vendent séparément. 30 fr.

La IIe Série se compose de 7 vol., qui renferment les Ouvrages didactiques, la Correspondance et les Mémoires inédits; savoir :

TOME VIII : *Résolution des équations numériques*; 1879. 18 fr.

TOME IX : *Théorie des fonctions analytiques*; 1881. 18 fr.

TOME X : *Leçons sur le calcul des fonctions*; 1884. 18 fr.

TOME XI : *Mécanique analytique*, avec Notes de J. Bertrand et G. Darboux (1re PARTIE); 1888. 20 fr.

TOME XII : *Mécanique analytique*, avec Notes de J. Bertrand et G. Darboux (2e PARTIE); 1889. 20 fr.

TOME XIII : *Correspondance inédite de Lagrange et d'Alembert*, publiée d'après les manuscrits autographes et annotée par Ludovic Lalanne; 1882. 15 fr.

TOME XIV et dernier : *Correspondance de Lagrange avec Condorcet, Laplace, Euler et divers Savants*, publiée et annotée par Ludovic Lalanne, avec deux fac-similés; 1892. 15 fr.

LAGUERRE. — **Œuvres de Laguerre,** publiées sous les auspices de l'Académie des Sciences, par Ch. Hermite, H. Poincaré et E. Rouché, membres de l'Institut. 2 volumes in-8 (25-16), se vendant séparément.

TOME I : *Algèbre. Calcul intégral*; 1898. 15 fr.

TOME II : *Géométrie*; 1905. 22 fr.

LAPLACE. — **Œuvres complètes de Laplace,** publiées sous les auspices de l'ACADÉMIE DES SCIENCES, par les Secrétaires perpétuels, avec le concours de *H. Poincaré*, Membre de l'Institut, et de *A. Lebeuf*, Directeur de l'Observatoire de Besançon. Nouvelle édition, avec un beau portrait de Laplace, gravé sur cuivre par *Tony Gautière*. In-4 (28-23).

TRAITÉ DE MÉCANIQUE CÉLESTE. Tomes I à V (1878-1882).
Tirage sur papier de Hollande, au chiffre de Laplace (à petit nombre), 5 vol. in-4. 130 fr.
Tirage sur papier vergé, au chiffre de Laplace; 5 vol. in-4 100 fr.
Les Tomes III, IV et V, papier vergé, se vendent séparément. 20 fr.
Les Tomes I à V, papier de Hollande, se vendent séparément. 26 fr.

EXPOSITION DU SYSTÈME DU MONDE. Tome VI (1884).
Tirage sur papier vergé, au chiffre de Laplace. 10 fr
Tirage sur papier de Hollande, au chiffre de Laplace. 15 fr

THÉORIE DES PROBABILITÉS. Tome VII (1886).
Tirage sur papier vergé fort, au chiffre de Laplace. 35 fr.
Tirage sur papier de Hollande, au chiffre de Laplace. 13 fr.

MÉMOIRES DIVERS. Tomes VIII à XIV.
TOMES VIII à XII. — *Mémoires extraits des Recueils de l'Académie des Sciences*; 1891-1898.
Tirage sur papier vergé fort, au chiffre de Laplace. Chaque vol. 20 fr.
Tirage sur papier de Hollande au chiffre de Laplace. Chaque vol. 25 fr.

TOME XIII. — *Mémoires extraits de la Connaissance des Temps*: 1904.
Tirage sur papier vergé fort, au chiffre de Laplace. 19 fr.
Tirage sur papier de Hollande, au chiffre de Laplace. 11 fr.

Le TOME XIV et dernier (*Mémoires extraits de divers Recueils*) est sous presse.

RIEMANN. — **Œuvres mathématiques de Riemann,** traduites par L. Laugel. Avec une Préface de Ch. Hermite et un Discours de Félix Klein. In-8 (25-19), avec figures; 1898. 14 fr.

ROBIN (G.), Chargé de Cours à la Faculté des Sciences de Paris. — **Œuvres scientifiques de Gustave Robin,** publiées sous les auspices du Ministère de l'Instruction publique. Mémoires réunis et publiés par Louis Raffy, chargé de Cours à la Faculté des Sciences de Paris. 2 volumes in-8 (25-16) se vendant séparément.

MATHÉMATIQUES : *Nouvelle théorie des fonctions, exclusivement fondée sur l'idée de nombre.* Un volume; 1903. 7 fr.

PHYSIQUE : Un volume in-8 (25-16) en deux fascicules : *Physique mathématique.* (Distribution de l'Electricité, Hydrodynamique, Fragments divers). Un fascicule; 1899. 5 fr.

Thermodynamique générale (Équilibre et modifications de la matière). Un fascicule avec 30 figures; 1901. 9 fr.

III. — BIBLIOTHÈQUE
DES
ACTUALITÉS SCIENTIFIQUES.

130 Ouvrages In-16 (19-12), ou In-8 (21-15).

(Voir le prospectus spécial.)

DERNIERS OUVRAGES PARUS :

Leçons sur les moteurs à gaz et à pétrole faites à la Faculté des Sciences de Bordeaux ; par L. Marchis. Volume de L-175 pages, avec 19 figures.   2 fr. 75 c.

Les Combustibles solides, liquides, gazeux. *Analyse et détermination du pouvoir calorifique.* Traduit de l'anglais par J. Rosset. Avec 15 figures.   2 fr 75 c.

Traité élémentaire des enroulements des dynamos à courant continu ; par F. Loppé. Avec fig. et planches.   2 fr. 75 c.

Le Radium et la Radioactivité. *Propriétés générales. Emplois médicaux ;* par P. Besson. Avec 23 fig.   2 fr. 75 c.

Rayons « N ». Recueil des Communications faites à l'Académie des Sciences, par R. Blondlot. Avec figures et 1 planche écran phosphorescent.   2 fr.

Introduction à la Géométrie générale, par Georges Lechalas, Ingénieur en chef des Ponts et Chaussées. Volume de ix-58 pages.   1 fr. 75 c.

La Dominatrice du monde et son ombre. Conférence sur l'énergie et l'entropie, par le D' F. Auerbach. Traduction par le D' Robert Tissot, et Préface de Ch. Ed. Guillaume.   2 fr. 75 c.

La Construction des cadrans solaires. Ses principes, sa pratique, précédée d'une Histoire de la Gnomonique, par Abel Soreau. Avec figures et 2 planches.   2 fr. 75 c.

Problèmes plaisans et délectables qui se font par les nombres, par Claude-Gaspar Bachet, sieur de Méziriac, 4° édition revue et simplifiée. Volume de vi-163 pages.   3 f. 50 c.

Le baromètre anéroïde, par Julien Loisel, Licencié ès sciences, Météorologiste à l'Observatoire de Juvisy. Volume de 24 pages avec 2 figures et 1 planche.   1 fr.

Les procédés de commande à distance au moyen de l'électricité, par R. Faillet. Volume de 183 pages, avec 94 figures.   3 fr. 50 c.

Le transport à Paris des forces motrices du Rhône, par E. Barthélemy, Ancien Elève de l'Ecole Polytechnique. Brochure de iv-32 pages.   1 fr. 50 c.

Soudure autogène et Aluminothermie, par E. Chatelain, Licencié ès sciences, avec Préface de H. Le Chatelier, Membre de l'Institut. Volume de x-172 pages, avec 48 figures.   3 fr. 25.

La Chimie moderne, par William Ramsay. Traduit par H. de Miffonis. 2 volumes se vendant séparément.

   I'* Partie : *Chimie théorique.* Volume de iv-162 pages avec 9 figures.   2 fr. 75 c.

   II° Partie :   *(Sous presse.)*

Les Compteurs électriques à courants continus et à courants alternatifs. Leçons faites à l'Institut électrotechnique de l'Université de Grenoble par Louis Barbillion. Volume de vii-226 pages, avec 126 figures.   3 fr. 25 c.

La Métallographie appliquée aux produits sidérurgiques, par U. Savoia. Traduit de l'italien. Volume de vi-218 pages avec 94 figures.   3 fr. 25 c.

Recherche pratique et exploitation des mines d'or, par Georges Proust. Volume de iv-112 pages, avec 14 figures.   2 fr. 75 c.

———

IV — BIBLIOTHÈQUE PHOTOGRAPHIQUE.
(Demander le Catalogue complet.)

Balagny (G.). — *Monographie du Diamidophénol en liqueur acide. Nouvelle méthode de développement.* In-16 (19-12) de viii-84 pages ; 1907.   2 fr. 75 c.

Belin (Édouard). — *Précis de Photographie générale.* 2 volumes in-8 (25-16) se vendant séparément.

Tome I. Généralités, opérations photographiques. Volume de viii-246 pages, avec 95 figures ; 1905.   7 fr.

Tome II. Applications scientifiques et industrielles. Volume de 233 pages, avec 99 figures et 10 planches ; 1905.   7 fr.

Berget (Alphonse), Docteur ès Sciences. — *La Photographie des Couleurs par la méthode interférentielle de M. Lippmann,* 2° édition entièrement refondue. In-18 (19-12) avec 22 figures ; 1901.   1 fr. 75 c.

Braun fils (G. et Ad.). — *Dictionnaire de Chimie photographique à l'usage des professionnels et des amateurs.* Un volume in-8 (25-16) de 546 p. ; 1904.   12 fr.

Charvet (A.). — *Carnet photographique. Quinze ans de pratique de la Photographie.* In-16 (19-12) de iv-88 pages, avec 11 fig. et 1 pl. ; 1910.   2 fr. 75 c.

Colson (R.). — *La Photographie sans objectif au moyen d'une petite ouverture. Propriétés, usage, applications.* 2° édition, revue et augmentée. In-18 (19-12), avec planche spécimen ; 1891.   1 fr. 75 c.

Courrèges (A.), Praticien. — *Ce qu'il faut savoir pour réussir en Photographie.* 3° édition revue et corrigée. In-16 (19-12) de xiii-184 pages ; 1907.   2 fr. 50 c.

— *Le portrait en plein air.* In-18 (19-12) avec figures et 1 planche en photocollographie ; 1899.   2 fr. 50 c.

— *La reproduction des gravures, dessins, plans, manuscrits.* In-18 (19-12), avec figures ; 1900.   2 fr.

— *Les agrandissements photographiques.* In-18 (19-12), avec figures ; 1901.   2 fr.

— *La retouche du cliché. Retouches chimiques, physiques et artistiques.* Nouveau tirage. In-16 (19-12) de 62 pages avec une figure ; 1910.   1 fr. 50 c.

Crémier (Victor). — *La Photographie des couleurs par les plaques autochromes.* In-16 (19-12) de viii-111 pages ; 1911.   2 fr. 75 c.

Cronenberg (Wilhelm), Directeur de l'Ecole de Photographie et de reproduction photographique de Grönenbach. — *La Pratique de la Photolypogravure américaine.* In-18 (19-12) avec 66 figur. et 13 planches ; 1898.   3 fr.

Dallmeyer (Thomas R.), Président de la Royal Photographic Society. — *Le Téléobjectif et la Téléphotographie* : Traduction française augmentée d'un appendice bibliographique ; par L.-P. Clerc. In-8 (25-16) avec 51 figures et 11 planches ; 1903.   6 fr.

Davanne (A.), Bucquet (M.) et Vidal (Léon). — *Le Musée rétrospectif de la Photographie à l'Exposition universelle de 1900.* In-8 avec nombreuses figures et 11 planches ; 1903.   5 fr.

Draux (F.). — *La Photogravure pour tous.* Manuel pratique. In-16 (19-12) de iv-68 pages ; 1904.   1 fr. 50 c.

Fabre (C.), Docteur ès Sciences. — *Traité encyclopédique de Photographie.* 4 beaux volumes in-8 (25-16), avec plus de 700 figures et 2 planches ; 1889-1891.   48 fr.

Chaque volume se vend séparément 14 fr.

Des suppléments, destinés à exposer les progrès accomplis, viennent compléter ce Traité et le maintenir au courant des dernières découvertes.

I'* Supplément (A). 400 p., avec 176 fig. ; 1892.   14 fr.
II° Supplément (B). 424 p. avec 221 fig. ; 1898.   14 fr.
III° Supplément (C). 424 p. avec 215 fig. ; 1902.   14 fr.
IV° Supplément (D). 424 p., avec 151 fig. ; 1906.   14 fr.
Les huit volumes se vendent ensemble 96 fr.

Fabre (C.). — *Traité pratique de Photographie stéréoscopique.* In-8 (25-16) de 207 pages avec 132 figures; 1906. 6 fr.

Fourtier (H.). — *Les positifs sur verre.* Théorie et pratique. Les positifs pour projections. Stéréoscopes et vitraux. Méthodes opératoires. Coloriage et montage. 2e édition. In-16 (19-12) de 188 pages, avec 12 fig.; 1907. 2 fr. 75 c.

Klary, Artiste photographe. — *Les portraits au crayon, au fusain et au pastel,* obtenus au moyen des agrandissements photographiques. Nouveau tirage (19-12); 1904. 2 fr. 50 c.

Liébert (J.-A.). — *La Photographie par les procédés pigmentaires.* — *La Photographie au charbon par transferts et ses applications,* contenant la description détaillée de toutes les opérations; avec une Préface par A. Liébert père. In-8 (25-16) de vi-283 pages; avec 20 figures et une épreuve au charbon hors texte; 1908. 9 fr.

Londe (A.), Chef du service photographique à la Salpêtrière. — *La Photographie instantanée.* Théorie et pratique. 3e édition entièrement refondue. In-18 (19-12) avec 65 figures; 1897. 2 fr. 75 c.

Martel (E.-A.). — *La Photographie souterraine.* In-16 (19-12), avec 16 planches; 1903. 2 fr. 50 c.

Maskell (Alfred) et Demachy (Robert). — *Le procédé à la gomme bichromatée ou photo-aquateinte.* 2e édition entièrement refondue In-16. (19-12) de 86 pages avec 3 figures; 1905. 2 fr.

Mercier (M.). — *Conseils aux amateurs photographes.* In-16 (19-12) de vi-144 pages; 1907. 2 fr. 75 c.

Panajou, Chef du Service photographique à la Faculté de Médecine de Bordeaux. — *Manuel du photographe amateur.* 3e édit., entièrement refondue et considérablement augmentée. In-16 (19-12), avec 63 fig.; 1899. 2 fr. 75 c.

Piquepé (P.). — *Traité pratique de la Retouche des clichés photographiques,* suivi d'une *Méthode très détaillée d'émaillage et Formules et procédés divers.* Nouveau tirage. In-16 (19-12) de 124 pages; 1906. 2 fr. 75 c.

Puyo (C.). — *Notes sur la Photographie artistique.* Texte et illustrations. Plaquette de grand luxe in-4° (32-25) contenant 11 héliogravures de Dujardin et 39 phototypogravures dans le texte; 1896. 10 fr.

Sollet (Ch.). — *Traité pratique des tirages photographiques,* avec une Préface de C. Puyo. In-16 (19-12) de viii-240 pages; 1902. 4 fr.

Trutat (E.). — *Dix Leçons de Photographie.* Cours professé au Muséum de Toulouse. In-16 (19-12) avec figures; 1899. 2 fr. 75 c.

Vallot (Henri), Ingénieur des Arts et Manufactures, et **Vallot (Joseph),** Directeur de l'Observatoire du mont Blanc. — *Applications de la Photographie aux Levés topographiques en haute montagne.* Vol. in-16 (19-12) de xiv-237 p. avec 36 fig. et 4 pl.; 1907. 4 fr.

Vidal (Léon), Officier de l'Instruction publique, Professeur à l'École nationale des Arts décoratifs. — *Traité pratique de Photochromie.* In-18 (19-12) avec 96 figures et 14 planches en couleurs; 1903. 7 fr. 50 c.

Wallon (E.). Professeur de Physique au Lycée Janson de Sailly. — *Choix et usage des objectifs photographiques.* In-8 (19-12) avec 25 figures; 2e édition, 1903. Broché......... 2 fr. 50. | Cartonné toile anglaise. 3 fr.

— *La Photographie des couleurs et les plaques autochromes.* Conférence faite devant la Société française de Photographie, le 27 juin 1907, suivie d'une *Notice sur le mode d'emploi des plaques autochromes,* par MM. Lumière. In-8 (25-16) de 40 pages; 1907. 1 fr. 50

V. — JOURNAUX.

(Les abonnements sont annuels et partent de janvier.)

Le prix des volumes complets déjà parus de chaque périodique est augmenté des frais de port (prix du colis postal suivant les pays).

ANNALES DE L'UNIVERSITÉ DE GRENOBLE, publiées par les *Facultés de Droit, des Sciences et des Lettres,* et par *l'École de Médecine.* In-8 (25-16).

Prix de l'abonnement (3 numéros):

France........ 12 fr. | Étranger..... 15 fr.

Par exception, l'année 1889 ne comprend que les numéros du 1er juin et du 1er décembre; le prix de cette année est de 8 fr.

ANNALES DE L'OBSERVATOIRE DE MONTSOURIS. Météorologie. Chimie. Micrographie. Applications à l'hygiène.

Ces *Annales,* publiées sous la direction des chefs de service, paraissent régulièrement chaque trimestre par fascicule de 6 feuilles in-8 (25-16) avec figures et planches.

Les *Annales de l'Observatoire municipal (Observatoire de Montsouris)* forment la suite naturelle des *Annuaires* parus de 1872 à 1900.

Prix pour un an (4 fascicules).

Paris...........15 fr. | Dép. et Union postale. 17 fr.

Le Tome I (1900) contient le résumé des travaux des années 1899-1900.

Les Tomes II à X contiennent le résumé des travaux des années 1901 à 1909.

Un fascicule spécimen est envoyé sur demande.

ANNALES SCIENTIFIQUES DE L'ÉCOLE NORMALE SUPÉRIEURE, publiées sous les auspices du Ministre de l'Instruction publique, par un *Comité de Rédaction composé des Maîtres de Conférences.* In-4 (28-23).

1re Série, 7 volumes, années 1864 à 1870. 150 fr.

2e Série, 12 volumes, années 1872 à 1883. 250 fr.

3e Série, les 10 volumes formant les années 1884 à 1893, ensemble. 200 fr.

— Les 10 volumes formant les années 1894 à 1903, ensemble. 200 fr.

La 3e Série, commencée en 1884, paraît, chaque mois, par numéro contenant 4 à 5 feuilles in-4, avec fig. et pl.

On vend séparément.

Chacune des années 1864 à 1870, 1872 à 1903. 25 fr.

Chaque année suivante..................... 30 fr.

Table des matières et noms d'auteurs contenus dans les 2 premières Séries. In-4; 1887.. .... 2 fr.

Table des matières et noms d'auteurs contenus dans les Tomes I à X de la troisième Série (1884-1893). In-4; 1894. 1 fr.

Table des matières et noms d'auteurs contenus dans les Tomes XI à XX de la troisième Série (1894-1903). In-4; 1904. 1 fr.

Prix pour un an (12 numéros):

Paris.. 30 fr. | Départements et Union postale. 35 fr.

BIBLIOGRAPHIE SCIENTIFIQUE FRANÇAISE. — Recueil mensuel in-8 (25-16) publié sous les auspices du Ministère de l'Instruction publique par le Bureau français du Catalogue international de la littérature scientifique.

La *Bibliographie* est partagée en deux Sections : 1re Section, *Sciences mathématiques et physiques;* 2e Section, *Sciences naturelles et biologiques.*

— 17 —

Prix pour un an (12 numéros) :

	Paris.	Départ et Union post. fr.
1ʳᵉ Section (6 numéros par an)....	5,50	6,50
2ᵉ Section (6 numéros par an).....	9,50	10,50
Les deux Séries réunies..........	15 »	17 »

Le numéro double 1-2 de l'année 1902, qui contient la liste des périodiques avec leurs abréviations et la classification scientifique, se vend séparément. 2 fr. 50 c.

BULLETIN ASTRONOMIQUE, publié par l'Observatoire de Paris. Commission de rédaction : *H. Poincaré*, président; *G. Bigourdan, P. Puiseux, R. Radau* et *H. Deslandres*. In-8 (25-16), mensuel.

Ce Bulletin mensuel, fondé en 1884, forme par an un beau volume in-8 (25-16), avec figures et planches, de 30 à 35 feuilles.

Les dix premiers volumes (1884-1893) se vendent ensemble. 110 fr.

Les Tomes XI à XX (1894-1903) se vendent ensemble. 110 fr.

Chacun des Tomes I à XX (1884-1903) sauf le Tome XVI, 1899, séparément. 14 fr.

Chaque année suivante. 16 fr.

Prix pour un an (12 numéros) :

Paris............................ 16 fr.

Départements et Union postale..... 18 fr

BULLETIN DE LA SOCIÉTÉ INTERNATIONALE DES ÉLECTRICIENS.

Ce Bulletin, fondé en 1884, paraît chaque année, en dix numéros, formant un beau volume de 30 feuilles environ, In-8 (29-19).

L'abonnement est annuel et part de janvier.

Les Tomes I à XXX (1873-1902) se vendent ensemble. 200 fr.

Prix pour un an :

Paris............................ 25 fr.

Départements et Union postale..... 27 fr.

Prix du numéro : 2 fr. 50 c.

Prix de chaque année depuis 1884.. 25 fr.

BULLETIN DE LA SOCIÉTÉ MATHÉMATIQUE DE FRANCE, publié par les Secrétaires. In-8 (25-16).

Ce *Bulletin*, fondé en 1873, paraît tous les trois mois; Il forme chaque année un volume de 18 feuilles environ.

Prix pour un an :

Paris............................ 15 fr.

Départements et Union postale...... 16 fr.

Table des Tomes I à XX (1873-1892). In-8 (25-16); 1894. 1 fr. 75 c.

Table des Tomes XXI à XXX (1893 à 1902). In-8 (25-16); 1904. 1 fr.

BULLETIN DE LA SOCIÉTÉ FRANÇAISE DE PHOTOGRAPHIE. — In-8 (25-16), mensuel. (Fondé en 1855.)

Depuis 1910, le *Bulletin* paraît mensuellement.

Prix pour un an (12 numéros) :

Paris et Départements. 15 fr. | Étranger. 18 fr.

BULLETIN DES SCIENCES MATHÉMATIQUES, rédigé par *Gaston Darboux* et *E. Picard*. In-8 (25-16) mensuel. IIᵉ Série.

La 1ʳᵉ Série, Tomes I à XI, 1870 à 1876, suivie de la Table générale des onze années, se vend. 90 fr.

Chaque année de cette 1ʳᵉ Série se vend séparément. 15 fr.

Table générale des matières et noms d'auteurs contenus dans la 1ʳᵉ Série. Grand In-8; 1877. 1 fr. 50 c.

La 2ᵉ Série, qui a commencé en janvier 1877, continue à paraître par livraisons mensuelles. Les 10 premières années de cette 2ᵉ Série (1877 à 1886) se vendent ensemble. 120 fr.

Les 10 années (1887-1896) se vendent ensemble. 120 fr.

Les 10 années (1897-1906) se vendent ensemble. 120 fr.

Chacune des 30 premières années de la 2ᵉ Série (1877 à 1906) se vend séparément. 15 fr.

Chaque année suivante. 18 fr.

Prix pour un an (12 numéros) :

Paris............................ 18 fr

Départements et Union postale...... 20 fr

La Table d'un des volumes du Bulletin est envoyée franco, comme spécimen, à toute personne qui en fait la demande par lettre affranchie.

BULLETIN MENSUEL DU BUREAU CENTRAL MÉTÉOROLOGIQUE DE FRANCE et BULLETIN SISMOLOGIQUE, publié par A. Angot, Directeur du Bureau Central Météorologique. In-4 (28-23) mensuel.

Prix pour un an :

Paris. 5 fr. | Départements et Union postale. 6 fr.

Chaque année, depuis 1895. 5 fr.

COMPTES RENDUS HEBDOMADAIRES DES SÉANCES DE L'ACADÉMIE DES SCIENCES. In-4 (28-23), hebdomadaire.

Ces Comptes rendus paraissent régulièrement tous les dimanches, en un cahier de 31 à 40 pages, quelquefois de 80 à 120.

Prix pour un an (52 numéros et 2 Tables).

Paris. 30 fr. | Départements. 40 fr.

Union postale. 44 fr.

La *Collection complète*, de 1835 à 1910, forme 151 volumes in-4 (28-23). 1890 fr.

Chaque année, sauf 1845, 1873 à 1892, 1896 à 1898, 1900 à 1902, 1904, 1905, se vend séparément. 25 fr.

Chaque volume; sauf les Tomes 20, 21, 76 à 108, 110, 112, 114, 115, 122 à 127, 130, 132, 134, 138, 141, se vend séparément. 15 fr.

— Table générale des Comptes rendus des Séances de l'Académie des Sciences, par ordre de matières et par ordre alphabétique de noms d'auteurs. 4 volumes in-4 (28-23) savoir :

Tables des Tomes 1 à 31 (1835-1850); 1853. 25 fr.

Tables des Tomes 32 à 61 (1851-1865) ; 1870. 25 fr.

Tables des Tomes 62 à 91 (1866-1880); 1888. 25 fr.

Tables des Tomes 92 à 121 (1881-1895); 1900. 25 fr.

ENSEIGNEMENT MATHÉMATIQUE (L'). — Revue internationale, paraissant tous les deux mois depuis janvier 1899, par fascicule de 80 pages in-8 (25-16), sous la direction de C.-A. Laisant et H. Fehr, avec la collaboration de A. Buhl.

Abonnement : Union postale .... 15 fr.

Prix du numéro .... 3 fr.

La collection des dix premiers volumes (1899 à 1908)........................... 120 fr.

Les Tomes I, III à XI sont en vente au prix de .... 15 fr. l'un.

INTERMÉDIAIRE DES MATHÉMATICIENS (L'), dirigé par *C.-A. Laisant*, Docteur ès Sciences, ancien Élève de l'École Polytechnique, et *Emile Lemoine*, Ingénieur civil, ancien Élève de l'École Polytechnique, avec la collaboration de *Éd. Maillet*, Ingénieur des Ponts et Chaussées, Répétiteur à l'École Polytechnique et *A. Maluski*, ancien Professeur de Mathématiques spéciales au Lycée de Versailles, Proviseur du Lycée de Chaumont avec la collaboration de M. *A. Boulanger*, Docteur ès sciences,

Répétiteur à l'Ecole Polytechnique. (publication hono-
rée d'une souscription du Ministère de l'Instruction
publique). In-8 (23-14), mensuel.

Prix pour un an (12 numéros) :

Paris, 7 fr. — Départements et Union postale, 8 fr. 50 c.

Les Tomes I à X (1894-1903) se vendent ensemble. 60 fr.
Les Tomes II à XVI (1895-1910) se vendent chacun. 7 fr.
Le Tome I (1894) ne se vend pas séparément.

JOURNAL DE CHIMIE PHYSIQUE. Électrochimie,
Thermochimie, Radiochimie, Mécanique chimique,
Stœchiochimie, publié par Philippe-A. Guye, Professeur de Chimie à l'Université de Genève, avec la
collaboration de nombreux savants.

Cette publication paraît en huit ou dix numéros formant un volume annuel de 600 à 700 pages in-8 (25-16).

Prix de l'abonnement, pour toute l'Union postale. 25 fr.

Tomes I à VII (1903-1909) ensemble.......... 175 fr.
Chaque volume séparément.................. 30 fr.

**JOURNAL DE MATHÉMATIQUES PURES ET APPLI-
QUÉES,** publié par Camille Jordan, Membre de l'In-
stitut, avec la collaboration de *G. Humbert, E. Picard,
H. Poincaré.* In-4 (28-23), trimestriel.

1re Série, 10 volumes, années 1836 à 1855 (au lieu de
600 francs). 400 fr.

2e Série, 19 volumes, années 1856 à 1874 (au lieu de
570 fr.). 380 fr.

3e Série, 10 volumes, années 1875 à 1884 (au lieu de
300 fr.) 200 fr.

4e Série, 10 volumes, années 1885 à 1894 (au lieu de
300 fr.). 200 fr.

5e Série, 10 volumes, années 1895 à 1904. 200 fr.

Chacune des années 1836 à 1878, 1880 à 1904 se vend
séparément. 25 fr.

La 6e Série, commencée en 1905, se publie, chaque année,
en 4 fascicules de 12 à 15 feuilles, paraissant au commencement de chaque trimestre.

Prix pour un an (4 fascicules) :

Paris............................. 30 fr.
Départements et Union postale. 35 fr.

— Table générale des 20 volumes de la 1re Série. In-4
3 fr. 50 c.
— Table générale des 19 volumes de la 2e Série. In-4.
3 fr. 50 c.
— Table générale des 10 volumes de la 3e Série. In-4.
1 fr. 75 c.
— Table générale des 10 volumes composant la 4e Série, avec une Table générale des auteurs des 59 vol. des
4 premières séries (1836-1894). In-4 (28-23). 1 fr. 75 c.

**JOURNAL DE PHYSIQUE THÉORIQUE ET APPLI-
QUÉE,** fondé par *d'Almeida* et publié par la *Société
française de Physique,* (Directeur de la publication :
Amédée Guillet). In-8 (25-16), mensuel.

Paris et Départements................ 17 fr.
Union postale...................... 18 fr.

— Table analytique et Table par noms d'auteurs des
trois premières séries (1872-1901) dressées par MM.
E. Bouty et B. Brunhes, avec la collaboration de MM.
Bénard, Carré, Couette, Lamotte, Marchis, Macnain,
Roy et Sandoz. In-8 (25-16) 10 fr.

MATHÉSIS, Recueil mathématique à l'usage des Écoles
spéciales et des établissements d'instruction moyenne,
publié par P. Mansion et J. Neuberg avec la collaboration
de plusieurs professeurs belges et étrangers. In-8
(25-16) mensuel.

Prix pour un an (12 numéros) :

Paris, Départements et Union postale. 9 fr.

MÉMORIAL DES POUDRES ET SALPÊTRES, publié par
les soins du Service des poudres et salpêtres, avec l'autorisation du Ministre de la Guerre. In-8 (25-16).

Le *Mémorial* paraît sous forme de Recueil périodique,
en deux fascicules semestriels, et forme, tous les deux
ans, un beau volume de 18 feuilles environ, avec figures.

Collection des Tomes I à XIII (1883-1906) (*Rare.*)
Chacun des Tomes III, VII à X et XII, XIII se vend séparément. 12 fr.

Les Tomes I, II, IV, V, VI et XI ne se vendent pas
séparément.

Chaque Tome à partir du Tome XIV se vend séparément. 8 fr.

*Prix de l'abonnement pour un volume (4 fascicules) à
partir du Tome XIV* (1907-1908).

Paris........................... 8 fr.
Départements et Union postale.... 9 fr.

NOUVELLES ANNALES DE MATHÉMATIQUES. Journal des Candidats aux Écoles Polytechnique et Normale, rédigé par *C.-A. Laisant,* Docteur ès Sciences,
Professeur à Sainte-Barbe, Répétiteur à l'Ecole Polytechnique; *C. Bourlet,* Docteur ès Sciences, Professeur
au Conservatoire des Arts et Métiers, et *R. Bricard,* Répétiteur à l'Ecole Polytechnique. In-8 (23-14) mensuel.

1re Série, 20 vol. In-8, années 1842 à 1861. 300 fr.
Les Tomes I à VII et XVI (1842-1848 et 1857) ne se
vendent pas séparément. Les autres Tomes de la
1re Série se vendent séparément. 15 fr.

2e Série, 20 vol. In-8, années 1862 à 1881. 300 fr.
Les Tomes I à III, V et XIX (1862 à 1864, 1866, 1880)
de la 2e Série ne se vendent pas séparément.
Les autres Tomes se vendent séparément. 15 fr.

3e Série, 19 vol. in-8, années 1882 à 1900. 285 fr.
Les Tomes I à XIX (1882 à 1900) de la 3e Série se
vendent séparément. 15 fr.

La 4e Série, commencée en 1901, continue de paraître
chaque mois par cahier de 48 pages au moins.

Prix pour un an (12 numéros) :

Paris.., 15 fr | Départements et Union postale. 17 fr.

REVUE ÉLECTRIQUE (La), Bulletin de l'*Union des Syn-
dicats de l'Electricité,* publiée sous la direction de
J. Blondin.

La *Revue électrique* paraît deux fois par mois, par fascicules de 48 pages environ in-4 (28-22). Elle forme par
an 2 volumes d'environ 600 pages chacun.

Prix de l'abonnement (24 numéros) :

Paris........................... 25 fr.
Départements.................... 27 fr. 50 c.
Union postale................... 30 fr.

Prix du numéro : 1 fr. 50 c.

Les Tomes I à XIII (1904-1910) se vendent chacun 11 fr.

Les années 1904 à 1908 (10 volumes) se vendent ensemble................................... 90 fr.

**REVUE SEMESTRIELLE DES PUBLICATIONS MA-
THÉMATIQUES,** rédigée sous les auspices de la Société
Mathématique d'Amsterdam. In-8 (25-16), paraissant en
2 fascicules (fondé en 1893).

Prix pour un an :

Paris, Départements et Union postale : 8 fr. 50 c.

Chacune des années antérieures, à partir de 1893 (sauf le
Tome III). (Port en sus : 0 fr. 60 c.). 8 fr. 50 c.

Table des Matières des t. I à V (1893-1897). 5 fr.
— des t. VI à X (1898-1902). 6 fr. 50.
— des t. XI à XV (1903-1907). 6 fr. 50.

VI. — RECUEILS SCIENTIFIQUES.

ANNALES DE L'OBSERVATOIRE DE PARIS, publiées par M. *B. Baillaud*, Directeur. Mémoires, Tomes I à XXVIII. In-4 (30-23), avec planches; 1855-1910.

Les Tomes I à X, XII, XIII et XV à XXVIII se vendent séparément. 17 fr.

Le Tome XI (1876) et le Tome XIV (1877) comprennent deux *Parties* qui se vendent séparément. 20 fr.

Le Tome XXIX est *sous presse.*

ANNALES DE L'OBSERVATOIRE DE PARIS, publiées par M. *B. Baillaud*, Directeur. Observations : In-4 (30-23).

Tomes I à XXIV (Observations des années 1800 à 1829 et 1837 à 1869); chaque volume. 40 fr.

Années 1870 à 1892, 1897 à 1904. Chaque année. 40 fr.

Les observations des années 1893 à 1896 paraîtront ultérieurement.

ANNALES DU BUREAU CENTRAL MÉTÉOROLOGIQUE DE FRANCE, publiées par *A. Angot*, Directeur.

* *Depuis l'année 1886, les* Annales du Bureau central *forment trois volumes par an :*

I. — Mémoires. In-4 (33-25) avec planches. Années : 1886 à 1906. Chaque volume. 15 fr.

II. — Observations. In-4 (33-25). Années : 1886 à 1908. Chaque volume. 15 fr.

III. — Pluies en France. In-4 (33-25). Années : 1886 à 1896. Chaque volume. 15 fr.
Années 1897 à 1908, avec 4 pl. chacune. Chaque volume. 10 fr.

Table générale par noms d'auteurs des Mémoires contenus dans les Tomes I *à* IV *des* Annales du Bureau central météorologique *pour les 23 premières années* (1878-1900). Grand in-4 de 26 pages; 1903. 1 fr. 50 c.

ANNALES DU BUREAU DES LONGITUDES. Travaux faits à l'Observatoire astronomique de Montsouris, et Mémoires divers. Volumes in-4 (28-23).

Tome I. In-4, avec une planche ; 1877. 25 fr.
Tome II. In-4; 1882. 25 fr.
Tome III. In-4; 1883. 25 fr.
Tome IV. In-4; avec 2 pl., 1890. 25 fr.
Tome V. In-4; avec 4 pl.; 1897. 25 fr.
Tome VI. In-4; avec 8 pl.; 1903. 25 fr.
Tome VII. (*Sous presse.*)
Tome VIII. (*Sous presse.*)

ANNALES DE L'OBSERVATOIRE DE BORDEAUX, publiées par *Luc Picart*, Directeur de l'Observatoire. Volumes in-4 (28-23).

Tome I, avec figures et planche; 1885. 30 fr.
Tome II, avec figures; 1887. 30 fr.
Tome III, avec 3 planches; 1889. 30 fr.
Tome IV à XIII; 1892-1907. Chaque volume. 30 fr.

ANNALES DE L'OBSERVATOIRE DE TOULOUSE, publiées par *B. Baillaud*, Directeur de l'Observatoire. Volumes in-4 (28-23).

Tome I (travaux exécutés de 1873 à 1878). In-4 avec planche; 1880. 30 fr.
Tome II (travaux exécutés de 1879 à 1884). In-4; 1886. 30 fr.
Tome III (travaux exécutés de 1884 à 1897). In-4; 1899. 30 fr.
Tome IV (travaux exécutés de 1891 à 1900) In-4; 1901. 30 fr.
Tome V (travaux exécutés en 1900). In-4; 1902. 30 fr.
Tome VI. (*Sous presse.*)
Tome VII. In-4; 1907. 30 fr.

ANNALES DE L'OBSERVATOIRE DE NICE, publiées sous la direction du *Général Bassot*, Directeur (Fondation R. Bischoffsheim). Volumes in-4 (33-25)

Tome I. Avec Atlas de 44 pl. sur cuivre; 1899. 40 fr.
Tome II. Avec 7 belles pl. dont 3 en couleur; 1887. 30 fr.
Tome III. Avec 1 pl. et Atlas contenant 17 belles planches (spectre solaire de M. Thollon); 1890. 40 fr.
Tomes IV à XII. 1895 à 1910. Chaque volume. 30 fr
Tome XIII (1er fascicule) : 1908. 10 fr.
Tome XIV. (*Sous presse.*)

ANNUAIRE pour l'an 1911, publié par le Bureau des Longitudes, contenant les Notices suivantes :

L'Éclipse de Soleil du 17 avril 1912, par G. Bigourdan. — Note sur la XVIe Conférence de l'Association géodésique internationale, par H. Poincaré. — Notice nécrologique sur A. Bouquet de la Grye, par H. Poincaré. — Discours prononcés aux funérailles de Paul Gautier, par H. Poincaré et B. Baillaud.

In-16 (15-10) de plus de 750 pages.

Broché. 1 fr. 50 c. | Cartonné. 2 fr.

Pour recevoir l'Annuaire franco ajouter 35 c.

CATALOGUE DE L'OBSERVATOIRE DE BORDEAUX. — Réobservation des étoiles comprises dans les zones d'Argelander entre —15° et —20° de déclinaison. In-4 (33-25) de (29)-187 pages; 1909. 30 fr.

CATALOGUE PHOTOGRAPHIQUE DU CIEL (*Demander la liste des Fascicules parus.*)

CONNAISSANCE DES TEMPS ou des mouvements célestes, à l'usage des Astronomes et des Navigateurs pour l'an 1913, publiée par le *Bureau des Longitudes*, In-8 (25-16) de VIII-809 p., avec 3 cartes en couleur; 1910.

Broché. 4 fr. | Cartonné. 4 fr. 75 c.

Pour recevoir l'Ouvrage franco dans les pays de l'Union postale, ajouter 1 fr.

EXTRAIT DE LA CONNAISSANCE DES TEMPS, à l'usage des Écoles d'Hydrographie et des marins du Commerce, pour l'an 1912, publié depuis l'an 1889 par le *Bureau des Longitudes* In-8 (25-16); 1910. 1 fr. 50 c.

JOURNAL DE L'ÉCOLE POLYTECHNIQUE, publié par le Conseil d'instruction de cet établissement.

Ire Série, 64 Cahiers in-4 (28-23), avec fig. et pl. 1000 fr.
Table des matières et noms d'auteurs des 64 Cahiers de la Ire *Série.* In-4 (28-23); 1896. 3 fr.

IIe Série. Cahiers I à III, 1895 à 1897, chaque Cahier. 10 fr.
IVe Cahier, 1898. 13 fr.
V^e et VIe Cahiers, 1900, 1901, chaque Cahier. 10 fr.
VIIe Cahier, 1902. 12 fr.
VIIIe Cahier, 1903. 10 fr.
IXe Cahier, 1904. 10 fr.
Xe Cahier, 1905. 10 fr.
XIe Cahier, 1906. 11 fr.
XIIe Cahier; 1908. 11 fr.
XIIIe Cahier; 1909. 11 fr.
XIVe Cahier ; 1910. 10 fr.
XVe Cahier; 1911. 15 fr.

OBSERVATOIRE DE MÉTÉOROLOGIE DYNAMIQUE DE TRAPPES. — Travaux scientifiques publiés par L. Teisserenc de Bort. Volumes in-4 (33-25) se vendant séparément.

Tome I. *Étude internationale des nuages, 1896-1897. Observations et mesures de la France.* Volume de XVI-299 pages et 2 planches; 1903. 10 fr.

Tome II. (*En préparation.*)

Tome III. *Étude de l'atmosphère par sondages* (1901-1904). Volume de IV-50 pages; 1908. 10 fr.

Tome IV. *Étude de l'atmosphère marine par sondages aériens. Atlantique moyen et région intertropicale,* par L. Teisserenc de Bort et Lawrence Rotch. Volume de 243 pages avec 36 figures et 17 planches (publié avec la collaboration de l'Observatoire de Blue-Hill); 1909. 10 fr.

VII. — ENCYCLOPÉDIE

DES

TRAVAUX PUBLICS,

ET ENCYCLOPÉDIE INDUSTRIELLE,

FONDÉE PAR M.-C. LECHALAS,
Inspecteur général
des Ponts et Chaussées en retraite.

ALHEILIG, Ingénieur de la Marine, Ex-Professeur à l'Ecole d'application du Génie maritime, et **ROCHE (Camille),** Industriel, ancien Ingénieur de la Marine. — Traité des machines à vapeur, rédigé conformément au programme du *Cours de machines à vapeur de l'Ecole Centrale.* Deux Volumes in-8 (25-16), se vendant séparément. (E. I.)

Tome I : *Thermodynamique théorique et applications. Puissance des machines, diagrammes indicateurs. Régulation, épures de détente et de régulation. Distribution, détente. Condensation, alimentation.* Volume de xi-604 pages, avec 412 fig.; 1895. 20 fr.

Tome II : *Forces d'inertie. Moments moteurs. Volants. Régulateurs. Moteurs à gaz, à pétrole et à air chaud. Montage des machines. Essais. Passation des marchés. Prix de revient.* Volume de iv-560 pages, avec 281 figures; 1895. 18 fr.

APPERT (Léon) et HENRIVAUX (Jules), Ingénieurs. — Verre et verrerie. In-8 (25-16), de 460 pages avec 130 figures et un Atlas de 14 planches in-4 (28-23); 1894 (E. I.). 20 fr.

BEAUVERIE (J.), Préparateur de Botanique générale. — Le Bois. *Structure. Composition et propriétés. La forêt. Abatage. Altérations. Conservation. Bois indigènes et exotiques. Le liège.* Avec une Préface de M. Daubrée, Conseiller d'Etat, Directeur général des Eaux et Forêts au Ministère de l'Agriculture. Un volume en deux fascicules in-8 (25-16) de xi-1402 p., avec 483 fig. (E. I.), 1905. (Médaille de la Société nationale d'Agriculture). 20 fr.

COLSON (C.), Ingénieur en chef des Ponts et Chaussées, Conseiller d'Etat. — Cours d'Economie politique professé à l'Ecole nationale des Ponts et Chaussées. Six Livres in-8 (25-16) se vendant séparément chacun 6 fr. (E. T. P.).

Livre I : *Théorie générale des phénomènes économiques.* Volume de 450 pages. 2e édition; 1907.

Livre II : *Le travail et les questions ouvrières.* Volume de 344 pages; 1901.

Livre III : *La propriété des biens corporels et incorporels.* Volume de 342 pages; 1902.

Livre IV : *Les entreprises, le commerce et la circulation.* Volume de 443 pages avec un appendice; 1903.

Livre V : *Les finances publiques et le budget de la France.* Volume de 466 pages. 2e édition; 1909.

Livre VI : *Les travaux publics et les transports.* 2e édition revue et mise à jour. Volume de iv-517 pages; 1910.

Supplément annuel au Livre VI. Brochure in-8 (23-14) de 44 pages; 1910. 1 fr.

CRONEAU (A.), Ingénieur de la Marine, Professeur à l'Ecole d'application du Génie maritime. — Architecture navale. — Construction pratique des navires de guerre. 2 volumes in-8 (25-16) et un Atlas de 11 planches (E. I.)

Tome I : *Plans et devis. — Matériaux. — Assemblages. Différents types de navires. — Charpente. — Revêtement de la coque et des ponts.* Volume de 339 pages avec 305 figures et un Atlas de 11 planches in-4 doubles dont 2 en trois couleurs; 1894. 18 fr.

Tome II : *Compartimentage. — Cuirassement. — Parois et garde-corps. — Ouvertures pratiquées dans la coque, les ponts et les cloisons. — Pièces rapportées sur la coque. — Ventilation. — Service d'eau. — Gouvernails. — Corrosion et salissure. — Poids et résistance des coques.* Volume de 616 pages, avec 359 figures; 1894. 15 fr.

DEHARME (E.), Ingénieur de la Compagnie du Midi, Professeur du Cours de Chemins de fer à l'Ecole Centrale, et **PULIN (A.),** Ingénieur des Arts et Manufactures, Inspecteur principal du Chemin de fer du Nord. — Chemins de fer. Matériel roulant. Résistance des trains. Traction. Un volume in-8 (25-16) de xxii-441 pages, avec 95 figures et 1 planche; 1895 (E. I.). 15 fr.

— Étude de la Locomotive. La Chaudière. In-8 (25-16) de vi-608 p., avec 131 fig. et 2 pl.; 1900 (E. I.) 15 fr.

— Étude de la Locomotive. Mécanisme. Châssis. Types de machines. Un volume in-8 (25-16) de iv-712 p., avec 288 fig. et un atlas in-4 de 18 pl.; 1903 (E. I.). 25 fr.

DENFER (J.), Architecte, Ancien Professeur à l'Ecole Centrale. — Architecture et Constructions civiles. Charpente en bois et menuiserie. Les bois, leurs assemblages. Résistance des bois. Tableaux. Calculs faits. Linteaux et planches. Pans de bois. Combles. Etaiements. Echafaudages. Appareils de levage. Travaux hydrauliques. Coffrages pour maçonneries armées. Cintres. Ponts et passerelles en bois. Escaliers. Menuiserie en bois : parquets, lambris, portes, croisées, persiennes, devantures, décorations. 3e édition revue et augmentée. In-8 (25-16) de iv-686 pages avec 721 figures; 1910. (E. T. P.) 25 fr.

DESCOMBES (Paul), Directeur honoraire des Manufactures de l'Etat. La Défense forestière et pastorale, précédée d'une lettre de M. Noblemaire. In-8 (25-16) de xv-410 p., avec 23 fig.; 6 cartes; 1910 (E. I.) 12 fr.

FARGUE (L.), Inspecteur général des Ponts et Chaussées en retraite. — Hydraulique fluviale. La forme du lit des rivières à fond mobile. Volume in-8 (25-16) de iv-181 pages, avec 55 figures et 15 planches; 1909. (E. I.) 9 fr.

FÉRET (R.), ancien Élève de l'Ecole Polytechnique, Chef du Laboratoire des Ponts et Chaussées à Boulogne-sur-Mer. — Etude expérimentale du Ciment armé. Expérience. Théorie et calculs. Bibliographie du Ciment armé. Recherches annexées sur les diverses résistances des mortiers et bétons. In-8 (25-16) de vi-778 p. avec 197 fig.; 1906. (E. I.) 20 fr.

GESCHWIND (L.), Ingénieur-Chimiste, et **SELLIER (E.),** Chimiste, Lauréats des Chimistes de sucrerie et de la Société industrielle de Saint-Quentin. — La betterave agricole et industrielle. In-8 (25-16) de iv-668 p, avec 130 figures; 1902. (E. I.). 20 fr.

GOUILLY (Alexandre), Ingénieur des Arts et Manufactures, Répétiteur de Mécanique appliquée à l'Ecole Centrale. — Eléments et organes des machines. Un vol. in-8 (25-16) de 406 p. avec 710 fig.; 1894. (E. I.) 12 fr.

GUÉDON (Pierre), Ingénieur, Chef de traction à la Compagnie générale des Omnibus de Paris. — Traité pratique des Chemins de fer d'intérêt local et des Tramways. In-8 de 393 pages avec 141 figures; 1901. (E. I.). 11 fr.

GUIGNET (Ch.-Er.), Directeur des teintures aux Manufactures nationales des Gobelins et de Beauvais; **DOMMER (F.),** Professeur à l'Ecole de Physique et de Chimie Industrielles de la ville de Paris, et **GRAND-MOUGIN (E.),** Ancien préparateur à l'Ecole de Chimie de Mulhouse. — Blanchiment et apprêts. Teinture et impression. Matières colorantes. Un volume in-8 (25-16) de 674 pages, avec 345 figures et échantillons de tissus imprimés; 1895. (E. I.) 30 fr.

HUBERT-VALLEROUX (P.), Avocat à la Cour de Paris, Docteur en droit. — **Les Associations ouvrières et les Associations patronales.** (Cet Ouvrage a obtenu le premier prix au concours de *Chambrun* en 1898.) In-8 (25-16) de 361 pages; 1899. (E. I.)　　10 fr.

LAMB (M.C.), F. C. S., Directeur de la Section de teinture au Collège technique de la « leathersellers' Company » de Londres. — **Teinture, corroyage et finissage du cuir.** Traduit par Louis Meunier, Docteur ès Sciences, chargé de cours à l'Université de Lyon, Professeur à l'Ecole française de Tannerie, et Jules Prévot, Licenciés ès Sciences, ancien Elève diplômé des Ecoles de Tannerie de Lyon, Leeds, Londres, Vienne et Freiberg. In-8 (25-16) de vi-470 pages, avec 203 fig. et 4 pl. d'échantillons; 1910. (E. I.)　20 fr.

LECHALAS (Georges), Ingénieur en Chef des Ponts et Chaussées. — **Manuel de droit administratif.** *Service des Ponts et Chaussées et des Chemins vicinaux.* 2 volumes in-8 (25-16), se vendant séparément. (E. T. P.)

　Tome I : *Notions sur les trois pouvoirs. Personnel des Ponts et Chaussées. Principes d'ordre financier. Travaux intéressant plusieurs services. Expropriations. Dommages et occupations temporaires.* Volume de cxlvii-536 p.; 1889.　　20 fr.

　Tome II (Ire Partie): *Participation des tiers aux dépenses des travaux publics. Adjudications. Fournitures. Régie. Entreprises. Concessions.* Vol. de 397 p.; 1893.　10 fr.

　— IIe Partie : *Principes généraux de police : Grande voirie. Simple police. Roulage. — Domaine public ; Consistance et condition juridique. Délimitation. Redevances et perceptions diverses. Produits naturels. Concessions. Occupations temporaires.* Volume de iv-396 p.; 1898　　10 fr.

LE VERRIER (U.), Ingénieur en chef des Mines, Professeur au Conservatoire des Arts et Métiers. — **Métallurgie générale.** Volumes in-8 (25-16) se vendant séparément.

　— **Procédés de chauffage.** *Combustibles solides. Description des combustibles. Combustibles artificiels. Emploi des combustibles. Chauffage par l'électricité. Matériaux réfractaires. Organisation d'une usine métallurgique. Données numériques.* Volume de 367 pages avec 171 fig; 1902. (E. I.)　　12 fr.

　— **Métallurgie générale. Procédés métallurgiques et étude des métaux.** *Minerais. Séchage. Calcination. Grillage. Opérations extractives. Fusion et affinage. Thermochimie. Installations accessoires. Essais mécaniques. Action de la chaleur. Métallographie. Alliages annexes.* Volume de 403 pages, avec 194 figures; 1905. (E. I.)　　12 fr.

LÉVY-LAMBERT (A.), Inspecteur principal au Chemin de fer du Nord. — **Chemins de fer à crémaillère.** *Tracé. Types de crémaillères. Systèmes Riggenbach, Abt, Strub, Locher, etc. Matériel roulant. Traction électrique. Exploitation.* 2e édition revue et augmentée. In-8 (25-16) de iv-479 pages avec 137 figures; 1908. (E. I.)　　15 fr.

LORENZ (H.), Professeur à l'Ecole polytechnique de Dantzig, et **HEINEL (Dr Ing^r G.)**, chargé de cours à l'Ecole technique de Berlin. — **Machines frigorifiques.** *Construction. Fonctionnement. Applications industrielles.* Traduit de l'allemand sur la 4e édition avec l'autorisation des Auteurs, par P. Petit, Professeur à la Faculté des Sciences de Nancy, Directeur de l'Ecole de Brasserie, et Ph. Jaquet, Ingénieur, co-gérant des Brasseries Th. Boch et Cie. 2e édition française considérablement augmentée. In-8 (25-16) de xiii-424 pages, avec 314 fig.; 1910. (E. I.)

　Broché...　15 fr. | Cartonné...　16 fr. 50 c.

MARTENS (A.), Directeur du Laboratoire royal d'essais de Berlin-Charlottenbourg. — **Traité des essais des matériaux destinés à la construction des machines.** *Méthodes, Machines, Instruments de mesure.* Traduit de l'allemand avec Notes et Annexes, par Pierre Breuil, Chef de la Section des Métaux au Laboratoire d'essais du Conservatoire national des Arts et Métiers, ancien Directeur du Laboratoire d'essais de la Compagnie P.-L.-M. Grand in-8 (25-16) de 671 pages, avec 558 fig. et atlas (25-16) de 31 planches; 1904. (E. I.)　　50 fr.

MASONI (U.), Directeur et Professeur de l'Institut d'Hydraulique à l'Ecole royale des Ingénieurs de Naples. — **L'énergie hydraulique et les récepteurs hydrauliques.** In-8 (25-16) de iv-320 pages, avec 207 figures; 1905. (E. I.)　　10 fr.

MEUNIER (Louis), Chef des travaux de Chimie à l'Université de Lyon, Professeur à l'Ecole française de Tannerie, et **VANEY (Clément)**, agrégé de l'Université, Docteur ès Sciences, Professeur à l'Ecole française de Tannerie. — **La Tannerie.** *Etude. Préparation et essai des matières premières. Théorie et pratique des différentes méthodes actuelles de tannage. Examen des produits fabriqués.* Volume publié sous la direction de Léo Vignon, Professeur à l'Université de Lyon, Directeur de l'Ecole de Chimie industrielle et de l'Ecole française de Tannerie. In-8 (25-16) de 648 pages avec 98 figures; 1903. (E. I.)　　20 fr.

MONNIER (D.), Ingénieur des Arts et Manufactures, Professeur, Membre du Conseil de l'Ecole Centrale. — **Electricité industrielle** (*Cours de l'Ecole Centrale des Arts et Manufactures*). 2e édition. In-8 (25-16) de viii-826 pages avec 404 figures; 1903. (E. I.)　　25 fr.

NIEWENGLOWSKI (Paul), Ingénieur du corps des Mines. — **Précis d'Electricité.** Volume in-8 (25-16) de ii-200 pages, avec 64 fig.; 1906. (E. T. P.)　　6 fr.

PÉRISSÉ (Lucien), Ingénieur des Arts et Manufactures, Secrétaire de la Commission technique de l'Automobile-Club de France. — **Traité général des automobiles à pétrole.** In-8 (25-16) de iv-503 pages avec 280 figures; 1907. (E. I.)　　17 fr. 50 c.

ROUCHÉ (Eugène), Membre de l'Institut, Professeur au Conservatoire des Arts et Métiers, Examinateur de sortie à l'Ecole Polytechnique, et **LÉVY (Lucien)**, Répétiteur d'Analyse et Examinateur d'admission à l'Ecole Polytechnique. — **Analyse infinitésimale à l'usage des ingénieurs.** 2 volumes in-8 (25-16). (E. I.)

　Tome I : **Calcul différentiel.** Volume de viii-557 pages avec 45 figures; 1900.　　15 fr.

　Tome II : **Calcul intégral.** Volume de 829 pages; 1903.　　15 fr.

ROUSSET (Henri) et **CHAPLET (A.)**, Ingénieurs chimistes. — **Les Combustions industrielles. Le Contrôle chimique de la Combustion.** In-8 (25-16) de iv-263 pages, avec 68 figures; 1909. (E. I.)　　8 fr.

SCHŒLLER (A.), Ingénieur des Arts et Manufactures, Chef adjoint des services commerciaux à la Compagnie du Nord, et **FLEURQUIN (A.)**, Inspecteur des services commerciaux à la même Compagnie. — **Chemins de fer. Exploitation technique.** In-8 (25-16) de vii-408 p., avec 109 figures; 1901. (E. I.)　　12 fr.

TOLDT (Friedrich), Ingénieur, Professeur à l'Académie impériale des Mines de Léoben. — **Traité des Fours à gaz à chaleur régénérée. Détermination de leurs dimensions.** Traduit de l'allemand sur la 2e édition revue et développée par l'Auteur; par F. Dommer, Ingénieur des Arts et Manufactures, Professeur à l'Ecole de Physique et de Chimie industrielles de la Ville de Paris. In-8 (25-16) de 392 pages, avec 68 fig.; 1900. (E. I.)　　11 fr.

VICAIRE (P.), Inspecteur général des Mines. — **Cours de Chemins de fer** (*Cours de l'Ecole nationale supérieure des Mines*). *Matériel roulant. Traction. Voie. Exploitation.* Rédigé et terminé par F. Maison, Ingénieur au Corps des Mines. In-8 (25-16) de 581 pages, avec de nombreuses figures; 1903. (E. I.)　　20 fr.

VIII. — ENCYCLOPÉDIE SCIENTIFIQUE
DES
AIDE-MÉMOIRE.

PUBLIÉE SOUS LA DIRECTION DE M. LÉAUTÉ,
Membre de l'Institut

COLLECTION DE VOLUMES IN-8 (19-12).

Chaque volume est vendu séparément :

Broché....... 2 fr. 50 c. | Cartonné, toile anglaise. 3 fr.
Le prospectus détaillé est envoyé franco sur demande.

Cette publication, qui se distingue par son caractère pratique, reste cependant une œuvre hautement scientifique.

Elle embrasse le domaine entier des Sciences appliquées, depuis la Mécanique, l'Électricité, l'Art de l'Ingénieur, la Physique et la Chimie industrielles, etc.; jusqu'à l'Agronomie, la Biologie, la Médecine, la Chirurgie et l'Hygiène.

Chaque volume, signé d'un nom autorisé, donne, *sous une forme condensée*, l'état précis de la Science sur la question traitée et toutes les indications pratiques qui s'y rapportent.

La publication est divisée en deux Sections : Section de l'Ingénieur, Section du Biologiste, qui paraissent simultanément depuis février 1892 et se continuent avec régularité de mois en mois.

Les Ouvrages qui constitueront ces deux Séries permettront à l'Ingénieur, au Constructeur, à l'Industriel, d'établir un projet sans reprendre la théorie; au Chimiste, au Médecin, à l'Hygiéniste, d'appliquer la technique d'une préparation, d'un mode d'examen ou d'un procédé sans avoir à lire tout ce qui a été écrit sur le sujet. Chaque volume se termine par une Bibliographie méthodique permettant au lecteur de pousser plus loin et d'aller aux sources.

DERNIERS VOLUMES PARUS.

SECTION DE L'INGÉNIEUR.

Pacoret (Étienne), Ingénieur civil. — *Calcul et construction des appareils de levage. Treuils et ponts roulants* (43 fig.).

Pontio (Maurice), Chargé du contrôle chimique au Sous-Secrétariat des Postes et télégraphes. — *Analyse du caoutchouc et de la gutta-percha* (11 fig.).

Picou (R.-V.), Ingénieur des Arts et Manufactures. — *Distribution de l'Électricité par installations isolées.* 3e édition (29 fig.).

Sidersky (D.), Ingénieur-chimiste. — *La réfractométrie et ses applications pratiques* (39 fig.).

Vermand (P.), Ingénieur des Constructions navales. — *Les Moteurs à gaz et à pétrole.* 4e édition entièrement refondue 22 fig.

Pécheux (H.), Docteur ès sciences, Professeur à l'École nationale d'Arts et Métiers d'Aix. — *Le Pyromètre thermo-électrique pour la mesure des températures élevées* (28 fig.).

Loppé (F.), Ingénieur des Arts et Manufactures. — *Les transformateurs de tension à courants alternatifs.* 2e édition. I. *Généralités* (81 fig.).

Madamet (A.), Ingénieur de la Marine en retraite, ancien Directeur des Forges et Chantiers de la Méditerranée. — *Détente variable de la vapeur. Dispositifs qui la produisent.* 2e édition (80 fig.).

Brunswick (E.-J.) et Allamet, Ingénieurs-électriciens. — *Construction des dynamos à courant continu. Enroulements d'induits. Théorie élémentaire et règles de bobinages.* 2e édition (61 fig.).

Picou (R.-V.), Ingénieur des Arts et Manufactures. — *Canalisations électriques : lignes aériennes industrielles.* 2e édition (88 fig.)

Révillon (L.), Ingénieur des Arts et Manufactures. — *La Métallographie microscopique* (24 fig.).

Loppé (F.), Ingénieur des Arts et Manufactures. — *Les Accumulateurs électriques.* 3e édition revue et mise à jour (73 fig.).

Chaplet (A.), Ancien Directeur d'usines, et Rousset (H.), Ingénieur-Chimiste. — *Le blanchiment. Chimie et technologie des procédés industriels de blanchiment.* (10 fig.).

— *Blanchissage et nettoyage* (39 fig.).

Dariès (G.), Ingénieur au Service des eaux de la Ville de Paris. — *Calcul des canaux et aqueducs.* 2e édition (47 fig.).

Rousset (J.), Ingénieur civil. — *La Machine à écrire.* (58 figures).

Toury (Ch.), Ingénieur chimiste. — *Le contrôle chimique dans les raffineries.* (3 figures).

Bousquet (M.), Architecte. — *Hygiène de l'habitation, sol et emplacement, matériaux de construction.* (9 fig.).

Laborde (Albert), Ancien élève de l'École de Chimie et de Physique de la ville de Paris, Licencié ès Sciences. — *Méthodes de mesures employées en radioactivité.* (47 figures).

Witz (Aimé), Professeur à la Faculté libre des Sciences de Lille, Correspondant de l'Institut de France. — *Les machines thermiques à vapeur, à air chaud et à gaz tonnants.* 2e édition. (20 figures).

SECTION DU BIOLOGISTE.

Jacquet (Lucien), Médecin de l'hôpital Saint-Antoine, et Ferrand (Marcel), Interne de l'hôpital Broca. — *Traitement de la syphilis.*

Robert-Simon (Dr), Membre de la Société thérapeutique et de la Société de Médecine de Paris. — *Applications thérapeutiques de l'eau de mer.*

Vinay (Ch.), Médecin des hôpitaux de Lyon, Professeur agrégé à la Faculté de Médecine. — *La ménopause.*

Bordier (Dr H.), Professeur agrégé à la Faculté de Médecine de Lyon. — *Technique radiothérapique.*

Hitier (Henri), Maître de Conférences à l'Institut national agronomique. — *Les céréales.* I. *Avoine et Orge* (43 fig.). II. *Seigle, Maïs, Sarrasin, Millet, Riz* (7 fig.).

Marie (Dr Auguste-Armand), Médecin des Asiles de Villejuif. — *La psychologie morbide collective.*

Spindler (Dr Henri). — *Les amétropies et leur correction par les lunettes* (58 fig.).

Faisans (Léon), Médecin de l'Hôtel-Dieu. — *Maladies des organes respiratoires. Méthodes d'exploration. Signes physiques.* 4e édition.

Merklen (Dr Pierre), Médecin des hôpitaux, et Heitz (Jean), Ancien interne des hôpitaux. — *Examen et séméiotique du cœur :* I. *Méthodes d'examen du cœur.* II. *Le rythme du cœur a l'état normal et pathologique.* 4e édition entièrement refondue. Petit in-8 (19-12) de 178 pages, avec 29 figures; 1910.

Étard (A.), Docteur ès sciences, Examinateur des Élèves à l'École Polytechnique. — *Les nouvelles théories chimiques.* 4e édition. In-8 (19-12) de 196 pages avec 58 figures; 1910.

Le Dantec (F.), Chargé de cours à la Sorbonne. — *La matière vivante.* 2e édition. In-8 (19-12) de 176 pages, avec 5 figures; 1910.

Audibert (Victor), Médecin des Hôpitaux. — *Le processus éberthien. Qu'est-ce que la fièvre typhoïde ?* (4 figures.)

Beurmann (de), Médecin de l'Hôpital St-Louis à Paris, et Gougerot, Professeur agrégé à la Faculté de Médecine de Paris — *Les nouvelles mycoses.* (16 figures).

(Mai 1911.)